科学养鹅与疾病防治

疾病防治 第二版

KEXUE YANGE YU JIBING FANGZHI

陈国宏　王永坤　主编

中国农业出版社

第二版编著者

主　编　陈国宏　王永坤

副主编　高　巍　徐　琪

编　者（按姓氏笔画排序）

王克华　孙龙生　田慧芳　李碧春　吴信生

张建军　赵文明　高玉时　常国斌　童海兵

水禽资源 彩色图谱

豁眼鹅

籽鹅

太湖鹅

郫县白鹅

四川白鹅

溆浦鹅

浙东白鹅

皖西白鹅

阳江鹅

马岗鹅

乌鬃鹅

雁鹅

兴国灰鹅

狮头鹅

伊犁鹅

扬州鹅

罗曼鹅

莱茵鹅

霍尔多巴吉鹅

朗德鹅

鹅胚发育照蛋标准 彩色图谱

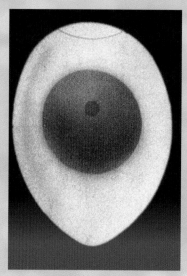

图1　1～2天。蛋黄表面有一颗颜色稍深、四周稍亮的圆点，俗称"鱼眼珠"或"白光珠"。

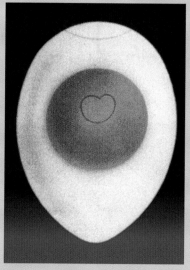

图2　3～3.5天。已经可以看到卵黄囊血管区，其形状很像樱桃形，故俗称为"樱桃珠"。

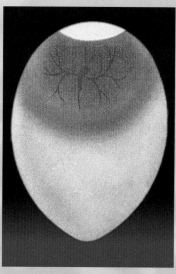

图3　4.5～5天。卵黄囊血管的形状像静止的蚊子，俗称"蚊虫珠"。卵黄颜色稍深的下部似月牙状，俗称"月牙"。

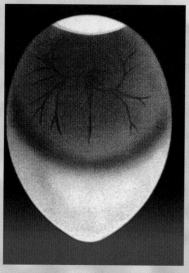

图4　5.5～6天。蛋转动时，卵黄不易跟随着转动，俗称为"钉壳"。胚胎和卵黄囊血管形状像一只小的蜘蛛，故又称"小蜘蛛"。

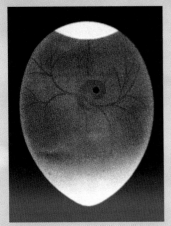

图5　6.5天。明显看到黑色的眼点，俗称"起珠"、"单珠"、"起眼"。

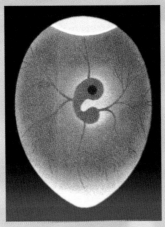

图6　8天。胚胎形似"电话筒"，一端是头部，另一端为弯曲增大的躯干部，俗称"双珠"。可以看到羊水。

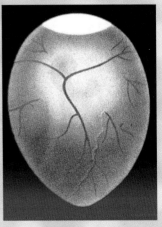

图7　9天。白茫茫的羊水增多，胚胎活动尚不强，似沉在羊水中，俗称"沉"。正面已布满扩大的卵黄和血管。

（正面）

图8（左图）　10天。正面，胚胎较易看到，像在羊水中浮游一样，俗称"浮"。

（背面）

图8（右图）　10天。背面，卵黄已扩大到背面，蛋转动时两边卵黄不易晃动，俗称为"边口发硬"。

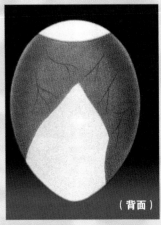

（背面）

图9　11～12天。蛋转动时，两边卵黄容易晃动，故俗称为"晃得动"。接着背面尿囊血管迅速伸展越出卵黄，故俗称"发边"。

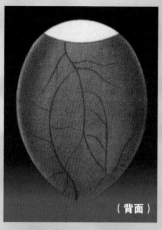
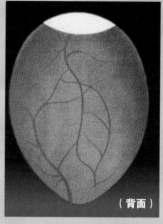
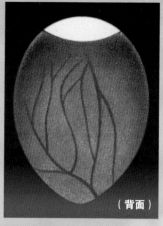

图10 14～15天。尿囊血管继续伸展，在蛋的小头合拢，整个蛋除气室外都布满了血管，俗称为"合拢"、"长足"。

图11 16天。血管开始加粗，血管颜色开始加深。

图12 17天。血管加粗、颜色逐渐加深。

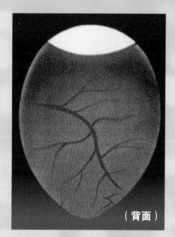
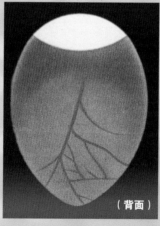

图13 18天。主要观察小头发亮的部分随着胚龄的增长而逐日缩小。

图14 19天。蛋内小头发亮部小，黑影部分加大，这是胚胎身体增长的标志。

图15 20天。蛋内小头发亮部分继续缩小，黑影继续加大。

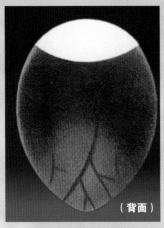

（背面）

图16 21天。蛋内小头发亮部分更小，黑影更大。

（背面）

图17 22～23天。以小头对准光源，再看不到发亮部分，俗称为"关门"、"封门"。

图18 24～26天。气室向一方倾斜，这是胚胎转身的缘故，俗称为"斜口"、"转身"。

图19 27～28天。气室内可以看到黑影在闪动，俗称为"闪毛"。

图20 29～30天。起初是胚胎喙部穿破壳膜，伸入气室内，称为"起嘴"；接着开始啄壳，称"见嘌"、"啄壳"。

图21 30.5～31天出壳。

以上鹅胚发育照蛋标准彩色图谱素材选自唐南杏编著的《禽蛋孵化新技术》。

鹅病临床症状和病理变化 彩色图谱

小鹅瘟

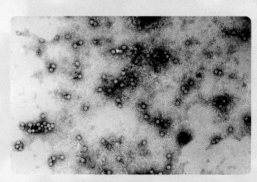

图1 病毒颗粒为无囊膜，球形，单股DNA病毒，病毒颗粒直径为20~22纳米

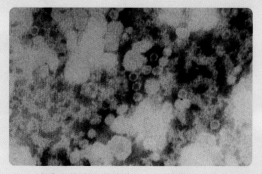

图2 病毒颗粒有完整病毒和缺少核酸的病毒空壳两种形态

图3 最急性型，患病雏鹅突然死亡，两腿向后伸直

图4 急性型，患病雏鹅临死前出现两腿做划船动作等神经症状

图5 患病雏鹅十二指肠肠道肠壁变薄，肠腔内有栓子物堵塞，表面包有凝固的纤维素性渗出物

图6 小鹅瘟的肠道栓子，浆膜充血

图7　患病雏鹅肝脏稍肿大，质地变脆，呈深黄红色

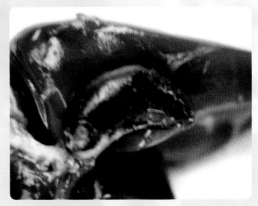

图8　患病雏鹅胆囊显著扩张，充满暗绿色胆汁

图9　患病雏鹅肾稍肿大，呈深红色，质脆，输尿管扩张，充满白色尿酸沉淀物

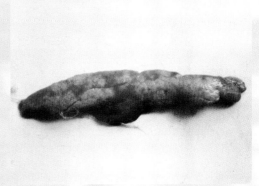

图10　患病雏鹅胰腺呈粉红色，部分病例有坏死灶

图11　患病雏鹅脑壳充血，出血，尤其是小脑部最为显著

鹅副黏病毒病

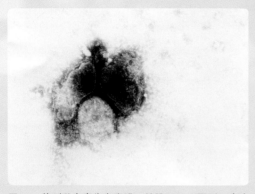

图12 鹅副黏病毒为有囊膜，单股RNA，圆形，大小为100～250纳米（李成摄）

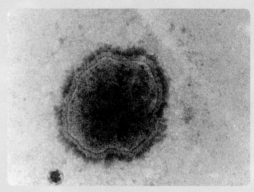

图13 JG972C2毒株病毒颗粒形态呈近圆形

图14 患病雏鹅眼有分泌物，眼睛周围湿润，绒毛沾污

图15 患病鹅扭颈，转圈，仰头等神经症状

图16 患病鹅脾脏肿大，表面及组织有大小不一的灰白色坏死灶

图17 患病鹅脾脏肿大，组织内有大小不一的灰白色坏死灶

图18　患病鹅胰腺肿大，有大小不一的灰白色坏死灶

图19　患病鹅肠道浆膜可见有散在性黄豆大出血性溃疡灶

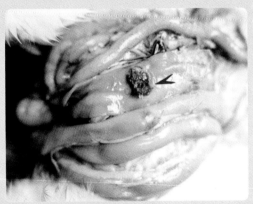

图20　患病鹅肠道黏膜有大小不等出血性斑和溃疡灶

图21　患病鹅结肠和直肠的黏膜有大小不一的溃疡灶，表面覆盖着纤维素形成的结痂

图22　患病鹅直肠和泄殖腔黏膜有弥漫性大小不一的结痂病灶

图23　部分病例腺胃黏膜充血，出血

图24 卵泡膜严重充血

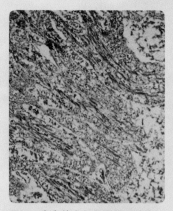

图25 患病鹅小肠黏膜绒毛肿胀，上皮脱落，固有层炎性水肿

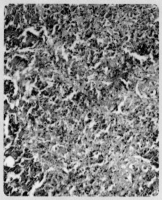

图26 患病鹅胰腺坏死灶，灶内腺泡及上皮细胞结构消失，仅见细胞屑

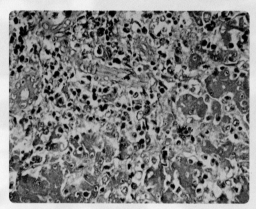

图27 患病鹅肝内小坏死灶，灶内肝细胞消失，有炎性细胞浸润

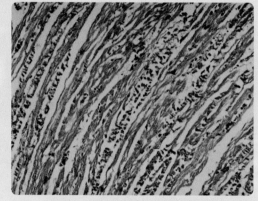

图28 患病鹅心肌纤维萎缩变细，束间可见许多心肌纤维断裂崩解

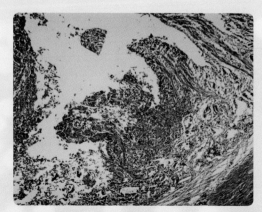

图29 小肠黏膜局部绒毛凝固性坏死

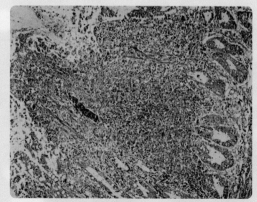

图30 小肠黏膜坏死溃疡病灶，原有结构完全破坏，形成厚层的纤维坏死性固膜

鹅禽流感

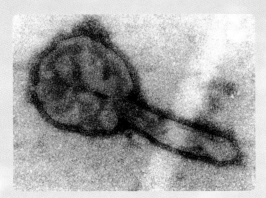

图31 鹅源禽流感H5N1亚型病毒为有囊膜，单股RNA，鼓锤形，大小为80~120纳米

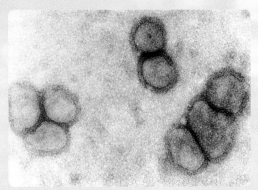

图32 鹅源禽流感H5N1亚型病毒呈圆形，椭圆形

图33 患病雏鹅头部肿大，眼睛四周羽毛和喙沾污褐黑色分泌物

图34 患病雏鹅死后缩颈，两腿向后伸直

图35 患病仔鹅死亡前不能站立，曲颈等神经症状

图36 患病成年鹅死亡前不能站立，勾头等神经症状

图37 患病成年鹅眼睛四周羽毛潮湿，沾污物，眼结膜出血

图38 鹅肿头，眼睑肿大，下颌部皮下水肿

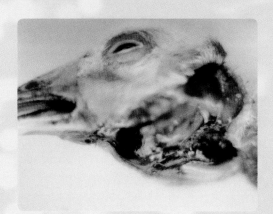

图39 鹅肿头，皮下淡黄色胶冻样渗出物

图40 患病仔鹅，死后蹼发紫

图41 患病仔鹅肛门四周羽毛沾满绿色稀粪

图42 患病鹅皮肤毛孔充血，出血

图43 患病鹅肝脏肿大，淤血，有大小不一出血斑

图44 患病鹅脾脏肿大，淤血，出血，呈三角形

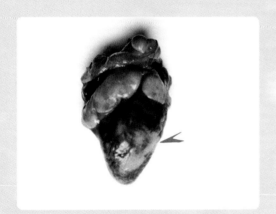

图45 患病鹅心肌大面积灰白色坏死灶

图46 患病鹅心内膜条状暗红色出血斑

图47 患病鹅心内膜出血斑

图48 患病鹅胰腺有弥漫性圆形出血斑和坏死灶

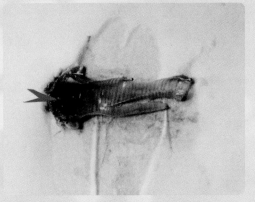

图49　患病鹅喉头黏膜有大凝血块

图50　患病鹅肺淤血，出血

图51　患病鹅肾脏肿大，充血，出血

图52　患病鹅腺胃与肌胃黏膜脱落，呈黑色分泌物（陈旧出血）

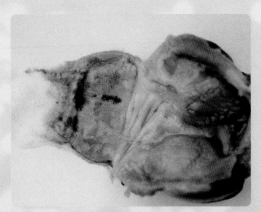

图53　患病鹅腺胃与肌胃交界处有暗红色出血带

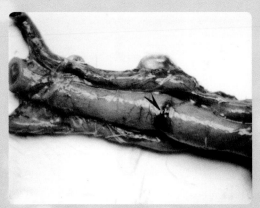

图54　患病鹅肠道有局灶性环状出血块

图55　患病鹅不同部位肠道有局灶性出血斑块

图56　患病鹅肠道有局灶性环状出血块

图57　患病鹅肠道黏膜出血性溃疡灶

图58　患病鹅直肠黏膜弥漫性出血

图59　病程较长的母鹅卵巢中的卵泡萎缩，卵泡膜充血，出血，变形，其中呈紫葡萄样

图60　患病母鹅卵泡膜出血斑

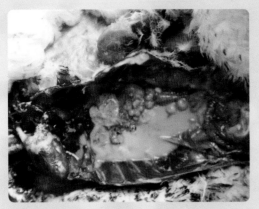

图61 患病母鹅卵泡破裂于腹腔中

图62 患病母鹅输卵管浆膜充血，出血，腔内有凝固蛋白

图63 患病雏鹅法氏囊黏膜呈散在性点状出血

图64 患病雏鹅法氏囊出血，呈紫葡萄状

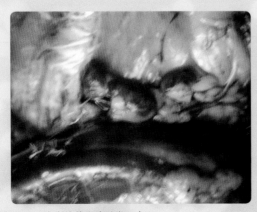

图65 患病雏鹅胸腺肿大，出血

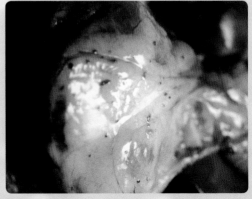

图66 患病鹅脂肪散在性、大小不一点状出血

图67 患病鹅肌肉呈块状、条状出血

图68 患病鹅大脑组织充血，出血，1/3组织灰白色坏死灶

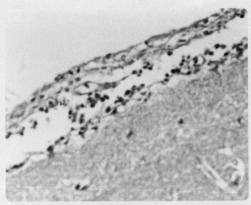

图69 脑膜炎，软脑膜腔扩张，其中有淋巴细胞及单核细胞浸润

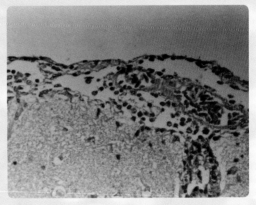

图70 脑膜炎，大脑的软膜扩张，血管充血，软膜间隙中有多量淋巴细胞等炎性细胞浸润

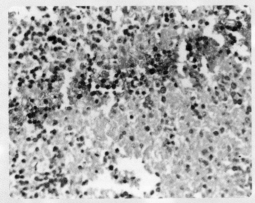

图71 大脑坏死灶，神经组织大片结构破坏，纤维变细颗粒样，但未见液化，灶中有多量胶质细胞弥漫增生

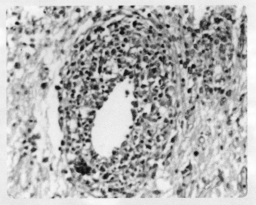

图72 大脑坏死灶，示胶质细胞和淋巴细胞大量增生，形成大的结节，中央为一血管腔残留结构

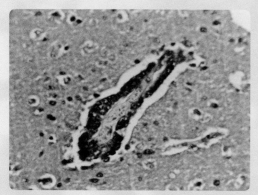

图73　脑炎，示一较大血管的外膜细胞增生，管壁增厚

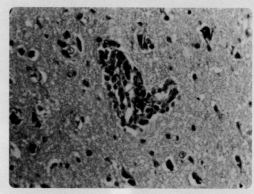

图74　脑炎，实质内血管周围间隙扩张，有数量较多的胶质细胞及淋巴细胞包围浸润，形成管套，血管外膜细胞增生

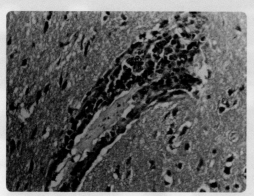

图75　脑炎，实质内血管周围间隙扩张，有数量较多的胶质细胞及淋巴细胞包围浸润，形成管套，血管外膜细胞增生

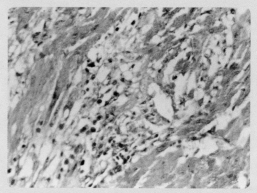

图76　实质性心肌炎，病灶中心肌纤维坏死消失，仅见散在变性，断裂的残存肌纤维，正中有数量不等的炎性细胞浸润

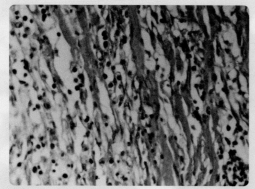

图77　多发性心肌炎，病灶内心肌纤维崩解，仅见散在残存变质纤维，其间有多量淋巴细胞，浆细胞等炎性细胞浸润

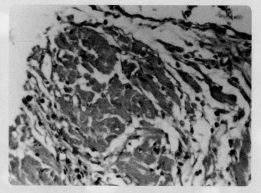

图78　局部心肌组织凝固性坏死，肌纤维结构破坏，形成红染，间质的团块

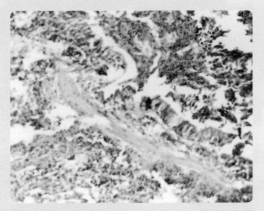

图79 肺支气管内出血，管壁上皮脱落，管腔内充满红细胞

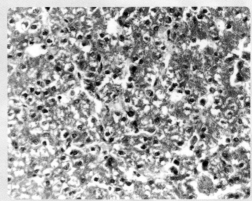

图80 患病鹅肝淤血，可见大小不一的凝固性坏死灶，汇管区有淋巴细胞浸润

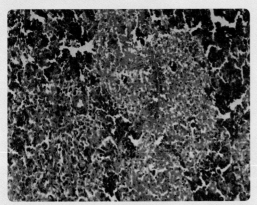

图81 患病鹅脾脏出血，淋巴细胞坏死，数量减少

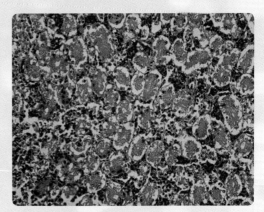

图82 患病鹅肾淤血，出血，肾小管上皮细胞坏死

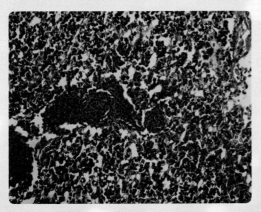

图83 患病鹅肺淤血，出血

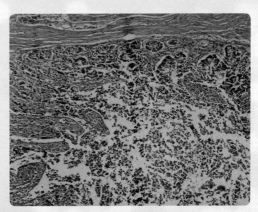

图84 患病鹅肠黏膜上皮细胞坏死，脱落

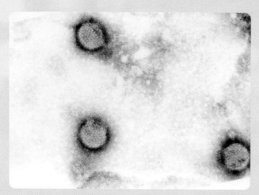

图85　鸭瘟病毒为球形，有囊膜，病毒颗粒大小为160～180纳米

图86　患病鹅流眼泪，眼睑水肿，瞬膜水肿变厚，形成出血性或坏死性溃疡灶

图87　患病鹅皮肤充血，出血

图88　患病鹅肝脏有大小不一鲜红和褐色出血灶

图89　患病鹅肝脏有大小不一鲜红和褐色出血灶

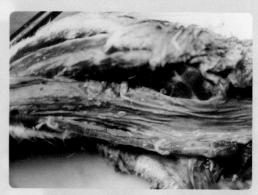

图90　患病鹅食道黏膜覆盖着灰黄色的坏死物形成的假膜结痂

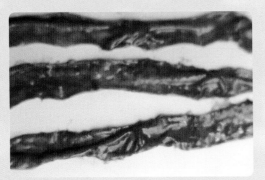

图91　患病鹅肠道发生急性卡他性炎症

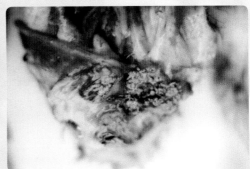

图92　患病鹅泄殖腔黏膜覆盖绿褐色或黄色坏死结痂，并有出血性溃疡

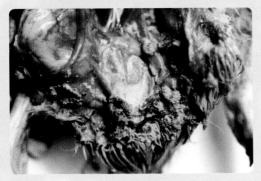

图93　患病鹅泄殖腔黏膜覆盖绿褐色或黄色的坏死结痂，肛门四周沾满绿色粪便

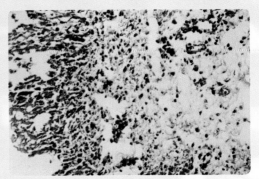

图94　食道黏膜坏死性炎症，黏膜上皮层完全破坏，固有层炎性水肿

鹅　　痘

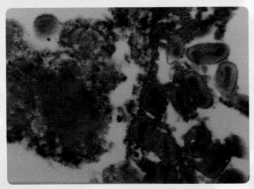

图95　鹅痘病原为有囊膜DNA病毒，病毒颗粒大小为（290～320）纳米×（140～190）纳米

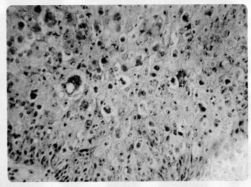

图96　患病鹅皮肤病料，在上皮细胞胞浆见有酸性卵圆形包涵体

图97 患病鹅的喙部前上方有一个大小在20毫米×20毫米×15毫米的黑色或深红色肿块，肿块表面形成高低不平的结痂，呈花状

图98 患病鹅的小腿部皮肤有比较小的肿块，表面干燥，容易脱落（许益民教授提供）

鹅鸡法氏囊病毒感染症

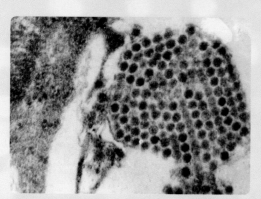

图99 鹅鸡法氏囊病毒为禽双股RNA，为球形，无囊膜，病毒颗粒大小为55～60纳米

图100 患病鹅两腿伸直和勾颈等神经症状

图101 患病鹅勾颈症状

图102 患病鹅法氏囊稍肿大，出血，呈紫葡萄状

图103　患病鹅法氏囊稍肿大，出血，并有弥漫性灰
　　　　白色坏死灶

图104　患病鹅胸部肌肉和腿部肌肉出血斑，皮下胶
　　　　样浸润

图105　患病鹅心内膜弥漫性条状出血

图106　患病鹅心内膜出血

图107　患病鹅肺淤血

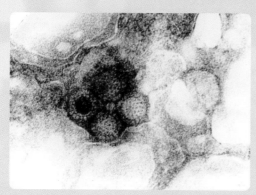

图108　本病毒为呼肠孤病毒科，呼肠孤病毒属，鹅呼肠孤病毒，无囊膜，球形，RNA病毒，病毒颗粒大小直径为76～86纳米

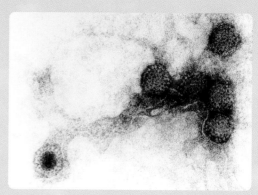

图109　病毒有完整病毒和缺少核酸的病毒空壳两种形态

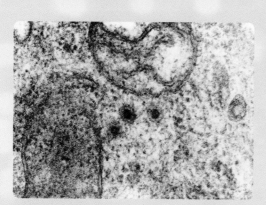

图110　绒尿囊膜超薄切片，细胞浆内病毒颗粒

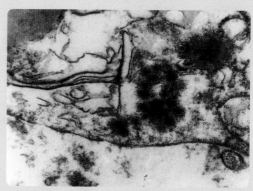

图111　绒尿囊膜超薄切片，细胞浆内类晶格状排列病毒颗粒

图112　患病雏鹅精神委靡，不能站立

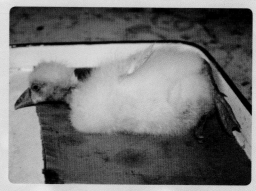

图113　患病雏鹅无力，头颈着地，双腿向后曲

图114 肝脏有弥漫性大小不一紫红色出血斑和弥漫
性淡黄色或灰黄色坏死斑

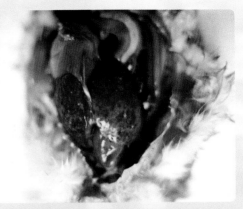

图115 肝脏有弥漫性大小不一鲜红色出血斑和散在
性淡黄色坏死灶

图116 脾脏稍肿大，有大小不一坏死灶

图117 胰腺肿大，有散在坏死灶

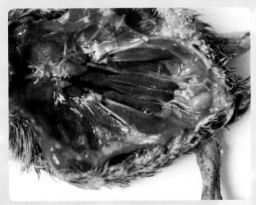

图118 肾脏肿大，充血，出血，有弥漫性针头大的
灰白色坏死灶

图119 患病雏鹅法氏囊出血

图120 患病雏鹅脑壳充血，出血

图121 鹅胚皮肤有大小不一的鲜红出血斑

图122 鹅胚胚体不同部位皮肤和肌肉有鲜红色出血斑

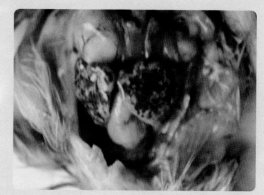

图123 鹅胚胚肝肿大，有弥漫性大小不一的黄色和红色相间的坏死灶

图124 鹅胚胚肝和脾脏肿大，有弥漫性大小不一的黄色和红色相间的坏死灶

图125 鹅胚接种部位的绒尿囊膜有黄豆大的鲜红出血斑，中间有灰白色坏死灶

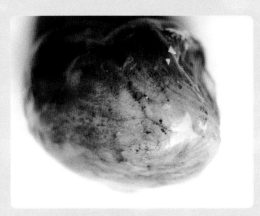

图126 鹅胚绒尿囊膜有鲜红出血点

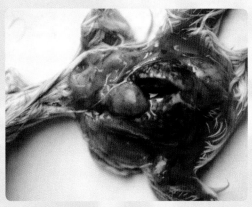

图127 鸡胚肝脏肿大，有弥漫性、大小不一的黄色和红色相间的坏死灶

图128 鸡胚脾肿大，有淡黄色坏死灶，肾脏肿大，有淡黄色坏死灶

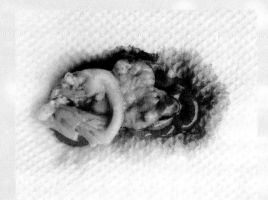

图129 鸡胚肌胃和腺胃黏膜有淡黄色绿豆至黄豆大的坏死结节

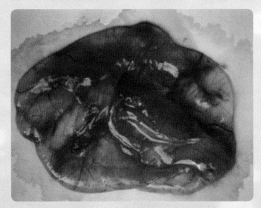

图130 鸡胚绒尿囊膜增厚水肿，有大小不一水泡样痘斑

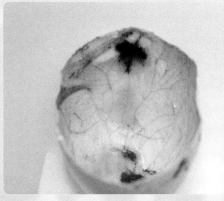

图131 鸡胚接种部位的绒尿囊膜有暗红色出血斑和鲜红色出血斑

图132 鸭胚肌肉出血，心肌出血，肝脏肿大有大小不一灰黄色坏死灶

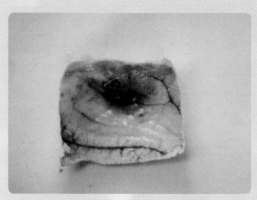

图133 鸭胚绒尿膜充血，接种部位有黄豆至蚕豆大出血斑，中心有灰白色坏死灶

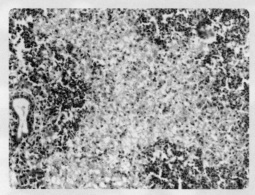

图134 肝坏死区，区内肝腺泡组织完全破坏，形成一片红染的细网状物质，为坏死空泡化的肝细胞和核屑，坏死区周围大片出血

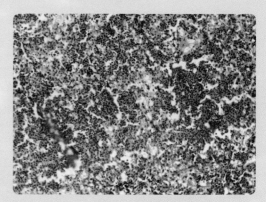

图135 脾髓弥漫出血，中央可见残剩的淋巴细胞

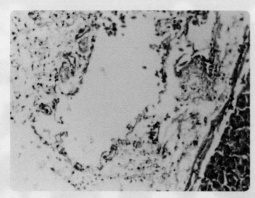

图136 胰腺浆膜疏松组织炎性水肿，出血，淋巴管扩张，有单核细胞及淋巴细胞浸润

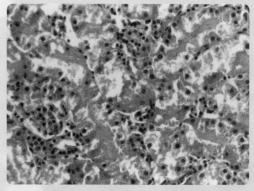

图137 肾皮质内肾小管上皮广泛浊肿

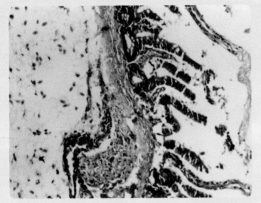

图138 小肠浆膜明显水肿扩张，有红细胞和单核细胞浸润，绒毛上皮脱落，浅层坏死

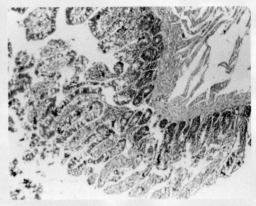

图139 回肠黏膜上皮脱落，绒毛裸露

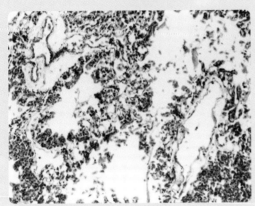

图140 肺小叶间质水肿，淋巴管扩张，有炎性细胞浸润集结

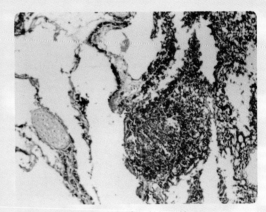

图141 肺支气管周边一出血性坏死灶

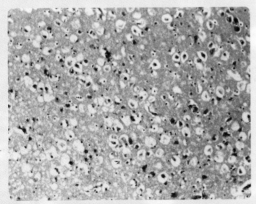

图142 大脑神经细胞周围水肿，细胞发生浓缩或溶解，有的仅留下一个大空腔，胶质细胞弥漫增生

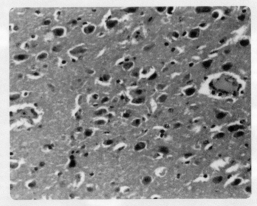

图143 大脑皮质两处小血管周围间隙扩张，有数个小胶质细胞增生包绕

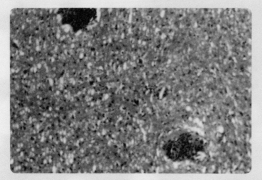

图144　小脑髓质两处血管出血

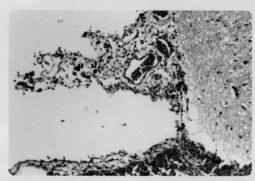

图145　小脑脉络膜充血，出血，有炎性细胞浸润

水禽网状内皮组织增生病

图146　脾肿大，呈大理石样病变

鹅鸭疫里默氏杆菌病

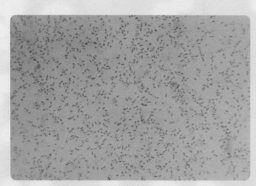

图147　鸭疫里默氏杆菌为革兰氏阴性，无鞭毛，无芽孢小杆菌

图148　在绵羊鲜血琼脂培养基上呈细小露珠状菌落

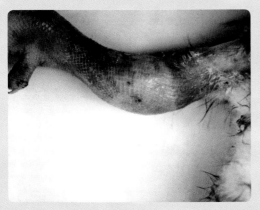

图149 患病鹅关节肿胀

图150 患病雏鹅消瘦，皮下充血，出血，胶样浸润

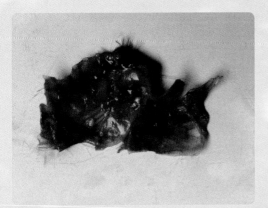

图151 患病雏鹅的胸壁有黄白色干酪样物附着

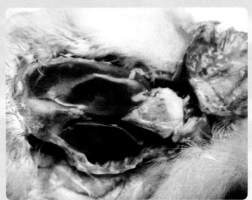

图152 患病雏鹅肝包膜增厚，有一层灰白色纤维素膜，心包膜增厚

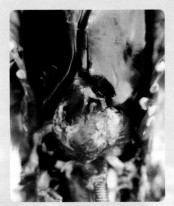

图153 心包膜增厚，但不同部位厚度不同

图154 患病鹅肝包膜形成厚薄不均匀灰白色纤维素性膜，易与肝组织剥离

图155 患病鹅胸壁与肝表面有一层厚的纤维素性膜

鹅巴氏杆菌病

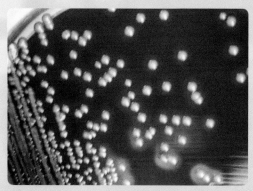

图156 多杀性巴氏杆菌在绵羊血琼脂上呈细小、半透明、圆整、淡灰色、光滑的菌落

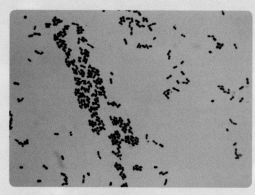

图157 多杀性巴氏杆菌呈两极染色

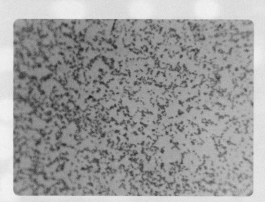

图158 多杀性巴氏杆菌为革兰氏阴性，卵圆性小杆菌

图159 患病鹅肝脏肿大，有弥漫性灰白色，粟状大的坏死点

图160 肝脏肿大，有弥漫性灰白色针头大坏死灶

图161 心脏冠沟脂肪有弥漫性出血点

雏鹅大肠杆菌性败血病

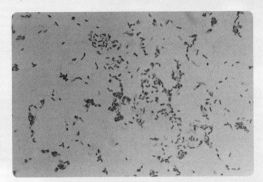

图162 大肠杆菌为革兰氏阴性，不形成芽孢的小杆菌

图163 大肠杆菌在绵羊鲜血琼脂平皿培养基上生长良好，呈圆而隆凸、光滑、半透明、边缘整齐菌落

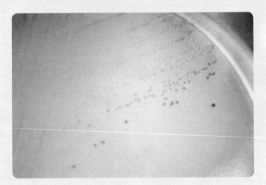

图164 在麦康凯上培养呈粉红色菌落

图165 患病雏鹅肝脏稍肿大，出血斑块使肝脏呈黄斑驳状

图166 患病雏鹅胰腺充血，出血和坏死灶

图167 患病鹅肝脏表面有一层厚薄不均的灰白色包膜与肝组织紧贴，不容易剥离

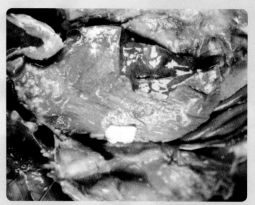

图168 患病鹅肝脏表面有一层很厚的的灰白色包膜，不容易剥离

图169 患病鹅气囊膜增厚，有厚薄不均的纤维素性物附着

图170 患病鹅腹腔中有多量纤维素性物附着

图171 患病鹅气囊膜增厚，有淡黄色的纤维素性物附着

图172 心包膜增厚，呈灰白色

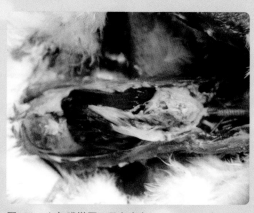

图173 心包膜增厚，呈灰白色

鹅大肠杆菌性生殖器官病

图174 患病鹅精神委顿，拒食

图175 患病鹅精神委顿，喜卧，头颈朝后等症状

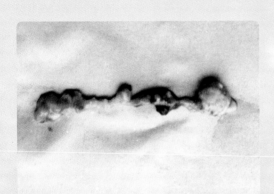

图176 患病母鹅输卵管凝固蛋白块

图177 患病母鹅卵巢中形态不一、高低不平的卵泡

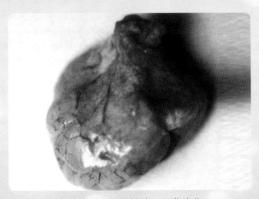

图178 患病母鹅卵泡包膜松弛，卵黄液化

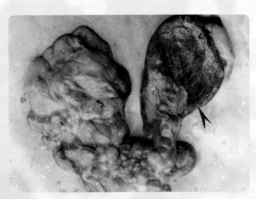

图179 患病母鹅卵泡变形

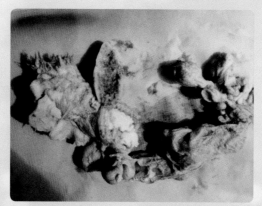

图180 患病母鹅蛋白分泌部有凝固蛋白块滞留

图181 患病母鹅泄殖腔中滞留的硬壳蛋，黏膜坏死

图182 患病母鹅卵泡膜有淡黄色凝固性物质附着

图183 患病公鹅阴茎外露，呈黑色坏死结痂面

图184 患病公鹅阴茎坏死，并有大小不一的脓性结节

鹅沙门氏杆菌病

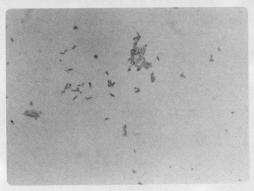

图185　沙门氏菌（鼠伤寒）为革兰氏阴性，有鞭毛，无芽孢小杆菌

图186　在普通琼脂培养基上生长良好，为半透明、圆形、光滑的菌落

图187　患病雏鹅呈角弓反张

图188　患病雏鹅头颈部向下勾，两腿向后伸直等神经症状

图189　患病雏鹅肝脏肿大，呈古铜色，有灰白色小坏死点

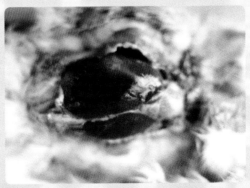

图190　患病雏鹅心包积液，心包膜浑浊，肝脏似古铜色

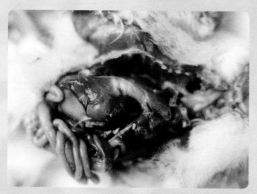

图191 患病雏鹅脾脏肿大,有针头大的坏死点

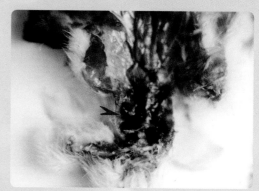

图192 患病雏鹅肾色泽苍白,有出血斑,肺淤血,出血

图193 患病雏鹅脑组织充血,出血

鹅葡萄球菌病

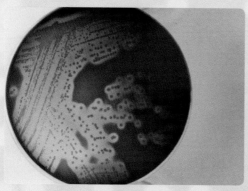

图194 金黄色葡萄球菌在绵羊鲜血琼脂培养基呈金黄色菌落,菌落周围产生溶血环

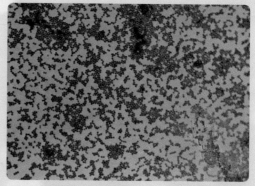

图195 金黄色葡萄球菌为革兰氏阳性圆形细菌,排列呈葡萄状

水禽曲霉菌病

图196 黑曲霉的孢子、孢子囊、孢子梗

图197 患病禽肺充血，淤血，有黄色芝麻至黄豆大肉芽肿结节

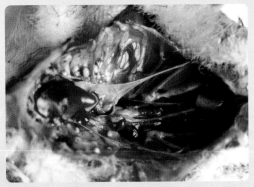

图198 患病禽气囊、腹腔膜等有黄色栗粒至黄豆大肉芽肿结节

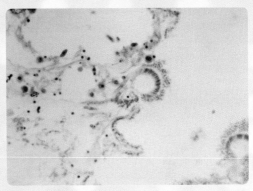

图199 患病禽肺切片中烟曲霉的孢子囊

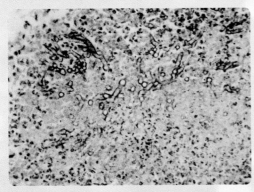

图200 患病禽肺坏死结节病灶的曲霉菌菌丝、孢子囊及孢子

图201 肺部及胸壁有大小不一、淡黄色结节

鹅口疮

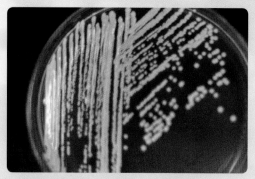

图202　病原为白色念珠菌，在培养基上呈白色金属光泽菌落

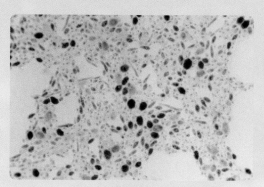

图203　白色念珠菌为椭圆形，长4微米

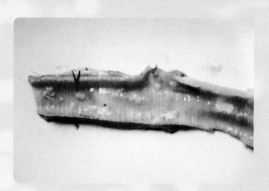

图204　患鹅气管黏膜形成溃疡状斑块及黄色干酪样物附着

图205　患鹅口腔黏膜有芝麻至绿豆大黄色干酪样物附着

雏鹅霉菌性脑炎

图206　患鹅大脑半球组织有呈淡黄色或红棕色坏死灶，坏死灶大小有芝麻至蚕豆大

图207　脑组织绿色坏死灶

黄曲霉毒素中毒

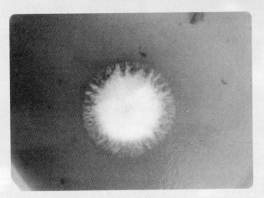

图208 黄曲霉早期培养的菌落

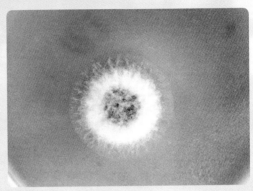

图209 黄曲霉中期培养的菌落

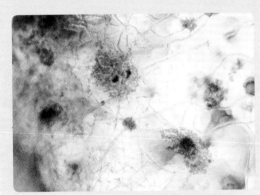

图210 孢子、孢子囊、孢子梗

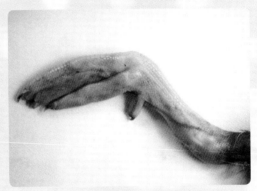

图211 患病雏鹅腿部皮肤严重贫血

图212 患病雏鹅脑壳严重充血，出血

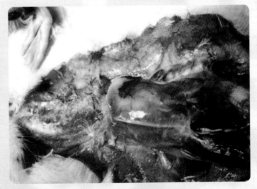

图213 患病雏鹅皮下出血，肌肉出血

图214 患病雏鹅肝脏肿大，色泽变浅，苍白，有出血斑

图215 患病雏鹅肝脏质地硬，色泽变浅，呈苍白色

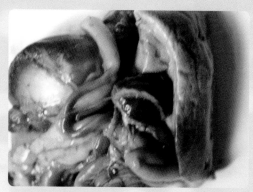

图216 患病雏鹅胆囊肿大，充满稀薄黄绿色胆汁

图217 患病雏鹅肾脏肿大，有出血斑，呈红白斑

水禽剑带绦虫病

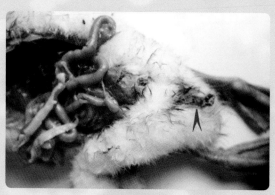

图218 患病鹅排出淡绿色稀薄粪便，肛门周围羽毛污染

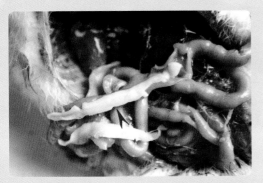

图219 患病鹅肠道塞满白色的绦虫

图220 鹅肠道内绦虫

鹅消化道线虫病

图221 肠道内充满线虫

图222 肠道内呈白色透明线虫

鹅球虫病

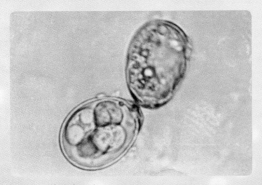

图223 鹅球虫卵囊

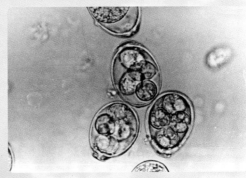

图224 鹅球虫卵囊

图225 患病鹅急性出血性肠炎，黏膜肿胀增厚，出血和糜烂

水禽住白细胞虫感染症

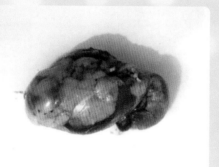

图226 嗉囊充满血液

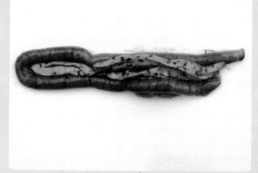

图227 胰腺有弥漫性、大小不一鲜红出血斑

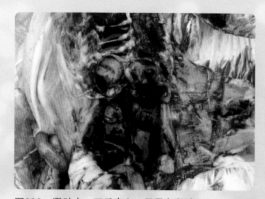

图228 肾肿大，严重出血，呈黑色肾脏

图229 胸肌苍白，有大小不一、鲜红出血斑和灰白色大小不一病灶

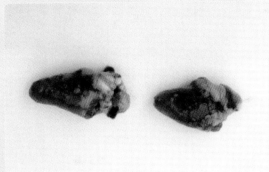

图230　心肌色浅，有灰白色坏死斑块

维生素E-硒缺乏症

图231　患病鹅肝脏包膜肌化，包膜呈乳白色

图232　患病鹅心肌松软，有白色条纹坏死灶

图233　患病雏鹅肝脏包膜积有淡黄色清朗液体

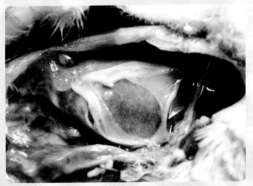

图234　患病雏鹅肝脏包膜较厚，附着肝脏表面有小囊包，积有淡黄色液体

痛　风

图235　患病雏鹅肾脏肿大，色泽变浅，有尿酸盐沉
淀所形成的白色斑点，输尿管扩张变粗，管
腔内充满乳白色石灰样的沉淀物

图236　患病雏鹅脑壳内有一层乳白色石灰样的尿酸
盐沉淀物

喹乙醇中毒

图237　患病鹅腺胃和肌胃浆膜出血斑

图238　患病鹅腺胃黏膜有弥漫性点状出血

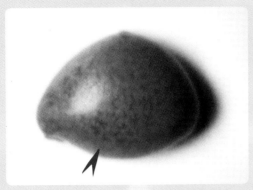

图239 患病鹅脾脏肿大，充血，出血

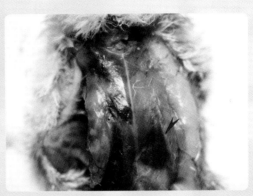

图240 患病鹅肌肉出血

图241 患病鹅心肌出血

图242 患病鹅卵巢中的卵泡严重出血，呈紫葡萄状

肿　瘤

图243 淋巴肉瘤，患鹅肝脏肿大，有大小不一的肿瘤结节

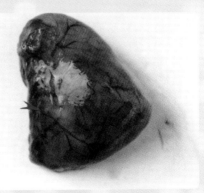

图244 淋巴肉瘤，患鹅脾脏肿大，有大小不一的肿瘤结节

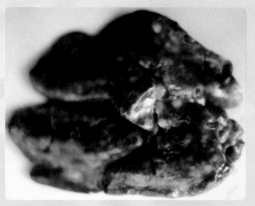

图245　淋巴肉瘤，患鹅肝脏肿大，有大小不一的肿瘤结节

图246　淋巴肉瘤，患鹅肝脏肿大，质地硬

图247　淋巴肉瘤，患鹅肝脏肿大，有大小不一的肿瘤结节

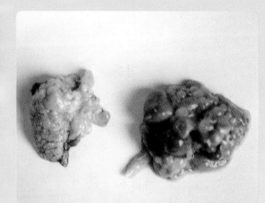

图248　卵巢肿瘤，患鹅卵巢布满大小不一的囊肿，囊腔内充满透明液体，外观呈白色葡萄状

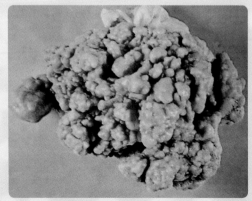

图249　卵巢腺癌，患鹅卵巢布满肿瘤结节，外观呈花菜状

图250　卵巢腺癌，患鹅卵巢布满大小不一的囊肿，囊腔内充满透明液体，外观呈白色葡萄状

第二版前言

2001 年，我国的养鹅业已具相当规模，成为人们十分关注的产业。《科学养鹅与疾病防治》的适时出版，为相关企业和养殖户学习养鹅生产的科学技术知识、提高养鹅水平提供了理论支持，受到普遍好评和欢迎。

2010 年全国的鹅存栏数、鹅屠宰量和鹅肉产量明显增加，展示了养鹅业迅猛发展的势头，尤其是由于我国农业部的重视，国家水禽产业技术体系的建立，规模孵化、规模养殖、规模加工以及适合现代企业经营的"公司＋农户"、"公司＋合作社＋农户"等模式的普及，极大地推动了养鹅业的发展。

为了适应新形势发展的需要，适应新农村建设以及工厂化规模生产的需要，我们修订再版了《科学养鹅与疾病防治》一书，充实了一些新的技术内容，如反季节鹅生产技术、种草养鹅技术。特别是在疾病防治部分，针对近几年鹅的发病新情况，不仅在文字上做了全面修改，而且补充了大量的鹅临床彩色照片，这些照片将有助于养殖技术人员可以快速准确地认识鹅的发病情况，以便及时采取相应的预防治疗措施。新版书充分展示了先进实用的养鹅技术，相信对相关企业和养殖户有更大的帮助。

衷心期望这本新版书的面世能对我国养鹅业的发展起到一定的推动作用。

本书由陈国宏、王永坤任主编，高巍、徐琪任副主编。陈国宏撰写第一章至第三章，孙龙生撰写第四章，高玉时撰写第五章，赵文明、常国斌撰写第六章，徐琪撰写第七章、第九章，李碧春撰写第八章，王永坤、田慧芳撰写第十章至第十五章，高魏、张建军撰写第十六章至第十八章，童海兵撰写第十九章，王克华撰写第二十章。徐琪、蔡娟负责编辑彩图工作。

再版编写过程中，得到众多同仁们的许多支持，在此谨致以诚挚的谢意。

编　者

2011 年 2 月 20 日

第一版前言

　　鹅生产是我国畜牧业生产的重要组成部分，也是广大农民勤劳致富的传统养殖项目。为了提高广大农民的养鹅水平，满足广大农民对养鹅生产科学技术知识的需求，应中国农业出版社之邀，我们编写了《科学养鹅与疾病防治》一书，以飨读者。全书共16章，分别就鹅的品种，饲养技术，疾病防治，产品加工和经营管理等方面进行了较为详尽的介绍，内容安排注重科学性、先进性、系统性和实用性。

　　本书由焦库华、陈国宏主编。陈国宏撰写第一章至第三章，孙龙生撰写第四章，王克华、高玉时撰写第五章、第六章、第十六章，李碧春撰写第七章、第八章，焦库华撰写第九章至第十三章，焦库华、吴信生撰写第十四章，童海兵撰写第十五章。蔡娟、高远负责编辑品种彩图工作。

　　编写过程中，得到众多同仁的许多支持，在此谨致以诚挚的谢意。

编　者

2001 年 2 月 20 日于扬州大学

第一版编著者

主　编　焦库华　陈国宏

编　者　王克华　孙龙生　李碧春　吴信生

　　　　高玉时　童海兵

目 录

第一章
鹅 的 品 种

一、鹅的外貌特征

鹅的外形是内部结构和机能的反映。在生产实践和科学研究中，鹅的生理状况、品种类型、年龄、性别和生产性能都和外形有着密切的相关性。鹅体一般由头、颈、躯干、翅和腿等几部分组成（图1-1）。

1. 头 头部前方是扁状突出的喙。喙分上下2片，下喙有50～80个数量不等的锯齿，借以觅食食物；上喙基部两侧为鼻孔开口处，舌面乳头发达。头顶部两侧是眼睛，头后两侧为耳孔。头的前上方，喙的基部交界处，有一个圆大的肉瘤，公鹅比母鹅发达；头下方有的品种鹅长有肉垂，肉垂发达的鹅向颈部延伸。除肉瘤和喙以外，鹅头覆盖有细小的羽毛。

2. 颈 颈较长，颈由17～18个颈椎组成，下至食道膨大部的基部，鹅颈灵活，伸缩转动自如，喙可以随意伸向各个方向，和身体的各个部位，可进行多功能的觅食、修饰羽毛、配种、营巢、自卫、驱逐体表蚊蝇等行为活动。尤其是能潜入一定深度的水中觅取食物。

3. 体躯 体躯外形似船形，不同品种、年龄、性别，体形大小不同。大型鹅种体躯硕大，骨骼粗壮，结构粗糙，肉质纤维较粗；中、小型鹅体躯较小，体质细致紧凑，肉质细嫩。体躯可分为背、腰、荐、胸、肋、腹部和尾部

图1-1 鹅的外貌特征

1.头 2.喙 3.喙豆 4.鼻孔 5.脸
6.眼 7.耳 8.肉瘤 9.咽袋 10.颈
11.翼 12.背 13.臀 14.覆尾羽
15.尾羽 16.胸 17.腹 18.绒羽
19.腿 20.胫 21.趾 22.爪 23.蹼

等部分。母鹅腹部皮肤有皱褶 1～2 个，称为皮褶。

4. 翅 又称翼，主要由主翼羽和副翼羽组成，主翼羽 10 根，副翼羽 12～14 根，在主、副翼羽之间有 1 根较短的轴羽。

5. 腿 稍偏后躯，胫骨以上大腿和小腿部分被体躯的羽毛覆盖；胫、趾部分的皮肤裸露，为角质化的鳞片状，脚端有爪。趾有四个，并有蹼膜相连，故又叫蹼，依靠蹼可在水中生活。

6. 羽毛 体表覆盖着羽毛。体躯表层被毛覆盖，内层绒羽着生紧密，是羽绒制品最佳原料。颈部由细小羽毛覆盖，颈的中下部羽毛的内层还着生绒羽。羽毛有白色和灰色等几种。雌雄羽毛很相似，不像鸡那样具有明显的形状和色彩的区别，也不像公鸭那样具有典型的性羽，单靠羽毛形状或颜色很难识别雌雄。

二、鹅的品种

（一）小型鹅品种

1. 太湖鹅

（1）产地与分布　原产于江苏、浙江两省沿太湖的县、市，现遍布江苏、浙江、上海，在东北、河北、湖南、湖北、江西、安徽、广东、广西等地均有分布。在江苏省苏州市乡韵太湖鹅有限公司以及浙江卓旺农业科技有限公司建有保种场，泰州国家水禽基因库中也保存有原种太湖鹅。

（2）外貌特征　体型较小，全身羽毛洁白，体质细致紧凑。体态高昂，肉瘤姜黄色、发达、圆而光滑，颈长、呈弓形，无肉垂，眼睑淡黄色，虹彩灰蓝色，喙、跖、蹼呈橘红色，爪白色。公鹅喙较短，约 6.5 厘米，性情温顺，叫声低，肉瘤小。

（3）生产性能

①产蛋性能。一个产蛋期（当年 9 月至次年 6 月）每只母鹅平均产蛋 60 枚，高产鹅群达 80～90 枚，高产个体达 123 枚。平均蛋重 135 克，蛋壳色泽较一致，几乎全为白色，蛋形指数为 1.44。

②生长速度与产肉、产绒性能。成年公鹅体重 4 330 克，母鹅 3 230 克，体斜长分别为 30.4 厘米和 27.41 厘米，龙骨长分别为 16.6 厘米和 14.0 厘米。太湖鹅雏鹅初生重为 91.2 克，70 日龄上市体重为 2 320 克，棚内饲养则可达 3 080 克。成年公鹅的半净膛率和全净膛率分别为 84.9% 和 75.6%；母鹅则分别为 79.2% 和 68.8%。太湖鹅经填饲，平均肝重为 251～313 克，最大达 638

克。此外，太湖鹅羽绒白如雪，经济价值高，每只鹅可产羽绒 200～250 克。

③繁殖性能。性成熟较早，母鹅 160 日龄即可开产。公母鹅配种比例为 1：6～7。种蛋受精率可达 90％以上，受精蛋孵化率可达 85％以上，就巢性弱，鹅群中约有 10％的个体有就巢性，但就巢时间短。70 日龄肉用仔鹅平均成活率 92％以上。

2. 豁眼鹅

（1）产地与分布　豁眼鹅又称豁鹅，因其上眼睑边缘后上方豁而得名。原产于山东莱阳地区，因集中产区地处五龙河流域，故曾名五龙鹅。在中心产区莱阳建有原种选育场。由于历史上曾有大批的山东移民移居东北时将这种鹅带往东北，因而东北三省现已是豁眼鹅的分布区，以辽宁昌图饲养最多，俗称昌图豁鹅，在吉林通化地区，称此鹅为疤拉眼鹅。目前在辽宁省建有国家级豁眼鹅保种场（辽宁省豁眼鹅原种场）和昌图金秋豁眼鹅原种场。近年来，该品种在新疆、广西、内蒙古、福建、安徽、湖北等地均有分布。

（2）外貌特征　体型轻小紧凑，全身羽毛洁白。喙、胫、蹼均为橘黄色，成年鹅有橘黄色肉瘤。眼三角形，眼睑淡黄色，两眼上眼睑处均有明显的豁口，此为该品种独有的特征。虹彩蓝灰色。头较小，颈细稍长。公鹅体型较短，呈椭圆形，有雄相。母鹅体型稍长，呈长方形。山东的豁眼鹅有咽袋、腹褶者少数，有者也较小；东北三省的豁眼鹅多有咽袋和较深的腹褶。豁眼鹅雏鹅，绒毛黄色，腹下毛色较淡。

（3）生产性能

①产蛋性能。在放牧条件下，年平均产蛋 80 枚，在半放牧条件下，年平均产蛋 100 枚以上；饲养条件较好时，年产蛋 120～130 枚。最高产蛋纪录 180～200 枚，平均蛋重 120～130 克，蛋壳白色，蛋壳厚度为 0.45～0.51 毫米，蛋形指数为 1.41～1.48。

②生长速度与产肉、产绒性能。公鹅初生重 70～78 克，母鹅 68～79 克；60 日龄公鹅体重 1 388～1 480 克，母鹅 884～1 523 克；90 日龄公鹅体重 1 906～2 469 克，母鹅 1 780～1 883 克。成年公鹅平均体重 3 720～4 440 克，母鹅 3 120～3 820 克；屠宰活重 3 250～4 510 克的公鹅，半净膛率为 78.3％～81.2％，全净膛率为 70.3％～72.6％；活重 2 860～3 700 克的母鹅，半净膛率为 75.6％～81.2％，全净膛率为 69.3％～71.2％。仔鹅填饲后，肥肝平均重 324.6 克，最大 515 克，料肝比为 41.3：1。羽绒洁白，含绒量高，但绒絮稍短。成年鹅一次活拔羽绒，公鹅 200 克，母鹅 150 克，其中含绒量 30％左右。

③繁殖性能。一般在 7～8 月龄开始产蛋。公母鹅配种比例 1：5～7，种

蛋受精率 85％左右，受精蛋孵化率为 80％～85％。4 周龄、5～30 周龄、31～80 周龄成活率分别为 92％、95％和 95％。母鹅利用年限 3 年。

3. 乌鬃鹅

（1）产地与分布 原产于广东省清远市，故又名清远鹅。因羽毛大部分为乌棕色而得此名，也有叫墨鬃鹅的。中心产区位于清远市北江两岸。分布在粤北、粤中地区和广州市郊，以清远及邻近的花县、佛冈、从化、英德等地较多。目前在广东省清新县乌鬃鹅良种场建有国家级乌鬃鹅保种场。

（2）外貌特征 体型紧凑，头小、颈细、腿短。公鹅体型较大、呈橄榄核形；母鹅呈楔形。羽毛大部分呈乌棕色，从头顶部到最后颈椎，有一条鬃状黑褐色羽毛带。颈部两侧的羽毛为白色，翼羽、肩羽、背羽和尾羽为黑色，羽毛末端有明显的棕褐色银边。胸羽灰白色或灰色，腹羽灰白色或白色。在背部两边，有一条起自肩部直至尾根的 2 厘米宽的白色羽毛带，在尾翼间未被覆盖部分呈现白色圈带。青年鹅的各部位羽毛颜色比成年鹅较深。喙、肉瘤、胫、蹼均为黑色，虹彩棕色。

（3）生产性能

①产蛋性能。一年分 4～5 个产蛋期，平均年产蛋 30 枚左右，平均蛋重 144.5 克。蛋壳浅褐色，蛋形指数为 1.49。

②生长速度与产肉性能。初生重 95 克，30 日龄体重 695 克，70 日龄体重 2 850 克，90 日龄体重 3 170 克，料肉比为 2.31∶1。公鹅半净膛率和全净膛率分别为 87.4％和 77.4％，母鹅则分别为 87.5％和 78.1％。

③繁殖性能。母鹅开产日龄为 140 天左右，有很强的就巢性。公母鹅配比为 1∶8～10，种蛋受精率为 87.7％，受精蛋孵化率为 92.5％，雏鹅成活率为 84.9％。

4. 籽鹅

（1）产地与分布 中心产区位于黑龙江省绥北和松花江地区，其中肇东、肇源、肇州等地最多，黑龙江全省各地均有分布。因产蛋多，群众称其为籽鹅。该鹅种具有耐寒、耐粗饲和产蛋能力强的特点。目前在黑龙江省畜牧研究所建有籽鹅保种场，在黑龙江省农科院建有籽鹅繁育工程中心。

（2）外貌特征 体型较小，紧凑，略呈长圆形。羽毛白色，一般头顶有缨，又叫顶心毛，颈细长，肉瘤较小，颌下偶有垂皮，即咽袋，但较小。喙、胫、蹼皆为橙黄色，虹彩为蓝灰色。腹部一般不下垂。

（3）生产性能

①产蛋性能。一般年产蛋在 100 枚以上，多的可达 180 枚，蛋重平均 131.1 克，最大 153 克。蛋形指数为 1.43。

②生长速度与产肉性能。初生公雏体重 89 克，母雏 85 克；56 日龄公鹅体重 2 958 克，母鹅 2 575 克；70 日龄公鹅体重 3 275 克，母鹅 2 860 克；成年公鹅体重 4 000～4 500 克，母鹅 3 000～3 500 克。70 日龄公母鹅半净膛率分别为 78.02％和 80.19％，全净膛率分别为 69.47％和 71.30％，胸肌率分别为 11.27％和 12.39％，腿肌率分别为 21.93％和 20.87％，腹脂率分别为 0.34％和 0.38％；24 周龄公母鹅半净膛率分别为 83.15％和 82.91％，全净膛率分别为 78.15％和 79.60％，胸肌率分别为 19.20％和 19.67％，腿肌率分别为 21.30％和 18.99％，腹脂率分别为 1.56％和 4.25％。

③繁殖性能。母鹅开产日龄为 180～210 天。公母鹅配种比例为 1：5～7，喜欢在水中配种，受精率在 90％以上，受精蛋孵化率均在 90％以上，高的可达 98％。

5. 酃县白鹅

（1）产地与分布　中心产区位于湖南省酃县（今炎陵县）沔渡和十都两乡，以沔水和河漠水流域饲养较多。与酃县毗邻的资兴、桂东、茶陵和江西省的宁冈等地均有分布。莲花县的莲花白鹅与酃县白鹅系同种异名。目前在湖南省株洲神风牧业酃县白鹅资源场建有国家级酃县白鹅保种场。

（2）外貌特征　酃县白鹅体型小而紧凑，体躯近似短圆柱体。头中等大小，有较小的肉瘤，母鹅的肉瘤扁平，不显著。颈长中等，体躯宽深，母鹅后躯较发达。全身羽毛白色。喙、肉瘤和胫、蹼橘红色，皮肤黄色，虹彩蓝灰色，公母鹅均无咽袋。

（3）生产性能

①产蛋性能。母鹅多在 10 月至次年 4 月间产蛋，分 3～5 个产蛋期，每期产 8～12 枚，于同一个窝内，之后开始抱孵。全繁殖季节平均产蛋 46 枚，第一年产蛋平均重 116.6 克，第二年为 146.6 克。蛋壳白色，蛋壳厚度为 0.59 毫米，蛋形指数为 1.49。

②生长速度与产肉性能。成年公鹅体重 4 000～5 300 克，母鹅 3 800～5 000 克。在放牧条件下，60 日龄体重 2 200～3 300 克，90 日龄 3 200～4 100 克。如饲料充足，加喂精饲料，60 日龄可达 3 000～3 700 克。对未经肥育的 6 月龄鹅进行屠宰测定，半净膛与全净膛的屠宰率，公鹅分别为 82.00％和 76.35％，母鹅分别为 83.98％和 75.69％。放牧加补喂精料饲养的肉鹅，从初生到屠宰生长期共 105 天，平均体重为 3 750 克，每只耗精料 3.28 千克，平均每千克增重耗料为 0.88 千克。

③繁殖性能。母鹅开产日龄 120～210 天。公母鹅配种比例为 1：3～4，种蛋受精率平均高达 98％，受精蛋的孵化率达 97％～98％。种鹅利用 2～6

年。雏鹅成活率96％。

6. 伊犁鹅

（1）产地与分布　又称塔城飞鹅。中心产区位于新疆维吾尔自治区伊犁哈萨克自治州各直属县、市，分布于新疆西北部的各州及博尔塔拉蒙古自治州一带。目前在新疆伊犁"哈萨克自治州畜禽改良站和额敏县恒鑫实业有限公司建有资源场。

（2）外貌特征　体型中等与灰雁非常相似，颈较短，胸宽广而突出，体躯呈水平状态，扁椭圆形，腿粗短。头部平顶，无肉瘤突起。颌下无咽袋。雏鹅上体黄褐色，两侧黄色，腹下淡黄色，眼灰黑色，喙黄褐色，胫、趾、蹼均为橘红色，喙豆乳白色。成年鹅喙象牙色，胫、蹼、趾肉红色，虹彩蓝灰色。羽毛可分为灰、花、白3种颜色，翼尾较长。

灰鹅头、颈、背、腰等部位羽毛灰褐色；胸、腹、尾下灰白色，并缀以深褐色小斑；喙基周围有一条狭窄的白色羽环；体躯两侧及背部，深浅褐色相衔，形成状似覆瓦的波状横带；尾羽褐色，羽端白色。最外侧两对尾羽白色。花鹅羽毛灰白相间，头、背、翼等部位灰褐色，其他部位白色，常见在颈肩部出现白色羽环。白鹅全身羽毛白色。

（3）生产性能

①产蛋性能。一般每年只有一个产蛋期，出现在3～4月间，也有个别鹅分春秋两季产蛋。全年可产蛋5～24枚，平均年产蛋量为10.1枚。通常第1个产蛋年7～8枚，第2个产蛋年10～12枚，第3个产蛋年15～16枚，此时已达产蛋高峰，稳定几年后，到第6年产蛋量逐渐下降。平均蛋重156.9克，蛋壳乳白色，蛋壳厚度为0.6毫米，蛋形指数为1.48。

②生长速度与产肉、产绒性能。放牧饲养，公母鹅30日龄体重分别为1 380克和1 230克，60日龄体重3 030克和2 770克，90日龄体重为3 410克和2 770克，120日龄体重为3 690克和3 440克。8月龄肥育15天的肉鹅屠宰表明，平均活重3.81千克，半净膛率和全净膛率分别为83.6％和75.5％。平均每只鹅可产羽绒240克。

③繁殖性能。公母鹅配种比例为1∶2～4。种蛋平均受精率为83.1％；受精蛋孵化率为81.9％。有就巢性，一般每年1次，发生在春季产蛋结束后。30日龄成活率为84.7％。

7. 阳江鹅

（1）产地与分布　中心产区位于广东省湛江地区阳江市。分布于邻近的阳春、电白、恩平、台山等地，在江门、韶关、南海、湛江等市及至广西也有分布。目前广东省在阳江市畜牧科学研究所建有阳江鹅繁育场。

（2）外貌特征 体型中等、行动敏捷。母鹅头细颈长，躯干略似瓦筒形，性情温顺；公鹅头大颈粗，躯干略呈船底形，雄性明显。从头部经颈向后延伸至背部，有一条宽 1.5～2 厘米的深色毛带，故又叫黄鬃鹅。在胸部、背部、翼尾和两小腿外侧有灰色毛，毛边缘都有宽 0.1 厘米的白色银边羽。从胸两侧到尾椎，有一条像葫芦形的灰色毛带。除上述部位外，均为白色羽毛。在鹅群中，灰色羽毛又分黑灰、黄灰、白灰等几种。喙、肉瘤黑色，胫、蹼为黄色、黄褐色或黑灰色。

（3）生产性能

①产蛋性能。产蛋季节在每年 7 月到次年 3 月。一年产蛋 4 期，平均每年产蛋量 26～30 枚。采用人工孵化后，年产蛋量可达 45 枚。平均蛋重 145 克。蛋壳白色，少数为浅绿色。

②生长速度与产肉性能。成年公鹅体重 4 200～4 500 克，母鹅 3 600～3 900 克，70～80 日龄仔鹅体重 3 000～3 500 克。饲养条件好，70～80 日龄体重可达 5 000 克。70 日龄肉用仔鹅公母半净膛率分别为 83.4％和 83.8％。

③繁殖性能。性早熟，公鹅 70～80 日龄就会爬跨，配种适龄为 160～180 天。母鹅开产日龄为 150～160 天。公母鹅配种比例为 1∶5～6，种蛋受精率为 84％，受精蛋孵化率为 91％。成活率在 90％以上。公母鹅均可利用 5～6 年。该鹅品种就巢性强，1 年平均就巢 4 次。

8. 闽北白鹅

（1）产地与分布 中心产区位于福建省北部的武夷山、松溪、政和、浦城、崇安、建阳、建瓯等地，分布于福建省的古田、沙县、尤溪及江西省的铅山、广丰、资溪等县市。

（2）外貌特征 全身羽毛洁白，喙、胫、蹼均为橘黄色，皮肤为肉色，虹彩灰蓝色。公鹅头顶有明显突起的冠状皮瘤，颈长胸宽，鸣声洪亮。母鹅臀部宽大丰满，性情温驯。雏鹅绒毛为黄色或黄中透绿。

（3）生产性能

①产蛋性能。1 年产蛋 3～4 窝，每窝产蛋平均 8～12 枚，年平均产蛋 30～40 枚。平均蛋重 150 克以上，蛋壳白色，蛋形指数为 1.41。

②生长速度与产肉性能。成年公鹅体重 4 000 克以上，母鹅 3 000～4 000 克。在较好的饲养条件下，100 日龄仔鹅体重可达 4 000 克左右，肉质好。公鹅全净膛率为 80％，胸、腿肌占全净膛重分别为 16.7％和 18.3％；母鹅全净膛率为 77.5％，胸、腿肌占全净膛重分别为 14.5％和 16.4％。

③繁殖性能。母鹅开产日龄 150 天左右。公鹅 7～8 月龄性成熟，开始配种。公母鹅配种比为 1∶5，种蛋受精率在 85％以上。受精蛋孵化率为 80％。

9．永康灰鹅

（1）产地与分布　产于浙江省永康、武义等地，毗邻的各县市也有分布，是我国灰色羽鹅中的一种小型品种。

（2）外貌特征　该鹅种体躯呈长方形，其前胸突出而向上抬起，后躯较大，腹部略下垂，颈细长，肉瘤突起。羽毛背面呈深灰色，自头部至颈部上侧直至背部的羽毛颜色较深，主翼羽深灰色。颈部两侧及下侧直至胸部均为灰白色，腹部白色。喙和肉瘤黑色。跖、蹼橘红色。虹彩褐色。皮肤淡黄色。

（3）生产性能

①产蛋性能。年产蛋量 40～50 枚，平均蛋重 140 克，蛋壳白色。

②生长速度与产肉性能。成年公鹅 3 800～4 200 克，成年母鹅 3 500～4 200克，2 月龄重 2500 克左右。全净膛率为 62％左右，半净膛率为 82％。

③繁殖性能。母鹅开产期在 5 月龄左右。就巢性较强，每年 3～4 次。

10. 右江鹅

（1）产地与分布　主产于广西百色地区，由于主要分布于右江两岸的 12 个县市，故名右江鹅。

（2）外貌特征　背胸宽广，成年公母鹅腹部均下垂。头部较小而平。咽喉下方无咽袋，按羽色分，有白鹅与灰鹅两种。白鹅全身羽毛洁白，虹彩浅蓝色，喙、跖与蹼粉红色。皮肤、爪和喙豆为肉色。灰鹅体型与白鹅相同，仅毛色不同。头部和颈的背面羽毛呈棕色。颈两侧与下方直至胸部和腹部都生白羽。背羽灰色镶琥珀边。主翼羽前两根为白色，后 8 根为深灰色镶白边。尾羽浅灰色镶白边。腿羽灰色。头部皮肤和肉瘤交界处有一小圈白毛。虹彩黄褐色，喙黑色。跖和蹼橙黄色。

（3）生产性能

①产蛋性能。每年产蛋三窝，每窝产 8～15 枚，个别达 18～20 枚，通常以头窝所产较多。年平均产蛋 40 枚。蛋重 150～170 克。蛋壳多数白色，少数青色。

②生长速度与产肉性能。90 日龄体重 2 500 克，160 日龄体重 3 300 克，180 日龄公鹅体重 4 000 克，母鹅体重 3 600 克。成年公鹅体重 4 500 克，母鹅重 4 000 克。3～6 月龄屠宰测定，公鹅半净膛率为 84.48％，全净膛率为 74.71％，母鹅半净膛率为 81.13％，全净膛率为 72.76％。

③繁殖性能。母鹅 9～12 月龄开产。种鹅公母配种比例 1：5～6。受精率在 90％以上，受精蛋孵化率可达 95％。种鹅每产完一窝蛋即就巢一次，繁殖季节为 1～2 月份，9～12 月份，11～12 月份，晚春至夏季停产。种鹅利用年限 3 年以上。

11. 扬州鹅

（1）产地与分布 扬州鹅是由扬州大学畜牧兽医学院联合扬州市农林局、畜牧兽医站及高邮、仪征、邗江畜牧兽医站等技术推广部门，利用国内鹅种资源协作攻关培育的一个新鹅种，2002年8月通过江苏省畜禽品种审定委员会审定。目前在江苏省高邮市宋桥建有扬州鹅育种中心。该鹅种属中型鹅种，具有遗传性能稳定、繁殖率高、耐粗饲、适应性强、仔鹅饲料转化率高、肉质细嫩等特点。主产于江苏省高邮市、仪征市及邗江县，目前已推广至江苏全省及上海、山东、安徽、河南、湖南、广西等地。

（2）外貌特征 头中等大小，高昂。前额有半球形肉瘤，瘤明显，呈橘黄色。颈匀称，粗细、长短适中。体躯方圆、紧凑。羽毛洁白、绒质较好，偶见眼梢或头顶或腰背部有少量灰褐色羽毛的个体。喙、胫、蹼橘红色，眼睑淡黄色，虹彩灰蓝色。公鹅比母鹅体型略大，体格雄壮，母鹅清秀。雏鹅全身乳黄色，喙、胫、蹼橘红色。

（3）生产性能

①产蛋性能。平均年产蛋72枚、平均蛋重140克，平均蛋形指数为1.47，蛋壳白色。

②生长速度与产肉性能。平均体重初生94克；70日龄3 450克；成年公鹅5 570克，母鹅4 170克。70日龄公鹅平均半净膛率为77.30%，母鹅为76.50%；70日龄公鹅平均全净膛率为68%，母鹅为67.70%。

③繁殖性能。平均开产日龄218天。公母鹅配种比例为1∶6~7，平均种蛋受精率为91%，平均受精蛋孵化率为88%。公母鹅利用年限2~3年。

（二）中型鹅品种

1. 皖西白鹅

（1）产地与分布 中心产区位于安徽省西部丘陵山区和河南省固始一带，主要分布于皖西的霍邱、寿县、六安、肥西、舒城、长丰等地以及河南的固始等地。在安徽省六安建有国家级保种场。

（2）外貌特征 体型中等，体态高昂，气质英武，颈长呈弓形，胸深广，背宽平。全身羽毛洁白，头顶肉瘤呈橘黄色，圆而光滑无皱褶，喙橘黄色，喙端色较淡，虹彩灰蓝色，胫、蹼橘红色，爪白色，约6%的鹅颌下带有咽袋。少数个体头颈后部有球形羽束，即顶心毛。公鹅肉瘤大而突出，颈粗长有力，母鹅颈较细短，腹部轻微下垂。

（3）生产性能

①产蛋性能。产蛋多集中在1月份及4月份。1月份开产第一期蛋的母鹅

占 61％；4 月份开产第二期蛋的母鹅占 65％。因此，3 月份、5 月份分别为一、二期鹅的出雏高峰，可见皖西白鹅繁殖季节性强，时间集中。一般母鹅年产两期蛋，年产蛋量 25 枚左右，3％～4％的母鹅可连产蛋 30～50 枚，群众称之为"常蛋鹅"。平均蛋重 142 克，蛋壳白色，蛋形指数为 1.47。

②生长速度与产肉、产绒性能。初生重 90 克左右，30 日龄仔鹅体重可达 1 500 克以上，60 日龄达 3 000～3 500 克，90 日龄达 4 500 克左右，成年公鹅体重 6 120 克，母鹅 5 560 克。8 月龄放牧饲养且不催肥的鹅，其半净膛和全净膛率分别为 79.0％和 72.8％。皖西白鹅羽绒质量好，尤其以绒毛的绒朵大而著称。平均每只鹅产羽绒 349 克，其中绒毛量 40～50 克。

③繁殖性能。母鹅开产日龄一般为 6 月龄，但当地习惯早春孵化，人为将开产期控制到 9～10 月龄。公母鹅配种比例为 1∶4～5。种蛋受精率平均为 88.7％。受精蛋孵化率为 91.1％，健雏率为 97.0％。平均 30 日龄仔鹅成活率高达 96.8％。母鹅就巢性强，一般年产两期蛋，每产一期，就巢一次，有就巢性的母鹅占 98.9％，其中一年就巢两次的占 92.1％。公鹅利用年限 3～4 年或更长，母鹅 4～5 年，优良者可利用 7～8 年。

2. 雁鹅

（1）产地与分布　原产于安徽省西部的六安地区，主要是霍邱、寿县、六安、舒城、肥西以及河南省的固始等地。分布于安徽省各地和江苏省的丘陵地区。后来逐渐向东南移，现在安徽的宣城、郎溪、广德一带和江苏西南的丘陵地区形成了新的饲养中心。在江苏分布区通常称雁鹅为"灰色四季鹅"。目前，在安徽省郎溪县建有雁鹅保种场。

（2）外貌特征　体型中等，体质结实，全身羽毛紧贴。头部圆形略方，头上有黑色肉瘤，质地柔软，呈桃形或半球形向上方突出。眼睑为黑色或灰黑色，眼球黑色，虹彩灰蓝色，喙黑色、扁阔，胫、蹼为橘黄色，爪黑色。颈细长，胸深广，背宽平，腹下有皱褶。皮肤多数为黄白色。成年鹅羽毛呈灰褐色和深褐色，颈的背侧有一条明显的灰褐色羽带，体躯的羽毛从上往下由深渐浅，至腹部为灰白色或白色。除腹部白色羽外，背、翼、肩及腿羽皆为银边羽，排列整齐。肉瘤的边缘和喙的基部大部分有半圈白羽。雏鹅全身羽绒呈墨绿色或棕褐色，喙、胫、蹼均呈灰黑色。

（3）生产性能

①产蛋性能。一般母鹅年产蛋为 25～35 枚，雁鹅在产蛋期间，每产一定数量蛋后即进入就巢期休产，以后再产第二期蛋，如此反复，一般可间歇产蛋三期，也有少数可产蛋四期，因此群众称之为"四季鹅"，其中第一个产蛋期产蛋 12～15 枚，第二、第三个产蛋期产蛋 8～20 枚。平均蛋重 150 克。蛋壳

白色，蛋壳厚度为 0.6 毫米，蛋形指数为 1.51。

②生长速度与产肉性能。在放牧饲养条件下，5～6 月龄时体重可达 5 000 克以上，在较好饲养条件下，两个月可长到 5 000 克。一般公鹅初生重 109.3 克，母鹅 106.2 克，30 日龄公鹅体重 791.5 克，母鹅 809.9。60 日龄公鹅体重 2 437 克，母鹅 2 170 克。90 日龄公鹅体重 3 947 克，母鹅 3 462 克。120 日龄公鹅体重 4 513 克，母鹅 3 955 克。成年公鹅体重 6 020 克，母鹅 4 775 克。成年公鹅半净膛率、全净膛率分别为 86.1% 和 72.6%，母鹅半净膛率、全净膛率分别为 83.8% 和 65.3%。

③繁殖性能。一般母鹅开产在 8～9 月龄，但在较好饲养条件下，母鹅在 7 月龄开产。公鹅 4～5 月龄有配种能力，公母鹅配种比例为 1：5。种蛋受精率在 85% 以上，受精蛋孵化率为 70%～80%。雏鹅 30 日龄成活率在 90% 以上。母鹅就巢性强，就巢率为 83%，一般年就巢 2～3 次。公鹅利用年限 2 年，母鹅则为 3 年。

3. 溆浦鹅

（1）产地与分布　产于湖南省沅江支流溆水两岸。中心产区位于溆浦县桥江、卢峰、水东、仲夏、桐木溪、大湾等地，分布在溆浦全县及怀化地区各县、市，在隆回、洞口、新化、安化等地也有分布。

（2）外貌特征　体型高大，体躯稍长，呈长圆柱形。公鹅头颈高昂，直立雄壮，叫声清脆洪亮，护群性强。母鹅体型稍小，性情温驯、觅食力强，产蛋期间后躯丰满，呈卵圆形。毛色主要有白、灰两种，以白色居多。灰鹅颈、背、尾灰褐色，腹部为白色；皮肤浅黄色；眼睛明亮有神，眼睑黄白，虹彩灰蓝色；胫、蹼都是橘红色；喙黑色；肉瘤突起，呈灰黑色，表面光滑。白鹅全身羽毛白色；喙、肉瘤、胫、蹼都呈橘黄色；皮肤浅黄色；眼睑黄色，虹彩灰蓝色。母鹅后躯丰满，腹部下垂，有腹褶。有 20% 左右的个体头顶有顶心毛。

（3）生产性能

①产蛋性能。一般年产蛋 30 枚左右。产蛋季节集中在秋末和初春，即当年的 9、10 月份和次年的 2、3 月份。每期可产蛋 8～12 枚，一般年产 2～3 期，高产者达 4 期。平均蛋重 212.5 克。蛋壳以白色居多，少数为淡青色。蛋壳厚度为 0.62 毫米，蛋形指数为 1.28。

②生长速度与产肉、产肝、产绒性能。初生重 122 克，30 日龄体重 1 539 克，60 日龄体重 3 152 克，90 日龄体重 4 421 克，180 日龄公鹅体重 5 890 克，母鹅 5 330 克。6 月龄肉鹅半净膛率公母鹅分别为 88.6% 和 87.3%；全净膛率公母鹅分别为 80.7% 和 79.9%。溆浦鹅产肝性能良好，成年鹅填饲 3 周，肥肝平均重为 627 克，最大肥肝重 1 330 克。体重 3 400 克溆浦鹅，平均 1 次拔

毛量为 437.5 克。

③繁殖性能。母鹅开产在 7 月龄左右。公鹅 6 月龄具有配种能力。公母鹅配种比例为 1∶3～5。种蛋受精率为 97.4%。受精蛋孵化率为 93.5%。公鹅利用年限 3～5 年,母鹅 5～7 年。雏鹅 30 日龄成活率为 85%。就巢性强,一般每年就巢 2～3 次,多的达 5 次。

4. 浙东白鹅

(1) 产地与分布　中心产区位于浙江省东部的奉化、象山、宁海等地,分布于鄞县、绍兴、余姚、上虞、嵊州、新昌等地。目前在浙江省象山建有浙东白鹅资源场。

(2) 外貌特征　体型中等,体躯长方形,全身羽毛洁白,约有 15% 左右的个体在头部和背侧夹杂少量斑点状灰褐色羽毛。额上方肉瘤高突,成半球形。随年龄增长,突起变得更加明显。无咽袋、颈细长。喙、胫、蹼幼年时呈橘黄色,成年后变橘红色,肉瘤颜色较喙色略浅,眼睑金黄色,虹彩灰蓝色。成年公鹅体型高大雄伟,肉瘤高突,鸣声洪亮,好斗逐人;成年母鹅腹宽而下垂,肉瘤较低,鸣声低沉,性情温驯。

(3) 生产性能

①产蛋性能。一般每年有 4 个产蛋期,每期产蛋 8～13 枚,一年可产 40 枚左右。平均蛋重 149 克。蛋壳白色。

②生长速度与产肉、肝性能。初生重 105 克,30 日龄体重 1 315 克,60 日龄体重 3 509 克,75 日龄体重 3 773 克。70 日龄仔鹅屠宰测定,半净膛率和全净膛率分别为 81.1% 和 72.0%。经填肥后,肥肝平均重 392 克,最大肥肝 600 克;料肝比为 44∶1

③繁殖性能。母鹅开产日龄一般在 150 天。公鹅 4 月龄开始性成熟,初配年龄 160 日龄,公母鹅配种比例为 1∶6～7。种蛋受精率在 90% 以上,受精蛋孵化率为 90% 左右。公鹅利用年限 3～5 年,以第 2、第 3 年为最佳时期。绝大多数母鹅都有较强的就巢性,每年就巢 3～5 次,一般连续产蛋 9～11 枚后就巢 1 次。

5. 四川白鹅

(1) 产地与分布　中心产区位于四川省温江、乐山、宜宾、永川和达县等地,分布于江安、长宁、翠屏区、高县和兴文等平坝和丘陵水稻产区。目前在四川省南溪县建有国家级四川白鹅保种场。

(2) 外貌特征　体型稍细长,头中等大小,躯干呈圆筒形,全身羽毛洁白,喙、胫、蹼橘红色,虹彩蓝灰色。公鹅体型稍大,头颈较粗,额部有一呈半圆形的橘红色肉瘤;母鹅头清目秀,颈细长,肉瘤不明显。

（3）生产性能

①产蛋性能。年平均产蛋量 60～80 枚，平均蛋重 146 克，蛋壳白色。

②生长速度与产肉、肝性能。初生雏鹅体重为 71.10 克；60 日龄体重 2 476 克。6 月龄公鹅半净膛率 86.28%，母鹅 80.69%，6 月龄公鹅全净膛率 79.27%，母鹅 73.10%。经填肥，肥肝平均重 344 克，最大 520 克，料肝比为 42∶1。

③繁殖性能。母鹅开产日龄 200～240 天。公鹅性成熟期为 180 天左右，公母鹅配种比例为 1∶3～4，种蛋受精率在 85% 以上，受精蛋孵化率为 84% 左右，无就巢性。

6. 固始白鹅

（1）产地与分布　产于河南省固始县境内，与之毗邻的潢川、商城、光山、淮滨以及新县、息县、罗山、信阳等地也都有相当数量的分布。

（2）外貌特征　外观体色雪白，但少数鹅的副翼羽有几根灰羽，多数鹅为纯白色，全身羽毛紧贴，体质结实而紧凑，头近方圆形，大小适中而高昂，前端有圆而光滑的肉瘤。全身各部比例匀称，步态稳健，体姿雄伟，眼大有神，眼睑淡黄色，虹彩为灰色。喙扁阔，颈细长向前似弓形，胸深广而突出，背宽而较平。体躯呈长方形，腿短粗强壮有力。喙、肉瘤、跖、蹼均为橘黄色，喙端颜色较淡，爪呈白色。少数鹅的头颈交界处有一撮突出的绒球状颈毛，俗称"凤头鹅"。还有少数额下有一带状肉垂，俗称"牛鹅"。

公鹅体型较母鹅高大雄壮，行走时昂首挺胸，步态稳健，叫声洪亮，头部肉瘤比母鹅大而突出，喙较宽而长。母鹅性情温顺，叫声低而粗。在产蛋期间腹部有一条明显的皱褶，高产鹅的皱褶大而接近地面。

（3）生产性能

①产蛋性能。在一般粗放饲养管理条件下，年产蛋 24～26 枚，个别高产鹅可达 70 枚。一年产两窝蛋，头窝在 2、3 月份，产 14～16 枚，第二窝在 5、6 月份，产 8～10 枚。平均蛋重 145.4 克，蛋形指数为 1∶1.5。

②生长速度与产肉、产绒性能。固始白鹅的生长速度很快，初生雏鹅 180 克，在粗放饲养的条件下，30 日龄体重可达 1 200～1 600 克，50 日龄可达 3 000～3 500 克，90 日龄可达 4 500 克，120 天即可达成年体重。185 日龄半净膛率为 79.51%，全净膛率 68.55%。固始白鹅毛片大，毛绒丰厚，含绒率高达 20%～25%。

③繁殖力。母鹅 160～170 日龄开产。公鹅 150 日龄性成熟。公母配种比例为 1∶3。种公鹅利用 2～3 年，母鹅利用 3～5 年。种蛋受精率为 90%，受精蛋孵化率为 80%。固始白鹅的就巢性较强，几乎达 100%。

7. 钢鹅

（1）产地与分布　产于四川西南部凉山彝族自治州安宁河流域的河谷区，分布于该州的西昌、德昌、冕宁、米易和会理等地。该鹅种是我国灰鹅中的中型品种，当地群众有填鹅取肝的习惯，肥肝性能良好。

（2）外貌特征　体型较大，头呈长方形，喙宽平、灰黑色，公鹅肉瘤突出，黑色；前胸开阔，体躯向前抬起，体态高昂。鹅的头顶部沿颈的背面直到颈下部有一条由大逐渐变小的灰褐色的鬃状羽带，腹面的羽毛灰白色，褐色羽毛的边缘有银白色的镶边。胫粗，蹼宽，呈橘黄色。

（3）生产性能

①产蛋性能。年产蛋 34～45 枚，平均蛋重 173 克，蛋壳白色。

②生长速度与产肉性能。成年公鹅 5 100 克，成年母鹅 4 500 克。70 日龄体重可达 3 000 克以上。全净膛率为 76.75%，半净膛率为 88.4%。

③繁殖性能。母鹅平均开产日龄 190 天。母鹅就巢性强。公母配比 1：4～6，利用年限 2～3 年。

8. 马岗鹅

（1）产地与分布　产于广东省开平市。分布于佛山、肇庆地区各县市。属中型鹅。该鹅种是 1925 年自外地引入公鹅与阳江母鹅杂交，经在当地长期选育形成的品种，具有早熟易肥的特点。

（2）外貌特征　具有乌头、乌颈、乌背、乌脚等特征。公鹅体型较大，头大、颈粗、胸宽、背阔；母鹅体躯如瓦筒形，羽毛紧贴，背、翼、基羽均为黑色，胸、腹羽淡白。初生雏鹅绒羽呈墨绿色，腹部为黄白色；胫、喙呈黑色。

（3）生产性能

①产蛋性能。年产蛋 35 枚，平均蛋重 160 克，蛋壳白色。

②生长速度与产肉性能。成年公鹅 5 000～5 500 克，成年母鹅 4 500～5 000克，60 日龄仔鹅重 3 000 克。全净膛率为 73%～76%，半净膛率为 85%～88%。

③繁殖性能。母鹅开产期 5 月龄左右。公母配比为 1：5～6。利用年限 5～6 年。就巢性较强，每年 3～4 次。

9. 兴国灰鹅

（1）产地与分布　兴国灰鹅原产于江西省兴国县。该品种个体适中、耐粗饲、生长快、产肉多、肉质好、味道鲜。在江西省兴国县建有兴国灰鹅国家级保种场。

（2）外貌特征　属小型偏中等体型。喙青色，头、颈、背部羽毛呈灰色，胸、腹部羽毛为灰白色。胫脚黄色，皮肤肉黄色，眼睛彩虹乌黑色。成年公鹅体躯较长，头较大，性成熟后前额肉瘤突起，叫声洪亮。成年母鹅体躯较短，后腹部较发达。公鹅性成熟后额前有一肉瘤突起。

（3）生产性能

①产蛋性能。年产蛋 30～40 枚，平均蛋重为 149 克，蛋形指数为 1.42，蛋壳白色。

②生长速度与产肉性能。初生重 93 克，70 日龄体重 4 000～4 500 克，成年公鹅体重 6 800 克，母鹅 4 500 克。屠宰测定：半净膛率公鹅为 80.98%，母鹅为 81.46%；全净膛率公鹅为 68.83%，母鹅为 69.41%。在冬春两季长速最快，冬鹅日增重普遍在 55 克以上，65 日龄左右即可出笼，春鹅日增重 50 克以上，70 日龄左右即可出笼。

③繁殖性能。公鹅 10 月龄、母鹅 8 月龄可配种繁殖，母鹅有就巢性，每产 10～15 枚蛋后就巢一次，年产蛋 3～4 窝，产蛋期为 9 月份至次年 4 月份。开产日龄 180～210 天，公母配种比为 1∶5～6，种蛋受精率为 80% 左右。

10. 朗德鹅

（1）产地与分布 朗德鹅又称西南灰鹅，原产于法国西南部靠比斯开湾的朗德省，是世界著名的肥肝专用品种。目前在我国吉林省、山东省、浙江省以及江苏省等地均有朗德鹅种鹅场。

（2）外貌特征 毛色灰褐，颈、背都接近黑色，胸部毛色较浅，呈银灰色，腹下部则呈白色。也有部分白羽个体或灰白杂色个体。通常情况下，灰羽的羽毛较松，白羽的羽毛紧贴。喙橘黄色，胫、蹼为肉色。灰羽在喙尖部有一浅色部分。

（3）生产性能

①产蛋性能。一般在 2～6 月份产蛋，年平均产蛋 35～40 枚，平均蛋重 180～200 克。

②生长速度与产肉、肝、绒性能。成年公鹅体重 7 000～8 000 克，成年母鹅体重 6 000～7 000 克。8 周龄仔鹅活重可达 4 500 克左右。肉用仔鹅经填肥后，活重达到 10 000～11 000 克，肥肝重 700～800 克。朗德鹅对人工拔毛耐受性强，羽绒产量在每年拔毛 2 次的情况下，可达 350～450 克。

③繁殖性能。性成熟期约 180 天，种蛋受精率不高，仅 65% 左右，母鹅有较强的就巢性。

11. 莱茵鹅

（1）产地与分布 原产于德国莱茵州，是欧洲产蛋量最高的鹅种，现广泛分布于欧洲各国。我国江苏南京市畜牧兽医站最早引进该鹅种饲养，大量的杂交试验表明，其对改良我国鹅种的肉用性能有良好效果。目前，在我国上海、吉林、黑龙江、重庆等地均有种鹅场进行生产。

（2）外貌特征　体型中等偏小。初生雏背面羽毛为灰褐色，从 2 周龄到 6 周龄，逐渐转变为白色，成年时全身羽毛洁白。喙、胫、蹼呈橘黄色。头上无肉瘤，颈粗短。

（3）生产性能

①产蛋性能。年产蛋量为 50～60 枚，平均蛋重 150～190 克。

②生长速度与产肉性能。成年公鹅体重 5 000～6 000 克，母鹅 4 500～5 000 克。8 周龄仔鹅活重可达 4 200～4 300 克，料肉比为 2.5～3.0：1，莱茵鹅能适应大群舍饲，是理想的肉用鹅种。但产肝性能较差，平均肝重为 276 克。

③繁殖性能。母鹅开产日龄为 210～240 天。公母鹅配种比例为 1：3～4，种蛋平均受精率为 74.9%，受精蛋孵化率为 80%～85%。

12. 罗曼鹅

（1）产地与分布　罗曼鹅是欧洲古老品种，原产于意大利，有灰、白、花三种，在我国目前主要饲养的是白羽罗曼鹅。对白色罗曼鹅，丹麦、美国和中国台湾进行了较系统地选育，主要是提高其体重和整齐度，改善其产蛋性能。英国则选体型较小而羽毛纯白美观的个体留种。白罗曼鹅是我国台湾地区主要的肉鹅生产品种，饲养量占台湾全省的 90% 以上。

（2）外貌特征　白罗曼鹅外表很像爱姆登鹅，体型比爱姆登鹅小 1/2，属于中型鹅种。头中等大小，白羽罗曼鹅全身羽毛白色，眼为蓝色，喙、脚胫与趾均为橘红色。其体型明显的特点是"圆"，颈短，背短，体躯短。

（3）生产性能

①产蛋性能。年产蛋 25～50 枚，蛋重 140～160 克，椭圆形，蛋壳呈白色。

②生长速度与肉用、绒用性能。成年公鹅体重 6 000～7 000 克，母鹅体重 4 500～5 500 克。仔鹅 8 周龄体重可达 4 000 克。肉用性能好，羽绒价值高，可以用于肉鹅和羽绒生产，也用作杂交配套的父本改善其他品种的肉用性能和羽绒性能。

③繁殖性能。母鹅 220 日龄开产，公母鹅比例 1：4，受精率 85%，孵化率 88%。

（三）大型鹅品种

1. 霍尔多巴吉鹅

（1）产地与分布　霍尔多巴吉鹅是由欧洲最大的水禽养殖加工企业匈牙利

霍尔多巴吉鹅股份公司多年培育的国际公认的绒肉兼用型优良品种。该品种不仅肉质鲜嫩，蛋白质含量高，脂肪少，胆固醇低，而且产绒多、含绒量高、绒朵大、弹性好。尤其是耐粗饲、抗寒抗热、适应性强。在我国东北、内蒙古、江苏、浙江、湖南和贵州等地已引进推广。

（2）外貌特征　体型高大，羽毛洁白、丰满、紧密，胸部开阔，光滑，头大呈椭圆形，眼蓝色，喙、胫、蹼呈橘黄色，胫粗，蹼大，头上无肉瘤，腹部有皱褶下垂。雏鹅背部为灰褐色，余下部分为黄色绒毛，2～6周龄羽毛逐渐长出，变成白色。

（3）生产性能

①产蛋性能。年平均产蛋50～60枚，蛋重平均170～190克，蛋壳坚厚，呈白色。

②生长速度与产绒性能。雏鹅体重平均100～110克，28天重量平均可达2 200克，60天体重可达4 500克，180天公鹅体重达8 000～12 000克，母鹅体重6 000～8 000克。饲养到60天以后可首次取羽绒，以后每隔40天取羽绒一次，每只鹅每次可取羽绒100～150克，含绒量为18％～20％。雏鹅成活率为98％。

③繁殖性能。母鹅8月龄左右开产。公母鹅配比为1∶3。母鹅可连续使用5年。种鹅在陆地即可正常交配，正常饲养情况下，种蛋受精率为90％，受精蛋孵化率在80％以上。

2. 狮头鹅

（1）产地分布　狮头鹅是我国唯一的大型鹅种，因前额和颊侧肉瘤发达呈狮头状而得名。原产于广东饶平县溪楼村。现中心产区位于澄海市和汕头市郊；在北京、上海、黑龙江、广西、云南、陕西等20多个省（自治区、直辖市）均有分布。目前在广东省汕头市白沙禽畜原种研究所建有国家级狮头鹅保种场。

（2）外貌特征　体形硕大，体躯呈方形。头部前额肉瘤发达，覆盖于喙上，颌下有发达的咽袋一直延伸到颈部，呈三角形。喙短，质坚实，黑色。眼皮突出，多呈黄色，虹彩褐色。胫粗蹼宽，橙红色，有黑斑。皮肤米色或乳白色，体内侧有皮肤皱褶。全身背面羽毛、前胸羽毛及翼羽为棕褐色，由头顶至颈部的背面形成如鬃状的深褐色羽毛带，全身腹部的羽毛白色或灰色。

（3）生产性能

①产蛋性能。产蛋季节通常在当年9月份至次年4月份，这一时期一般分3～4个产蛋期，每期可产蛋6～10枚。第一个产蛋年产蛋量为24枚，平均蛋

重 176 克，蛋壳乳白色，蛋型指数为 1.48。两岁以上母鹅，平均产蛋量为 28 枚，平均蛋重 217.2 克，蛋形指数为 1.53。

②生长速度与产肉、产肝性能。成年公鹅体重 8 850 克，母鹅为 7 860 克。在放牧条件下，公鹅初生重 134 克，母鹅 133 克，30 日龄公鹅体重 2 249 克，母鹅 2 063 克，60 日龄公鹅体重 5 550 克，母鹅 5 115 克，70～90 日龄上市未经肥育的仔鹅，公鹅平均体重 6 180 克，母鹅 5 510 克，公鹅半净膛率 81.9%，母鹅为 84.2%，公鹅全净膛率 71.9%，母鹅为 72.4%。平均肝重 600 克，最大肥肝可达 1 400 克，肥肝占屠体重 13%，料肝比为 40∶1。

③繁殖性能。母鹅开产日龄为 160～180 天，一般控制在 220～250 日龄。种公鹅配种一般都在 200 日龄以上，公母鹅配种比例为 1∶5～6。鹅群在水中进行自然交配，种蛋受精率为 70%～80%，受精蛋孵化率为 80%～90%。母鹅就巢性强，每产完一期蛋就巢 1 次，全年就巢 3～4 次。母鹅可连续使用5～6 年。雏鹅在正常饲养条件下，30 日龄雏鹅成活率在 95% 以上。

3. 埃姆登鹅

(1) 产地与分布　原产于德国西部的埃姆登城附近。19 世纪，经过选育和杂交改良，曾引入英国和荷兰白鹅的血统，体型变大，中国台湾已引种。

(2) 外貌特征　全身羽毛纯白色，着生紧密，头大呈椭圆形，眼鲜蓝色，喙短粗，橙色有光泽，颈长略呈弓形，颌下有咽袋。体躯宽长，胸部光滑看不到龙骨突出，腿部粗短，呈深橙色。其腹部有一双皱褶下垂。尾部较背线稍高，站立时身体姿势与地面成 30°～40°角。雏鹅全身绒毛为黄色，但在背部及头部有不等量的灰色绒毛。在换羽前，一般可根据绒羽的颜色来鉴别公母，公雏鹅绒毛上的灰色部分比母雏鹅的浅些。

(3) 生产性能

①产蛋性能。年平均产蛋 10～30 枚，蛋重 160～200 克，蛋壳坚厚，呈白色。

②生长速度。成年公鹅体重 9 000～15 000 克，母鹅 8 000～10 000 克。60 日龄仔鹅体重 3 500 克。肥育性能好，肉质佳，用于生产优质鹅油和鹅肉。羽绒洁白丰厚，活体拔毛，羽绒产量高。

③繁殖性能。母鹅 10 月龄左右开产。公母鹅配种比例为 1∶3～4。母鹅就巢性强。

4. 图卢兹鹅

(1) 产地与分布　又称茜蒙鹅，是世界上体型最大的鹅种，19 世纪初由灰雁驯化选育而成。原产于法国南部的图卢兹市郊区，主要分布于法国西南部。后传入英国、美国等欧美国家。

（2）外貌特征　体型大，羽毛丰满，具有重型鹅的特征。头大、喙尖、颈粗，中等长度，体躯呈水平状态，胸部宽深，腿短而粗。颌下有皮肤下垂形成的咽袋，腹下有腹皱，咽袋与腹皱均发达。羽毛灰色，着生蓬松，头部灰色，颈背深灰，胸部浅灰，腹部白色。翼部羽深灰色带浅色镶边，尾羽灰白色。喙橘黄色，腿橘红色。眼深褐色或红褐色。

（3）生产性能

①产蛋性能。年产蛋量 30～40 枚，平均蛋重 170～200 克，蛋壳呈乳白色。

②生长速度与产肉性能。成年公鹅体重 12 000～14 000 克，母鹅 9 000～10 000 克，60 日龄仔鹅平均体重为 3 900 克。产肉多，但肌肉纤维较粗，肉质欠佳。易沉积脂肪，用于生产肥肝和鹅油，强制填肥每只鹅平均肥肝重可达 1 000 克以上，最大肥肝重达 1 800 克。

③繁殖性能。母鹅开产日龄为 305 天。公鹅性欲较强，有 22％的公鹅和 40％的母鹅是单配偶，受精率低，仅 65％～75％，公母鹅配种比例为 1∶1～2，1 只母鹅 1 年只能繁殖 10 多只雏鹅。就巢性不强，平均就巢数量约占全群的 20％。

第二章
鹅蛋的孵化

　　孵化是指利用适宜的温度、湿度等条件，使受精卵继续发育成新的个体而出壳成雏的过程。孵化可分为人工孵化和自然孵化。

一、种蛋的选择、保存与消毒

　　做好鹅种蛋的选择、保存与消毒工作，能提高人工孵蛋的质量，防止疫病传播，提高孵化率、健雏率。

（一）种蛋的选择

　　种蛋的品质是决定孵化率高低的关键因素，也关系到雏鹅的质量和以后的生活力。因此，孵化前必须要从以下几方面对种蛋进行选择。

　　1. 来源与受精率　种蛋应来自饲养管理正常、健康而高产的鹅群。否则将导致生产性能不高，或者带来疾病。受精率是影响孵化率的主要因素。在正常饲养管理条件下，若注意鹅群的公母配偶比例适宜，则鹅种蛋的受精率较高，一般在 90% 以上。

　　2. 新鲜度　种蛋保存时间越短，蛋越新鲜，胚胎生活力越强，孵化率越高。种蛋一般在产出 7 日后入孵孵化率逐渐下降，故以产后一周内的蛋为宜。否则，孵化率降低，雏鹅体质衰弱。新鲜蛋蛋壳干净，附有石灰质的微粒，好似覆有一薄层霜状粉末，没有光泽。陈蛋则蛋壳发亮，壳上有斑点，气室大，不宜用于孵化。

　　3. 清洁度　种蛋蛋壳要保持清洁，如有粪便或脏物污染，易被细菌入侵，引起腐败，同时堵塞气孔，影响气体交换，使胚胎得不到应有的氧气和排不出二氧化碳，因而造成死胎，降低孵化率。防止种蛋污染，在种蛋收集时应注意两个问题，一是在产蛋箱内铺足干净的垫料（如稻壳、稻草等）；二是种蛋的收集时间应放在凌晨 4：00 和上午 6：00～7：00 分两次进行。轻度污染的蛋用 40℃左右温水稀释成 0.1%新洁尔灭液洗擦，并抹干后作为种蛋入孵。

4. 蛋重与蛋形 按照品种、品系的特点，选择大小适中的种蛋入孵。不同的品种，种蛋大小要求不一，如狮头鹅要求在 170 克以上，豁眼鹅在 120 克以上。蛋形以椭圆形为宜，过长、过圆、腰鼓形、橄榄形等畸形蛋必须剔除，否则孵化率降低，甚至出现畸形雏。蛋形指数即蛋的纵径与横径之比。鹅蛋的蛋形指数在 1.4～1.5 范围内，孵化率最高（88.2%～88.7%），健雏率最好（97.8%～100%）。

5. 蛋壳厚度与颜色 种蛋应选择蛋壳结构致密均匀、厚薄适度，若蛋壳粗糙或过薄，水分蒸发快，也易破裂，孵化率低，蛋壳过厚，气体交换和水分散发不良，胚胎破壳困难，孵化率也低。蛋壳破损不能用来孵化。蛋壳颜色要选本品种的标准颜色。

6. 照蛋剔除 肉眼选蛋只观察到蛋的形状大小，蛋壳颜色，最好对种蛋进行照蛋剔除。通过照蛋可以看见蛋壳结构、蛋的内容物和气室大小等情况，裂纹蛋、砂壳蛋、钢壳蛋、气室大的陈蛋、气室不正常蛋（腰室和尖室蛋）、血块异物蛋、双黄蛋、散黄蛋等都要剔除。

（二）种蛋的保存

1. 温度 温度是保存种蛋最重要的条件，种蛋保存的最适宜温度为 10～15℃，保存 7 天以内采用 15℃，超过 7 天的以 11℃为宜。如温度低于 0℃以下，种蛋会因受冻而失去孵化能力。因此，在孵化前种蛋的保存温度不能过高或过低。

2. 湿度 相对湿度保持在 70%～80%为宜，过高容易生霉，过低会使种蛋内的水分蒸发加快，不利于保存。

3. 翻蛋 为防止胚盘与蛋壳粘连，避免影响种蛋的品质和胚胎早期死亡，保存时间在 1 周内可以不必翻蛋，超过 1 周应每天翻蛋 1 次。

4. 通气 保存种蛋的房间要保持通风良好、清洁、无特别气味。种蛋也要防止阳光直射、蚊蝇叮咬。

5. 保存时间 种蛋保存的时间与孵化率成反比，即保存时间越长，孵化率越低。种蛋保存的时间可根据气候和保管条件而定，春季最好不超过 7 天，夏季不超过 5 天，冬季不超过 10 天。若实践中必须长时间保存种蛋，则可以采用聚乙烯薄膜袋（国家标准 10354—63）作包装材料，将种蛋横放在袋内，薄膜厚度为 5±1.5 微米，透气性强，袋内的气体环境由二氧化碳自然聚集和氧气的消耗而组成。

（三）种蛋的消毒

种蛋产出后及入孵前均应进行消毒，常用的种蛋消毒方法有以下几种。

1. 熏蒸消毒法 多采用福尔马林（甲醛）、高锰酸钾混合熏蒸法。福尔马林是含 40％甲醛的无色带强烈刺激性气味的液体。福尔马林在高锰酸钾的作用下，甲醛气味会急剧产生，通过熏蒸来消毒。每立方米空间，在瓷器皿内盛放 15 克高锰酸钾，然后加 30 毫升福尔马林，烟熏蒸 20～30 分钟，调节温度 20～24℃、相对湿度 75％～80％，封闭半小时。熏蒸消毒时，应防止工作人员吸入消毒气体。熏蒸后应充分通风。

2. 氯消毒法 在通风处将种蛋浸入含有活性氯 1.5％的漂白粉溶液中 3 分钟。

3. 新洁尔灭消毒法 将 5％的新洁尔灭溶液加水 50 倍即成 0.1％的溶液，用喷雾器喷洒在种蛋表面即可。也可用 1∶5 000 浓度溶液喷洒或抹拭孵化用具。该稀释液切忌与肥皂、碘、碱、升汞和高锰酸钾等配用，以免药液失效。

4. 紫外线消毒法 将种蛋放在紫外线灯下 40～80 厘米处，开灯照射 10～20 分钟，可杀灭蛋表面细菌。

5. 碘溶液消毒法 取碘片 10 克和碘化钾 15 克，溶于 1 000 毫升水中，再加入 9 000 毫升水，配成 0.1％的碘溶液。将种蛋浸入 1 分钟，取出晾干。消毒液浸泡种蛋 10 次后，碘浓度减少，可延长浸泡时间到 1.5 分钟，或添加部分碘溶液。

6. 高锰酸钾消毒法 以 0.2％的高锰酸钾溶液浸泡种蛋 1 分钟，取出晾干。

7. 百毒杀喷雾消毒法 每 10 升水中加入 50％的百毒杀 3 毫升，喷雾或浸渍种蛋进行消毒。

二、人工孵化条件

在孵化过程中应根据胚胎的发育，严格掌握温度、湿度、通风、翻蛋和晾蛋等，给以最适宜的孵化条件，才能获得最佳的孵化率和健雏率。

（一）温度

温度是孵化条件中最重要的条件，只有在适宜的温度条件下（孵化器内温度为 37.5～38.2℃），才能保证鹅胚胎正常的物质代谢和生长发育。温度过高或过低都会影响胚胎的发育，严重时可造成胚胎死亡，如果孵化温度超过 42℃，2～3 小时后胚胎就会死亡；反之，孵化温度低，胚胎发育迟缓，孵化期延长，死亡率增加，如果温度低至 24℃ 时，经 30 小时胚胎便全部死亡。具体温度应视品种、蛋重、胚龄、生长情况、气温以及实践经验而定。

人工孵化通常有恒温孵化和变温孵化两种方式。

1. 恒温孵化　在同一个孵化箱中，有多批次不同孵化日龄的胚胎时，采取始终不变的温度孵化，即为恒温孵化。1～28 天胚龄，孵化室内温度为 23.9～29.4℃，孵化机内的温度为 37.8℃；1～28 天胚龄，孵化室内温度为 29.4℃ 以上，则孵化机内的温度为 37.5℃。28 天转入出雏机后温度为 36.9℃ 左右。

2. 变温孵化　在孵化箱中只有单批次孵蛋，则可按胚胎各阶段所需要的温度进行变温孵化。孵化温度受季节、气候等自然条件的影响很大。所以室内温度低时，孵化器温度就应高些；室内温度高时，孵化器温度就应低些。在深秋、冬季和早春室温应保持平衡，最好维持在 27～30℃。

变温孵化的优点，可根据胚龄和发育情况逐步调整温度，有利于胚胎发育，见表 2-1。

表 2-1　鹅蛋变温孵化的施温标准

品　　种	孵化室温度（℃）	孵化机内温度（℃）					适孵季节
		1～6 天	7～12 天	13～18 天	19～28 天	29～31 天	
中小型鹅	23.9～29.4	38.1	37.8	37.8	37.5	37.2	冬季和早春
		38.1	37.8	37.5	37.5	36.9	春　季
	29.4 以上	37.8	37.5	37.2	36.9	36.7	夏　季
大型鹅	23.9～29.4	37.8	37.5	37.5	37.2	36.9	春　季
	29.4 以上	37.8	37.5	37.2	36.9	36.7	夏　季

孵化中的鹅蛋每天都有一定的发育特征，这种特征在较强的灯光前，可清晰地看到，根据胚胎发育的特征，给予适当的孵化温度供其正常发育，这就是"看胎施温"技术，熟练地掌握鹅胚每天的发育特征，就能正确地判断出孵化天数，从而根据孵化天数调整孵化温度。

3. 鹅胚胎各日龄发育特征（表 2-2）

表 2-2　鹅胚胎发育的过程与特征

鹅蛋孵化时间（天）	照蛋时的特征	胚蛋解剖时的特征
1～2	蛋黄表面有一颗颜色稍深、四周稍亮的圆点，俗称"鱼眼珠"或"白光珠"	胚盘重新开始发育，器官原基出现，但肉眼很难辨清
3～3.5	已经可以看到卵黄囊血管区，其形状很像樱桃形，故俗称"樱桃珠"	血液循环开始，卵黄囊血管区出现心脏，开始跳动，卵黄囊、羊膜和浆膜开始生出

（续）

鹅蛋孵化时间（天）	照蛋时的特征	胚蛋解剖时的特征
4.5~5	卵黄囊血管的形状像静止的蚊子，俗称"蚊虫珠"。卵黄颜色稍深的下部似月牙状，又称"月牙"	胚胎头尾分明，内脏器官开始形成，尿囊开始发育。卵黄由于蛋白水分的继续渗入而明显扩大
5.5~6	蛋转动时，卵黄不易跟随着转动，俗称"钉壳"。胚胎和卵黄囊血管形状像一只小的蜘蛛，故又称"小蜘蛛"	胚胎头部明显增大，并与卵黄分离，各器官和组织都具备，脚、翼、喙的雏形可见。尿囊迅速生长，从脐部向外凸出，形成一个有柄的囊状。卵黄囊血管所包围的卵黄达1/3。羊水增加，胚胎已能自由地在羊膜腔内活动
6.5	能明显看到黑色的眼点，俗称"起珠"、"单珠"、"起眼"	胚胎头弯向胸部，四肢开始发育，已具有鸟类外形特征，生殖器官形成，公母已定。尿囊与浆膜、壳膜接近，血管网向四周发射，如蜘蛛样
8	胚胎形似"电话筒"，一端是头部，另一端为弯曲增大的躯干部，俗称"双珠"。可以看到羊水	胚胎的躯干部增大，口部形成，翅与腿可按构造区别，胚胎开始活动，引起羊膜有规律地收缩。卵黄囊包围的卵黄在一半以上，尿囊增大迅速
9	白茫茫的羊水增多，胚胎活动尚不强，似沉在羊水中，俗称"沉"。正面已布满扩大的卵黄和血管	胚胎已现明显的鸟类特征，颈伸长，翼、喙明显，脚上生出趾，呈水禽结构样。卵黄增大达最大，蛋白重量相应下降
10	正面：胚胎较易看到，像在羊水中浮游一样，俗称"浮"。 背面：卵黄扩大到背面，蛋转动时两边卵黄不易晃动，俗称"边口变硬"	胚胎的肋骨、肺、肝和胃明显，四肢成形，趾间有蹼。用放大镜可以看到羽毛原基分布于整个体躯部分
11~12	蛋转动时，两边卵黄容易晃动，俗称"晃得动"。接着背面尿囊血管迅速伸展，越出卵黄，俗称"发边"	胚胎眼裂呈椭圆形，脚趾上出现爪，绒毛原基扩展到头、颈部，羽毛突然起明显，腹腔愈合，软骨开始骨化。尿囊迅速向小头伸展，几乎包围了整个胚胎。气室下边血管颜色特别鲜明，各处血管增加
14~15	尿囊血管继续伸展，在蛋的小头合拢，整个蛋除气室外都布满了血管，俗称"合拢"、"长足"	胚胎的头部偏向气室，眼裂缩小，喙具一定形状，爪角质化，全部躯干覆以绒羽。尿囊在蛋的小头完全合拢
16	血管开始加粗，血管颜色开始加深	胚胎各器官进一步发育，头部和翅上生出羽毛，腺胃可区别出来，下眼睑更为缩小，足部鳞片明显可见
17	血管继续加粗，颜色逐渐加深。左右两边卵黄在大头端连接	胚胎嘴上可分出鼻孔，全身覆有长的绒毛，肾脏开始工作。小头蛋白由一管状道（浆羊膜道）输入羊膜腔中，发育快的胚胎开始吞食蛋白

（续）

鹅蛋孵化 时间（天）	照蛋时的特征	胚蛋解剖时的特征
18	小头发亮的部分随着胚胎日龄的增加而逐渐缩小	胚胎头部位于翼下，生长迅速，骨化作用急剧。胚胎大量吞食稀释的蛋白，尿囊中有白絮状排泄物出现。绒毛明显覆盖全身，由于卵内水分蒸发，气室逐渐增大
19～21	小头发亮的部分逐渐缩小，蛋内黑影部分则相应增大，说明胚胎身体在逐日增长	胚胎的头部全在翼下，眼睛已被眼睑覆盖，横着的位置开始改变，逐渐与长轴平行。卵黄与蛋白显著减少，羊膜腔及尿囊中液体减少
22～23	以小头对准光源，看不到发亮的部分，俗称"关门"、"封门"	胚胎嘴上的鼻孔已形成，小头蛋白已全部输入到羊膜囊中，蛋壳与尿囊极易剥离，照蛋时看不到小头发亮的部分
24～26	气室朝一方倾斜，这是胚胎转身的缘故，俗称"斜口"、"转身"	喙尖始朝向气室端，眼睛睁开。吞食蛋白结束，煮熟胚蛋观察胚胎全身已无蛋白粘连，绒毛清爽，卵黄已有小量进入腹中。尿囊液浓缩
27～28	气室内可以看到黑影在闪动，俗称"闪毛"	胚胎两腿弯曲朝向头部，颈部肌肉发达，同时大转身，颈部及翅突入气室内，准备啄壳。卵黄绝大部分已进入腹中，尿囊血管逐渐萎缩，胎膜完全退化
29～30	起初是胚胎喙部穿破壳膜，伸入气室内，称为"起嘴"，接着开始啄壳，称"见嘌"、"啄壳"	胚胎的喙进入气室，开始啄壳见嘌，卵黄收净，可听到雏的叫声，肺呼吸开始。尿囊血管枯萎。少量雏鹅出壳
30.5～31	出壳	出壳雏鹅初重一般为蛋重的65%～70%，腹中尚有5克左右卵黄

（二）湿度

湿度对胚胎的发育也有很大的影响，它与蛋内水分蒸发和胚胎物质代谢有密切的关系。在孵化过程中若湿度不足，蛋内水分会加速向外蒸发；若湿度过高又会阻碍蛋内水分蒸发，湿度过高过低都会影响胚胎正常的物质代谢。

在整个孵化过程中，胚胎对湿度的要求是前后期高、中期低。一般在孵化1～9天相对湿度以60%～65%为宜，10～26天降低为50%～55%，27～30天为65%～70%。如长期分批入孵，则相对湿度宜控制在50%～60%，出雏期间增加到65%～70%。出雏时，足够的湿度能促进空气中二氧化碳和碳酸钙作用，使蛋壳变为碳酸氢钙，蛋壳变脆，有利于雏鹅啄孔破壳，还能防止雏鹅绒毛与蛋壳粘连。

相对湿度，是空气中所具有的水汽压与同一温度下饱和水汽压之比。相对湿度用干湿表测定。干湿表有两根温度表，一根为干表，一根为湿表，湿表的水银球（或酒精球）上包裹纱布，纱布的下端浸入清水中，使水银球经常保持湿润状态。查表（附表3）时，先查出湿表的读数，再查出干湿差度（干表温度－湿表温度＝干湿差度），行列相交处之数字，即为相对湿度的百分数。

（三）通风

胚胎在发育过程中，不断地吸入氧气、排出二氧化碳，进行气体交换，为了保持胚胎正常的气体代谢，孵化时必须通风以保证新鲜空气的供给。种蛋周围空气中的二氧化碳含量一般不得超过 0.5%，若二氧化碳含量达到 1%，胚胎发育迟缓，死亡率增高，出现胎位不正和畸形等现象。

在胚胎发育的各个时期对通风量的要求不同。孵化初期，物质代谢很低，需氧量很少，胚胎只通过卵黄囊血液循环系统利用蛋黄内的氧气。孵化中期，胚胎代谢作用逐渐加强，需氧量也随之增加。尿囊形成后，通过气室、气孔利用空气中的氧气。孵化后期，胚胎从尿囊呼吸转为利用肺呼吸，每昼夜需氧量为初期的 110 倍以上。因此，孵化后期，通风量要逐渐加大，尤其是出雏期间，否则由于通风换气不良，导致出雏前死胚增多。

（四）翻蛋

孵化过程中不断地翻蛋，可避免胚胎与壳膜粘连。在一定的温度条件下，蛋内水分不断蒸发，如果长时间不翻蛋，因水分蒸发，就会使胚胎黏结在蛋壳上，造成胚胎死亡。翻蛋还能促进羊膜运动，改善羊膜血液循环，并使胚胎不断地变换胎位，使之各部受热均匀，有利于胚胎发育，也有助于胚胎的运动，保持胎位正常。

翻蛋时间自入孵起至落盘时（鹅蛋为第 28 天止），每 2～4 小时翻蛋 1 次。孵化前期应多翻，后期宜少翻，翻蛋角度一般大于 45°，一般控制在 45°～90°。

（五）晾蛋

晾蛋是通过除去覆盖物或打开机门，抽出孵化盘或出雏盘、蛋架车，来迅速降低蛋温的一种操作程序，晾蛋与否取决于蛋温的高低。凡孵化后期的胚蛋，用眼皮测温感到"烫眼"时就应立即晾蛋，晾蛋的时间及次数以眼皮感觉"温而不凉"时为宜。晾蛋的方法应根据孵化时间及季节而定。对早期胚胎及在寒冷季节，晾蛋时间不宜过长，对后期胚胎和在热天，应延长晾蛋的时间。早期胚胎，每次晾蛋时间一般在 5～15 分钟，后期可延长到 30～40 分钟。

机器孵化晾蛋时，在孵化的第 16～17 天以后，将孵化器门打开，切断供热系统，并用风扇鼓风，驱散孵化器中的余热，有时甚至将蛋盘拉出，使胚胎表面温度下降至 30～33℃后，再重新关上机门继续孵化，通常在每天上午和下午各晾蛋一次。在夏季晾蛋时蛋温不易下降，可以在蛋表面喷凉水，达到快速晾蛋的目的。

三、雏鹅性别鉴定方法

鹅的雌雄鉴别技术是养鹅生产中一项重要的技术内容，具有一定的经济意义。在商品鹅生产中，通过雌雄鉴别，可以实现公、母雏的分开饲养，充分发挥和提高鹅的生产性能。鹅的雌雄鉴别技术在种鹅的生产中更为重要，按照公、母鹅的生理特点实现计划生产，大大降低饲养管理的成本，节约人力和设备投入，提高效益。

（一）肛门鉴别

在雏鹅泄殖腔开口部下端中央有一个很小的突起，称为生殖突起。在生殖突起的两旁各有一个皱襞，斜向内呈八字形，称为八字皱襞。生殖突起和八字皱襞构成生殖隆起。公雏泄殖腔开口部可见生殖突起，生殖突起充实，长约 0.5 厘米，表面紧张，有弹性，有光泽，轮廓鲜明，手指压迫不易变形；母雏泄殖腔开口部一般无生殖突起，有残留生殖突起者，多呈萎缩状，突起柔软，无弹性，无光泽，手指压迫易变形。

最佳鉴别期是在出壳绒毛干后 2～12 小时。因为这时公、母雏生殖突起形态相差最为显著，雏鹅也容易抓握，雏鹅腹部充实，容易开张肛门。过早鉴别，雏鹅身体绵软，呼吸弱，蛋黄吸收差，不易翻肛，此时翻肛对雏鹅的应激过大；过晚进行翻肛鉴别，生殖突起发生变化，区别有一定的难度，并且肛门发紧不易开张，同时易对雏鹅造成一定的伤害。

操作方法有翻肛法、捏肛法与顶肛法。

1. 翻肛法　此法鉴别较为准确，但速度较慢。操作者用左手的中指和无名指夹住雏鹅颈口，使其腹部向上，无名指和小指挟住雏鹅两脚，注意用力要轻，以牢靠又不损伤雏鹅为度，将左手拇指靠近腹侧，轻压腹部排粪，用右手的拇指和食指放在泄殖腔两侧，轻轻翻开泄殖腔，如在泄殖腔口见有螺旋形突起，即为公雏，如是三角瓣形皱褶，即为母雏。使用翻肛法鉴别雏鹅时，一方面要求操作者视力好，以保证判断准确；另一方面要求光线要适中，要求操作者动作要轻柔、快捷，不可粗暴。

2. 捏肛法 此法流行于传统作坊，需要有丰富的经验。左手握住雏鹅，使其背朝天、腹朝下，并以拇指和食指在雏鹅的泄殖腔外部轻轻一捏，若手指间感觉到油菜子或芝麻粒大小的突起，即是雄雏，否则为雌雏。初学时可多捏摸几次，但用力要轻，更不能来回搓动，以免伤其肛门。此法简单，速度快，熟练者每小时可鉴别初生雏 1 500～1 800 只，准确率可达 100%。

3. 顶肛法 此法比捏肛法要难一些，要求操作者有较高的技术水平。左手握住雏鹅，以右手食指和无名指左右夹住雏鹅身体，中指在其肛门外轻轻向上一顶，如感觉有一小突起，即为公雏；反之，则为母雏。顶肛法鉴别的速度比翻肛法和捏肛法都快，但技术难度大，需经长期训练，方能熟练掌握。

（二）外形鉴别

公雏和母雏在出壳时外形就存在着一些差异，因此可依此进行鉴别。一般来说，雄雏体格较大，身较长，喙长宽，眼较圆，头较大，嘴角较长而阔，颈较长，翼角无绒毛，腹部稍平贴，站立姿势较直；雌雏体格较小，喙短而窄，体形圆，翼角有绒毛，腹部稍向下，站立姿势稍斜。

（三）羽色鉴别

有的品种鹅可根据羽色来鉴别，如莱茵鹅，雏鹅在出壳时背部羽色为浅灰色为雄雏，背部羽色为深灰色的是雌雏。经验丰富者，使用此法的准确率可达90%以上。

四、孵化方法

（一）自然孵化

自然孵化是利用母鹅的抱窝性能抱蛋孵化。在不具备人工孵化条件的地方，仍是一种有效的繁殖方法。自然孵化具有设备简单、费用低廉、管理方便等特点。

1. 抱窝母鹅的选择 用于抱窝的母鹅应选择就巢性强，最好是产蛋 1 年以上，已有抱窝习惯的母鹅。若无孵化习惯的新母鹅，可设置假蛋让其试孵，当母鹅安静孵化后再将种蛋放入窝内。若是没有抱窝的母鹅，可用具有抱性的母鹅代替，但孵化量应减少。

具有抱性的母鹅，一般每产 9～14 枚蛋后就开始抱窝，在每产一窝蛋的后期，母鹅表现出衔草垫窝的现象，甚至产蛋时啄自己胸部的羽毛覆盖在蛋上面，即是开始抱窝的预兆。

2. 准备巢窝　抱窝应选择安静、避风、光线较暗的环境，有时直接利用产蛋窝孵化，也可用直径 45～50 厘米较矮的竹篓，窝内垫上干净、柔软的垫草。先放入"引蛋"，让母鹅熟悉抱窝后，再放入鹅蛋 10～12 枚。最好在晚上入孵，有利于母鹅安静孵化。

3. 抱窝期操作管理

(1) 抱窝母鹅的鉴定　入孵后的第 2～3 天，注意观察母鹅抱蛋的表现。凡站立不安、经常进出的，必须及时剔除，用抱性强的母鹅代替。

(2) 照蛋　通过照蛋，可及时剔除无精蛋、死胚蛋等，照蛋后及时并窝。多余的母鹅可以入孵新蛋，或催醒让其产蛋。抱窝期内一般照蛋 2～3 次。

(3) 人工辅助翻蛋　母鹅虽会翻蛋，但不均匀。为了提高孵化率，可每天定时人工辅助翻蛋 2～3 次。将窝中心的蛋放在窝边，窝边的蛋放入窝中心。

(4) 保持抱窝清洁　翻蛋的同时，被粪便污染的垫草要及时更换。

(5) 就巢母鹅的饲养管理　母鹅抱窝 1 个月，体内营养物质消耗很大，体重明显下降，逐渐消瘦。此时，若饲养管理不当，会出现母鹅中途离窝，甚至个别母鹅出现死亡。在孵抱过程中做到定时离窝喂食、饮水、活动和戏水等。

(6) 辅助出雏　如果雏鹅啄壳较久而未能出壳，可进行人工助产，但一定要在尿囊枯萎时进行，把雏鹅的头部拉出壳外，助产时如有出血现象，应立即停止。

(二) 人工孵化

种蛋的人工孵化方法包括机器孵化法、平箱孵化法、炕孵法以及摊床孵化法等。

1. 机器孵化法

(1) 孵化前的准备　在正式开机入孵前，首先要熟悉和掌握孵化机的性能，然后对孵化机进行运转检查、消毒和温度校对。机器孵化是用电力供温，仪表测温，自动控温，机器翻蛋与通风。为了防止临时停电事故的发生，应有专用的发电设备或备用电源，电压不稳定的地方应安装稳压器。

(2) 入孵（上蛋）　鹅蛋有分批入孵和整批入孵两种方式。分批入孵一般每隔 3 天、5 天或 7 天入孵一批种蛋，出一批雏鹅；整批入孵是一次把孵化机装满，大型孵化厂多采用整批入孵。机器孵化多为 7 天入蛋一批，机内温度应保持恒温 37.8℃（室温 23.9～29.4℃），排气孔和进气孔全部打开。每 2～4 小时转蛋 1 次。

值得一提的是，冬季或早春时节，入孵前应将种蛋在孵化室停放数小时进行种蛋预温，使蛋逐渐达到室温后再入孵，这样可防止因种蛋从贮蛋室（15℃左右）直接进入孵化机中（37.8℃左右）而造成结露现象，影响孵化效果。另外，分批入孵时，各批次的蛋盘应交错放置，这样有利于各批蛋受热均匀。入孵的时间以下午4：00以后为好，可使大批出雏的时间集中在白天，有利于工作的进行。

（3）照检　在孵化过程中应对入孵种蛋进行3次照检，入孵后的第7天进行第一次照检，剔出无精蛋和死胚蛋，如发现种蛋受精率低，应及时调整公鹅和改善种鹅的饲养管理。入孵后的第15天进行第二次照检，将死胚蛋和漏检的无精蛋剔出，如果此时尿囊膜已在蛋的小头"合拢"，则表明胚胎发育是正常的，孵化条件的控制亦合适。第三次照检可结合落盘时进行。

（4）落盘　入孵后的第28天进行最后一次照检，将死胚蛋剔除后，把发育正常的蛋转入出雏机继续孵化，称之为"落盘"。落盘时，如发现胚胎发育延缓，应推迟落盘时间。落盘后应注意提高出雏机内的湿度和增大通风量。

（5）出雏　在孵化条件掌握适度的情况下，孵化期满即出壳，出雏期间不要经常打开机门，以免降低机内温度、湿度，影响出雏整齐度，一般情况下每2小时拣雏一次即可。已出壳的雏鹅应待绒毛干燥后分批取出，并捡出空蛋壳，以利继续出雏。出雏开始后应及时关闭照明灯，以免引起雏鹅的骚动。在出雏末期，对已啄壳但无力出壳的弱雏，可进行人工破壳助产。助产要在尿囊血管枯萎时方可施行，否则易引起大量出血，造成雏鹅死亡。雏鹅捡出后即可进行雌雄鉴别和免疫。

（6）孵化记录和孵化率的计算　孵化率的计算分两种：一种是以出雏数占入孵蛋数的百分比来表示；另一种是以出雏数占受精蛋的百分比来表示。两种计算孵化率的计算公式如下：

$$入孵蛋孵化率 = \frac{出雏数}{入孵蛋数} \times 100\%$$

$$受精蛋孵化率 = \frac{出雏数}{入孵受精蛋数} \times 100\%$$

2. 平箱孵化法　通常情况下每台可孵鹅蛋600枚。当蛋筛放满蛋放入箱后，把门关紧并塞上火门，让温度慢慢上升，直至蛋温均匀为止。入孵后，应每隔2小时转筛一次（转筛角度为180°，目的是使每筛的蛋温均匀），并注意检验温度，当眼皮贴到蛋感到有热度时，可进行第一次调筛（调筛的目的是使上、下层的蛋温能在一天内基本均匀）；当蛋温达到眼皮有烫的感觉时，可进行第二次调筛及翻蛋（翻蛋可调节边蛋与心蛋的温度，并可使蛋得到转动）；蛋温达到明显烫眼皮时，进行第三次调筛及第二次翻蛋。当中间筛蛋温达到要求时说明蛋温已均匀。检验蛋温适当与否，应实行"看胎施温"。

3. 炕孵法　根据室温和胚龄来调节炕孵的温度。在实际操作中，往往要通过烧炕的次数和时间，覆盖物的多少和覆盖时间，以及翻蛋、移蛋、晾蛋等措施来调节孵化温度。同样也要灵活掌握"看胎施温"原则。采用炕孵法，一般要分批入孵，并将"新蛋"靠近热源一边，而后随着胚龄的增长而逐步改变入孵位置，使胚龄大的胚蛋移至远离热源的一端。当鹅胚蛋孵至 15～16 天便转至上摊，直至孵化出雏。

4. 摊床孵化法　各种传统孵化法，待孵化后期总要转至上摊，基本操作介绍如下。

（1）调温措施　上摊以后调节温度的工作是管理工作的中心，一定要调节好温度，具体措施如下：

①翻蛋（抢摊）。在摊床上翻蛋，将心蛋和边蛋对换位置。因为边蛋易散热，蛋温较低，而摊床中间的心蛋不易散热，蛋温易升高，通过互换位置，就能使蛋温趋于平衡、均匀。

②调整摆蛋密度。通过调整蛋的排列层数和松紧来调节蛋温。刚上摊时，可摆放双层，排列紧密，随着胚蛋自温升高，上层可放稀些，以后只将边蛋放双层，继而全部放平。

③增减覆盖物。通过棉被、单被等覆盖物的增减和掀盖来调节。蛋温偏低，可加盖覆盖物；如蛋温上升较快，可减少覆盖物，甚至可将覆盖物掀起晾蛋。

④开关门窗。门窗、气窗也是调节蛋温的辅助设施。上摊初期和寒冷季节，应关闭门窗，以利保温；后期升温快或夏季气温高，应打开门窗，加大通风量，以利散热。

（2）调温原则　摊床温度的调节，应根据心蛋与边蛋存在温差的特点来进行，应掌握"以稳为主，以变补稳，变中求稳"的原则。也就是说，为使蛋温趋于一致，要"以稳为主"，即以保持心蛋适温平衡为主；但心蛋保持适温时，边蛋蛋温必然偏低，所以要通过互换心蛋、边蛋的位置使蛋温趋于平衡、均匀。当升温达到要求时，又要适时采取控制措施，不使温度升得过高，达到"变中求稳"的目的。

摊床孵化要注意"三看"。一看胚龄。随着胚龄的增长，其自发温度日益增高，覆盖物应由多到少，由厚到薄，覆盖时间由长到短。二看气温与室温。冬季及早春气温和室温较低，要适当多盖，盖的时间也要长一点；夏季气温高，要少盖一点，盖的时间也要短一点。三看上一遍覆盖物及蛋温。应根据蛋温的高低或适中等不同情况，适时增减覆盖物，如上一遍温度升得快、升得高，则下一遍就少盖一点；如上一遍温度升得慢，温度低，则下一遍就要多盖一点；如上一遍温度适宜下一遍就维持原样。

五、孵化厂与孵化设备

（一）孵化厂

1. 孵化厂的总体布局

（1）孵化厂必须与外界保持可靠的隔离　孵化厂要远离工厂、住宅区，也不要靠近其他的孵化厂或禽场。孵化厂为独立的一隔离单元，有其专用的出入口。孵化厂如附属于种鹅场，则其位置与鹅舍的距离至少应保持150米，以免来自鹅舍病原微生物的横向传布。

（2）孵化厂应视具体情况确定适宜的规模　孵化厂通常依每周或每次入孵蛋数，每周或每次出雏数以及相应配套的入孵机与出雏机数量来决定其规模大小。孵化厂应包括孵化室、出雏室以及附属的操作室和淋浴间，以及废杂物污水处理、厂内道路、停车场和绿化等。

（3）孵化厂的生产用房设计原则　从种蛋进入孵化厂到雏鹅发送的生产流程，由一室至毗邻的另一室循环运行，不能交叉往返。从种蛋到雏鹅发送在孵化厂中的生产流程和孵化厂的总体布局示例如图2-1所示。

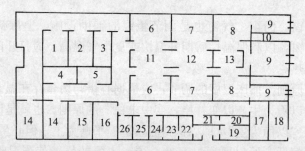

图2-1　孵化厂总体布局示意图

1. 收蛋间　2. 蛋库　3. 熏蒸间　4. 制冷间　5. 预热间　6. 入孵间　7. 出雏间
8. 雌雏鉴别间　9. 雏鹅存放间　10. 垫料库　11. 蛋盘洗涤间　12. 照检间
13. 出雏盘洗涤间　14. 办公室　15. 实验室　16. 休息室　17. 修理间
18. 变电间　19、21. 男更衣室　20. 男浴室　22、24. 女更衣室
23. 女浴室　25. 女厕　26. 男厕

（4）孵化厂必须确保用水量和排水量　孵化厂用水量和排水量很大，因此孵化厂要确保用水的供应与下水道的通畅。

（5）孵化厂必须保证电力供应　现代孵化设备的供温大多使用电热，并用风机调节机内的温度和通风量。因此，孵化厂用电必须要有保证，不能停电，即使停电了也要有备用电源，或建立双路电源。

2. 孵化厂各类建筑物的要求

（1）种蛋接收与装盘室　此室的面积宜宽大些，以利于蛋盘的码放和蛋架车的运转。室温保持在 18～20℃ 为宜。

（2）熏蒸室　用以熏蒸或喷雾消毒待孵的种蛋。此室不宜过大，应按一次熏蒸种蛋总数计算。门、窗、墙、天花板结构要严密，并设置通风装置。

（3）种蛋存放室　此室的墙壁和天花板应隔热性能良好，通风缓慢而充分。设置空调机，使室温保持在 13～15℃。

（4）孵化室、出雏室　此室的大小以选用的孵化机和出雏机的机型来决定。吊顶的高度应高于孵化机或出雏机顶板 1.6 米。无论双列或单列排放均应留足工作通道，孵化机前约 30 厘米处应开设排水沟，上盖铁栅栏，栅孔直径 1.5 厘米，并与地面保持平齐。孵化室的水磨地面应平整光滑，地面的承载能力应 >700 千克/米²。室温保持在 22～24℃。孵化室的废气通过水浴槽排出，以免雏鹅绒毛被吹至户外后，又被吸进进风系统而重新带入孵化厂各房间中。专业孵化厂应设预热间。

（5）洗涤室　孵化室和出雏室旁应单独设置洗涤室。分别洗涤蛋盘和出雏盘。洗涤室内应设有浸泡池。地面设有漏缝板于排水阴沟和沉淀池上。

（6）雏鹅性别鉴定和装箱室　此室用于性别鉴定和装箱，室温应保持在 25～31℃。

（7）雏鹅存放室　装箱后的暂存房间，室外设雨篷，便于雨天装车。室温要求 25℃ 左右。

（8）照检室　应安装可调光线明暗的百叶塑料窗帘。

3. 孵化厂各类房间的面积　孵化厂各类房间的面积与孵化总量和每周入孵、出雏次数相关。现按每周出雏两次计算，孵化厂各类房间的面积见表2-3，供参考。

表2-3　孵化厂各类房间的面积（米²）

室　别	按出雏器容量计算 每1 000枚种蛋所需面积	按出雏器容量计算 每1 000只混合雏所需面积
收蛋室	0.19	1.39
贮蛋室	0.03	0.23
雏鹅存放室	0.37	2.79
洗涤室	0.07	0.55
贮藏室	0.07	0.49

（二）孵化设备

1. 传统的孵化设备 在我国传统的孵化方法有平箱孵化、炕孵、缸孵、桶孵、摊床孵化等。传统孵化方法具有设备简单，就地取材，所用能源广泛，成本低廉的优点。但花费劳力多，种蛋破损率高，消毒困难，孵化条件不易控制，且劳动强度大，工作时间长，孵化率与健雏率不稳定。下面仅简单介绍平箱孵化、炕孵以及摊床孵化的基本设备。

（1）平箱孵化 平箱孵化具有设备简单，取材容易，有用电与不用电两种。

平箱制作原料为土坯、木材、纤维板等。平箱高 157 厘米、宽与深均为 96 厘米。箱板四周填充废棉絮、泡沫塑料等保温材料，箱内设转动式的蛋架，共分 7 层，上下装有活动轴心，上面 6 层放盛蛋的蛋筛。蛋筛用竹篾编成，外径 76 厘米，高 8 厘米。底层放一空竹匾，起缓冲温度的作用，每箱可孵鹅蛋 600 枚。平箱下部为热源部分，四周用土坯砌成，底部用 3 层砖防潮，内部四角用泥涂成圆形，使之成为炉膛，热源为木炭。正面留一椭圆形火门，高 25～30 厘米，宽约 35 厘米，并用稻草编成门塞。热源部分和箱身连接焊一块厚约 1.5 毫米的铁板，在铁板上抹一层薄草泥，以利散热均匀。

（2）炕孵 炕孵在我国东北、西北、华北地区多采用。炕的结构与形式基本上与农家睡炕相同。多采用砖或土坯砌成，炕上面铺麦秸或稻草，其上再加芦席，并在炕的上方加设 2～3 层木架结构的摊床。炕的大小根据鹅舍大小及孵化量而定，一般炕高 65～70 厘米，宽 180～200 厘米，长 300 厘米。每炕一般可孵鹅蛋 1 100 枚。

（3）摊床孵化 摊床孵化的主要设备是摊床。摊床为木制床式长架，设 2～3 层，摊床长度与鹅舍长度相等，宽度以不超过两人的臂长为宜，以便于对面操作。江浙一带的摊床，在木架上铺芦苇或竹篾条编成的长席，上铺 5～10 厘米的数层稻草，铺平后上放席子。摊床边缘钉有高 15～20 厘米的木板。木板内安放"隔条"，即用粗布做成的长条圆袋，内装满稻壳或锯末或旧棉絮，起保温和防止胚蛋滚撞木板的作用。隔条有纵、横两种，两者分别比摊床的长和宽多 60 厘米与 30 厘米，以便于反折过来帮助保温。纵、横隔条的直径分别为 10 厘米与 6 厘米。为便于操作，要在摊床架上装踏脚木（踩木）或固定的梯子，上下方便。一般顶摊与中摊、中摊与下摊距离约 80 厘米，下摊不能紧贴下面的孵化机具。顶摊的宽度应比中摊窄 5 厘米，中摊又比下摊窄 5 厘米。下摊、中摊经常使用，顶摊只在中、下摊不够用时使用

（图 2 - 2）。

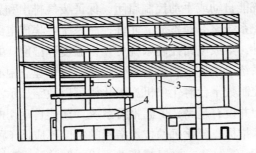

图 2 - 2　摊床布局示意图

1. 顶层（堆放杂物用）　2. 摊床　3. 摊床架　4. 电孵机　5. 踏脚木

2. 现代孵化设备

（1）**孵化机类型**　孵化机的类型多种多样。按供热方式可分为电热式、水电热式、水热式等；按箱体结构可分为箱式（有拼装式和整装式两种）和巷道式；按放蛋层次可分为平面式和立体式；按通风方式可分为自然通风式和强力通风式。孵化机类型的选择主要应根据生产条件来决定。在电源充足稳定的地区以选择电热箱式或巷道式孵化机为最理想。拼装式、箱式孵化机安装拆卸方便；整装箱式孵化机箱体牢固，保温性能较好；巷道式孵化机孵化量大，多为大型孵化厂采用。

（2）**孵化机型**

①孵化机的容量。应根据孵化厂的生产规模来选择孵化机的型号和规格，当前国内外孵化机制造厂商均有系列产品。每台孵化机的容蛋量从数千枚到数万枚，巷道式孵化机可达到 4 万枚以上。

②孵化机的结构。孵化机的箱体外壳由多层胶合板喷塑、塑料板、彩涂钢板或铝合金板等材料制作，夹层内充填保温材料。

蛋架有八角形蛋架和移动式蛋架车两种。采用蛋架车设计，孵化箱底部分为有导轨槽和无导轨槽两种。

孵化箱的通风系统采用空气搅拌系统大直径混流式叶片，中间对称布置，机内各处的空气交换迅速，无涡流死区。整箱入孵后箱内各部位的温度保持均匀。

孵化机有冷却降温系统。大、中型孵化机设置有空冷和水冷两套冷却降温系统，可加快冷却降温速度。

加湿系统采用柱形圆盘式回转加湿器，圆形塑料加温片带水性能强，蒸发面大，加湿效率高。

加热系统以多组金属外壳密封电热器组成，排列位置恰当，可使机内温度的均匀性达到最佳状态。

进气排气系统能自动或手动控制启闭。保证废气排出和新鲜空气进入。

③孵化机自控系统。有模拟分立元件控制系统，集成电路控制系统和电脑智能控制系统三种。集成电路控制系统可预设温度和湿度，并能自动跟踪设定数据。电脑控制系统可单机编制多套孵化程序，也可建立中心控制系统，一个中心控制系统可控制数十台孵化单机。孵化机可以数字显示温度、湿度、翻蛋次数和孵化天数，并设有超高、低温报警系统，还能自动切断电源。

④孵化机技术指标。孵化机的技术指标的精度不应低于所列下限指标。温度显示精度为 $0.1\sim0.01℃$，控温精度为 $0.2\sim0.1℃$，箱内温度场标准差为 $0.2\sim0.1℃$，湿度显示精度为 $2\%\sim1\%$，控湿精度为 $3\%\sim2\%$。

⑤出雏机 与孵化机相同。如采用分批入孵，分批出雏制，一般出雏机的容蛋量按孵化机蛋容量的 $1/4\sim1/3$ 与孵化机配套。

第三章

鹅 的 繁 育

一、鹅性状的遗传

（一）质量性状的遗传

中国鹅和欧洲鹅有着不同的起源，中国鹅（伊犁鹅除外）主要起源于鸿雁（*Anser Cygnoides*），而欧洲鹅则主要由灰雁（*Anser anser anser*）驯化而成。关于非洲鹅的起源一直是个谜，但学术界更倾向非洲鹅起源于中国鸿雁的说法。关于鹅的变异十分有限。主要阐述几个关于家鹅与颜色和形态学相关的变异。

1. 羽色和斑纹的变异　关于鹅的羽色和斑纹变异共有 6 种，且分布于不同位点。

（1）白羽基因（*c*）　该性状为常染色体上隐性基因控制。基因型为 *c/c* 的鹅全身羽毛洁白（雏鹅为黄色），喙部及腿部呈橘黄色，虹彩蓝色，这是中国白鹅典型的特征。而当中国白鹅与西方白鹅品种杂交后，后代常常是有色的，说明西方白鹅不携带有该基因（除了那些由中国白鹅所引入的品种）。

（2）斑点基因（*sp*）　该基因位于性染色体上，呈隐性遗传。头部，上颈部，背部，肩部、大腿部呈有色羽，且保留了野生型的花纹（呈杂色或鞍纹），虹彩蓝色。该性状为波美尼亚灰鹅的特征性状。关于该基因在东方品种中状态还需进一步研究。

（3）羽色稀释基因（*Sd*）　该性状由显性基因控制，呈伴性遗传。目前已在爱姆登鹅、意大利鹅和莱茵鹅等品种发现 Sd 基因。该基因与隐性斑纹基因共同作用，能将斑点状花纹减淡至白色，这种白色并不是由隐性白色基因所导致的。雄性的基因型为 Sd/Sd sp/sp，雌性为 Sd/-sp/-。携带有该基因品种的雏鹅能够进行精确地雌雄鉴别，雄性头部为微黄色，背部灰色；而雌性头部微灰色、背部灰色。尽管有些品种在青年时期背部、翅膀和尾巴出现少量灰色，但青年鹅和成年鹅的几乎不表达黑色素。该基因与全身斑纹基因（Sp$^+$）相互作用，能够产生自别雌雄的品种，如比尔格里姆鹅，雄性为白色，而雌性呈灰色。雄性的基因型 Sp$^+$/Sp$^+$ Sd/Sd，雌性为 Sp$^+$/-Sd/-。雄性中携带有两个稀释等位基因能阻止黑色素的生成；而雌性中仅一个稀释基因只能减轻黑色素的生成，但不能白化全身灰色花纹。雏鹅的雌雄鉴别十分简单，雄性绒羽呈微黄色；雌性绒羽呈橄榄灰。成年公鹅在背部，翅膀及尾部仍然会出现偶尔的灰色区域；雌性喙部四周，颈上部，胸部偶尔也会出现白色，雄性的虹彩为灰蓝色；而雌性为深灰色或褐色。

尽管人们已经能适当地识别一个性连锁颜色稀释位点（Sd），但还需要进行更加严密的检测和研究（F$_2$ 代进行检测）。

（4）浅黄色基因（g）　该性状由性染色体上的隐性基因控制，其对应的野生型（G$^+$）呈灰色。g/g 个体主要表现为浅黄色略带阴影，羽毛并没有变化，虹彩呈褐色。美洲浅黄鹅、布雷肯浅黄鹅、图卢兹浅黄鹅和波美尼亚浅黄鹅具有该基因。

2. 喙色和胫色　控制雏鹅喙色和胫色的基因是一个性连锁基因对，隐性基因（b）能减淡胫、蹼的颜色。喙色和胫色一般有两种，一种为橘黄色的喙和胫，皮肤呈微黄色；一种为粉红色（肉色上有一层粉色或粉红色阴影）的喙和胫，皮肤倾向于白色。但目前还没有明确的研究确实这两种表型的遗传关系。

3. 羽毛变异　灰雁与鸿雁之间存在着明显的羽毛差异。灰雁与其驯化的后代颈部羽毛为皱褶或剥落状，而鸿雁及其驯化后代颈部羽毛是平滑的。

（1）毛冠　该性状表现为头顶有一簇顶心毛，可能与脑部突起有关。罗曼鹅羽毛有 2 种变异类型，一种是平滑的头部，另一种是头部为毛冠。美国家禽协会品种标准只认定头部毛冠变种，而英国家禽组织只认定头部平滑变种。目前，在许多品种中都是存在，如美洲浅黄鹅、加拿大鹅。一般认为是该性状呈不完全显性。

（2）塞瓦斯托波尔羽　该性状主要表现为除头颈部外，全身羽毛伸长，呈螺旋性弯曲，即使是主翼羽和副翼羽也是变形的、卷曲的，如塞瓦斯托波尔鹅。该性状呈不完全显性遗传，主要是为培育观赏用品种而对其羽毛弯曲度进行大群选择的结果。当饲养密度较高时，羽毛就可能被折断或脱落。该品种十分温顺，这种特性是否与羽毛变异产生多效作用还有待进一步研究。

4. 解剖形态变异　目前在鹅上发现了 3 种可遗传的解剖形态变异，但人们对它们的遗传基础还不能完全了解。

（1）肉瘤（Kb） 该性状主要表现在起源于鸿雁的品种（如中国鹅和非洲鹅）上嘴基部的瘤状结构，是长期人工选择的结果；而起源于灰雁的品种没有该性状。该性状呈不完全显性遗传，且受多基因控制。

（2）角翼 该性状主要表现为单侧或两侧翼羽向外弯曲，而不是紧贴身体。如发生在单侧，主要在左侧，雄性比雌性更为明显。该性状主要存在加拿大鹅、中国鹅和美洲家鹅中。角翼主要是在早期发育过程中，不合理的营养供给所引起的，低维生素、低矿物质和高蛋白、高能量等不均衡日粮导致腕骨发育受阻；当然也可能是由于遗传因素造成的。它是一种不可康复的变异。

（3）咽袋 咽袋为喉部皮肤松弛，呈皱褶下垂，如袋状。在有些品种该性状表现为质量性状，如狮头鹅。在有些品种该性状表现为数量遗传，如在皖西白鹅中有 6％个体就有咽袋，在图卢兹鹅中只有观赏品种具有咽袋，而商品代则没有。

（二）数量性状的遗传

1. 产蛋量 这一性状，由多基因控制，而且遗传力比较低，通过个体选择成效极差，即选择高产的母鹅不一定能得到高产的后代。要进行家系选择，选出高产的母鹅才有较大的成效。一定时间内产蛋量的高低，受 3 个因素的制约：

（1）开产期的迟早 目前测定鹅的产蛋量都以 500 日龄为一个周期，在产蛋量较高的育成品种中，早熟有获得高产的重大潜力。但初产日龄和平均蛋重存在着不理想的正相关，即开产早的个体，一般蛋较轻，因此，选择早熟个体，可能会出现蛋重降低的危险，必须处理好两者的关系。

（2）产蛋强度的高低 产蛋强度（即产蛋率）与产蛋量的关系很密切，尤其是开产初期和产蛋末期更为重要。开产初期产蛋率高，表示该品种的产蛋高峰期来得快；产蛋末期的产蛋率高，表示该品种的产蛋持续性好。所以，对产蛋率还应注意进入最大产蛋率（高峰期）的日龄、高峰时的产蛋量、高峰维持的时间。产蛋率是可以遗传的，不同品种之间有较大的差别，选择时应特别注意这个性状。

（3）换羽和休产 家鹅有换羽和休产的问题，经过一段时间的产蛋之后，就出现换羽、休产，高产的品种（品系或配套系）在换羽时通常不休产，而且保持着 85％以上的产蛋率。

2. 蛋重 在一个产蛋周期内，蛋重是有变化的，开产时蛋较轻，但增长较快，至 200 日龄时，可以达到标准蛋重，350 日龄后，蛋重又开始减轻，经过换羽休产后，蛋重又有明显增加。一般第二产蛋年的蛋重比第一产蛋年大。蛋重与体重呈正相关趋势，体重大的蛋也大，但选择体重大的个体来提高蛋重是不可取的，因为这样将导致饲料消耗量的增加。蛋重与产蛋强度之间呈负相关，因此，在选择蛋重时，不仅要注意提高平均蛋重，还要注意在开产后很快达到最大蛋重的时间，并能保持较高的产蛋强度，而且体重又不增加的优秀家系或个体，只有这样，才能有效地提高产蛋总重，得到最佳的饲料利用率。蛋重受外界因素的影响而有变化，特别是饲料的影响最大，温度、光照也有影响，测定蛋重时要注意环境因素的稳定期。蛋重的遗传力较高，通过选种能较快地使蛋重得到提高。

3. 体重 蛋用型鹅要求产蛋量高、蛋重大，而体重却要求尽可能的小，以便节省饲料；肉鹅要求一定的成年体重，要着重于早期的生长发育速度。体重和生长速度的遗传力都较高，通过个体选择和家系选择均有效。体重与性成熟和饲料消耗量相关，体重大的一般性成熟晚，饲料消耗多；体重轻的一般性成熟早、饲料消耗少。雏鹅的体重与蛋重呈强的正相关；雏鹅的初生体重与成年体重无关；体重与性别有关，仔鹅和成年鹅不同性别间有较大差异。

蛋用型鹅选种时，在保持和提高产蛋量的前提下，应尽量降低成年体重，以减少维持饲料的消耗，提高饲料利用率，并增加单位面积鹅舍内的饲养密度。肉用型鹅选种时，以提高早期（7～8周龄）生长速度为目标，适当控制成年体重（特别是母系），以降低种鹅的饲养成本。

4. 饲料转化率 饲料转化率是指消耗若干饲料后能取得肉、蛋产品的多少，又称饲料报酬、饲料转换率。由于饲料成本占养鹅总成本的70%左右，所以，饲料报酬是十分重要的经济性状。饲料报酬是可以遗传的，但品种、品系和个体之间存在着明显的差异。通过选种可以提高饲料报酬。

提高饲料报酬有两条途径：一是提高鹅种的产蛋量和增重速度；二是降低饲料消耗，提高饲料转化为产品的能力。

5. 生活力 通常用存活率或死亡率来表示。蛋鹅的生活力主要按3个阶段计分：第一阶段是胚胎期，用受精蛋的孵化率衡量；第二阶段是育成期，用0～20周龄的育成率表示；第三阶段为产蛋期，用产蛋期存活率表示。肉鹅的生活力考察还需要加上仔鹅7周龄成活率一项。生活力的遗传力很低，所以个体选择效果不大，必须采用家系选择法。

6. 蛋的品质 这个性状包括蛋壳的强度，蛋白的浓度，蛋形、壳色和血斑、肉斑等多性状的综合。

（1）蛋壳强度 由蛋壳密度、蛋壳厚度和蛋膜的质量决定。蛋壳厚度受温度、代谢过程的影响，品种、品系之间也有差异。通过选择可改善蛋壳的厚度，蛋壳厚与产蛋量呈负相关。密度大，壳厚的蛋，强度高，有利于蛋的包装运输，能降低蛋的破损率。

（2）蛋白的浓度 蛋白的浓度用哈氏单位表示。蛋白越浓，蛋的质量越好，孵化率越高，营养价值也高。蛋贮藏时间增加，浓蛋白将变稀，因此，测定蛋的哈氏单位时，应尽量采用当天产的新鲜蛋。

（3）蛋形 用蛋形指数（纵径/横径）表示。蛋形对包装、运输有直接关系，对孵化也有影响。过大或过小的蛋，都不易统一包装，破损率高，孵化率低。

（4）壳色 壳色不影响产蛋力。鹅蛋的壳色基本上分为白、青两种。蛋壳颜色受遗传制约，青壳蛋的公鹅与白壳蛋的母鹅交配所产后代，产青壳蛋，即青壳为显性。

（5）血斑与肉斑 形成血斑与肉斑的原因，主要与排卵时输卵管黏膜损伤少量出血有关。产蛋后期血斑和肉斑有所增加。这是受遗传制约的性状，通过选育可减少血斑和肉斑率。

7. 肉的品质 该性状对肉用鹅尤为重要。优秀的肉鹅品种，不仅要求屠宰率、半净膛率、全净膛率都要高，而且胸肌率和腿肌率也要高。前三项是指出肉率的高低，后两项是指屠体的结构和品质。胸、腿肌肉占全净膛的比例高，即屠体品质好。不同的品种、品系，有不同的肉质和风味，选种时要注意肉质的物理性状、化学性状及组织学性状等决定肉质优劣的性状，如渗水率、嫩度、pH、粗蛋白含量、脂肪含量、肌间脂肪含量、纤维直径、纤维密度等。屠体重量与屠体结构有较高的遗传性，通过个体选择可获得较快的改进。

二、种鹅的选择

选择种鹅是进行纯种繁育和杂交改良工作必须首先要考虑的问题。优秀的种鹅应具备品种的稳定形态特征，体质健壮，适应性强，遗传稳定和生产性能优良。

外貌特征在一定程度上可反映出种鹅的生长发育和健康状况，并可作为判断生产性能的参考依据，这种选择方法适合于生产商品鹅的种鹅繁殖场。

（一）公鹅的选择

应选择体型高大，体质健壮，头大脸阔，肉瘤大而光滑，眼明亮有神，喙部长而钝，颈粗稍长，胸宽深，背宽长，腹部平整，胫粗有力，两腿间距离较宽，鸣声高亢洪亮，雄壮威武，性欲旺盛的公鹅。此外，公鹅选择还应检查阴茎是否发育正常，精液品质是否符合要求。

（二）母鹅的选择

应选择发育良好，面目清秀，喙短，眼睛饱满灵活，鸣声低而短，颈细中等长，两翅紧扣体躯，羽毛紧密而富光泽，体躯长而圆，前躯较浅窄，后躯深而宽，臀部圆阔，胫结实距离宽，羽毛、喙、胫、蹼的颜色符合品种特征，繁殖力强的母鹅。

三、鹅的繁育方式

鹅的繁育方法可分为纯种繁育和杂交繁育两种。

（一）纯种繁育

是用同一品种内的公母鹅进行配种繁殖，这种方式能保持一个品种的优良性状，有目的地进行系统选育，能不断提高该品种的生产能力和育种价值，所以，无论在种鹅场或是商品生产场都被广泛采用。但要注意，采用本品种繁育，容易出现近亲繁殖的缺点，尤其是规模小的养鹅场，鹅群数量小，很难避免近亲繁殖，而引起后代的生活力和生产性能降低，体质变弱，发病率、死亡率增多，种蛋受精率、孵化率、产蛋率、蛋重和体重都会下降。

为了避免近亲繁殖，必须进行血缘更新，即每隔几年应从外地引进体质强健、生产性能优良的同品种种公鹅进行配种。

（二）杂交繁育

不同品种间的公母鹅交配称为杂交。由两个或两个以上的品种杂交所获得的后代，具有亲代品种的某些特征和性能，丰富和扩大了遗传物质基础和变异性，因此，杂交是改良现有品种和培育新品种的重要方法。由于杂交一代常常表现出生活力强、成活率高、生长发育快、产蛋产肉多、饲料报酬高、适应性和抗病力强的特点，所以在生产中利用杂交生产出的具有杂种优势的后代，作为商品鹅是经济而有效的。根据杂交目的不同可分为育种性杂交（级进杂交、导入杂交和育成杂交）和经济性杂交（简单经济杂交、三元杂交和生产性双杂交）。

1. 级进杂交 级进杂交（改良杂交、改造杂交、吸收杂交）指用高产的优良品种公鹅与低产品种母鹅杂交，所得的杂种后代母鹅再与高产的优良品种公鹅杂交。一般连续进行 3～4 代，就能迅速而有效地改造低产品种。当需要彻底改造某个种群（品种、品系）的生产性能或者是改变生产性能方向时，常用级进杂交。在进行杂交时应注意：

①根据提高生产性能或改变生产性能方向选择合适的改良品种。

②对引进的改良公鹅进行严格的遗传测定。

③杂交代数不宜过多，以免外来血统比例过大，导致杂种对当地的适应性下降。

2. 导入杂交　导入杂交就是在原有种群的局部范围内引入不高于 1/4 的外血缘，以便在保持原有种群特性的基础上克服个别缺点。当原有种群生产性能基本上符合需要，局部缺点在纯繁下不易克服，此时宜采用导入杂交。在进行导入杂交时应注意：

①针对原有种群的具体缺点，进行导入杂交试验，确定导入种公鹅品种。

②对导入种群的种公鹅严格选择。

3. 育成杂交　指用两个或更多的种群相互杂交，在杂种后代中选优固定，育成一个符合需要的品种。当原有品种不能满足需要，也没有任何外来品种能完全替代时常采用育成杂交。进行育成杂交时应注意：

①要求外来品种生产性能好、适应性强。

②杂交亲本不宜过多以防遗传基础过于混杂，导致固定困难。

③当杂交出现理想型时应及时固定。

4. 简单经济杂交（二系配套）　两个种群进行杂交，利用 F_1 代的杂种优势进行商品鹅生产（图 3-1）。进行经济杂交时应注意：

①在大规模的杂交之前，必须进行配合力测定。配合力是指不同种群的杂交所能获得的杂种优势程度，是衡量杂种优势的一种指标。

②配合力有一般配合力和特殊配合力两种，应选择最佳特殊配合力的杂交组合。

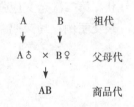

图 3-1　二系配套模式图

杂交实例一：莱茵鹅（♂）×四川白鹅（♀）
↓
莱川杂交鹅

莱茵鹅具有体型大、早期生长速度快、羽绒产量高的优点，是合适的杂交父本；四川白鹅具有体型中等、生长速度较快、产蛋量高的优点，是合适的杂交母本。杂交后代仔鹅生长速度比四川白鹅提高 20% 左右，羽绒质量也有所改善。其缺点是杂交鹅的额瘤小，肉质较粗。

杂交实例二：皖西白鹅（♂）×四川白鹅（♀）

↓

皖川杂交鹅

皖西白鹅具有体型较大、早期生长速度较快、羽绒质量好的优点，是理想的杂交父本；四川白鹅具有体型中等、生长速度较快、产蛋量高的优点，是合适的杂交母本。杂交后代仔鹅生长速度比四川白鹅提高 10%～15%，羽绒质量也有所改善。

杂交实例三：朗德鹅（♂）×四川白鹅（♀）

↓

朗川杂交鹅

朗德鹅是著名的生产鹅肥肝专用鹅，其生产的肥肝重量大、质量好。但是，我国内地纯种朗德鹅数量少、价格高。因此，使用朗德鹅公鹅与四川白鹅母鹅进行杂交，其杂交后代也能够较好地用于生产肥肝，而且成本显著下降。

5. 三元杂交（三系配套） 三元杂交指两个种群的杂种一代和第三个种群相杂交，利用含有三种群血统的多方面的杂种优势进行商品鹅生产（图 3-2）。此方法在使用时应注意：在三元杂交中，第一次杂交应注意繁殖性状，第二次杂交应强调生长等经济性状。

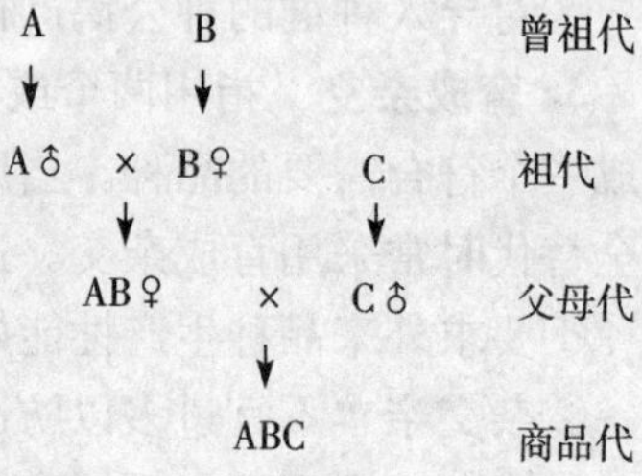

A	B		曾祖代
↓	↓		
A♂ × B♀		C	祖代
↓		↓	
AB♀	×	C♂	父母代
		↓	
	ABC		商品代

图 3-2 三系配套模式图

杂交实例：马岗鹅（♂）×四川白鹅（♀）

↓

F₁（♀）×乌鬃鹅（♂）

↓

商品代

马岗鹅生长速度较快，但产蛋量偏低，如与中毒体型、繁殖力高的四川白鹅杂交，可充分利用 F₁ 代在繁殖性能上的优势，用 F₁ 代母鹅再与乌鬃鹅公鹅杂交，即可充分利用商品代在生长速度上的优势进行商品鹅生产。

6. 生产性双杂交（四系配套） 生产性双杂交是指 4 个种群分为两组，先各自杂交，在产生杂种后，杂种间再进行第二次杂交（图 3-3）。现代育种常采用近交

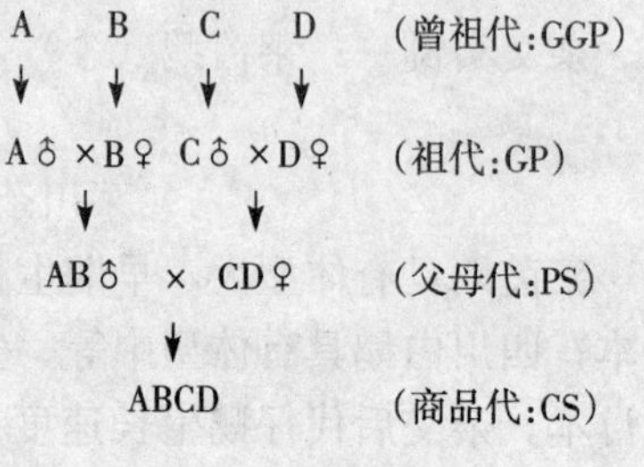

A	B	C	D	（曾祖代:GGP）
↓	↓	↓	↓	
A♂ ×B♀		C♂ ×D♀		（祖代:GP）
↓		↓		
AB♂	×	CD♀		（父母代:PS）
		↓		
	ABCD			（商品代:CS）

图 3-3 四系配套模式图

系（近交系数达 37.5％以上的品系）、专门化品系（专门用于杂交配套生产用的品系）或合成系（以优良品系为基础，通过品系间多代正反交，对杂种封闭选育形成的新型品系）相互杂交。

四、繁殖技术

（一）自然交配

自然交配是让公母鹅在适宜的环境中进行自行交配的一种配种方法。配种季节一般为每年的春、夏、秋初。自然交配有大群配种和小群配种两种方式。

1. 大群配种　将公母鹅按一定比例合群饲养，群的大小视种鹅群规模和配种环境的面积而定，一般利用池塘、河湖等水面让鹅嬉戏交配。这种方法能使每只公鹅都有机会与母鹅自由组合交配，受精率较高，尤其是放牧的鹅群受精率更高，适用于繁殖生产群。但需注意，大群配种时，种公鹅的年龄和体质要相似，体质较差和年龄较大的种公鹅，没有竞配能力，不宜作大群配种用。

2. 小群配种　将每只公鹅及其所负担配种的母鹅单间饲养，使每只公鹅与规定的母鹅配种，每个饲养间设水栏，让鹅活动交配。公鹅和母鹅均编上脚号，每只母鹅晚上在固定的产蛋窝产蛋，种蛋记上公鹅和母鹅脚号。这种方法能确知雏鹅的父母，适用于鹅的育种，是种鹅场常用的方法。

（二）人工授精

鹅的人工授精在生产上很少应用，因为大部分种鹅公母比例大，且受精率较高，但不少鹅场却利用人工采精技术对种公鹅进行选择，从而准确地淘汰了那些生殖器发育不良、采精少和精液品质低劣的公鹅，减少了性功能差的公鹅。

1. 鹅的采精方法

（1）假阴道法　用台鹅对公鹅诱情，当公鹅爬跨台鹅伸出阴茎时，迅速将阴茎导入假阴道内而取得精液。用于鹅的假阴道，其结构如图 3-4 所示，它不需要在内外管道之间充以热水和涂润滑油。

（2）台鹅诱鹅法　将母鹅固定于诱情台上（离地10～15 厘米），将试情公鹅放出，凡经过调教的公鹅会

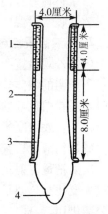

图 3-4　鹅用假阴道
1. 海绵　2. 锌管外壳
3. 内橡皮管　4. 集精袋

立即爬跨台鹅，当公鹅阴茎勃起伸出交尾时，采精人员即可迅速将阴茎导入集精杯而取得精液。有的公鹅爬跨台鹅而阴茎不伸出时，可迅速按摩公鹅泄殖腔周围，使阴茎勃起伸出而射精。

（3）**按摩法**　采精员坐在矮凳上，将公鹅放于膝上，公鹅头伸向左臂下，助手位于采精员右侧保定公鹅双脚。采精员左手掌心向下紧贴公鹅背腰部，并向尾部方向按摩，同时用右手手指握住泄殖腔环按摩揉捏，一般 8～10 秒钟。当阴茎即将勃起的瞬间，正进行按摩着的左手拇指和食指稍向泄殖腔背侧移动，在泄殖腔上部轻轻挤压，阴茎即会勃起伸出，射精沟闭锁完全，精液会沿着射精沟从阴茎顶端快速射出。助手使用集精管（杯）收集精液。熟练的采精员操作过程约需 30 秒钟，并可单人进行操作。

按摩法采精要特别注意公鹅的选择和调教。要选择那些性反应强烈的公鹅作采精之用，并采用合理的调教日程，使公鹅迅速建立起性反射。调教良好的公鹅只需背部按摩即可顺利取得精液，同时可减少由于对腹部的刺激而引起粪尿污染精液。

上述几种采精方法中以按摩法最为简便可行，成为最常采用的一种方法。

采精注意事项：

①采精时要防止粪便污染精液，故采精前 4 小时应停水停料，集精杯勿太近泄殖腔，采精宜在上午放水前进行。

②采集的精液不能曝于强光之下，15 分钟内使用效果最好。

③采精前公鹅不能放水活动，防止相互爬跨而射精。

④采精处要保持安静，抓鹅的动作不能粗暴。

⑤集精杯每次使用后都要清洗消毒。寒冷季节采精时，集精杯夹层内应加 40～42℃暖水保温。

2. 精液品质检查

（1）**外观检查**　主要检查精液的颜色是否正常。正常无污染的精液为乳白色、不透明的液体。混入血液呈粉红色，被粪便污染则为黄褐色，有尿酸盐混入时，呈粉白色棉絮状。过量的透明液混入，则见有水渍状。凡被污染的精液，精子会发生凝集或变形，不能用于人工授精。

（2）**精液量检查**　采用有刻度的吸管或注射器等度量器，将精液吸入，测量一次射精量。射精量随品种、年龄、季节、个体差异和采精操作熟练程度而有较大变化。公鹅平均射精量为 0.1～1.3 毫升。要选择射精量多、稳定正常的公鹅供用。

（3）**精子活力检查**　精子的活力是以测定直线前进运动的精子数为依据。所有精子都是直线前进运动的评为 10 分；有几成精子是直线前进运动的就评几分。具体操作方法是：于采精后 20～30 分钟内，取同量精液及生理盐水各 1 滴，置于载玻片一端，混匀后放上盖玻片。精液不宜过多，以布满载玻片而又不溢出为宜。在 37℃ 左右的镜检箱内，用 200～400 倍显微镜检查。呈直线运动的精子有受精能力；进行圆周运动或摆动的精子均无受精能力。活力高、密度大的精液，在显微镜下精子呈旋涡翻滚状态。

（4）精子密度检查 可分为血球计数法和精子密度估测法两种检查方法。

①血球计数法。用血球计数板计算精子数。具体操作方法是：先用红血球吸管吸取精液至 0.5 刻度处，再吸入 3‰ 氯化钠溶液至 101 刻度处，即为稀释 200 倍。摇匀，排出吸管前 3 滴，然后将吸管尖端放在计数板与盖玻片的边缘，使吸管内的精液流入计算室内。在显微镜下计数精子（图 3-5）。计数的 5 个方格应选位于一条对角线上或四个角各取 1 个方格，再加中央 1 方格，共 5 个方格。计算精子数时只数精子头部 3/4 或全部在方格中的精子（以黑头表示），如图 3-6 所示。最后按下列公式计算出每毫升精液的精子数。

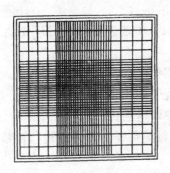

图 3-5　计算室方格

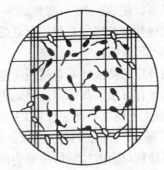

图 3-6　计算精子方法
（只计头为黑色精子数）

$$C = \frac{n}{10}$$

式中　C——每毫升含有的精子数（亿个）；

　　　n——5 个方格的精子总数（个）。

例如现已检出 5 个方格共计 60 个精子，问每毫升精液中有多少精子？

解：

$$C = \frac{60}{10} = 6 \text{（亿个/毫升）}$$

即每毫升精液中有 6 亿个精子。

②密度估算法。在显微镜下观察，可根据精子密度分为密、中等、稀 3 种

情况，如图 3-7 所示。

密是指在整个视野里布满精子，精子间几乎无空隙。每毫升精液有6亿～10亿个精子；中等是指在整个视野里精子间距明显，每毫升精液有4亿～6亿个精子；稀是指在整个视野里，精子间有很大的空隙，每毫升精液有3亿个以下的精子。

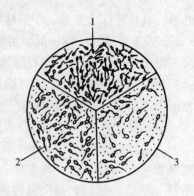

图 3-7　精子密度
1. 密　2. 中等　3. 稀

3. 精液的稀释和保存　稀释液的主要作用是为精子提供能源，保障精细胞的渗透平衡和离子平衡，稀释液中的缓冲剂可以防止乳酸形成时的有害作用。在精液的稀释保存液中添加抗菌剂可以防止细菌的繁殖。同时精液中加入稀释液还可以稀释或螯合精液中的有害因子，有利于精子在体外存活更长的时间。常规输精时鹅精液的稀释倍数用 1∶1、1∶2、1∶3 的效果较好。一般一只优良种公鹅的精液，经稀释可以配 20～30 只母鹅。

现将效果较好的几种稀释液配方列表 3-1。实践表明，以 pH7.1 的 Lake 液和 BPSE 液稀释效果最好。

稀释后的精液通常直接用于输精，倘若需要保存一段时间后再输精，则采用低温保存方法。具体做法是先将稀释精液置于 30℃ 的温水中，再放置于 2～5℃ 的温度下保存，此法保存 24 小时，受精率可达到 90% 以上。

4. 输精　鹅的泄殖腔较深，阴道部不像母鸡那样容易外翻进行输精。所以常规输精以泄殖腔输精法最为简便易行。

泄殖腔输精法是助手将母鹅仰卧保定。输精员用左手挤压泄殖腔下缘，迫使泄殖腔张开，再用右手将吸有精液的输精器从泄殖腔的左方徐徐插入，当感到推进无阻挡时，即输精器已准确进入阴道部，一般深入至 3～5 厘米时左手放松，右手即可将精液注入。实践证明效果良好。熟练的输精员可以单人操作。

输精注意事项：

①母鹅以 5～6 天输精一次为宜。

②鹅的每一次输精量可用新鲜精液 0.05 毫升，每次输精量中至少应有 3 000 万～4 000 万个精子，第一次的输精量加大一倍可获良好效果。

③鹅在上午 9∶00～10∶00 输精为宜。

5. 采精和输精用具　鹅的采精和输精常用的器具如图 3-8、图 3-9，详细用具见表 3-2。

表3-1　常用家禽精液稀释液的成分

成　分	Lake液	pH7.1的Lake缓冲液	pH6.8的Lake缓冲液	BPSE液	BHPPK-2液	Brown液	Macphesor液	磷酸盐缓冲液	生理食盐液	蛋黄液	新鲜牛奶
葡萄糖	1.000	0.600	0.600	0.500		0.500	0.150			4.250	
果糖											
棉子糖					1.800						
乳糖						3.864	11.000				
肌醇											
谷氨酸钠（H_2O）	1.920	1.520	1.320	0.867	2.800	0.220	1.381				
氯化镁（$6H_2O$）	0.068	0.080	0.080	0.034		0.234	0.024				
醋酸镁（$4H_2O$）						0.013					
醋酸钠（$3H_2O$）	0.857	0.080		0.430							
柠檬酸钾	0.128	0.128	0.128	0.064							
柠檬酸钠（$2H_2O$）						0.231					
柠檬酸						0.039					
柠檬酸钙						0.010					
氯化钠									1.000		
磷酸二氢钾				0.065				1.456			
磷酸氢二钾（$3H_2O$）				2.270				0.837			
1摩尔/升氢氧化钠		5.8毫升	9.0毫升								
BES		3.050									
MES			2.440								
TES				0.195		2.235 0					
新鲜鸡蛋黄										1.5毫升	
新鲜牛乳											199毫升

注：①表中所列成分的单位除标明毫升者外，其余均为克，其数值均为加蒸馏水配制成100毫升稀释液之用量。
②BES，即N，N-（2-羟乙基）-2二氨基乙烷磺酸；MES，即2-（N-吗啉）乙烷磺酸；TES，即N-三（羟甲基）甲基-2-氨基乙烷磺酸。
③每毫升稀释液加青霉素1000单位，链霉素1000微克。

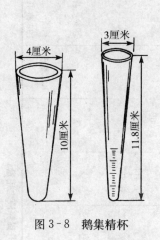

图 3-8 鹅集精杯

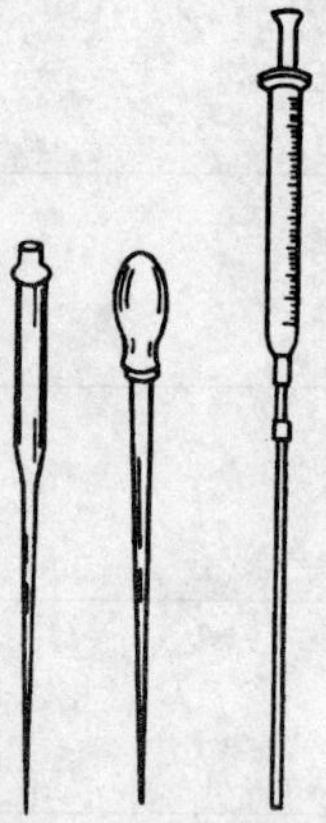

图 3-9 鹅输精器
（前端无毒塑料管，可以更换，避免感染）

表 3-2 人工授精用具表

名　称	规　格	用　途	名　称	规　格	用　途
集精杯	5.8～6.5 毫升	收集精液	生理盐水	—	稀释
刻度吸管	0.05～0.5 毫升	输精	蒸馏水	—	稀释及冲洗器械
刻度吸管	5～10 毫升	贮存精液	温度计	100℃	测水温
保温瓶或杯	小、中型	保温精液	干燥箱	小、中型	烘干
消毒盒	大号	消毒采精、输精	冰箱	小型低温	短期贮存精液
生物显微镜	400～1 250 倍	检查精液品质	分析天平	感量 0.001 克	配稀释液、称药
载玻片、盖玻片、血球计数板	—	检查精液品质	药物天平	感量 0.01 克	配稀释液、称药
pH 试纸	—	检查精液品质	电炉	400 千瓦	精液保温、供温水、煮沸消毒
注射器	20 毫升	吸取蒸馏水及稀释液	烧杯、毛巾、脸盆、试管刷、消毒液等	—	消毒卫生
注射针头	12 号	备用	试管架、瓷盘	—	放置器具

（三）配种年龄和配种性比

1. 配种年龄 鹅配种年龄过早，不仅对其本身的生长发育有不良影响，而且受精率低。我国鹅种性成熟较早，公鹅一般在 5～6 月龄，母鹅在 7～8 月龄达到性成熟。实践中通常公鹅初配时间以 6 月龄以上为宜；母鹅以 8 月龄左右为宜。但应注意，对于早熟的小型品种，公母鹅的配种年龄可以适当提前。

2. 配种比例 鹅的配种性比随品种类型不同而差异较大，公母鹅配种比例一般为：小型鹅为 1∶6～7，中型鹅为 1∶4～6，肉用型鹅为 1∶3～4。

（四）种鹅的利用年限和鹅群结构

1. 种鹅的利用年限 种母鹅的繁殖年龄比其他家禽长。通常第一个产蛋年产蛋量较低，第三年产蛋达到高峰，5～6 岁以后逐渐下降。就产蛋性能而言，种母鹅的利用年限为 3～4 年，种公鹅利用年限通常为 3 年，个别优秀的公鹅可利用 4～6 年。但也有些小型早熟鹅种，如我国的太湖鹅，产蛋量以第一个产蛋年为最高，当地习惯采用"年年清"的办法，公母鹅只利用 1 年，一到产蛋季节接近尾声，少数母鹅开始换羽时，就全部淘汰，全群更换种鹅。

2. 鹅群结构 放牧种鹅群多由不同年龄的鹅组成。种鹅群的组成一般为：1 岁母鹅为 30％，2 岁母鹅为 25％，3 岁母鹅为 20％，4 岁母鹅为 15％，5 岁母鹅为 10％。

五、鹅生产性能测定与计算方法

（一）繁殖性能

1. 孵化

种蛋合格率：指种母鹅在规定的产蛋期内（蛋用型、肉用型鹅在 72 周龄内）所产符合本品种、品系要求的种蛋数占产蛋总数的百分比。

$$种蛋合格率 = \frac{合格种蛋数}{产蛋总数} \times 100\%$$

受精率：受精蛋占入孵蛋的百分比。血圈、血线蛋按受精蛋计算；散黄蛋按无精蛋计算。

$$受精率 = \frac{受精蛋数}{入孵蛋数} \times 100\%$$

孵化率（出雏率）：

①受精蛋孵化率：出雏数占受精蛋数的百分比。

$$受精蛋孵化率＝\frac{出雏数}{受精蛋数}\times100\%$$

②入孵蛋孵化率：出雏数占入孵蛋数的百分比。

$$入孵蛋孵化率＝\frac{出雏数}{入孵蛋数}\times100\%$$

种母鹅提供健雏数：每只种母鹅在规定产蛋期内提供的健康雏鹅数。

2. 成活率

雏鹅成活率：指育雏期末成活雏鹅数占入舍雏鹅数的百分比。雏鹅龄为0～4周龄。

$$雏鹅成活率＝\frac{育雏期末成活雏鹅数}{入舍雏鹅数}\times100\%$$

育成期成活率：指育成期末成活育成鹅数占育雏期末入舍雏鹅数的百分比。育成鹅龄为5～30周龄。

$$育成鹅成活率＝\frac{育成期末成活的育成鹅数}{育雏期末入舍雏鹅数}\times100\%$$

3. 称重 育雏和育成期需称体重3次，即初生、育雏期末和育成期末。每次称重数量至少100只（公母各半）。称重前断料6小时以上。

成年鹅体重分为开产期体重和产蛋期体重。

（二）产蛋性能

1. 开产日龄 个体记录的鹅群以产第一个蛋的平均日龄计算。群体记录的鹅群，按日产蛋率达5％的日龄计算。

2. 产蛋量

按入舍母鹅数统计：

$$入舍母鹅产蛋量（枚）＝\frac{统计期内的总产蛋量^*}{入舍母鹅数}$$

按母鹅饲养日数统计：

$$母鹅饲养日产蛋量（枚）＝\frac{统计期内的总产蛋量}{统计期内日平均饲养母鹅只数}$$

$$或＝\frac{统计期内的总产蛋量}{统计期内日饲养只数累加数\div统计期日数}$$

---

* 统计期内的总产蛋量指周、月、年或规定期内统计的产蛋量。

如果需要测定个体产蛋记录，则在晚间，逐个捉住母鹅，用中指伸入泄殖腔内，向下探查有无硬壳蛋进入子宫部或阴道部，这叫"探蛋"。将有蛋的母鹅放入自闭产蛋箱内关好，待次日产蛋后放出。

3. 产蛋率　母鹅在统计期内的产蛋百分比。

按饲养日计算：

$$饲养日产蛋率=\frac{统计期内的总产蛋量}{实际饲养日母鹅只数的累加数}\times100\%$$

按入舍母鹅数计算：

$$入舍母鹅产蛋率=\frac{统计期内的总产蛋量}{入舍母鹅数\times统计日数}\times100\%$$

4. 蛋重

平均蛋重：从300日龄开始计算（以克为单位），个体记录者须连续称取3枚以上的蛋，求平均值；群体记录时，则连续称取3天总产量求平均值。大型鹅场按日产蛋量的5%称测蛋重，求平均值。

总蛋重：指每只种母鹅在一个产蛋期内的产蛋总重。

$$总蛋重（千克）=\frac{平均蛋重（克）\times平均产蛋量}{1\ 000}$$

5. 母鹅存活率　入舍母鹅数减去死亡数和淘汰数后的存活数占入舍母鹅数的百分比。

$$母鹅存活率=\frac{入舍母鹅数-（死亡数+淘汰数）}{入舍母鹅数}\times100\%$$

（三）蛋的品质

测定蛋数不少于50枚，每批种蛋应在产出后24小时内进行测定。

1. 蛋形指数　用蛋形指数测定仪或游标卡尺测量蛋的纵径与最大横径，求其商。以毫米为单位，精确度为0.5毫米。

$$蛋形指数=\frac{纵径}{横径}$$

2. 蛋壳强度　用蛋壳强度测定仪测定，单位为千克/厘米^2。

3. 蛋壳厚度　用蛋壳厚度测试仪测定，分别测量蛋壳的钝端、中部、锐端三个厚度，求其平均值。应剔除内壳膜。以毫米为单位，精确到0.01毫米。

4. 蛋的密度　蛋重级别以溶液对蛋的浮力的密度来表示。蛋的密度级别高，则蛋壳较厚，质地较好。蛋的密度用盐水漂浮法测定，其溶液各级密度见表3-3。

表3-3　盐溶液测量鹅蛋的各级密度

级别	0	1	2	3	4	5	6	7	8
密度	1.068	1.072	1.076	1.080	1.084	1.088	1.092	1.096	1.100

5. 蛋黄色泽　按罗氏比色扇的 15 个蛋黄色泽等级比色，统计每批蛋各级的数量和百分比。

6. 蛋壳色泽　按白、浅褐、褐、深褐、青色等表示。

7. 哈氏单位　用蛋白高度测定仪测量蛋黄边缘与浓蛋白边缘的中点，避开系带，测三个等距离中点的平均值为蛋白高度。

$$哈氏单位 = 100\lg\ (H - 1.7W^{0.37} + 7.57)$$

式中　H——浓蛋白高度（毫米）；

W——蛋重（克）。

已知蛋重和浓蛋白的高度后可查哈氏单位表，或用哈氏单位计算尺算出。

8. 血斑率和肉斑率　统计测定总蛋数中含有血斑和肉斑的百分比。

$$血斑和肉斑率 = \frac{血斑和肉斑总数}{测定总蛋数} \times 100\%$$

（四）肉用性能

1. 活重　指在屠宰前禁食 12 小时后的重量，以克为单位（以下同）。

2. 屠体重　放血去羽毛后的重量（湿拔法须沥干）。

3. 半净膛重　屠体去气管、食道、嗉囊、肠、脾、胰和生殖器官，留心、肝（去胆）、肺、肾、腺胃、肌胃（去内容物及角质膜）和腹脂（包括腹部板油和肌胃周围的脂肪）的重量。

4. 全净膛重　半净膛去心、肝、腺胃、肌胃、腹脂，保留头、脚。

5. 常用的几项屠宰率的计算方法

$$屠宰率 = \frac{屠体重}{活重} \times 100\%$$

$$半净膛率 = \frac{半净膛重}{活重} \times 100\%$$

$$全净膛率 = \frac{全净膛重}{活重} \times 100\%$$

$$胸肌率 = \frac{胸肌重}{全净膛重} \times 100\%$$

$$腿肌率 = \frac{大小腿净肌肉重}{全净膛重} \times 100\%$$

（五）饲料转化比

$$产蛋期料蛋比 = \frac{产蛋期耗料量（千克）}{总蛋重（千克）}$$

$$肉用仔鹅耗料比 = \frac{肉用仔鹅全程耗料量（千克）}{总活重（千克）}$$

第四章

鹅的营养与饲料

鹅具有体温高、代谢旺盛、生长发育快、易肥育、单位体重产品率高等特点。了解鹅的营养需要和常用饲料特性，并根据鹅的生理特点和生活习性科学配合日粮，是鹅饲养管理工作的重要环节。

一、鹅的营养需要

鹅的营养需要可概括为能量、蛋白质、矿物质、维生素和水的需要。

（一）能量

鹅的一切生理活动过程，包括呼吸、循环、消化、吸收、排泄、体温调节、运动、生产产品等都需要能量。碳水化合物、脂肪和蛋白质是鹅维持生命和生产产品所需的主要能量来源。

碳水化合物是自然界中来源最多、分布最广的一种营养物质，是植物性饲料的主要组成部分。每克碳水化合物在鹅体内平均可产生17.15千焦热能。鹅主要是依靠碳水化合物氧化分解供给能量以满足生理活动和生产上的需要。多余的能量往往以糖原或脂肪的形式存贮于体组织中。

脂肪也是鹅重要的供能物质，每克脂肪氧化可产生39.3千焦能量，是碳水化合物的2.29倍。在肉用鹅的日粮中添加1%～2%的油脂可满足其高能量的需求，同时也能够提高能量的利用率和抗热应激能力。

蛋白质一般在鹅能量供应不足的情况下才分解供能，但其能量利用的效率不如脂肪和碳水化合物，既不经济，还会增加肝、肾负担。

鹅对能量的需要受品种、性别、生长阶段等因素的影响，一般肉用鹅比同体重蛋用鹅的基础代谢产热高，用于维持需要的能量也多；公鹅的维持能量需要比母鹅高，产蛋母鹅的能量需要高于非产蛋母鹅的能量需要；不同生长阶段鹅对能量的需要也不同，对于蛋用型鹅，其能量需要一般前期高于后期，后备期和种用鹅的能量需要低于生长前期；对于肉用型鹅，其能量一般都维持在较高水平。另外，鹅对能量的需要还受饲养水平、饲养方式以及环境温度等的影响。在自由采食时，鹅有调节采食量以满足能量需要的本能。日粮能量水平低时，采食量多；日粮能量水平高时，采食量少。由于日粮能量水平不同，鹅采食量会随之变化，这就会影响蛋白质和其他营养物质的摄取量。所以在配合日粮时应确定能量与蛋白质或氨基酸的比例，当能量水平发生变化时，蛋白质水平应按照这一比例作相应调整，避免鹅摄入的蛋白质过多或不足。对于温度的变化，在一定的范围内，鹅自身能通过调节作用来维持体温恒定，不需要额外增加能量。但超过了这一范围，就会影响鹅对能量的需要。当冷应激时，消耗的维持能量就多；而热应激时，鹅的采食量往往减少，最终会影响生长和产蛋率，可以通过在日粮中添加油脂、维生素 C、氨基酸等方法来降低鹅的应激反应。

（二）蛋白质

蛋白质在鹅营养中占有特殊重要的地位，是碳水化合物和脂肪所不能替代的，必须由饲料提供。蛋白质之所以如此重要，是因为它在体内发挥着重要的生理功能。

蛋白质是构成鹅体内神经、肌肉、皮肤、血液、结缔组织、内脏器官以及羽毛、爪、喙等的基本组成成分，也是鹅肉、蛋的主要组成成分。蛋白质是形成机体活性物质（酶、激素）的主要原料。蛋白质是组织更新、修补的主要原料。在机体营养不足时，蛋白质也可分解供能，维持机体的代谢活动。

由于鹅采食的饲料蛋白质经胃液和肠液中蛋白酶的作用，最终都分解为氨基酸被吸收利用，因此，蛋白质营养实质上也就是氨基酸营养。

根据鹅营养需要，把氨基酸分为必需氨基酸和非必需氨基酸两大类。所谓必需氨基酸是指在鹅体内不能合成，或合成的数量与速度不能满足需要，必须由饲料供给的那些氨基酸。所谓非必需氨基酸，是指体内能够合成或需要较少，可以不必由饲料供给的那些氨基酸，而不是指鹅不需要这些氨基酸。

目前，鹅需要的必需氨基酸有 11 种，它们是：赖氨酸、蛋氨酸、色氨酸、苯丙氨酸、亮氨酸、异亮氨酸、缬氨酸、苏氨酸、组氨酸、精氨酸、甘氨酸。在这些必需氨基酸中，往往有一种或几种必需氨基酸的含量低于鹅的需要量，而且由于它们的不足，限制了鹅对其他氨基酸的利用，并影响到整个日粮的利用率，因此，把这类氨基酸称为限制性氨基酸。

蛋白质的营养价值取决于组成蛋白质的氨基酸的种类与比例，如果氨基酸特别是必需氨基酸种类齐全，比例接近鹅的需要，蛋白质的营养价值就高。一般动物性饲料的营养价值高于植物性饲料，豆科饲料高于谷实类饲料。

鹅对蛋白质、氨基酸的需要量受饲养水平（氨基酸摄取量与采食量）、生产力水平（生长速度和产蛋强度）、遗传性（不同品种或品系）、饲料因素（日粮氨基酸是否平衡）等多种因素影响。

要提高饲料蛋白质营养价值，可采取以下措施。

（1）配合蛋白质水平适宜的日粮。蛋白质水平过低，不仅会影响鹅生长和产蛋率，如长期缺乏还会影响健康，导致鹅贫血、免疫功能降低，容易患其他疾病。蛋白质水平过高也不好，不仅造成蛋白质浪费，提高了饲料成本，还会加重肝肾负担，容易使鹅患上痛风病，甚至瘫痪。

（2）通过添加蛋氨酸、赖氨酸等限制性氨基酸，来提高饲料蛋白质品质，使氨基酸配比更理想。

（3）注意日粮能量浓度与蛋白质、氨基酸的比值维持在较适宜水平，可用蛋白能量比或氨基酸能量比表示。若比值过高或过低，都将影响饲料蛋白质的利用。

（4）消除饲料中抗营养因子的影响。某些饲料如生大豆中含有胰蛋白酶抑制因子和植物皂素，高粱中含有单宁，这些物质都会降低消化率，影响饲料蛋白质的利用，可通过加热等方法来消除这些抗营养因子的影响。

（5）添加剂的使用。在饲料中添加一些活性物质如蛋白酶制剂，代谢调节剂，促生长因子以及某些维生素，能改善饲料蛋白质的品质，提高其利用率。

（三）矿物质

矿物质在鹅生命活动中起着重要作用。现已证明，在鹅体内具有营养生理功能的必需矿物元素有 22 种。按各种矿物质在鹅体内的含量不同，可分为常量元素和微量元素。把占鹅体重 0.01% 以上的矿物元素称为常量元素，包括钙、磷、镁、钠、钾、氯和硫；占鹅体重 0.01% 以下的元素称为微量元素，包括铁、锌、铜、钴、锰、碘、硒、氟、钼、铬、硅、钒、砷、锡、镍。后几种必需元素鹅需要量极微，实际生产中基本上不出现缺乏症。

矿物质不仅是构成鹅骨骼、羽毛等体组织的主要组成成分，而且对调节鹅体内渗透压，维持酸、碱平衡和神经肌肉正常兴奋性，都具有重要作用，同时，一些矿物元素还参与体内血红蛋白、甲状腺素等重要活性物质的形成，对维持机体正常代谢发挥着重要功能。另外，矿物质也是蛋壳等产品的重要原料。如果这些必需元素缺乏或不足，将导致鹅物质代谢的严重障碍，降低生产力，甚至导致死亡。如果这些矿物元素过多则会引起机体代谢紊乱，严重时也会引起中毒和死亡。因此，日粮中提供的矿物元素含量必须符合鹅营养需要。

1. 鹅需要的常量元素

（1）钙与磷　钙和磷是鹅体内含量最多的矿物质，其中 99% 以上的钙存在于骨骼中，余下的钙存在于血液、淋巴液及其他组织中。骨骼中的磷占全身总磷的 80% 左右，其余的磷分布于各器官组织和体液中。钙是构成骨骼和蛋壳的重要成分，参与维持肌肉和神经的正常生理功能，促进血液凝固，并且是多种酶的激活剂。磷不仅参与了骨骼的形成，在碳水化合物和脂肪代谢，以及维持细胞生物膜的功能和机体酸碱平衡方面，也起着重要作用。

鹅很容易发生钙、磷缺乏症，其中缺钙更容易发生，表现为：雏鹅出现软骨症，关节肿大，骨端粗大，腿骨弯曲或瘫痪，胸骨呈 S 型；成年鹅蛋壳变薄，产软壳蛋、畸形蛋，产蛋率和孵化率下降。鹅缺磷时，往往食欲不振，生长缓慢，饲料转化率降低。日粮中钙、磷过多对鹅生长也不利，并影响到其他营养物质的吸收利用。钙过多，饲料适口性差，影响采食量，并会阻碍磷、锌、锰、铁、碘等元素的吸收；磷过多也会降低钙、镁的利用率。

生产上能作为补充钙或磷的饲料种类很多，常用的有骨粉、石灰石粉、贝壳粉、磷酸氢钙、沸石、麦饭石等。

（2）钠、氯和钾　主要分布在鹅体液和软组织中，其主要作用是维持机体渗透压和酸碱平衡，控制水盐代谢。

由于鹅没有贮存钠的能力，很容易缺乏，表现为采食量减少，生长缓慢，产蛋率下降，并发生啄癖。一般植物性饲料都缺乏钠和氯，因此，必须在饲料中经常添加食盐。鹅日粮中食盐添加量一般为 0.25%～0.5%，不能过多，否则易引起食盐中毒，特别是在饲喂含盐分高的饲料（如鱼粉）时，更应注意。

鹅对钾的需要量一般占饲料干物质的 0.2%～0.3%，由于在植物性饲料中钾的含量丰富，因此，不必额外补充钾。

（3）镁和硫　镁也是鹅体内分布广、含量高的矿物元素。其中 70% 左右在骨中，其余在体液、软组织和蛋壳中。

镁参与骨骼的生长，在维持神经、肌肉兴奋性方面起着重要作用。镁不足，鹅的神经、肌肉兴奋性增加，产生"缺镁痉挛症"。

镁在植物性饲料中含量丰富，一般不需给鹅专门补充。

鹅体内含硫约 0.15%，分布于全身几乎所有细胞，为胱氨酸、半胱氨酸、蛋氨酸等含硫氨基酸的组成部分。鹅的羽毛、爪等角蛋白中都含有大量的硫。

硫对于蛋白质的合成、碳水化合物的代谢和许多激素、羽毛的形成均有重要作用。动物性蛋白供应丰富时，一般不会缺硫，多数微量元素添加剂都是硫酸盐，当使用这些添加剂时，鹅也不会缺硫。日粮中胱氨酸和蛋氨酸缺乏时会造成缺硫。鹅体内缺硫时，食欲减退、掉毛，并常因体质虚弱而引起死亡。饲料中缺硫时可补饲硫酸钠、蛋氨酸或一些维生素。

2. 鹅需要的微量元素

（1）铁、铜和钴　这三种元素都与机体造血机能有关。铁是组成血红蛋白、肌红蛋白、细胞色素及多种氧化酶的重要成分，在体内担负着输送氧的作用。铜与铁的代谢有关，参与机体血红蛋白的形成，鹅体内铁和铜缺乏时，都会引起贫血，但由于饲料中含铁量丰富，同时，鹅能较好利用机体周转代谢产生的铁，因此，鹅一般不易缺铁。缺铜还会影响骨骼发育，引起骨质疏松，出现腿病。另外，日粮中缺铜还会出现食欲不振、异食嗜症、运动失调和神经症状。钴是维生素 B_{12} 的组成成分，参与机体造血机能，并具有促生长作用。缺钴时一般表现为生长缓慢、贫血、骨粗短症、关节肿大。鹅日粮中一般含钴不少，加之需要量较低，故不易出现缺钴现象。日粮中一般利用硫酸亚铁、氯化铁、硫酸铜、氯化钴或硫酸钴等来防止鹅发生铁、铜或钴缺乏症。

（2）锰　锰参与体内蛋白质、脂类和碳水化合物代谢，对鹅的生长、繁殖和骨骼的发育有重要影响。缺锰时，雏鹅骨骼发育不良，生长受阻，体重下降，易患"溜腱症"、骨粗短症。成年鹅产蛋量下降，种蛋孵化率降低，产薄壳蛋，死胚增多。

鹅对锰的需要量有限，一般植物性饲料中都含有锰元素，青绿饲料及糠麸类饲料含锰丰富，因而不易发生缺乏症。日粮中钙、磷含量过多，会影响锰的吸收，加重锰的缺乏症。生产上常以硫酸锰、氧化锰来满足锰的需要。

（3）锌　锌参与体内三大营养物质代谢和核糖核酸、脱氧核糖核酸的生物合成，与羽毛生长、皮肤健康、骨骼发育和繁殖机能有关。鹅缺锌时，食欲不振，体重减轻，羽毛生长不良，毛质松脆，跖骨粗短，表面呈鳞片样，产软壳蛋，孵化率降低，死胎增多，健雏率下降。

植物性饲料中含锌量有限，而且利用率低，日粮中通常需补充锌，补饲一般选用硫酸锌或氧化锌，但应注意，钙、锌存在颉颃作用，日粮中钙过多会增加鹅对锌的需要量。

（4）碘　碘是构成甲状腺素的重要成分，并通过甲状腺素的机能活动对鹅机体物质代谢起调节作用，能提高基础代谢率，增加组织细胞耗氧量，促进生长发育，维持正常繁殖机能。缺碘时，甲状腺素合成不足，基础代谢率降低，生长受阻、繁殖力下降，种蛋孵化率降低。

由于谷物籽实类饲料中含碘量极低，鹅常不能满足需要，特别是在缺碘地区，更加需要在日粮中添加碘制剂。一般碘化钾和碘酸钙是较有效和稳定的碘源，碘酸钙优于碘化钾。

（5）硒　硒是谷胱甘肽过氧化物酶的组成成分，以硒半胱氨酸的形成存在于其中，与维生素 E 间存在协同作用，能节省鹅对维生素 E 的需要量，有助于清除体内过氧化物，对保护细胞脂质膜的完整性，维持胰腺正常功能具有重要作用。

鹅硒缺乏症表现为精神沉郁、食欲减退、生长迟缓、渗出性素质及肌肉营养不良，并引起肌胃变性、坏死和钙化，产蛋率和孵化率降低，机体免疫功能下降。

鹅对硒的需要量极微，但由于我国大部分地区是缺硒地域，很多饲料的硒含量与利用率又很低，故一般需要在日粮中添加硒，添加量一般为 0.15 毫克/千克，多以亚硒酸钠形式添加。

硒是一种毒性很强的元素，其安全范围很小，容易发生中毒，因此在配合日粮时，应准确计量，混合均匀，并要求预混合。

（6）氟　氟在鹅体内的含量极少，60%～80%存在于骨骼中。氟能促进骨骼的钙化，提高骨骼的硬度。鹅对氟的需要量很少，一般不易缺乏，经常发生的情况是摄入的氟过多，从而引起累积性中毒。这是因为采食了未脱氟的磷灰石作为矿物质饲料，或饮用了含氟量高的地下水。

鹅氟中毒的临床表现主要为精神沉郁，采食量下降；"腿软"、无力站立、喜伏于地面，行走困难；蛋壳质量下降。

其他一些微量元素虽然为鹅所必需，但在自然条件下一般不易缺乏，不需补充。

（四）维生素

维生素是一类具有高度生物学活性的低分子有机化合物。它不同于其他营养物质，既不提供能量，也不作为动物体的结构物质。虽然动物对维生素的需要量甚微，但其作用极大，起着调节和控制机体代谢的作用。多数维生素是以辅酶和催化剂的形式参与代谢过程中的生化反应，保证细胞结构和功能的正常。鹅消化道短，体内合成的维生素很难满足需要，当日粮中维生素缺乏或吸收不良时，常会导致特定的缺乏症，引起鹅机体内的物质代谢紊乱，甚至发生严重疾病，直至死亡。

维生素按其溶解性可分为脂溶性维生素和水溶性维生素两大类。脂溶性维生素可在体内蓄积，短时间饲料中缺乏，不会造成缺乏症。而水溶性维生素在鹅体内不能贮存，需要经常由饲料提供，否则就容易引起缺乏症。

1. 脂溶性维生素

（1）维生素 A（视黄醇）　又称抗干眼病维生素，包括视黄醇、视黄醛、视黄酸，在空气和光线下易氧化分解。维生素 A 仅存在于动物体内，植物性饲料中仅含有胡萝卜素，又称维生素 A 原。胡萝卜素经鹅肝脏和肠壁胡萝卜素酶的作用可不同程度地转变为维生素 A。

维生素 A 的主要生理功能是维持一切上皮组织结构的完整性，保护皮肤和黏膜，促进机体和骨骼生长，并与视觉有关。缺乏时，鹅易患夜盲症，泪腺的上皮细胞角化且分泌减少，发生干眼病，甚至失明。由于上皮组织增生，影响到消化道、呼吸道及泌尿生殖道黏膜的功能，导致鹅抵抗力降低，易患各种疾病，产蛋量减少，饲料利用率降低。雏鹅生长发育受阻，骨骼发育不良。种蛋受精率和孵化率降低。

鹅维生素 A 的最低需要量一般为每千克日粮 1 000～5 000 国际单位。过量会引起中毒。

维生素 A 主要存在于鱼肝油、蛋黄、肝粉、鱼粉中。青绿饲料、胡萝卜等富含胡萝卜素。

（2）维生素 D　又称抗佝偻病维生素。维生素 D 为类固醇衍生物，对鹅有营养作用的是维生素 D_2 和维生素 D_3，其中维生素 D_3 的效能比维生素 D_2 高 20～30 倍。

维生素 D 与钙、磷的吸收和代谢有关。能调节鹅体内钙、磷代谢，增加肠对钙、磷的吸收，促进软骨骨化与骨骼发育。另外维生素 D 还能促进蛋白质合成，提高机体免疫功能。

维生素 D 缺乏将导致钙、磷代谢障碍，发生佝偻病、骨软化症、关节变形、肋骨弯曲；产软壳蛋、薄壳蛋。鹅在集约化饲养时，容易发生维生素 D 缺乏症，放牧饲养时则不易缺乏。

日粮中的钙、磷比例与维生素 D 的需要量的多少有关。两者比例越符合机体的需要，所需的维生素 D 的量也越少。维生素 D 在鱼肝油、酵母、蛋黄、肝脏中含量丰富。人工补饲常用维生素 D_3。

（3）维生素 E（生育酚）　又称抗不育症维生素，有 α、β、γ、δ 4 种结构，一般指 α-生育酚。

维生素 E 在鹅体内起催化、抗氧化作用，维护生物膜的完整性，有保护生殖机能、提高机体免疫力和抗应激能力的作用，并与神经、肌肉组织代谢有关。缺乏维生素 E 时，雏鹅发生脑软化症，步态不稳，死亡率高。毛细血管通透性增高引起皮下水肿——渗出性素质。肌肉营养不良，出现白肌病。种鹅繁殖机能紊乱，产蛋率和受精率降低，胚胎死亡率升高。

维生素 E 与硒存在协同作用，能减轻缺硒引起的缺乏症。另外，由于维生素 E 的抗氧化作用，可保护维生素 A。但维生素 A 与维生素 E 存在吸收竞争，因此维生素 A 的用量加大时要同时加大维生素 E 的供给量。

维生素 E 主要存在于植物性饲料中，其中谷实胚芽中含量最高，新鲜青绿饲料及植物油也是维生素 E 的重要来源。

（4）维生素 K　又称凝血维生素和抗出血维生素，是萘醌的衍生物，有维生素 K_1、维生素 K_2、维生素 K_3 3 种形式，其中维生素 K_1、维生素 K_2 是天然的，维生素 K_3 是人工合成的，能部分溶于水。

维生素 K 的主要生理功能是促进动物肝脏合成凝血酶原及凝血活素，并使凝血酶原转化为凝血酶，是维持正常凝血所必需的成分。缺乏时，雏鹅皮下组织及胃肠道易出血而呈现紫色血斑，种蛋孵化率和健雏率都低。

维生素 K 主要存在于青绿饲料中。人工添加的多是人工合成的维生素 K_3。生产上多种因素会加大鹅对维生素 K 的需要量，如饲料霉变，长期使用抗生素和磺胺类药物，以及一些疾病的发生等。

2. 水溶性维生素

（1）维生素 B_1（硫胺素）　参与体内糖代谢。当维生素 B_1 缺乏时丙酮酸不能氧化，造成神经组织中丙酮酸和乳酸的积累，能量供应减少，以致影响神经组织、心肌的代谢和机能，出现多发性神经炎、肌肉麻痹，腿伸直，头颈扭转，发生痉挛。另外，维生素 B_1 能抑制胆碱酯酶活性，减少乙酰胆碱的水解，具有促进胃肠道蠕动和腺体分泌，保护胃肠的功能，若缺乏，则出现消化不良，食欲不振，体重减轻等症状。雏鹅对维生素 B_1 缺乏较敏感。

维生素 B_1 主要存在于谷实类饲料的种皮和胚中，尤其是加工副产品糠麸和酵母中含量较高。鹅对维生素 B_1 的需要量一般为每千克日粮 1～2 毫克，通常以添加剂的形式补充。一些新鲜鱼和软体动物内脏中含有较多的硫胺素酶，会破坏维生素 B_1，故最好不要生喂。

（2）维生素 B_2（核黄素）　参与生物氧化过程，与碳水化合物、脂肪和蛋白质代谢有关。鹅缺乏维生素 B_2 会引起代谢紊乱，出现多种症状，主要是跗关节着地，趾向内弯曲成拳状（卷曲爪）。鹅生长缓慢、腹泻、垂翅、产蛋率下降，种蛋孵化率极低。

维生素 B_2 主要存在于青绿饲料、干草粉、饼粕类饲料、糠麸及酵母中，动物性饲料中含量也较高。而谷类籽实、块根、块茎类饲料中含量很少。因此，雏鹅更容易发生维生素 B_2 缺乏症。鹅对维生素 B_2 的最低需要量一般为每千克日粮 2～4 毫克。高能量高蛋白日粮、低温环境以及抗生素的使用等因素，会加大对维生素 B_2 的需要量。

（3）维生素 B_3（泛酸）　泛酸以乙酰辅酶 A 形式参与机体代谢，同时也是体内乙酰化酶的辅酶，对糖、脂肪和蛋白质代谢过程中的乙酰基转移具有重要作用。缺乏时，鹅易发生皮炎、羽毛粗乱，生长受阻，胫骨短粗，喙、眼及肛门边、爪间及爪底的皮肤裂口发炎，形成痂皮。种蛋孵化率下降，胚胎死亡率升高。

泛酸广泛存在于动植物饲料中，酵母、米糠和麦麸是良好的泛酸来源。鹅一般不会发生泛酸缺乏，但玉米—豆粕型日粮中需添加泛酸，其商品形式为泛酸钙。鹅对泛酸的需要量一般为每千克日粮 10~30 毫克。

（4）维生素 B_4（胆碱）　胆碱是体内卵磷脂的组成成分，与磷脂代谢有关，有防治脂肪肝的作用。鹅胆碱缺乏表现为脂肪代谢障碍，形成脂肪肝；胫骨粗短，关节变形出现溜腱症；生长迟缓，产蛋率下降，死亡率升高。

胆碱与其他水溶性维生素不同，在体内可以合成，并且作为体组织的结构成分而发挥作用，故鹅对胆碱的需要量比较大，体内合成的量往往不能满足，必须在日粮中添加。鹅对胆碱的需要量为每千克饲料 500~2 000 毫克。

（5）维生素 B_5（烟酸）　又叫尼克酸，维生素 PP，在能量利用及脂肪、碳水化合物和蛋白质代谢方面都有重要作用，具有保护皮肤黏膜的机能。

缺乏烟酸时，雏鹅食欲不振，生长缓慢，羽毛粗乱，皮肤和脚有鳞状皮炎，跗关节肿大，类似骨粗短症，溜腱症；成年鹅发生"黑舌病"，羽毛脱落，产蛋量、孵化率下降。

烟酸在酵母、麸皮、青绿饲料、动物蛋白饲料中含量丰富。玉米、小麦、高粱等谷物中的烟酸大多呈结合状态，鹅利用率低，需要在日粮中补充。鹅对烟酸的需要量为每千克日粮 10~70 毫克。

（6）维生素 B_6（吡哆醇）　包括吡哆醇、吡哆胺和吡哆醛，参与蛋白质代谢。缺乏时，鹅食欲不振，增重缓慢。皮下水肿，脱毛，中枢神经紊乱，兴奋性增高，痉挛，拍打翅膀或翅膀下垂，常衰竭而死。成年鹅产蛋率和孵化率下降。

植物性饲料中含有较多的维生素 B_6，动物性饲料及块根块茎中含量较少。鹅一般不会发生维生素 B_6 缺乏，当日粮中蛋白质水平较高时，会提高鹅对维生素 B_6 的需要量。鹅对维生素 B_6 的需要量一般为每千克日粮 2~5 毫克。

（7）维生素 B_7（生物素）　又称维生素 H，是鹅体内许多羧化酶的辅酶，参与体内三大营养物质代谢。缺乏生物素时，鹅生长缓慢，羽毛干燥，易患溜腱症与胫骨短粗症，爪底、喙边及眼睑周围裂口变性发炎，产蛋率和孵化率降低，胚胎骨骼畸形，呈鹦鹉嘴。

维生素 B_7 广泛存在于动植物蛋白质饲料和青绿饲料中，鹅一般不会出现维生素 B_7 缺乏症，但饲料霉变，日粮中脂肪酸败以及抗生素的使用等因素会

影响鹅对维生素 B_7 的利用。

（8）维生素 B_{11}（叶酸）　维生素 B_{11} 在植物的绿叶中含量十分丰富，故称叶酸。与蛋白质和核酸代谢有关，能促进红细胞和血红蛋白的形成。

鹅缺乏叶酸时生长受阻，羽毛脱色，溜腱症，巨红细胞性贫血与白细胞减少，产蛋率、孵化率下降，胚胎死亡率高。

鹅通常不会发生叶酸缺乏症，但长期饲喂磺胺类药物或广谱抗菌药，可能会发生。

（9）维生素 B_{12}（氰钴素）　在体内参与许多物质代谢过程，与叶酸协同参与核酸和蛋白质的生物合成，维持造血机能的正常运转。

缺乏维生素 B_{12}，鹅生长停滞，羽毛粗乱，贫血，肌胃糜烂，饲料转化率低，骨粗短，种蛋孵化率降低，弱雏增多。

维生素 B_{12} 主要存在于动物性饲料中，其中鱼粉、肝脏、肉粉中含量较高，植物性饲料几乎不含维生素 B_{12}。鹅日粮中只要动物性饲料充足，一般不会发生维生素 B_{12} 缺乏症，但可作为促生长因子添加到饲料中。

（10）维生素 C（抗坏血酸）　维生素 C 参与体内一系列代谢过程。具有抗氧化作用，保护机体内其他化合物免受氧化，能提高机体的免疫力和抗应激能力。

维生素 C 缺乏，会发生鹅坏血病，毛细血管通透性增大，黏膜出血，机体贫血，生长停滞，代谢紊乱，抗感染与抗应激能力降低，可能还会影响到蛋壳质量。

鹅体内可由葡萄糖合成维生素 C，故一般不会出现维生素 C 缺乏症。但生长迅速，生产力高，处于高温、疾病、饲料变化、转群、接种等应激情况下的鹅群仍需另行补饲。

鹅对维生素的需要量受生理特点，生产水平，饲养方式，应激，维生素颉颃物，饲料加工、贮存，抗菌药物，日粮营养浓度，健康状况等多种因素影响。

需要注意的是我国及美国 NRC 提出的维生素需要量都只接近防止临床缺乏症出现的最低需要量，此时鹅虽不表现出缺乏症，但生产性能并非最佳。而满足鹅充分发挥遗传潜力、表现最佳生产性能所需要的量，称为适宜需要量。很显然，适宜需要量高于最低需要量。在生产实际中，实际添加量即供给量比适宜需要量高，这是因为考虑到鹅个体间的差异、影响维生素的一些因素，以及为使鹅获得最佳抗病力和抗应激能力而增加的一个安全系数。通常在适宜需要量的基础上增加 10%，但不可一概而论，应具体情况具体对待。现将不同情况下需要增加的维生素种类和比例列于表 4-1，供参考。

表 4 - 1　不同情况下鹅对维生素需要量增加的比例

影　响　因　素	受影响的维生素种类	维生素需要量的增加
饲料成分	所有维生素	10%～20%
环境温度	所有维生素	20%～30%
舍饲笼养	B 族、K	40%～80%
使用未加稳定剂含有过氧化物的脂肪	A、D、E、K	100%或更高
肠道寄生虫（如蛔虫、毛细线虫等）	A、K	100%或更高
使用亚麻子粕	B_6	50%～100%
脑脊髓炎、球虫病等疾病	A、E、K、C	100%或更高

（五）水

水是鹅体成分中含量最多的一种营养素，分布于多种组织、器官及体液中。水分在养分的消化吸收与转运及代谢产物的排泄、电解质代谢与体温调节上均起着重要作用。鹅是水禽，在饲养中应充分供水，如饮水不足，会影响饲料的消化吸收，阻碍分解产物的排出，导致血液浓稠，体温升高，生长和产蛋都会受到影响。一般缺水比缺料更难维持鹅的生命，当体内损失 1%～2% 水分时，会引起食欲减退，损失 10% 的水分会导致代谢紊乱，损失 20% 则发生死亡现象。高温缺水的后果比低温更严重，因此，必须向鹅提供足够的清洁饮水。

鹅体内水的来源主要有饮水、饲料水及代谢水，其中饮水是鹅获得水的主要来源，占机体需水量的 80% 左右，因此在饲养鹅时要提供充足饮水，同时要注意水质卫生，避免有毒、有害及病原微生物的污染。鹅不断地从饮水、饲料和代谢过程中取得所需要的水分，同时还必须把一定量的水分排出体外，方能维持机体的水平衡，以保持正常的生理活动和良好的生长发育以及生产蛋肉产品。体内水分主要经肾脏、肺和消化道排出体外，其中经肾排出的水分占 50% 以上，另外还有一部分水随皮肤和蛋排出体外。

鹅的需水量受环境温度、年龄、体重、采食量、饲料成分和饲养方式等因素的影响。一般温度越高，需水量越大；采食的干物质越多，需水量也越多；饲料中蛋白质、矿物质、粗纤维含量多，需水量会增加，而青绿多汁饲料含水量较多则饮水减少；另外，生产性能不同，需水量也不一样，生长速度快、产蛋多的鹅需水量较多。反之则少。生产上一般对圈养鹅要考虑提供饮水，可根据采食含干物质的量来估计鹅对水的需要量。

二、鹅的饲料

饲料通常可以分为能量饲料、蛋白质饲料、青绿饲料、矿物质饲料、维生素饲料及饲料添加剂等。不同饲料差异很大。了解各种饲料的营养特点与影响其品质的因素，对于合理调制和配合日粮，提高饲料的营养价值具有重要意义。

（一）能量饲料

能量饲料是指饲料干物质中粗纤维含量小于18％，粗蛋白质含量小于20％的饲料。这类饲料在鹅日粮中占的比重较大，是能量的主要来源，包括谷实类及其加工副产品。

1. 谷实类　谷实类饲料包括玉米、大麦、小麦、高粱等粮食作物的籽实。其营养特点是淀粉含量高，有效能值高，粗纤维含量低，适口性好，易消化。但粗蛋白含量低，氨基酸组成不平衡，色氨酸、赖氨酸、蛋氨酸少，生物学价值低；矿物质中钙少磷多，植酸磷含量高，鹅不易消化吸收；另外缺少维生素D。因此在生产上应与蛋白质饲料、矿物质饲料和维生素饲料配合使用。

（1）玉米　玉米号称饲料之王，在配合饲料中占的比重很大，其有效能值高，代谢能含量达13.50～14.04兆焦/千克。但玉米的蛋白质含量低，只有7.5％～8.7％，必需氨基酸不平衡，矿物质元素和维生素缺乏。在配合饲料中需补充其他饲料和添加剂。

黄玉米中含有胡萝卜素和叶黄素，对保持蛋黄、皮肤及脚部的黄色具有重要作用。

粉碎的玉米如水分高于14％时，易发霉变质，应及时使用，如需长期贮存以不粉碎为好。

（2）大麦　大麦含代谢能11.34兆焦/千克左右，比玉米低，粗纤维含量高于玉米，但粗蛋白质含量较高，为11％～12％，且品质优于其他谷物。大麦在鹅饲粮中的用量一般为15％～30％，雏鹅应限量。

（3）小麦　小麦含能量高，代谢能约为12.5兆焦/千克，粗纤维少，适口性好，其粗蛋白质含量在禾谷类中最高，达12％～15％，但苏氨酸、赖氨酸缺乏，钙、磷比例也不当，使用时必须与其他饲料配合。

（4）高粱　高粱代谢能在12～13.7兆焦/千克，蛋白质含量与玉米相当，但品质较差，其他成分与玉米相似。由于高粱含单宁较多，味苦，适口性差，并影响蛋白质、矿物质的利用率，因此在鹅日粮中应限量使用，不宜超过

15％。低单宁高粱其用量可适当提高。

（5）燕麦　燕麦代谢能为 11 兆焦/千克左右，粗蛋白质含量为 9％～11％，含赖氨酸较多，但粗纤维含量也高，达到 10％，故不宜在雏鹅和种用鹅中过多使用。

2. 糠麸类　糠麸类饲料是谷类籽实加工制米或制粉后的副产品。其营养特点是无氮浸出物比谷实类饲料少，粗蛋白含量与品质居于豆科籽实与禾本科籽实之间，粗纤维与粗脂肪含量较高，易酸败变质，矿物质中磷大多以植酸盐形式存在，钙、磷比例不平衡。另外，糠麸类饲料来源广、质地松软、适口性好。

（1）麦麸　包括小麦、大麦等的麸皮，含蛋白质、磷、镁和 B 族维生素较多，适口性好，质地蓬松，具有轻泻作用，是饲养鹅的常用饲料，但粗纤维含量高，应控制用量。一般雏鹅和产蛋期鹅麦麸用量占日粮的 5％～15％，育成期占 10％～25％。

（2）米糠　米糠是糙米加工成白米时分离出的种皮、糊粉层、胚及少量胚乳的混合物。其营养价值与加工程度有关。含粗蛋白质 12％左右，钙少磷多，B 族维生素丰富，粗脂肪含量高，易酸败变质，天热不宜长久贮存。由于米糠中粗纤维也多，影响了消化率，同样应限量使用。一般雏鹅米糠用量占日粮的 5％～10％，育成期占 10％～20％。

3. 块根、块茎和瓜类　这类饲料含水分高，自然状态下一般为 70％～90％。干物质中淀粉含量高，纤维少，蛋白质含量低，缺乏钙、磷，维生素含量差异大。常用的有甘薯、马铃薯、胡萝卜、南瓜等，由于适口性好，鹅都喜欢吃，但养分往往不能满足需要，饲喂时应配合其他饲料。

（二）蛋白质饲料

蛋白质饲料是指干物质中粗纤维含量在 18％以下，粗蛋白质含量大于或等于 20％的饲料。可分为植物性蛋白质饲料、动物性蛋白质饲料、单细胞蛋白质饲料和合成氨基酸四类。

1. 植物性蛋白质饲料　植物性蛋白质饲料包括豆科籽实、饼粕类及部分糟渣类饲料。鹅常用的是饼粕类饲料，它是豆科籽实和油料籽实提油后的副产品，其中压榨提油后块状副产品称作饼，浸提出油后的碎片状副产品称粕。常见的有大豆饼粕、菜子饼粕、棉仁饼粕、花生饼粕等。这类饲料的营养特点是粗蛋白含量高，氨基酸较平衡，生物学价值高；粗脂肪含量因加工方法不同差异较大，一般饼类含油量高于粕类；粗纤维的含量与加工时有无壳有关；矿物质中钙少磷多；B 族维生素含量丰富。这类饲料往往含有一些抗营养因子，使用时应注意。

（1）**大豆饼、粕**　是所有饼粕类饲料质量最好的，蛋白质含量达 40%～50%，赖氨酸含量高，与玉米配合使用效果较好，但蛋氨酸含量偏低。另外，生豆饼和生豆粕中含有胰蛋白酶抑制因子、血凝素、皂角素等抗营养因子，会影响蛋白质的利用，可以通过加热处理来破坏这些有害物质，但加热不当也会对蛋白质产生热损害，影响赖氨酸的吸收和利用。大豆饼、粕可作为蛋白质饲料的唯一来源来满足鹅对蛋白质的需要，适当添加蛋氨酸和赖氨酸，基本上可配制氨基酸平衡的日粮。

（2）**菜子饼、粕**　油菜子榨油后所得副产品为菜子饼（粕）。其粗蛋白质含量在 36% 左右，蛋氨酸含量高，但所含硫葡萄糖甙在芥子酶作用下，可分解为异硫氰酸盐和噁唑烷硫酮等有毒物质，会引起动物甲状腺肿大，激素分泌减少，生长和繁殖受阻，并影响采食量。因此在实际使用时应限量饲喂，一般占日粮的 5%～8% 为宜，如果与棉仁饼配合使用效果较好。

（3）**棉子饼、粕**　是提取棉子油后的副产品，含粗蛋白质 32%～37%，脱壳的棉仁饼粗蛋白质可达 40%，精氨酸含量高，但赖氨酸和蛋氨酸含量偏低。棉子饼（粕）中存在游离棉酚，会影响动物细胞、血液和繁殖机能，在日粮中应控制用量，雏鹅及种用鹅不超过 8%，其他鹅 10%～15%。

2. 动物性蛋白质饲料　这类饲料主要是水产品、肉类、乳和蛋品加工的副产品，还有屠宰场和皮革厂的废弃物及缫丝厂的蚕蛹等。其共同特点是蛋白质含量高，品质好，矿物质丰富，比例适当，维生素中 B 族维生素丰富，特别是含有维生素 B_{12}，另外一个特点是碳水化合物含量极少，不含纤维素，因此消化率高，但含有一定数量的油脂，容易酸败，影响产品质量，并容易被病原细菌污染。

（1）**鱼粉**　包括进口鱼粉和国产鱼粉。进口鱼粉主要来自秘鲁、智利等国，一般由鳀鱼、鲱鱼、沙丁鱼等全鱼制成，其蛋白质含量高，一般在 60% 以上，高者可达 70%，并且品质好，赖氨酸和蛋氨酸含量高；钙、磷含量高，比例好，而且磷的利用率也高；另外，鱼粉中含有脂溶性维生素，水溶性维生素中核黄素、生物素和维生素 B_{12} 的含量丰富，并且含有未知生长因子。

国产鱼粉的质量差异较大，蛋白质含量高者可达 60% 以上，低者不到30%，并且含盐量较高，因此在日粮中的配合比例不能过高。

由于鱼粉价格较贵，在鹅日粮中的用量一般不超过 5%，主要是配合植物性蛋白质饲料使用。

（2）**肉骨粉**　由动物下脚料及废弃屠体，经高温高压灭菌后的产品。因原料来源不同，骨骼所占比例不同，营养物质含量变化很大，粗蛋白质在 20%～

55％，赖氨酸含量丰富，但蛋氨酸、色氨酸较少，钙、磷含量高，缺乏维生素A、维生素 D、维生素 B_2、烟酸等，但维生素 B_{12} 较多，在鹅日粮中可搭配5％左右。

（3）血粉　是屠宰牲畜所得血液经干燥后制成的产品，含粗蛋白质 80％以上，赖氨酸含量 6％～7％，但异亮氨酸严重缺乏，蛋氨酸也较少。由于血粉的加工工艺不同，导致蛋白质和氨基酸的利用率有很大差别。低温高压喷雾干燥的血粉，其赖氨酸利用率为 80％～95％，而老式干燥方法为 40％～60％。血粉中含铁多，钙、磷少，适口性差，在日粮中不宜多用，通常占日粮的1％～3％。

（4）羽毛粉　禽体羽毛经蒸汽加压水解、干燥粉碎而成。含粗蛋白质83％以上，但蛋白质品质差，赖氨酸、蛋氨酸和色氨酸含量很低，胱氨酸含量高。羽毛粉适口性差，使用时应控制用量，日粮中一般不超过 3％。

（5）蚕蛹粉　是蚕蛹干燥粉碎后的产品，含有较高脂肪，易酸败变质，影响肉、蛋品质。脱脂蚕蛹粉含蛋白质 60％～68％，含蛋氨酸、赖氨酸、核黄素较高，在鹅日粮中可搭配 5％左右。

3. 单细胞蛋白饲料　这类饲料是利用各种微生物体制成的蛋白质饲料，包括酵母、非病原菌、原生动物及藻类。在饲料中应用较多的是饲料酵母。

饲料酵母含粗蛋白质 40％～50％，蛋白质生物学价值介于动物蛋白与植物蛋白之间，赖氨酸含量高，蛋氨酸含量偏低，B族维生素丰富。添加到日粮中可以改善蛋白质品质，补充 B族维生素，提高饲粮的利用效率。饲料酵母具有苦味，适口性差，在饲粮中的配比一般不超过 5％。

4. 氨基酸　氨基酸按国际饲料分类法属于蛋白质饲料，但生产上习惯称为氨基酸添加剂。目前工业化生产的饲料级氨基酸有蛋氨酸、赖氨酸、苏氨酸、色氨酸、谷氨酸和甘氨酸，其中蛋氨酸和赖氨酸最易缺乏，是限制性氨基酸，因此在生产上应用较普遍。

（三）青绿饲料

青绿饲料主要包括牧草类、叶菜类、水生类、根茎类等，具有来源广泛、成本低廉的优点，是养鹅最主要、最经济的饲料。

青绿饲料的营养特点是：干物质中蛋白质含量高，品质好；钙含量高，钙、磷比例适宜；粗纤维含量少，消化率高，适口性好；富含胡萝卜素及多种B族维生素。但青绿饲料一般含水量较高，干物质含量少，有效能值低，因此在放牧饲养条件下，对雏鹅、种鹅要注意适当补充精饲料，通常鹅的精饲料与青绿饲料的重量比例为雏鹅1：1，中鹅1：2.5，成鹅1：3.5。青绿饲料在使用前应进行适当调制，如清洗、切碎或打浆，这有利于采食和消化。还应注意避免有毒物质的影响，如氢氰酸、亚硝酸盐、农药中毒以及寄生虫感染等。在使用过程中，应考虑植物不同生长期对养分含量及消化率的影响，适时刈割。由于青绿饲料具有季节性，为了做到常年供应，满足鹅的要求，可有选择地人工栽培一些生物学特性不同的牧草或蔬菜。常用青绿多汁饲料营养成分见表4-2。

表4-2 常用青绿多汁饲料的营养成分

饲料	水分（%）	代谢能（兆焦/千克）	粗蛋白质（%）	粗纤维（%）	钙（%）	磷（%）
苜蓿	70.8	1.05	5.3	10.7	0.49	0.09
三叶草	88.0	0.71	3.1	1.9	0.13	0.04
苦荬菜	90.3	0.54	2.3	1.2	0.14	0.04
聚合草	88.8	0.59	3.7	1.6	0.23	0.06
黑麦草	83.7	—	3.5	3.4	0.10	0.04
狗尾草	89.9	—	1.1	3.2		
苕子	84.2	0.84	5.0	2.5	0.20	0.06
紫云英	87.0	0.63	2.9	2.5	0.18	0.07
胡萝卜秧	80.0	1.59		3.6	0.40	0.08
甜菜叶	89.0	1.26	2.7	1.1	0.06	0.01
莴苣叶	92.0	0.67	1.4	1.6	0.15	0.08
白菜	95.1	0.25	1.1	0.7	0.12	0.04
苋菜	88.0	0.63	2.8		0.25	0.07
甘薯	75.0	3.68	1.0	0.9	0.13	0.05
胡萝卜	88.0	1.59	1.1		0.13	
南瓜	90.0	1.42	1.0	1.2	0.04	0.02

常用的栽培牧草、水生类和瓜菜类主要有以下几种。

（1）紫花苜蓿 为豆科牧草，在全国大部分地区都有栽培，种1次可利用10年左右，可春播，更适于秋播，每年刈割3～5次，每公顷产75～90吨，一般在花前期刈割，此时粗纤维含量少，粗蛋白质含量高，适口性也好。苜蓿可鲜喂，也可制成干草、干草粉与精料混合饲喂。

（2）红三叶和白三叶 为豆科牧草，在我国种植也较广泛，可春、秋播种。在现蕾前期叶多茎少，草柔嫩，品质较好，应在此时刈割。每年可刈割3～4次，每公顷产75吨左右。

（3）黑麦草 为多年生禾本科牧草，喜温暖湿润气候，宜秋播。黑麦草生长快，分蘖多，茎叶柔软光滑，品质好。一年可刈割 3～4 次，每公顷产 45～60 吨。

（4）苦荬菜　苦荬菜鲜嫩多汁，味稍苦，适口性好，干物质中粗蛋白质含量较高。其特点是生长快，产量高，再生能力强，每年可刈割 3～5 次，每公顷产量可达 90 吨左右。

（5）聚合草　聚合草适应性和耐阴性强、利用期长、产量高，一年可刈割 3～5 次，每公顷产 112.5～150 吨。营养丰富，并富含多种维生素。主要利用其叶，但通常带有粗硬的短刚毛，饲喂鹅时应打浆使用。

（6）菊苣　菊苣叶质柔嫩，再生性好，利用期长，产量高，适应性广。一般在 40 厘米时刈割，每年收 6～8 次，每公顷产量可达 300 吨。

（7）水生饲料　水生饲料具有生长快、产量高，不占耕地和饲用时间长等优点，利用河流、湖泊、水库等水面养殖。常见的有水花生、水葫芦、绿萍、水芹菜等。水生饲料水分含量高，干物质少，能量低，应与精饲料配合使用。

（8）瓜菜类　各种瓜菜通常作为人的蔬菜，但在冬春缺乏青绿饲料的季节，也可切碎或打浆拌料饲喂鹅，如胡萝卜、南瓜、白菜等。瓜菜类由于水分含量较高，其喂量不宜过大，一般占精饲料的 5%～10%。

另外，在放牧饲养时，田间地头、河渠两岸生长的野草、野菜也是养鹅良好的饲料来源。

（四）矿物质饲料

1. 钙、磷饲料

（1）钙源饲料　常用的有石灰石粉、贝壳粉、蛋壳粉，另外还有工业碳酸钙、磷酸钙及其他副产钙源饲料。

①石灰石粉。简称石粉，为石灰岩、大理石矿综合开采的产品。主要化学成分为碳酸钙（$CaCO_3$），含钙量不低于 35%。

②贝壳粉。由海水或淡水软体动物的外壳加工而成，其主要成分也是碳酸钙，含钙量在 34%～38%。

③蛋壳粉。由蛋品加工厂或大型孵化场收集的蛋壳，经灭菌、干燥、粉碎而成，含钙量在 30%～35%。

④碳酸钙。俗名双飞粉，工业用材料，也可用作饲料的钙源和添加剂预混料的稀释剂，含钙量较高，可达 40%。

（2）磷源和磷、钙源饲料　只提供磷源的矿物质饲料主要有磷酸及其磷酸盐，如磷酸二氢钠（NaH_2PO_4）和磷酸氢二钠（Na_2HPO_4）各含磷 25% 和 21%，同时，也提供 19% 和 32% 的钠。其他一些磷饲料也同时含有一定量的钙，称为钙、磷平衡饲料。

①骨粉。是由动物杂骨经热压、脱脂、脱胶后干燥、粉碎制成的，其基本成分是磷酸钙，钙、磷比为 2∶1，是钙、磷较平衡的矿物质饲料。骨粉中含钙 30%～35%，含磷 13%～15%。未经脱脂、脱胶和灭菌的骨粉，易酸败变质，并有传播疾病的危险，应特别注意。

②磷酸钙盐。是化工生产的产品或由磷矿石制成。最常用的是磷酸二钙即磷酸氢钙（$CaHPO_4 \cdot 2H_2O$），还有磷酸一钙即磷酸二氢钙 $[Ca(H_2PO_4)_2 \cdot H_2O]$，它们的溶解性要好于磷酸三钙 $[Ca_3(PO_4)_2]$，动物对其中的钙磷吸收利用率也较高。使用磷酸盐矿物质饲料要注意其氟的含量，不宜超过 0.2%，否则会引起鹅中毒，甚至大批死亡。含氟量高的磷矿石应作脱氟处理。

现将各矿物质的钙、磷含量列于表 4-3。

表 4-3　常用钙、磷源饲料中各种成分的含量

	石粉	贝壳粉	骨粉	磷酸氢钙	磷酸三钙	脱氟磷灰石粉
Ca（%）	37	37	34	23	38	28
P（%）	—	0.3	14	18	20	14
F（毫克/千克）	5	—	3 500	800	—	—
P 的相对生物效价			85	100	80	70

2. 食盐　主要提供钠和氯两元素，具有刺激唾液分泌，促进消化的作用，同时还能改善饲料味道，增进食欲，维持机体细胞正常渗透压。植物性饲料中钠和氯的含量大多不足，动物性饲料中含量相对较高，由于鹅日粮中动物性饲料用量很少，故需补充食盐。一般在日粮中的添加量为 0.25%～0.5%。鹅对食盐较敏感，过多会中毒，应注意避免，特别是使用含盐分较高的饲料时，添加量应减少或不加。

3. 微量元素矿物质饲料　这类饲料虽属矿物质饲料，但在生产上常以微量元素添加剂预混料的形式添加到日粮中。主要用于补充鹅生长发育和产蛋所需的各种微量元素。

常用的微量元素化合物的种类和元素含量见表 4-4。

表 4-4　纯化合物的微量元素含量

元素	化合物	化学式	微量元素含量（%）
铁	七水硫酸亚铁	$FeSO_4 \cdot 7H_2O$	Fe　20.1
	一水硫酸亚铁	$FeSO_4 \cdot H_2O$	Fe　32.9
	碳酸亚铁	$FeCO_3 \cdot 7H_2O$	Fe　41.7

（续）

元素	化合物	化学式	微量元素含量（％）
铜	五水硫酸铜	$CuSO_4 \cdot 5H_2O$	Cu 25.5
	一水硫酸铜	$CuSO_4 \cdot H_2O$	Cu 35.8
	碳酸铜	$CuCO_3$	Cu 51.4
锰	五水硫酸锰	$MnSO_4 \cdot 5H_2O$	Mn 22.8
	一水硫酸锰	$MnSO_4 \cdot H_2O$	Mn 32.5
	氧化锰	MnO	Mn 77.4
	碳酸锰	$MnCO_3$	Mn 47.8
锌	七水硫酸锌	$ZnSO_4 \cdot 7H_2O$	Zn 22.75
	一水硫酸锌	$ZnSO_4 \cdot H_2O$	Zn 36.45
	氧化锌	ZnO	Zn 80.3
	碳酸锌	$ZnCO_3$	Zn 52.15
硒	亚硒酸钠	Na_2SeO_3	Se 45.6
	硒酸钠	Na_2SeO_4	Se 41.77
碘	碘化钾	KI	I 76.45
	碘酸钙	$Ca(IO_3)_2$	I 65.1

鹅对微量元素的需要量极微，不能直接加到饲料中，而应把微量元素化合物按照一定的比例和加工工艺配合成预混料，再添加到饲粮中。

（五）维生素饲料

指由工业合成或提纯的维生素制剂，不包括富含维生素的天然青绿饲料，习惯上称为维生素添加剂。

维生素制剂种类很多，同一制剂其组成及物理特性也不一样，维生素有效含量也就不一样。因此，在配制维生素预混料时，应了解所用维生素制剂的规格。

鹅对维生素的需要量受多种因素的影响，环境条件、饲料加工工艺、贮存时间、饲料组成、动物生产水平与健康状况等因素都会增大维生素的需要量，因此，维生素的实际添加量远高于饲养标准中列出的最低需要量。

一些富含维生素的青绿饲料、青干草粉等虽不属于维生素饲料，但在生产实际中被用作鹅维生素的来源，尤其是放牧饲养的鹅群，这不仅符合鹅的采食习性，节约了精饲料，而且也减少了维生素添加剂的用量，从而降低了生产成本。

（六）饲料添加剂

添加剂是指那些在常用饲料之外，为某种特殊目的而加入配合饲料中的少量或微量物质。这里所述饲料添加剂，实际上是指全部非营养性添加物质。

1. 促进生长与保健添加剂　促进生长与保健添加剂指用于刺激动物生长、提高增重速率、改善饲料利用率、驱虫保健、增进动物健康的一类非营养性添加剂。它包括抗生素、抗菌药物、驱虫药物等。

（1）抗生素类　抗生素是一些特定微生物在生长过程中的代谢产物。除用作防治疾病外，也可作为生长促进剂使用，特别是在卫生条件和管理条件不良情况下，效果更好。在育雏阶段或处于逆境如高密度饲养时，加入低剂量，可提高鹅的生产水平，改善饲料报酬，促进健康，常用的有杆菌肽锌、多黏菌素、恩拉霉素、泰乐菌素、维吉尼霉素、北里霉素等。

（2）合成类抗菌药物及驱虫保健药物　磺胺类如磺胺噻唑（ST）、磺胺嘧啶（SD）、磺胺脒（SG）等，用于疾病治疗和保健；驱虫保健剂有越霉素 A、氨丙啉、氯苯胍、莫能霉素钠、盐霉素钠、克球粉等；一些抗菌促生长药物如砷制剂等。日粮中添加这类药物应经常更换药物种类，否则会产生抗药性，使用药量越来越大。

2. 饲料品质改善添加剂

（1）抗氧化剂　用以防止饲料中脂肪氧化变质，保存维生素的活性。常用的抗氧化剂有乙氧基喹啉（又称乙氧喹、山道喹）、BHA（丁羟基茴香醚）、BHT（二丁基羟基甲苯）、一般在配合饲料中的添加量为 150 克/吨。

（2）防霉剂　在高温高湿季节，饲料容易霉变，这不仅影响适口性，降低饲料的营养价值，还会引起动物中毒，因此在贮存的饲料中应添加防霉剂。目前常用的防霉剂有丙酸、丙酸钠和丙酸钙。

3. 其他添加剂　有着色剂、调味剂等。在饲料中添加香甜调味剂，有增加鹅采食量和提高饲料利用率的功效，常用的调味剂有糖精、谷氨酸钠（味精）、乳酸乙酯、柠檬酸等。在饲料中添加着色剂能提高鹅产品的商品价值，如在饲料中添加叶黄素和胡萝卜素，可使鹅皮肤及和蛋黄色泽鲜艳。添加量为每吨饲料 10～20 克。

添加剂种类很多，应根据鹅不同生长发育阶段、不同生产目的、饲料组成、饲养水平与饲养方式及环境条件，灵活选用。添加剂应与载体或稀释剂配合制成预混料再添加到饲粮中。

上面主要介绍了各种饲料原料的营养特性与注意事项，下面列出鹅常用饲料及营养成分表（表4-5至表4-8）。

表4-5 鹅常用饲料成分表

饲料名称	水分（%）	粗蛋白（%）	代谢能（兆焦/千克）	粗脂肪（%）	粗纤维（%）
玉　米	13.5	9.0	13.35	4.0	2.0
高　粱	12.9	9.5	13.14	3.1	2.0
小　麦	12.1	12.6	12.38	2.0	2.4
大　麦	12.6	11.1	11.51	2.1	4.2
黑　麦	11.8	11.6	12.09	1.7	1.9
燕　麦	12.9	10.0	11.25	4.6	9.8
小麦粉	13.6	15.3	13.89	2.6	1.0
粗　米	14.2	7.9	13.56	2.4	1.1
稻　谷	13.2	7.8	10.96	2.4	8.4
小　米	11.2	12.0	12.26	4.0	7.6
大　豆	13.8	36.9	13.35	15.4	6.0
马铃薯	81.1	1.9	2.59	0.1	0.6
甘薯（干）	11.3	2.8	12.18	0.7	2.2
木薯（干粉）	12.4	2.6	12.01	0.6	4.2
大豆粉	11.9	46.2	10.33	1.3	5.0
棉子饼	11.0	36.1	7.95	1.0	13.5
菜子饼	11.4	35.3	6.82	1.9	10.7
花生饼	8.8	47.4	10.13	1.5	8.5
亚麻仁饼	11.9	31.6	7.70	4.6	9.6
芝麻饼	8.4	48.0	10.00	8.7	9.2
椰子油饼	10.8	20.9	8.08	8.5	9.7
葵花子饼	10.4	31.7	6.65	1.3	22.4
米糠	12.8	15.0	11.38	17.1	7.2
米糠（脱脂）	12.5	17.9	7.32	2.3	8.6
麦麸	12.2	16.0	8.66	4.3	8.2
糖蜜（甘蔗）	26.8	3.3	9.54	0.4	0.1
鱼粉（CP60%）	8.3	60.8	11.09	8.9	0.4
鱼粉（粗鱼渣）	8.7	50.5	9.87	12.0	0.7
骨肉粉	6.5	48.6	11.13	11.6	1.1

（续）

饲料名称	水分 （%）	粗蛋白 （%）	代谢能 （兆焦/千克）	粗脂肪 （%）	粗纤维 （%）
羽毛粉	15.0	85.0	8.41	2.5	1.5
血粉	9.2	83.8	10.25	0.6	1.3
蚕蛹渣	10.2	68.9	11.13	3.1	4.8
动物性油脂	2.6	0	33.43	69.2	0
饲用酵母（啤酒）	9.3	51.4	10.17	0.6	2.0
紫苜蓿粉	11.4	15.5	3.56	2.3	23.6
白三叶草（开花前）	87.4	3.7	0.79	0.7	1.7

表4-6　鹅常用饲料的氨基酸含量（%）

饲料 名称	精氨酸	甘氨酸	组氨酸	异亮氨酸	亮氨酸	赖氨酸	蛋氨酸	胱氨酸	苯丙氨酸	酪氨酸	苏氨酸	色氨酸	缬氨酸	丝氨酸
玉　米	0.49	0.35	0.24	0.32	0.11	0.24	0.17	0.22	0.43	0.42	0.32	0.06	0.45	0.45
高　粱	0.33	0.30	0.21	0.38	1.19	0.22	0.12	0.11	0.44	0.23	0.29	0.08	0.49	0.40
小　麦	0.60	0.52	0.28	0.40	0.81	0.38	0.16	0.26	0.52	0.38	0.34	0.13	0.54	0.56
大　麦	0.46	0.44	0.21	0.37	0.76	0.37	0.14	0.14	0.52	0.27	0.36	0.12	0.53	0.46
黑　麦	0.53	0.49	0.23	0.37	0.70	0.37	0.13	0.27	0.50	0.31	0.38	0.15	0.55	0.51
燕　麦	0.56	0.45	0.34	0.34	0.66	0.35	0.16	0.22	0.45	0.26	0.29	0.12	0.45	0.45
小麦粉	0.39	—	0.29	0.58	0.87	0.29	0.11	—	0.58	0.19	0.29	0.11	0.43	—
粗　米	0.52	0.40	0.19	0.41	0.69	0.40	0.22	0.11	0.40	0.23	0.37	0.12	0.59	0.45
稻　谷	0.65	0.99	0.11	0.33	0.65	0.33	0.21	0.12	0.33	0.74	0.22	0.12	0.63	—
小　米	0.38	0.28	0.22	0.41	1.33	0.19	0.28	0.20	0.64	0.23	0.34	—	0.52	0.85
大　豆	2.77	—	0.89	2.03	2.80	2.36	0.48	0.59	1.81	1.18	1.44	0.48	1.92	—
马铃薯粉	0.38	—	0.15	0.32	0.98	0.34	0.15	0.24	0.47	0.06	0.32	0.07	0.42	—
甘薯（干）	0.09	0.11	0.04	0.10	0.15	0.11	0.03	0.02	0.10	0.04	0.09	0.04	0.13	0.11
木薯粉	0.26	—	0.04	0.09	0.12	0.11	0.03	0.04	0.07	0.04	0.08	0.03	0.11	—
大豆饼	3.77	1.70	1.11	2.00	3.10	2.59	0.49	0.70	1.77	1.40	1.48	0.44	2.14	1.70
棉子饼	4.04	—	0.90	1.44	2.13	1.48	0.54	0.61	1.88	0.97	1.19	0.47	1.73	—
菜子饼	1.86	1.47	0.90	1.24	2.09	1.64	0.53	0.68	1.24	0.90	1.30	0.68	1.58	1.30
花生饼	5.16	2.58	1.14	1.44	2.73	1.44	0.29	0.41	2.05	1.82	1.14	0.99	1.74	1.97
亚麻仁饼	3.52	1.87	0.62	1.31	1.82	1.14	0.54	0.54	1.48	0.91	1.08	0.68	1.48	1.59

（续）

饲料名称	精氨酸	甘氨酸	组氨酸	异亮氨酸	亮氨酸	赖氨酸	蛋氨酸	胱氨酸	苯丙氨酸	酪氨酸	苏氨酸	色氨酸	缬氨酸	丝氨酸
芝麻饼	6.07	2.38	1.54	1.77	3.30	1.31	0.92	0.69	2.07	1.77	1.77	0.56	2.30	2.15
椰子油饼	2.34	0.78	0.41	0.61	1.12	0.51	0.25	0.28	0.81	0.47	0.58	0.14	0.95	0.78
葵花子饼	2.85	—	0.70	1.71	1.93	1.84	0.54	—	1.49	—	0.82	0.63	1.62	—
米糠	1.26	0.92	0.46	0.60	1.17	0.89	0.21	0.32	0.69	1.78	0.66	0.17	0.92	0.74
麦麸	1.05	0.79	0.44	0.51	0.97	0.64	0.16	0.26	0.59	0.33	0.49	0.28	0.74	0.36
鱼粉（CP 60%）	3.25	3.66	1.40	2.56	4.36	4.20	1.80	0.55	2.42	1.97	2.42	0.74	2.91	2.38
骨肉粉	3.34	5.91	0.78	1.32	2.88	2.49	0.52	0.50	1.40	1.09	1.63	0.22	1.94	2.02
血粉	7.11	3.08	9.25	0.78	9.25	6.17	0.45	0.43	4.42	1.74	2.55	1.06	5.90	3.35
羽毛粉	5.25	—	0.50	3.75	6.58	1.42	0.42	3.75	3.58	3.17	3.58	0.50	6.41	—
蚕蛹渣	3.53	2.54	1.76	2.54	3.97	3.86	1.32	0.68	3.20	4.74	2.54	1.43	2.43	2.54
脱脂乳	0.12	—	0.09	0.18	0.32	0.26	0.09	0.03	0.16	0.13	0.15	0.05	0.23	—
饲用酵母	3.12	2.19	1.06	2.11	3.34	3.95	0.85	0.56	1.96	1.57	2.31		2.54	2.53
紫苜蓿粉	0.67	0.67	0.25	0.60	0.97	0.64	0.16	0.14	0.62	0.40	0.55	0.24	0.72	0.60
紫苜蓿（开花前）	0.21	—	0.10	0.22	0.36	0.25	0.07	0.06	0.23	0.11	0.21	0.06	0.27	—
白三叶草	0.15	0.13	0.07	0.16	0.10	0.16	0.04	0.05	0.16	0.09	0.13	0.07	0.18	0.13

表 4-7　鹅常用饲料的矿物质含量

饲料名称	钙（%）	磷（%）	镁（%）	钾（%）	钠（%）	氯（%）	硫（%）	铁（%）	铜（毫克/千克）	钴（毫克/千克）	锌（毫克/千克）	锰（毫克/千克）
玉米	0.03	0.28	0.11	0.39	0.01	—	—	0.01	3.6	—	24	7
高粱	0.07	0.27	0.12					0.01	5.2	—	22	16
小麦	0.06	0.32	0.13				—		6.7	—	27	51
大麦	0.09	0.41	0.11	0.60		0.15	0.25		6.4	—	33	18
黑麦	0.08	0.33	0.09						6.4	—	30	60
燕麦	0.12	0.37	0.18	0.44	0.02	0.11	0.23	0.01	6.2	0.07	31	51
小麦粉	0.06	0.34	—	—		—	—		5.6	—	23	21
粗米	0.03	0.33	0.09					0.01	3.3	—	10	21
稻谷	0.05	0.26	0.07	0.98	0.05	0.07	0.05	0.01	3.7	—	14	21
小米	0.05	0.30	0.18	0.48	0.02	0.16	0.14	0.01		—	15	30

（续）

饲料名称	钙（%）	磷（%）	镁（%）	钾（%）	钠（%）	氯（%）	硫（%）	铁（%）	铜（毫克/千克）	钴（毫克/千克）	锌（毫克/千克）	锰（毫克/千克）
大　豆	0.24	0.67	0.34	1.54	0.03	0.03	0.23	0.01	16.6	—	45	27
大豆饼	0.36	0.74	0.33	2.33	0.02	0.03	0.93	0.09	21.1	0.53	69	39
棉子饼	0.26	1.16	—	—	—	—	—	—	24.2	—	63	23
菜子饼	0.72	1.24	0.52	1.26	0.01	—	—	0.02	11.4	—	81	60
花生饼	0.22	0.61	0.28	—	—	—	—	1.12	17.6	—	79	47
亚麻仁饼	0.43	0.82	0.60	1.19	0.13	0.05	0.51	0.02	26.9	1.25	83	120
芝麻饼	2.47	1.20	0.68	1.17	0.03	—	—	0.16	63.8	—	154	78
椰子油饼	0.28	0.66	0.33	—	—	—	—	0.15	31.4	—	57	73
葵花子饼	0.56	0.90	—	—	—	—	—	—	—	—	112	26
马铃薯	0.01	0.05	0.03	0.48	0.02	0.06	—	0.002	—	—	—	—
甘　薯	0.03	0.04	0.05	0.38	0.02	0.02	—	0.002	—	—	—	—
米　糠	0.05	1.81	—	—	—	—	—	—	15.1	—	35	209
米糠（脱脂）	0.32	2.89	0.96	—	—	—	—	0.02	9.3	—	86	201
麦　麸	0.34	1.05	0.39	0.99	0.22	—	—	0.02	13.0	—	141	145
糖蜜（甘蔗）	1.19	0.11	0.47	3.17	—	—	—	0.03	79.4	—	—	56
鱼粉（CP60%）	6.78	3.59	0.19	0.69	0.67	—	—	0.10	11.6	—	122	21
鱼粉（粗渣）	9.24	5.20	0.25	—	—	—	—	0.02	5.4	—	54	12
骨肉粉	11.31	5.61	0.22	0.38	0.61	0.72	—	0.06	8.2	14.37	122	16
血粉	0.20	0.24	0.02	0.17	0.69	0.70	0.42	0.22	15.4	0.08	30	10
羽毛粉	0.30	0.77	0.04	0.52	—	0.35	—	0.06	10.9	—	183	10
蚕蛹渣	0.24	0.88	—	1.15	0.03	—	—	—	—	—	—	—
牡蛎壳	38.10	0.07	0.30	0.10	0.21	0.01	—	0.29	—	—	—	134
骨　粉	30.71	12.86	0.33	0.19	5.69	0.01	2.51	2.67	11.5	—	130	23
磷酸氢钙	24.32	18.97	—	—	—	—	—	—	—	—	—	—
磷酸钙	32.07	18.25	0.22	0.09	5.45	—	—	0.92	—	—	—	—
碳酸钙	36.74	0.04	0.50	—	0.02	0.04	0.09	—	—	—	—	—
食　盐	0.03	—	0.13	—	39.2	60.61	—	—	—	—	—	—

表 4 - 8 鹅常用饲料的维生素含量

饲料名称	胡萝卜素(毫克/千克)	维生素A(国际单位/千克)	维生素D(国际单位/千克)	维生素E(毫克/千克)	维生素K(毫克/千克)	硫胺素(毫克/千克)	核黄素(毫克/千克)	泛酸(毫克/千克)	烟酸(毫克/千克)	吡醇素(毫克/千克)	生物素(毫克/千克)	叶酸(毫克/千克)	胆碱(毫克/千克)	维生素B12(毫克/千克)
玉米	4.8	—	—	25.6	—	4.7	1.3	5.8	26.6	8.37	0.07	0.23	624	—
高粱	—	—	—	13.5	—	4.4	1.3	12.8	48.0	4.61	0.20	0.27	762	—
小麦	—	—	—	17.4	—	5.5	1.3	13.6	63.6	—	0.11	0.45	933	—
大麦	—	—	—	6.9	—	5.7	2.2	7.3	64.5	3.26	0.22	0.56	1 157	—
黑麦	—	—	—	16.9	—	4.4	1.8	7.8	1.3	—	0.07	0.67	—	—
燕麦	—	—	—	6.6	—	7.0	1.8	14.5	17.8	1.35	0.34	0.45	1 206	—
小麦粉	—	—	—	64.7	—	21.2	1.7	15.3	59.1	12.4	0.42	1.24	1 236	—
稻谷	—	—	—	15.7	—	3.1	1.2	3.7	34.0	—	—	0.45	899	—
小米	—	—	—	—	—	7.3	1.8	8.2	58.4	—	—	—	877	—
大豆	1.0	—	—	40.6	—	12.3	2.9	17.4	24.5	12.00	0.42	—	3 186	—
大豆饼	—	—	—	3.4	—	7.4	3.8	16.3	30.1	8.99	0.36	0.79	3 082	—
棉子饼	—	—	—	16.4	—	7.1	5.5	15.3	43.2	6.99	0.11	2.51	3 126	—
菜子饼	—	—	—	—	—	3.8	3.8	—	160.0	—	—	—	6 725	—
花生饼	—	—	—	3.3	—	7.9	12.0	57.6	184.6	10.87	0.42	0.39	2 174	—
亚麻仁饼	0.2	—	—	—	—	5.6	3.8	19.6	39.1	—	—	3.19	2 047	—
芝麻饼	—	—	—	—	—	3.1	4.0	6.9	32.3	13.44	—	—	1 648	—
椰子油饼	—	—	—	—	—	0.8	3.8	7.1	26.8	—	—	1.40	989	—
葵花子饼	—	—	—	11.8	—	—	3.3	10.8	236.6	17.20	—	—	3 118	—
米糠	—	—	—	65.9	—	24.6	2.9	25.8	333.2	—	4.62	—	1 378	—
麦麸	—	—	—	12.1	—	8.9	3.5	32.6	235.1	11.24	0.54	2.02	1 110	—
糖蜜（甘蔗）	—	—	—	—	—	1.2	4.4	51.1	45.7	—	—	—	1 168	—
啤酒精	—	—	—	—	—	0.8	1.6	9.3	47.2	0.72	—	0.24	1 725	—
鱼粉	—	—	—	3.7	—	—	7.1	9.5	68.8	3.76	0.39	0.22	3 978	0.11
骨粉	—	—	—	1.1	—	1.2	4.7	3.9	50.9	2.66	0.15	0.05	2 239	0.11
血粉	—	—	—	—	—	—	1.6	1.2	34.6	—	—	—	832	—
羽毛粉	—	—	—	—	—	—	2.3	11.7	32.9	—	—	—	938	—
蚕蛹粉	—	—	—	900	—	13.5	72.0	—	—	—	—	—	—	0.45
饲用酵母	—	—	—	—	—	98.6	37.6	118.1	481.2	46.56	1.04	10.43	4 177	—

（续）

饲料名称	胡萝卜素（毫克/千克）	维生素A（国际单位/千克）	维生素D（国际单位/千克）	维生素E（毫克/千克）	维生素K（毫克/千克）	硫胺素（毫克/千克）	核黄素（毫克/千克）	泛酸（毫克/千克）	烟酸（毫克/千克）	吡醇素（毫克/千克）	生物素（毫克/千克）	顺酸（毫克/千克）	胆碱（毫克/千克）	维生素B_{12}（毫克/千克）
紫苜蓿（开花）	330	—	—	—	—	—	—	—	—	—	—	—	—	—
紫苜蓿（花蕾盛期）	170	—	—	—	—	—	—	—	—	—	—	—	—	—
白三叶草（开花初期）	184	—	—	246	—	12.5	22.6	—	60	—	—	—	—	—
青刈黑麦	200	—	—	—	—	4.1	13.6	—	—	—	—	—	—	—
西葫芦	60	—	—	—	—	—	—	—	—	—	—	—	—	—
饲用芜青	4	—	—	—	—	50	1.5	—	—	—	—	—	8 548	—
胡萝卜	522	—	—	37	—	3.9	4.8	—	121	—	—	—	5 200	—
甜菜茎叶	50	—	—	—	—	6.1	6.1	—	50	8.5	—	—	—	—
胡萝卜叶	170	—	—	—	—	—	9.2	—	—	—	—	—	—	—
甘蓝	—	700	—	—	—	1.0	1.0	—	3.0	—	—	—	2 500	—
紫苜蓿粉（开花）	42.1	—	—	426	—	2.9	11.2	31.3	37.9	—	0.35	—	1 127	—
马铃薯	—	—	—	—	—	—	—	0.2	1.5	11.0	6.4	—	—	—
甘薯	—	—	—	—	—	—	—	0.9	0.9	13.4	11.0	—	—	—
紫苜蓿粉（花初期）	270	—	—	200	—	6.7	17.4	—	6.3	6.5	—	—	1 440	—

三、鹅的饲养标准及日粮配合

（一）饲养标准

为了合理地饲养鹅，既要满足营养需要，充分发挥它们的生产性能，又要降低饲料消耗，获得最大的经济效益，必须对不同品种、不同用途、不同日龄的鹅各种营养物质需要量，科学地规定一个标准，这个标准就是饲养标准。饲养标准是根据科学试验和生产实践经验的总结制定的，因此，具有普遍的指导意义。但在生产实践中不应把饲养标准看做是一成不变的规定。因为鹅的营养需要受品种、遗传基础、年龄、性别、生理状态、生产水平和环境条件等诸多因素的影响，所以在饲养实践中应把饲养标准作为指南来参考，因地制宜，灵活加以应用。

饲养标准种类很多，大致可分为两类。一类是国家规定和颁布的饲养标准，称为国家标准。如我国的饲养标准，美国 NRC 饲养标准，英国 ARC 饲养标准等。另一类是大型育种公司根据各自培育的优良品种或品系的特点，制定的符合该品种或品系营养需要的饲养标准，称为专用标准。从国外引进品种时应包括这方面资料。

鹅的饲养标准中主要包括能量、蛋白质、必需氨基酸、矿物质和维生素等项指标。每项营养指标都有其特殊的营养作用，缺少、不足或超量均可能对鹅产生不良影响。能量的需要量以代谢能表示；蛋白质的需要量用粗蛋白质表示，同时标出必需氨基酸的需要量，以便配合日粮时使氨基酸达到平衡。配合日粮时，能量、蛋白质和矿物质的需要量一般按饲养标准中的规定给出。维生素的需要量是按最低需要量制定的，也就是防止鹅发生临床缺乏症所需维生素的最低量。鹅在发挥最佳生产性能和遗传潜力时的维生素需要量要远高于最低需要量，一般称为"适宜需要量"或"最适需要量"。各种维生素的适宜需要量不尽一致，应根据动物种类、生产水平、饲养方式、饲料组成、环境条件及生产实践经验给出相应数值。实际应用时，考虑到动物个体与饲料原料差异及加工贮存过程中的损失，维生素的添加量往往在适宜需要量的基础上再加上一个保险系数（安全系数），以确保鹅获得定额的维生素并在体内有足够贮存，这一添加量一般就叫"供给量"。

美国 NRC（1994）鹅的营养需要量，见表 4-9。商品肉鹅和种鹅营养需要量，见表 4-10。法国的鹅营养推荐量，见表 4-11。

表 4-9　美国 NRC（1944）鹅的营养需要量

（每千克饲粮中的含量，90%干物质）

营养素	0～4 周龄	4 周龄以后	种鹅
代谢能（兆焦/千克）	12.13	12.55	12.13
粗蛋白质（%）	20	15	15
赖氨酸（%）	1.00	0.85	0.60
蛋氨酸＋胱氨酸（%）	0.60	0.50	0.50
常量矿物元素			
钙（%）	0.65	0.60	2.25

（续）

营养素	0～4周龄	4周龄以后	种鹅
有效磷（%）	0.3	0.3	0.3
脂溶性维生素			
A（国际单位）	1 500	1 500	4 000
D_3（国际单位）	200	200	200
水溶性维生素			
胆碱（毫克）	1 500	1 000	
烟酸（毫克）	65	35	20
泛酸（毫克）	15	10	10
维生素 B_2（毫克）	3.8	2.5	4.0

注：典型日粮能量浓度：12.13兆焦校正代谢能/千克。

表 4-10　商品肉鹅和种鹅的营养需要量

营养素	育雏 （0～3周龄）	生长、育肥 （4周龄至上市）	保持 （7周龄）	种鹅 （成年）
粗蛋白质（%）	21	17	14	15
代谢能（兆焦/千克）	11.92	12.341	10.88	11.51
钙（%）	0.85	0.75	0.75	2.8
有效磷（%）	0.40	0.38	0.35	0.38
钠（%）	0.17	0.17	0.16	0.16
蛋氨酸（%）	0.48	0.40	0.25	0.38
蛋氨酸＋胱氨酸（%）	0.85	0.66	0.48	0.64
赖氨酸（%）	1.05	0.90	0.60	0.66
苏氨酸（%）	0.72	0.62	0.48	0.52
色氨酸（%）	0.21	0.18	0.14	0.16
维生素（每千克日粮）（%）	100	80	70	100
维生素 A（国际单位）		7 000		
维生素 D_3（国际单位）		2 500		
维生素 E（国际单位）		40		
维生素 K（国际单位）		2		
硫胺（毫克）		1		
核黄素（毫克）		6		
吡哆醇（毫克）		3		

（续）

营养素	育雏 （0～3 周龄）	生长、育种 （4 周龄至上市）	保持 （7 周龄）	种鹅 （成年）
泛酸（毫克）		5		
叶酸（毫克）		1		
生物素（微克）		100		
烟酸（毫克）		40		
胆碱（毫克）		200		
维生素 B_{12}（微克）		10		
微量元素（每千克日粮）				
锰（毫克）		50		
铁（毫克）		40		
铜（毫克）		8		
锌（毫克）		60		
磺（毫克）		0.4		
硒（毫克）		0.3		

注：引自《实用家禽营养》（第三版）。

表 4-11　法国的鹅营养推荐量

营养素		0～3 周龄	4～6 周龄	7～12 周龄	种鹅
代谢能（兆焦/千克）		10.87～11.70	11.29～12.12	11.29～12.12	9.2～10.45
粗蛋白质（%）		15.8～17.0	11.6～12.5	10.2～11.0	13.0～14.8
赖氨酸（%）		0.89～0.95	0.56～0.60	0.47～0.50	0.58～0.66
蛋氨酸（%）		0.40～0.42	0.29～0.31	0.25～0.27	0.23～0.26
含硫氨基酸（%）		0.79～0.85	0.56～0.60	0.48～0.52	0.42～0.47
色氨酸（%）		0.17～0.18	0.13～0.14	0.12～0.13	0.13～0.15
苏氨酸（%）		0.58～0.62	0.46～0.49	0.43～0.46	0.40～0.45
钙（%）		0.75～0.80	0.75～0.80	0.65～0.70	2.60～3.00
总磷（%）		0.67～0.70	0.62～0.65	0.57～0.60	0.56～0.60
有效磷（%）		0.42～0.45	0.37～0.40	0.32～0.35	0.32～0.36
钠（%）		0.14～0.15	0.14～0.15	0.14～0.15	0.12～0.14
氯（%）		0.13～0.14	0.13～0.14	0.13～0.14	0.12～0.14
饲料日采量 （克）	产蛋初期				170～150
	产蛋末期				350～300

注：微量元素和维生素因缺乏试验资料，可用鸭的推荐量。

（二）日粮配合

所谓日粮，是指满足1只鹅1昼夜所需各种营养物质而采食的各种饲料总量。生产上很少为1只鹅单独配制日粮，而是把日粮中各种原料组分换算成百分含量，并按这一百分比配制成能满足一定生产水平群饲鹅营养需要的大量混合饲料，称为饲粮。依据营养需要量所确定的饲粮中各饲料原料组分的百分比构成，就称为饲料配方。按照饲料配方的要求，选择不同数量的若干种饲料互相搭配，使其所提供的各种养分都符合鹅饲养标准所规定的数量，这个设计步骤，称为日粮配合。

合理地设计饲料配方是科学饲养鹅的一个重要环节。设计饲料配方时既要考虑鹅的营养需要及生理特点，又要合理地利用各种饲料资源，才能设计出最低成本，并能获得最佳的饲养效果和经济效益的饲料配方。设计饲料配方是项技术性及实践性很强的工作，不仅应具有一定的营养和饲料学方面的知识，还应有一定的饲养实践经验。实践证明，根据饲养标准所规定的营养物质供给量饲喂鹅，有利于提高饲料的利用效果和畜牧生产的经济效益。但在生产实践中设计饲料配方时，应根据所饲养鹅的品种、生长期、生产性能、环境温度、疫病应激以及所用饲料的价格、实际营养成分、营养价值等特定条件，对饲养标准所列数据作相应变动，以设计出全价、能充分满足鹅营养需要的配方。

1. 日粮配合的原则　在配合日粮时必须遵循以下原则。

（1）符合鹅的营养需要　设计饲料配方时，应首先明确饲养对象，选用适当的饲养标准。在此基础上，可根据饲养实践中鹅的生长或生产性能等情况作适当的调整。

（2）符合鹅的消化生理特点　配合日粮时，饲料原料的选择既要满足鹅需求，又要与鹅的消化生理特点相适应，包括饲料的适口性、容重、粗纤维含量等。

（3）符合饲料卫生质量标准　按照设计的饲料配方配制的配合饲料要符合国家饲料卫生质量标准，这就要求在选用饲料原料时，应控制一些有毒物质、细菌总数、霉菌总数、重金属盐等不能超标。

（4）符合经济原则　应因地制宜，充分利用当地饲料资源，饲料原料应多样化，并要考虑饲料价格，力求降低配合饲料的生产成本，提高经济效益。

2. 配合日粮时必须掌握的参数

（1）相应的营养需要量（饲养标准）。

（2）所用饲料的营养价值含量（饲料成分及营养价值表）。

（3）饲用原料的价格。

另外，对各种饲料在不同时期配合饲料中的大致配比应有所了解。鹅常用饲料的大致配比范围见表4-12。

表 4 - 12　鹅常用饲料的大致配比范围（％）

饲料	育雏期	育成期	产蛋期	肉仔禽
谷实类	65	60	60	50～70
玉米	35～65	35～60	35～60	50～70
高粱	5～10	15～20	5～10	5～10
小麦	5～10	5～10	5～10	10～20
大麦	5～10	10～20	10～20	1～5
碎米	10～20	10～20	10～20	10～30
植物蛋白类	25	15	20	35
大豆饼	10～25	10～15	10～25	20～35
花生饼	2～4	2～6	5～10	2～4
棉（菜）子饼	3～6	4～8	3～6	2～4
芝麻饼	4～8	4～8	3～6	4～8
动物蛋白类	10 以下			
糠麸类	5 以下	10～30	5 以下	10～20
粗饲料	优质苜蓿粉 5 左右			
青绿青贮类	青绿饲料按日采食量的 10～30			
矿物质类	1.5～2.5	1～2	6～9	1～2

3. 鹅饲料配方特点　鹅是草食禽类，比较耐粗饲。尤其是我国地方品种如狮头鹅，生长阶段以白天放牧采食天然青绿饲料和植物子实为主；早、中、晚补饲以糠麸为主的混合饲料，精饲料用量很少。

鹅从多数饲料中摄取的能量和鸡大致相似。它们之所以能够在高纤维日粮条件下表现适当的生产性能是因为进食量较大，而不是因为有较好的消化力。因此在低能量、高纤维日粮条件下鹅的表现最为经济。由于鹅的产蛋量较低，其产蛋的营养需要量仅略高于维持需要，而且持续的时间也不长。为了控制体重，后备种鹅应该进行限制饲养直至成熟。

圈养鹅，尤其是引进的肉用品种，营养需要与鸡基本相同，设计饲料配方时可参照鸡的配方选择原料，饲喂配合饲料时可搭配 30％～50％的青绿饲料或配入一定量的青干草粉、植物叶粉等。动物性饲料可选用价格比较低廉的次级鱼粉、肉骨粉等。

鹅肥肝生产用饲料配方中 90％以上为玉米、稻谷等高能量饲料，其中又以玉米效果最好，仅搭配 1％～5％的动、植物油脂和适量的食盐、维生素、砂粒等。

4. 日粮配合的方法　日粮配合的方法很多，通常采用手算法和电算法两种。

电算法即利用电脑来设计出全价、低成本的饲料配方，这方面的软件开发很快，技术已很成熟，有关人员只要掌握基本的电脑知识即可操作。但电脑代替不了人脑，利用电脑配方必须首先掌握动物营养与饲料的科学知识，才能在电脑配方设计过程中，根据具体情况及时调整一些参数，使配方更科学、更完美。

手算法有试差法、联立方程法和十字交叉法等。其中试差法是目前较普遍采用的方法，又称为凑数法。这种方法的具体做法是：首先根据饲养标准的规定初步拟出各种饲料原料的大致比例，然后用各自的比例去乘该原料所含的各种营养成分的百分含量，再将各种原料的同种营养成分之积相加，即得到该配方的每种营养成分的总量。将所得结果与饲养标准进行对照，若有任一营养成分超过或不足时，可通过增加或减少相应的原料比例进行调整和重新计算，直至所有的营养指标都基本满足要求为止。

下面以设计雏鹅的饲料配方为例，来说明试差法的计算步骤。

某地常用饲料有玉米、小麦麸、豆饼、进口鱼粉、骨粉、工业合成蛋氨酸、碳酸钙，添加剂预混料，打算用这些饲料配雏鹅（0～3 周龄）饲粮。

第一步，查鹅营养物质需要量。由表 4-11 查出，雏鹅（0～3 周龄）的饲粮，每千克应含代谢能为 10.87～11.70 兆焦，粗蛋白质 15.8%～17.0%，赖氨酸 0.89%～0.95%，蛋氨酸＋胱氨酸 0.79%～0.85%，钙 0.75%～0.80%，总磷 0.67%～0.70%，有效磷 0.42%～0.45%，钠 0.14%～0.15%，氯 0.13%～0.14%。

第二步，由鹅饲料的营养成分及含量表中，查出各种饲料的营养含量（表 4-13）。

表 4-13　鹅饲料的营养成分及含量

饲料名称	代谢能 （兆焦/千克）	粗蛋白质 （%）	钙 （%）	磷 （%）	赖氨酸 （%）	蛋氨酸＋ 胱氨酸 （%）
玉米	14.04	8.6	0.04	0.21	0.24	0.32
小麦麸	6.56	14.4	0.18	0.78	0.49	0.28
豆饼	11.04	43.0	0.32	0.50	2.24	0.75
鱼粉（进口）	12.12	60.5	3.91	2.90	3.90	1.62
骨粉	—	—	30.12	13.46	—	—

第三步，初步确定比例，玉米 54%，小麦麸 13%，豆饼 26.4%，进口鱼粉 3%，骨粉 2.4%，食盐 0.3%，添加剂 0.5%，工业合成蛋氨酸 0.4%。

第四步，反复试算调整，直到符合标准为止（表 4-14）。

表4-14 饲粮配方计算示例表

饲料类别及名称		配比(%)	代谢能(兆焦/千克)	粗蛋白质(%)	钙(%)	磷(%)	有效磷*(%)	赖氨酸(%)	蛋氨酸+胱氨酸(%)	钠(%)	氯(%)
能量饲料	玉米	54.0	14.04×0.54=7.58	8.6×0.54=4.64	0.04×0.54=0.02	0.21×0.54=0.11	0.21×0.54×0.3=0.03	0.24×0.54=0.13	0.32×0.54=0.17		
	小麦麸	13.0	6.56×0.13=0.85	14.4×0.13=1.87	0.18×0.13=0.02	0.78×0.13=0.10	0.78×0.13×0.3=0.03	0.49×0.13=0.06	0.28×0.13=0.04		
蛋白质饲料	豆饼	26.4	11.04×0.264=2.91	43.0×0.264=11.35	0.32×0.264=0.08	0.50×0.264=0.13	0.50×0.264×0.3=0.04	2.24×0.264=0.59	0.75×0.264=0.20		
	鱼粉	3.0	12.12×0.03=0.36	60.5×0.03=1.82	3.91×0.03=0.12	2.9×0.03=0.09	2.9×0.03=0.09	3.9×0.03=0.12	1.62×0.03=0.05		
矿物质饲料	骨粉	2.4			30.12×0.024=0.72	13.46×0.024=0.32	13.46×0.024=0.32				
添加剂饲料	食盐	0.3								39×0.003=0.12	60×0.003=0.18
	预混料	0.5									
	蛋氨酸	0.4							98×0.004=0.39		
合计		100	11.70	19.68	0.96	0.75	0.51	0.90	0.85	0.12	0.18
饲养标准			11.70	17.00	0.80	0.70	0.45	0.95	0.85	0.15	0.14
浮动数			0	+2.68	+0.16	+0.05	+0.06	-0.05	0	-0.03	+0.04

* 有效磷=植物饲料的磷含量×0.3+动物饲料含磷量+矿物质饲料含磷量。

（三）鹅的几种饲料配方

见表 4-15 至表 4-18，供参考。

表 4-15 鹅的饲料配方一（%）

饲料	0～3 周龄	4 周龄至上市	种 鹅
玉米	48.75	46.0	41.75
小麦粗粉	5	10	5
小麦次粉	5	10	10
碎大麦	10	20	20
脱水青饲料	3	1	5
肉粉	2	2	2
鱼粉	2	—	2
干乳	2	—	1.5
豆粕	20	8.75	7.5
石粉	0.5	0.5	3.25
磷酸氢钙	0.5	0.5	0.75
碘化食盐	0.5	0.5	0.5
微量元素预混料	0.25	0.25	0.25
维生素预混料	0.5	0.5	0.5

表 4-16 鹅的饲料配方二（%）

饲 料	0～4 周龄				5～9 周龄	
	1	2	3	4	1	2
玉米	54.0	54.5	50.0	58.0	50.0	49.0
小麦麸	12.5	15.0	11.0	15.5	17.0	20.0
高粱	—	—	—	—	—	10.0
大麦	—	—	—	—	13.0	—
糙米	—	—	12.5	—	—	—
米糠	—	4.0	—	—	—	—
豆饼	27.5	20.0	20.0	14.0	12.0	13.0
菜子饼	—	—	—	—	3.0	—
棉仁饼	—	—	—	—	2.0	4.2
花生饼	—	—	—	7.0	—	—

（续）

饲　料	0～4 周龄				5～9 周龄	
	1	2	3	4	1	2
进口鱼粉	3.0	—	—	3.0	—	—
赖氨酸	—	—	—	—	—	0.2
蛋氨酸	—	—	—	—	—	0.1
肉骨粉	—	5.0	—	—	—	—
喷雾血粉	—	—	3.0	—	—	—
骨粉	2.2	0.7	—	1.4	—	—
磷酸氢钙	—	—	2.2	—	1.7	1.7
碳酸钙	—	—	0.5	0.3	—	—
石粉	—	—	—	—	0.5	1.0
食盐	0.3	0.3	0.3	0.3	0.3	0.3
添加剂预混料	0.5	0.5	0.5	0.5	0.5	0.5
合计	100	100	100	100	100	100
营养水平						
代谢能（兆焦/千克）	11.80	11.85	12.0	11.93	11.32	11.27
粗蛋白质	20.1	18.6	18.1	18.2	15.1	15.0
钙	0.91	0.79	0.75	0.77	0.85	0.87
总磷	0.73	0.68	0.54	0.62	0.74	0.69
有效磷	0.49	0.44	0.38	0.38	0.44	0.40
赖氨酸	0.92	0.81	0.89	0.73	0.73	0.75
蛋氨酸＋胱氨酸	0.46	0.44	0.47	0.45	0.41	0.45

表 4 - 17　鹅的饲料配方三（％）

饲料	0～10 日龄	11～30 日龄	31～60 日龄	60 日龄以上
玉米	61	41	11	11
麸皮	10	25	40	45
草粉	5	5	20	25
豆饼	15	15	15	15
鱼粉	2	3	4	—
肉骨粉	3	7	6	—
贝壳粉	2	2	2	2

（续）

饲料	0～10日龄	11～30日龄	31～60日龄	60日龄以上
砂粒	1	1	1	1
食盐	1	1	1	1
预混料	另加	另加	另加	另加

表4-18　鹅的饲料配方四（%）

饲　料	9～26周龄（后备）		种　鹅			
	1	2	1	2	3	4
玉米	59.0	50.0	55.0	40.0	53.0	60.0
小麦麸	30.0	22.2	9.5	9.0	12.0	13.2
高粱	—	—	—	—	10	—
大麦	—	—	—	20.0	—	—
米糠	—	10.0	—	—	—	—
豆饼	8.0	15.0	12.0	16.0	12.0	17.5
菜子饼	—	—	2.5	—	—	—
棉子饼	—	—	3.0	—	—	—
花生饼	—	—	6.0	6.0	—	—
进口鱼粉	—	—	3.0	—	4.0	—
骨粉	1.4	1.6	1.2	—	—	1.3
磷酸氢钙	—	—	—	1.2	1.5	—
碳酸钙	—	—	7.0	—	—	—
石粉	0.7	0.4	—	7.0	6.7	7.2
食盐	0.4	0.3	0.3	0.3	0.3	0.3
添加剂	0.5	0.5	0.5	0.5	0.5	0.5
合计	100	100	100	100	100	100
营养水平						
代谢能（兆焦/千克）	11.14	11.23	11.23	10.93	11.34	11.22
粗蛋白质	12.8	15.2	17.6	16.4	14.7	14.6
钙	0.77	0.74	3.22	2.85	2.94	3.1
磷	0.58	0.67	0.57	0.55	0.69	0.60
有效磷	0.32	0.35	0.40	0.30	0.48	0.31
赖氨酸	0.49	0.62	0.73	0.65	0.63	0.63
蛋氨酸＋胱氨酸	0.21	0.38	0.45	0.40	0.38	0.31

四、鹅的优质青绿饲料的种植

牧草等青绿饲料是养鹅业最主要、最优良、最经济的饲料，在鹅的饲养中具有特别的作用，其种植就显得非常重要。牧草是发展养鹅业的物质基础，没有充足的牧草，就不会有高产、优质与稳定发展的养鹅业。牧草种类繁多，大部分都能为鹅采食利用，特别是天然草地上的豆科、禾本科、藜科、菊科、莎草科以及其他杂草类的牧草，其生长期的茎叶及成熟期的株穗籽实，鹅都喜欢采食。但天然草地牧草生长季节性强、产量低，为提高牧草产量和质量，保证全年均衡供给青绿饲料，必须种植部分高产的牧草和改良低产的天然草地。根据各地的自然气候和土壤特点、养鹅的需要，选择适宜的牧草品种。现在就适宜养鹅利用、产量高、品质好的牧草，介绍几种主要的常用的草种特点及栽培技术，供各地养鹅生产参考应用。

（一）豆科牧草

豆科牧草根系有根瘤，能固定空气中的氮素，茎叶和籽实蛋白质含量高，适口性好，可以青喂也可以制成干草粉，是最重要的栽培牧草。

1. 紫花苜蓿　为世界上栽培面积最大、分布最广、经济价值最高的一种。一般亩[①]产 3 000～5 000 千克，营养期干物质含粗蛋白质 23.1%，花期降低为 18.2%～22.1%，维生素丰富。若放牧，一般与禾本科牧草混播，如果刈割青饲或制成草粉，在日粮中一般加 25% 左右。紫花苜蓿最适合温暖半干旱气候，耐寒性强，对土壤要求不严格，在排水良好、土层深厚、富含钙质的土壤中生长最好。

栽培技术：首先考虑苜蓿的秋眠性，在北方寒冷地区以种植秋眠性较强、抗旱的品种为宜，而在长江流域等温暖地区应采用秋眠性较弱或非秋眠且耐湿的品种。如在盐碱土壤上种植，除考虑秋眠性外，还需考虑其耐盐性。紫花苜蓿不耐涝，要选择排水条件良好的平地或岗地，土壤以沙壤土、黏土为宜，切忌选择涝洼地和盐碱性重的地块。苜蓿种子较小，播种深度较难控制，因此整地是播种成败的关键，地要耙细、整平，达到地平土碎。

当气温稳定高于 0℃时即可播种，根据不同草场收获要求确定播期。采用 24 行播种机条播，行距 15 厘米，播种量 15～20 千克/公顷。因苜蓿种子较小，为使播种均匀，在播种时填加苜蓿种子量 6～8 倍的填充物，填充物可选

---

① 亩为非法定计量单位，1 公顷＝15 亩。

用与苜蓿种粒大小相当的碎米等，与苜蓿种子拌匀后播种。播种深度为黏土1～1.5厘米，壤土1.5～2.5厘米，播后镇压一遍。紫花苜蓿与冬麦、春麦、油菜、糜谷或荞麦等伴种作物混播，既利于苜蓿出苗，又可收获一茬伴生作物，一举两得。苜蓿地返青后或每次刈割后，都应及时追施磷肥、钾肥，干旱时最好浇水，并及时中耕松土，寒冷地区封冻前应培土防寒，这样对翌年早春返青有利。

2. 红三叶　又名红车轴草。我国云贵高原及湖北、湖南有大面积种植。最适宜在亚热带高山低温多雨地区种植。红三叶营养丰富，蛋白质含量高，草质柔嫩，适口性好，各种畜、禽均喜欢吃。青饲喂牛、羊、猪、兔、鹅，可节省饲料，饲养效果好。

栽培技术：红三叶种子细小，要求整地精细。播种期南方以9～10月份最为适宜，在北方可进行春播。播种量每亩0.5～0.75千克，采种田可略减少。条播较适宜，行距20～30厘米，播深1～2厘米。红三叶与黑麦草混播，效果很好，两者应同期隔行播种。与玉米间种，可获粮、草双丰收。第一次播种红三叶的土地，播种时用根瘤剂拌种，可提高固氮能力，增加草产量。使用磷肥、钾肥，可有较大的增产。尤其是磷肥，可提高饲草产量和质量。红三叶苗期生长缓慢，要注意中耕除草。

3. 白三叶　又名白车轴草。广泛分布于世界温带地区。目前我国南方已有大面积种植，如湖南、湖北、贵州、江苏等省种植较多。在云南、贵州、四川、新疆、吉林等地区都有野生的白三叶。白三叶喜温暖、湿润气候，耐热性比红三叶强，耐酸性土壤，较耐潮湿，耐寒性较差。具有匍匐茎，竞争力强，再生性好、耐践踏、耐牧，在频繁刈割或放牧时，可保持草层不衰败，是一种放牧型牧草。白三叶草质柔嫩，适口性强，叶片营养价值高，干物质粗蛋白质含量24.7%。刈割青饲或放牧畜、禽效果都很好。鹅日粮中添加50%的白三叶草粉，日增重33.5克，每饲喂20～25千克鲜草可增活重1千克。白三叶是我国南方草地改良的重要的优良豆科牧草，同时也是水土保持、城市绿化带优良草种。

栽培技术：种子极细小，播前需精细整地，清除杂草。施足底肥，播种期春、秋季均可，南方以秋播为宜，但不应晚于10月中旬，否则越冬易受冻害。每亩播种量0.3～0.5千克。条播行距30厘米，也可撒播，播深1～1.5厘米。白三叶最适宜与多年生黑麦草等混播，以提高产量，也有利于放牧利用。白三叶地中，每2米左右种1行玉米，每亩可增产玉米100～200千克。白三叶苗期生长非常缓慢，应注意中耕除草。一旦连植后，则不必中耕，匍匐茎再生，种子落地自生，可维持草地持久不衰，供经常刈割或放牧利用。初花期刈割，一般亩产 3 000～4 000 千克，高者可达 5 000 千克。

4. 红豆草 我国甘肃、宁夏、青海、内蒙古等地区均有栽培。红豆草适应性广，耐旱能力超过紫花苜蓿。栽培技术与苜蓿相近，也是干旱地区推广种植的一种优良牧草。

此外，小冠花、柱花草等都是优良的豆科牧草。

（二）禾本科牧草

该类牧草也是重要的栽培牧草，分布范围广、适应性强、营养丰富、柔嫩多汁、适口性好，鹅喜欢采食且耐牧，刈割或放牧后能迅速恢复生长。

1. 多年生黑麦草 多年生黑麦草是温带地区最重要的牧草。目前在我国长江上游各省的高海拔地区大面积种植，均表现出生长快、产量高、品质好、饲用价值高的特点。多年生黑麦草喜温暖湿润气候，生长最适宜温度为 20℃，需肥沃土壤。在我国南方高温伏旱的低海拔地区，越夏困难，往往枯死，但在适宜条件下生长，也可多年不衰。

栽培技术：播种期，我国南方一般以 9～11 月份为宜，早播，当年冬季和翌年早春即可利用，亦可在 3 月下旬春播，但产量较低。条播行距 15～30 厘米，播深 1.5～2 厘米，播种量每亩 1～1.5 千克。最适宜与白三叶、红三叶、紫花苜蓿混播，可建成高产优质的人工草地。多年生黑麦草分蘖力强，再生速度快，应注意适当施肥，以提高产量。据试验：施 1 千克氮素，可增加干物质24.2～28.6 千克，增产粗蛋白质 4 千克，在分蘖、拔节、抽穗期，适当灌水，增加产量效果显著。夏季炎热天气，灌水可降低地温，有利越夏。苗期应及时清除杂草。因多年生黑麦草种子易脱落，因而采种应及时。

2. 多花黑麦草 又名意大利黑麦草。也适宜我国南方种植，喜温热湿润气候，种子适宜发芽温度为 20～25℃。在昼夜温度为 27℃/12℃时生长最快，幼苗可耐 1.7～3.2℃低温。抗旱性差，宜在年降水 1 000～1 500 毫米的地区生长，耐潮湿，但忌积水。肥沃土、沙壤土，黏土也行。因此其形态特征、生长习性与多年生黑麦草基本相同，不同的是，多花黑麦草植株高大，叶片宽，种子有芒，分蘖较少，为一年生牧草。但条件适宜，管理好，也可生长利用2～3 年。

栽培技术：与多年生黑麦草相同。但因多花黑麦草种子生长快，植株较高大，产量高，可在大田中与水稻进行轮作。秋季水稻收获前，把多花黑麦草种子撒入，或水稻收获后迅速播种，供作冬春的鹅青饲料。第二年初夏，刈割后耕翻栽植水稻。多花黑麦草可单播，也可与红三叶、白三叶、苕子、紫云英等混播，还可与青刈作物玉米、高粱等轮作。常与苏丹草、杂交狼尾草、苦荬菜等轮作或套作，以解决全年均匀供应青饲料。多花黑麦草喜氮肥，产量与施肥量呈直线相关，每千克氮素可增产干物质30多千克，使干草中粗蛋白质含量提高1～2千克。多花黑麦草可年刈3～5次，一般亩产3 000～5 000千克，在高水肥条件下可产5 000～7 000千克。

3. 无芒草　又名禾萱草、光雀麦。我国东北、华北、西北均有分布，青海、内蒙古、河北、山西等地区有大面积栽培，南方高海拔草山以及农区低湿地亦可种植。营养价值高、适口性好、畜禽喜食。耐践踏，适宜放牧，为鹅的优良放牧草地。

栽培技术：喜冷凉干旱气候、耐旱、耐湿、耐碱，适应性强，各种土壤都能生长。北方寒冷地区宜春播或夏播，华北、黄土高原地区及长江流域则可秋播。条播、散播均可，条播行距30～40厘米。播种量1～2千克，播深2～4厘米。放牧利用可与紫花苜蓿、红三叶、白三叶混播。建植后的无芒草，可形成整齐的草地，利用3～4年后地下茎会形成坚硬的草皮，使产量卜降，可用圆盘耙或其他耙切短根茎，疏松土壤，改善透气性，以恢复植被的旺盛生长。

4. 草地早熟禾　又名草原莓系、光茎蓝草。我国北方各地有野生分布，近年来从国外引进栽培，主要做草坪，但在沟渠堤坝、荒芜隙地栽培，亦是鹅、牛、羊放牧利用的优质牧草。

栽培技术：草地早熟禾喜在温暖、湿度较大地区生长，耐寒，亦较耐旱、耐热。具短根茎，再生力强，生长年限较长。种子细小，苗期生长缓慢，播地要精心整理，土宜细，施足底肥。播种期以秋播为宜，一般9～10月份播种。宜条播，行距30厘米，播种量每亩0.3～0.5千克，播深1～2厘米，分蘖期应注意中耕除草。亦可利用草皮分株移栽，每穴2～3苗，行株距15～20厘米，栽后浇水或在雨季进行移植，成活率高，很快即可覆盖地面。草地早熟禾生长多年后，长势衰退，可用圆盘耙切破草皮，并施用氮、磷、钾肥以刺激其恢复生长。亦可和紫花苜蓿和百脉根混播，以提高草的产量和品质。

5. 岸杂一号狗牙根　该草是我国于1976年从美国引进的草种，南方等地生长良好，已在生产上推广应用。该草蛋白质含量高，干物质含蛋白质达20％。质地柔软，宜作鹅放牧或刈割青饲。

栽培技术：选粗壮、节间短、生长好、无病虫的植株，每3～4节为一段，按行距20～25厘米开沟，每隔15～21厘米栽插1株，埋土深3～5厘米，土面留1～2节，栽后浇水即可成活。栽种时间3～10月份均可，但在气温10℃以上时较易成活。土壤肥沃，土层厚，底肥足，生长好，产量高。大面积栽种时，将种茎均匀地撒播于土面，然后再用圆盘耙耙切覆土，保持土壤湿润，一般5～6天即可生根成活。栽培后的第一个月，生长缓慢，不耐干旱，应注意及时除草浇水，待覆盖地面后，即可抑制杂草，旺盛生长。当草层高达 40～50 厘米时，即可刈用，留茬 2～3 厘米，一般 30 天左右刈割 1 次，年可刈割 7～8 次，亩产鲜草 7 500～10 000 千克。

（三）叶菜类青饲料作物

1. 苦荬菜 苦荬菜原为我国野生植物，分布几遍全国。朝鲜、日本、印度等国也有分布。经过多年的驯化和选育，苦荬菜已成为深受欢迎的高产优质饲料作物，在南方和华北、东北地区大面积种植，是各种畜禽的优良多汁饲料。喜温耐寒又抗热。需水量大，适宜在年降水量 600～800 毫米的地区种植，低于 500 毫米生长不良。不耐涝，积水数天可使根部腐烂死亡。苦荬菜根系发达，能吸收土壤深层水分，因而又具有一定的抗旱能力。在株高 30～40 厘米，40 天无雨，其他植物出现萎蔫现象时，苦荬菜仍能维持一定的生长量。对土壤要求不严。较耐阴，可在果林行间种植。

栽培技术：苦荬菜苗期生长缓慢，到 8～10 枚莲座叶时开始抽薹，此时若环境条件适宜，生长速度加快，日生长高度可达 2.5 厘米以上。生育期 180 天左右，经培育而成的早熟苦荬菜品种，生育期 120～130 天。播种前要求精细整地。要施足底肥，每公顷施腐熟的有机肥料 52～75 吨，尿素 150～225 千克，过磷酸钙 225～300 千克。播种期，南方 2 月底至 3 月份播种为宜，北方 4 月上、中旬播种，在华南也可秋播。播种方法一般采用条播或穴播，条播行距 25～30 厘米，北方垄作行距 50～60 厘米，采用撒播或双行条播。穴播行株距 20 厘米。播种量每亩 0.5 千克，覆土 2 厘米。育苗移栽时，每亩大田只需用种 0.1～0.15 千克，1 亩苗圃地，可栽 5 亩大田。移栽行距 25～30 厘米，株距 10～15 厘米。幼苗具 5 片或 6 片叶时移栽。

苦荬菜生长迅速，需及时刈割，抽薹前刈割。可剥叶利用。大面积栽培时，在株高 40～50 厘米时进行刈割，此后每隔 20～40 天刈割 1 次。再生性强，南方每年可刈 5～8 次，北方 3～4 次，产草量一般亩产 5 000～7 500 千克，刈割时留茬 4～5 厘米。每刈割 1 次均要追施肥。

2. 苋菜 又名千穗谷、西黏谷、天星苋。苋菜分布很广，我国栽培历史悠久，全国各地都有种植。是一种产量高、适口性好的优良青饲料。它适应性广、管理方便、生长快、再生力强，是夏季很重要的饲料作物。

栽培技术：苋菜是喜温作物，不耐旱，根系发达，吸肥力强，供给充足肥料，才能高产。种子细小，播种前必须精细整地。耕翻前施入厩肥作为底肥，南方从 3 月下旬至 8 月份随时都可播种。北方春播 4 月中旬至 5 月上旬，夏播种在 6～7 月份。播种量每亩 0.25～0.4 千克。播种方式条播或撒播均可，条播行距 30～40 厘米，覆土 1～2 厘米，有的地方不覆土，只撒一点草木灰，上盖一层稻草。也可采用育苗移栽，因幼苗生长缓慢，易受杂草危害，因此要及时中耕除草。收获方法主要有间拔法、全拔法、刈割法 3 种。

3. 鲁梅克斯　蓼科酸模类草本植物，具有抗严寒、耐盐碱、御干旱、高蛋白等特点，是猪、牛、羊及鸭、鹅的优良饲草。

栽培技术：深耕土地，亩施农家肥 3 000 千克和磷、钾肥各 6 千克。不宜在酸性过强、地下水位过高和过于清薄的地块种植。在春季地温达 10℃ 以上时播种。春播宜用 35℃ 温水浸种 3 小时催芽。秋播最迟在停止生长前 2 个半月播种完毕，以利于越冬。每亩条播用种量 0.1～0.15 千克，行株距 45～60 厘米，留苗 1.1 万～1.3 万株。播种深度 1.5～2.0 厘米，5 月份以后播种可适当加深，但不超过 3 厘米。播后适度镇压，以利于出苗。在干旱地区，最好育苗移栽，以求保证全苗和节省种子。幼苗长出 3～4 片叶时，可移栽，移栽应在下午进行。播后第一次浇水要浇透，幼苗长到有 4～5 片真叶时灌 1 次水，以后每次收割后灌水 1 次，以利下茬生长。多雨地区应注意排水防渍。苗期要中耕松土保墒。成株以后每年中耕不少于 3 次，否则会影响第二年产量。鲁梅克斯产量高，应于每年春季开沟深施磷矿粉 70～120 千克、硫酸钾 5～6 千克。鲁梅克斯苗期易受地下害虫危害，应注意防治。防治根腐病措施：适当提高留茬高度（5～6 厘米）；每次收割完毕，需待伤口愈合后再灌水；避免田间积水；及时挖除中心病株以防交叉感染。分枝以后株高达 70～90 厘米时收割第一茬，以后每 30～45 天收割 1 茬，留茬 5～6 厘米。

4. 菊苣　菊苣广泛分布于亚洲、欧洲、美洲和大洋洲等地，我国主要分布在西北、华北、东北地区，常见于山区、田边及荒地。菊苣喜冷凉，不耐高温，略耐寒。属低温长日照作物，早春易先期抽薹，夏秋播种比较安全。土壤宜选土层深厚，排水良好，富含有机质的肥沃壤土和沙壤土。

栽培技术：菊苣对土质要求不严，喜中性偏酸土壤。因种子细小，故深耕后应耕细整平，每亩用有机肥 1 000～2 000 千克或复合肥 20～25 千克作基肥。栽培不受季节限制，最低气温在 5℃ 以上都可播种，有条播、育苗、切根三种方法繁殖。条播：亩用种子 0.2 千克，播前用细沙土将种子拌匀，播种深度 1～2 厘米，播后镇压保墒。育苗：每亩用种子 0.1 千克，先将苗床灌水，然后将与细沙土拌匀的种子撒在苗床上，在上面撒上草木灰。保持苗床湿润，在幼苗长到有 6 叶左右时，选择在下午进行移栽，移栽时将叶片切掉 4/5，栽后立即浇水。切根：将肉质根切成 2 厘米长的小段，然后进行催芽移栽，行株距为 30 厘米×15 厘米。

播种后一般 5 天可出齐苗，出苗后追施速效氮肥，每亩施尿素 15～20 千克，以促使幼苗快速生长。地里积水应及时排除，每次刈割后及时浇水和施肥。

5. 牛皮菜 又名莙荙菜、厚皮菜、叶用甜菜，是我国栽培历史长、种植方位广的牧草。其适应性强，对土壤要求不严，易于种植，病虫害少，产量高，叶柔嫩、多汁，营养价值较高，适口性好，且利用期长，是鹅喜食的优质青饲料。

栽培技术：牛皮菜喜肥沃、湿润、排水良好的黏质壤土及沙质壤土，比较耐碱。南方多在瓜、豆或水稻收割之后种植；北方常在春季种植，不耐连作。一般育苗移栽。播种期南方多在 8～10 月份，北方为 3 月上旬至 4 月中旬。苗床育苗多行撒苗，亦可条播，播后覆土 1.5～2 厘米，苗高 20～25 厘米时移栽。定植株距 20～30 厘米，行距 30～40 厘米，如苗壮根多，及时浇水，移植3～4 天后即可恢复生长。直播多为条播或点播，行距 20～30 厘米，覆土 2～3厘米，每亩播种子 1～1.5 千克。在牛皮菜生长过程中要经常中耕除草，施追肥或浇水。当牛皮菜生长到封行时，即可采收外叶。采收时从叶柄基部折断，每株 1 次采叶 3～4 片，留下心叶继续生长。南方地区秋播的牛皮菜，当年即可采收 1 或 2 次外叶；翌年 3 月份以后，生长迅速，每隔 10 天左右可采收 1次。4 月后逐渐抽薹开花，可全株刈割利用。北方春播牛皮菜，年可收 4 次或5 次，亩产鲜叶 4 000～5 000 千克。牛皮菜可切碎青饲，也可青贮。

（四）野生草类

野生草类在鹅的饲养中具有特别的作用，因此显得非常重要。我国的牧区有大面积的草原，已有少数地方用来发展养鹅。农区有丰富的野生草类，在发展养鹅中发挥了相当大的作用。野生草类不占耕地，自然生长，到处都有，全年大部分季节都能生产，往往是几种混合在一起，营养上可相互补充，应充分利用。

野生草类利用的主要方式是放牧。一般 1 亩自然草地可养鹅 1～3 只。在耕地中，也会生长不少野生草类，如田间草，1 亩也能养鹅 1～2 只，这时鹅就成了"生物除草机"。

在放牧时，鹅对野生草类有一定的择食性，喜食柔软、细嫩、多汁的青饲料。在饥不择食的情况下，也能吃较粗大的青绿饲料。野生的种子，一般来说，鹅均喜食。水中或水边的野生青绿饲料，鹅特别喜欢。

五、种草养鹅

养鹅业是当前全国增幅最大、效益最好的畜禽生产项目之一。养鹅业在我国有着悠久的历史，因鹅生活力强，早期生长快，耐粗饲，以吃青饲料为主，故不能为其他家禽所代替，一直属于我国水禽养殖中的主导产业。鹅适应性强，生产设施简单，疾病也少，饲养成本低，而且养鹅可与农、林、果、渔业生产结合协调发展，形成良性生态循环。

目前规模化养鹅主要采取的是"种草养鹅"饲养模式。各地结合当地实际，因地制宜，推出了一些适合当地生产实际的种草养鹅模式，如"林间隙地种草养鹅"，"冬闲田套种牧草养鹅"等生态养殖模式。种植优良牧草饲养肉鹅，可以克服天然牧草产量低、品种和营养缺乏、四季供应不平衡等问题；能为鹅提供丰富和营养均衡的优质饲草，充分满足鹅生长需求，使现代大规模和四季养鹅成为可能；牧草对土壤的要求相对不高，可以充分利用低值土地和闲置土地，如房前屋后、荒土荒坡、冬闲田土等进行种植。总之，种草养鹅具有投资少、成本低、周期短、收益高等优点，适宜在广大养殖户中推广应用。由于种草养鹅解决了养鹅的饲草问题，养鹅业得到发展，农民还可从中获得更大的利益，这将对于增加农民收入，保持农村稳定发挥积极的作用。

（一）选择合适草种，合理供应青草

种草养鹅除了要考虑水面资源外，还要做好三步规划：一要因地制宜，选择草种。如在丘陵地区，应对野生牧草进行改良；在滩涂、坡地、人工林间，应推广种植冷季型牧草；在稻麦接茬的粮田，可适当减少小麦种植面积，推广种植多花黑麦草或冬牧70。二要合理搭配营养均衡。草种选择要长短结合，以短期见效为主，将富含蛋白质的柔嫩多汁叶菜类和禾草结合，但以叶菜类为主，如以籽粒苋、苦荬菜、菊苣为主，可搭配种植谷稗、御谷、黑麦草等。尤其是规模化养鹅，需要大面积种植青饲料，最好70％种植牧草，30％分期分批种植蔬菜。三要衔接茬口，全年供青。如中、晚稻田主播黑麦草时，要留出20％～30％的地块播种生菜、黄心乌、莴笋等叶类蔬菜，以解决前期雏鹅饲料和后季接茬之需；油菜、小麦茬口衔接可春播饲料玉米、杂交狼尾草、稗草等；在冬季、初春黑麦草断档期及4月份黑麦草换茬期，为保证雏鹅青饲料的连续供应，可搭配种植蔬菜类品种。

（二）牧草种植常见组合模式

1. 籽粒苋＋苦荬菜＋谷稗　此模式在养鹅中最为常见，适宜在全国各地种植，可春、夏、秋三季播种，全年供青。一般以1∶0.8∶0.7的面积比种植，以1∶0.5∶0.5的鲜重比饲喂，每亩可为250～300只鹅供青。

2. 苦荬菜＋谷稗（或御谷）　此模式在北方如黑龙江等寒冷地区较为常

见。一般以 1：0.6 的面积比种植，以 1：0.6 鲜重比饲喂，每亩可为 120～150 只鹅供青。

3. 菊苣（或鲁梅克斯）＋谷稗（或御谷） 菊苣在北方越冬困难，多在南方大面积种植；而鲁梅克斯抗寒性强，适于北方栽培，但在南方越夏困难，故不同地区应根据气候选用。一般以 1：1 的面积比种植，以 2：1 的鲜重比饲喂，每亩可为 200 只鹅供青。

4. 菊苣＋苦荬菜 菊苣有短暂的高温季节生长缓慢期，而苦荬菜 7～8 月份生长最旺盛，故此两种牧草可兼种互补。只要根据牧草长势进雏，每亩可养鹅 300 只左右。方法是：4 月中旬首批进雏 50 只，6 月下旬上市；5 月下旬第二批进雏 100 只，8 月上旬上市；6 月中旬第三批进雏 50 只，8 月下旬上市；8 月上旬第四批进雏 100 只，11 月份上市。

5. 苦荬菜＋黑麦草 苦荬菜 5～9 月份供草，黑麦草 10 月份至次年 5 月份供草，故两者轮作可常年供青，一般每亩可饲养肉鹅 150 只。另外，9～10 月份的空缺可利用杂交狼尾草来补齐，杂交狼尾草于 3 月中下旬育苗，4 月中下旬至 5 月上旬移栽，6 月份开始刈割，正好利用至 10 月份，载鹅量可提高到 250～300 只。

当然，种草养鹅的规模还要因人而异。一般初养户种草 0.3 公顷，年养鹅 1 000～1 500 只；文化水平较高、有一定饲养经验、家庭劳力比较充裕的养殖户，可种草 0.7 公顷，年养鹅 3 000 只左右；而条件成熟、饲养经验丰富的养殖户，可创办种草养鹅示范园区，年养鹅控制在 20 000～50 000 只。

（三）种草养鹅模式

1. 田间种草养鹅 此模式有稻麦套种和冬闲田种草两种形式。稻麦套种的播种方式是稻套麦，小麦在 10 月 25 日前后播种。饲养方式是散养轮放。由于鹅采食麦叶，可影响其生长发育，故在 2 月下旬小麦拔节时停止放牧，保留 3 片完整的功能叶，仍可确保一定的麦产量（250 千克/亩）。一般 1 亩麦田可放养 50 只肉鹅，由于鹅粪改善了土壤肥力，使小麦受影响不大。

冬闲田种草养鹅比较多见，主播黑麦草后，适当混播少量的豆科牧草如紫云英、白三叶等。饲养中要根据黑麦草的长势规划进雏、分期套养，如在 2 月上旬按每亩购进雏鹅 50 只，前 30 天在室内保温饲养，此时鹅的食量小，青饲料以叶菜类为主；3 月上旬，逐步转到室外，以刈割黑麦草作主要饲料喂鹅；同时立即对育雏室、各种饲养用具清扫消毒，再按每亩购进雏鹅 100 只；4 月上中旬，第一批鹅食草量达到最大，第二批鹅的食量也逐渐增大，正好与黑麦草的生长旺盛期吻合；4 月底 5 月初，第二批雏鹅食草量达到高峰，但第一批鹅已能上市出售，此时黑麦草的产量虽有所下降，但还能满足需要；5月下旬，黑麦草衰减，供草量下降，恰逢第二批鹅上市。

2. 田地间种草养鹅　此模式有小麦预留行中套作及玉米地种草养鹅两种形式。前者一般在9月上旬至10月上旬播种多花黑麦草，撒播或穴播皆可，刈割利用。后者主要利用玉米生长后期田间良好的温度和湿度等自然资源，使套种的牧草早播种、早出苗、早利用、多养鹅，从而达到免耕种草、节本增效的目的。

3. 林下种草养鹅　此模式多选用黑麦草、苜蓿、三叶草、鲁梅克斯等。先在园中建一个10米×（25～30）米的水池，供鹅戏水、交配等，保证水质，污染时即换新水，废水可用来浇灌林木。鹅舍宜建在林园中部，便于放牧时鹅向四周食草。由于鹅在林园觅食，减少了害虫对林木的危害。同时，每亩养20只鹅的鹅粪相当于施入氮肥20千克、磷肥18千克、钾肥10千克。另外，林下种草养鹅，鹅舍多建在林园附近，离村庄都较远，从而减少了疾病传播的机会，有利于防疫。

林下种草养鹅，最好与植树同时规划，间作牧草的林间行距以2米×3米为宜，每亩植树110株左右，每年可养肉鹅4茬，每茬50只。但经济林种草养鹅，使用农药要注意避免鹅食物中毒，最好选用高效低毒药物。如选用生物制剂阿维菌素、灭幼脲等，要间隔2天后才可放牧；选用菊酯类如溴氯菊酯、氯氰菊酯、氰戊菊酯等，要间隔4天才能放牧；选用杀菌类如甲托、多菌灵、代森锰锌等，也要间隔4天才能放牧。一旦鹅群隔离不严发生中毒，可用阿托品解救。另外，为保证用药期间鹅的青绿饲料供应，最好划分小区，将轮牧与用药结合起来。

（四）牧草播种

1. 一年生（季节性）**牧草**　季节性种草是根据牧草生长和动物营养的规律需求提出的，为调旺补淡，利用秋冬空闲田、土进行牧草种植，促进畜禽营养平衡供给。秋季品种禾本科有一年生黑麦草、冬牧70黑麦等；豆科有白三叶、紫云英等。春季品种禾本科主要有墨西哥玉米、饲用玉米等。

一般秋冬空闲田土、石漠化退耕地、搁闲的二荒地等都可进行种植。要求深耕15～30厘米，每亩施足1 500千克农家肥作底肥。春播时间为2月初到3月底，一般采取单播和分带轮作（为8～9月份秋种牧草预留带），用种量一般为1～1.5千克/亩。秋播时间为8月初到9月底，可采取全垦和春播留带播种，用种量一般为1.5～2千克/亩，除施足农家底肥外，每亩还需施磷肥50～100千克。

2. 多年生牧草　禾本科主要有多年生黑麦草，豆科有紫花苜蓿（7级以上）、白三叶等。

多年生牧草一般选择在秋季播种，即8月至9月底前播种为黔南地区最佳播种时间，可获得夏末秋初1～2次雨水，减少秋冬旱压力，有利牧草生长和越冬。种植土地一般为全垦，翻犁土块深度15～30厘米，土壤要求平整、细碎、疏松、无杂及滤水良好。每亩施腐熟农家肥1 000～1 500千克、磷肥50千克、石灰50千克，施肥量的多少可根据土壤肥力程度适当增减。

多年生牧草种植一般采用禾本科和豆科进行混播，每亩用种量为1.5～2千克，最佳比例是豆科占30%，禾本科占70%。首先，将豆科的紫花苜蓿、白三叶等种子进行根瘤菌接种丸衣化处理后，同禾本科种子与磷肥搅拌均匀进行播种。可采取条播，行距一般为25～35厘米，也可采取撒播方式进行播种。

（五）牧草田间管理

牧草种植后15～30天苗齐时对缺窝断行的要及时补播、补苗，保证牧草成活率在90%以上，同时要做好中耕除杂、松土、追肥等工作。

1. 杂草的防除　在整个杂草防除措施中，首先要防止杂草侵入田间，这是最积极主动而又最有效的措施。即要保证牧草种子的品质和高纯净度，要选好播种材料，施用腐熟肥料，铲除非耕地上的杂草等。第二，要加强田间防除措施。即采用人工拔除或机械铲除田间滋生杂草，应以"除早、除小、除了"为原则。第三，采取化学除莠方法，即应用除草剂进行灭草。通过采用化学除草剂可以迅速彻底地清除杂草，大大节省劳力，提高生产率。

2. 牧草追肥　人工种植牧草在强烈生长及刈割利用期间，对钾、磷、氮等营养成分需求很大，一旦供应不足，易造成植株生长不良，牧草产量和质量会严重下降，故应适时对牧草进行追肥，以保证其品质和持续高产利用。豆科牧草在分枝后期至现蕾期，禾本科牧草在分枝至抽穗期以及每次刈割之后应及时进行施肥。豆科牧草一般以磷、钾肥为主，一年生豆科牧草苗期还应配合施一定数量的氮肥。禾本科牧草以氮肥为主。追施肥时应结合浇水进行，一般每亩追施氮肥4～5千克、磷肥6～8千克、钾肥8～10千克。除此之外，还可采用根外追肥，即利用喷雾的方法，把营养元素喷到牧草茎叶上，通过茎叶吸收传导到牧草细胞内吸收利用，主要用于喷洒磷肥及硼、锌等微量元素肥料。

3. 牧草地低温凝冻灾后管理　低温凝冻灾害发生后，为尽量减少损失和恢复草地生产，应及时搞好灾后草地的田间管理工作。一是化雪后要利用晴好天气及时清沟排水，扒平凹凸不平的草地，减少草地中的积冰和积水，预防草地渍害发生。二是要对已经受冻的牧草，融冻后应在晴天及时刈割清除冻叶，防止冻伤累及整个植株。三是牧草受冻后叶片和根系受到损伤，必须及时补充养分，要视情况适当施肥，建议每亩追施5~10千克尿素，以促进牧草的分蘖生长，长势较差的草地可适当增加用量，使其尽快恢复生长。四是在冰雪融化后，有条件的地方可以在牧草地中撒施草木灰或谷壳，覆盖适量稻草或畜禽粪，以保温防冻，同时可以在开春后向牧草及时提供养分。五是发现缺苗，在地温回升到10℃时就应及时进行补播补种。

4. 病虫害防治 对栽培草地危害较大的病虫害有锈病、白粉病和蚜虫、黏虫等。可针对具体情况，采用化学和生物手段如低毒农药和蛙类、寄生蜂、蚂蚁等生物天敌进行综合防控。

5. 刈割利用 坚持割草喂鹅，提高单位面积载禽量，并做到适时刈割、适度留茬，以利再生。刈割牧草要根据鹅的日龄及牧草本身生长情况确定，刈割过早，产量低，不利再生；刈割晚，草质粗老，营养下降。一般豆科多在初花前刈割，禾本科在拔节前刈割。饲喂苗鹅需嫩草，刈割间隔宜短；而青年鹅消化能力强，可待牧草长到30厘米进行刈割，后期再增加刈割频率，以减缓牧草衰老，延长利用时间。刈割多在傍晚或阴雨天进行，寒冷冰冻和高温干旱时不要刈割，以免牧草受冻和干枯。刈割时留茬5厘米，以利再生。刈割的牧草经过铡切、粉碎和揉搓，其适口性、消化率和利用率将大大提高；如果经过青贮、微贮、氨化等调制处理，营养价值可提高20%以上，利用率提高40%；而经过粉碎、混合、配合、制粒、膨化等处理，其利用率和营养价值可提高50%以上。

（六）肉鹅的育成育肥技术要点

肉仔鹅育雏结束后即可通过人工草地自由放牧或圈养舍饲进行育成，此时是鹅对牧草最佳利用时期。此期鹅对牧草的采食量大，通过采食大量青绿饲草可达到迅速增重的效果。育成后期再进行育肥10~15天，可保证鹅的出栏膘情、屠宰率和产量。

1. 放牧育成 要求牧草场地宽裕，养鹅规模较小。通过自由放牧可使鹅得到充分运动，能增强体质，提高抗病力，降低鹅死亡率。鹅群放牧时采取轮牧方式，根据草场面积大小、牧草产量高低情况一般把草场划分成4~5个片区进行放牧，每个片区放牧时间不得超过5~7天。到5~7天后，就换到另一个片区放牧，这样既能保证不同片区牧草的生长旺盛和利用合理，又能让鹅群得到充分的运动和采食，有利于鹅的快速生长。对放牧鹅，在放牧初期，一般上下午各1次，中午赶回鹅舍休息；天热时，上午要早放早归，下午晚放晚归，中午在凉棚或树荫下休息；天冷时，则上午迟放迟归，下午早放早归，随日龄增长，慢慢延长放牧时间，低温凝冻天气时禁止放牧。晚上要补喂饲料，饲料以青绿饲料为主，拌入少量精饲料补充料或糠麸类粗饲料，夜料在临睡前喂给，以吃饱为度。

2. 舍饲育成　对无放牧条件或生产规模较大的，采用舍饲方式最好。舍饲鹅以人工刈割牧草饲喂为主，添加部分粗饲料和精饲料补充料。为防止饲草浪费，喂前应切碎，最好拌入精饲料中饲喂，应注意夏季天热时一次饲喂时间不能过长，以防饲料酸败变质。一般日喂3～4次，夜间补喂1次即可。如青、精饲料分喂，青饲料饲喂次数还可增加。期间要注意保证鹅有充分的泳池游水和运动场活动时间，有利于促进鹅的消化吸收，增强体质，提高抗病力。

3. 育肥　育肥期一般为10～15天，具体视鹅的膘情来定。肥育方法主要以舍饲和自由采食为主，日喂3次，夜间1次。以喂富含碳水化合物的谷类为主，加一些蛋白质饲料，也可使用配合饲料与青绿饲料混喂，肥育后期改为先喂精饲料，后喂青绿饲料。期间要限制鹅的活动，控制光照与保证安静，减少对鹅的刺激，让其尽量多休息，以利体内脂肪的迅速沉积和及早出栏上市。

第五章

鹅舍的建筑与饲养设备、用具

一、场址的选择

鹅舍是鹅生活、休息和产蛋的场所，场地的好坏和鹅舍的安排合理与否，关系到鹅能否正常生长发育和生产性能能否充分发挥；同时，也影响到饲养管理工作以及经济效益。因此，场址的选择要根据鹅场的性质、自然条件和社会条件等因素进行综合权衡而定。通常情况下，场址的选择必须考虑以下几个问题。

（一）鹅场定位

鹅场的位置很重要，一定要选择好位置。这是因为肉、蛋鹅场的主要任务都是为城镇居民提供新鲜的鹅蛋和鹅肉，因此，既要考虑服务方便，又要注意城镇环境卫生，还要考虑场内鹅群的卫生防疫。场址宜选在近郊，一般以距城镇 10～20 千米为宜，种鹅场可离城镇远一些。

（二）水源充足

鹅场的建设首先要考虑到水源。一般应建在河流、沟渠、水塘或湖泊的边上，水面尽量宽阔，水深 1 米左右。水源以缓慢流动的活水为宜。水源应无污染，场的附近无畜禽加工厂、化工厂、农药厂等污染源，离居民点也不能太近，尽可能建在工厂和城镇的上风方向。大型鹅场最好能自建深井，以保证用水的质量。水质必须抽样检查，每 100 毫升水中的大肠菌数不能超过 5 000 个。

（三）地势高燥

鹅虽可在水中生活，但舍内应保持干燥，不能潮湿，更不能被水淹。因此，鹅舍场地应稍高些，略向水面倾斜，至少要有 5°～10° 的小坡度，以利排水。土质以排水良好，导热性较小，微生物不易繁殖，雨后容易干燥的沙壤土为宜。在山区地方建场，不宜建在昼夜温差太大的山顶，或通风不良和潮湿的山谷深洼地带，应选择在半山腰处建场。山腰坡度不宜过陡，也不能崎岖不平；低洼潮湿处易助长病原微生物的孳生繁殖，鹅群容易发病。

（四）鹅舍朝向

场址位于河、渠水源的北坡，坡度朝南或东南，水上运动场和室外运动场在南边，舍门也朝南或东南开。这种朝向，冬季采光面积大，有利于保暖，夏季通风好，又不受太阳直晒，具有冬暖夏凉的特点，有利于提高生产性能。

（五）交通方便，电力充足

场址要与物资集散地近些，与公路、铁路或水路相通，有利于产品和饲料的运输，降低成本。但要避开交通要道，以利于防疫卫生和环境安静。

电是现代养鹅场不可缺少的动力，无论是照明、孵化。大型养鹅场除要求供电充足外，还必须有自己的备用发电设备。

二、鹅场的布局与建筑要求

（一）鹅场的布局

鹅场布局是否合理，是养鹅成败的关键条件之一。集约化、规模化程度越高对鹅场布局的影响越大。

一个大型鹅场应包括行政区、生活区和生产区三大区域。

1. 行政区　包括办公室、资料室、会议室、发电房、锅炉房、水塔和车库等。

2. 生活区　主要有职工宿舍、食堂和其他生活服务设施和场所。

3. 生产区　包括鹅舍（育雏舍、育肥舍和种鹅舍）、蛋库和孵化室、兽医室、更衣室（包括洗澡、消毒室）、处理病死鹅的焚尸炉以及粪污处理池。此外还应有饲料仓库（贮存库设置在生产区内，加工饲料间则应另设一个专业区）和产品库。

各区域之间应用绿化带和（或）围墙严格分开，生活区、行政区要远离生产区，生产区要绝对隔离。生产区四周要有防疫沟，仅留两条通道：一是饲养员进雏鹅、饲料等正常工作的清洁道，物品一般只进不出；二是处理鹅粪和淘汰鹅群等的脏道，一般只出不进。两道不能交叉。

生产区内部设置安排顺序是育雏舍安置在上风，然后顺风向安排后备鹅舍和成年鹅舍。成年鹅中以种鹅为主，商品鹅舍在种鹅舍的后（北）面，种鹅舍要距离其他鹅舍 300 米以上。兽医室安排在鹅场的下风位置。焚尸炉和粪污处理池设在最下风处。

实际工作中鹅场布局应遵循以下原则：

①便于管理，有利于提高工作效率。

②便于搞好防疫卫生工作。

③充分考虑饲养作业流程的合理性。

④节约基建投资。

（二）鹅舍的建筑要求

鹅舍的基本要求是冬暖夏凉，空气流通，光线充足，便于饲养管理，容易消毒和经济耐用。各地因地制宜，就地取材，因陋就简建造了许多实用的鹅舍。一般说来，一个完整的平养鹅舍应包括鹅舍、陆上运动场和水上运动场三个部分（图 5-1）。这三部分面积的比例一般为 1：1.5～2：1.5～2。肉用仔鹅舍和填鹅舍可不设陆上和水上运动场。

1. 鹅舍　鹅舍宽度通常为 8～10 米，长度视需要而定，一般不超过 100

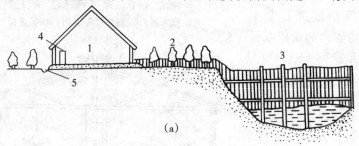

(a)

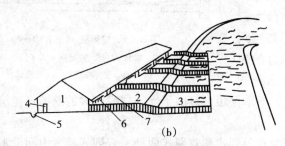

(b)

图 5-1　鹅舍外景和侧面示意

（a）鹅舍外景示意　（b）鹅舍侧面示意

1. 鹅舍　2. 陆上运动场　3. 水上运动场　4. 走道的门

5. 排水沟　6. 窗　7. 通陆上运动场门

米，内部分隔多采用矮墙或低网（栅）。一般分为育雏舍、后备（或青年）鹅舍、种鹅舍和肉用仔鹅舍与填饲舍四类。四类鹅舍的要求各有差异，但最基本的要求是遮阴防晒、阻挡风和雨及防止兽害。

（1）育雏舍 要求温暖、干燥、保温性能良好，空气流通而无贼风，电力供应稳定。鹅舍檐高 2～2.5 米即可。内设天花板，以增加保温性能。窗与地面面积之比一般为 1：10～15，南窗离地面 60～70 厘米，设置气窗，便于空气调节，北窗面积为南窗的 1/3～1/2，离地面 100 厘米左右，所有窗子及下水道通外的出口要装上铁丝网，以防兽害。育雏地面最好用水泥或砖铺成，比舍外高 25～30 厘米，以便于消毒和排水。室内放置饮水器的地方，要有排水沟，并盖上网板，雏鹅饮水时溅出的水可漏到水沟中排出，确保室内干燥。为便于保温和管理，育雏室应隔成几个小间。每栋育雏舍的面积以每个生产单元养 800～1 000 只雏鹅为宜，每小间面积在 25～30 米^2，可容纳 30 日龄以下雏鹅 100 只左右（图 5-2、图 5-3）。

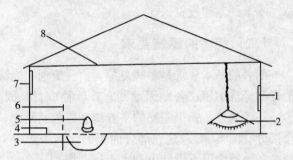

图 5-2 平面育雏室内部示意

1. 南窗 2. 保温伞 3. 排水沟 4. 走道
5. 饮水器 6. 栅栏 7. 北窗 8. 天花板

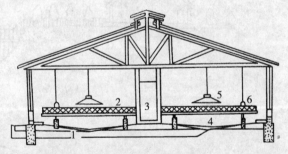

图 5-3 双列式网上育雏舍

1. 排水沟 2. 铁丝网 3. 门
4. 集粪池 5. 保温灯 6. 饮水器

（2）后备鹅舍 也称青年鹅舍。后备鹅的生活力较强，对温度的要求不如雏鹅严格。因此，后备鹅舍的建筑结构简单，基本要求是能遮挡风雨、夏季通风、冬季保暖、室内干燥。规模较大的鹅场，建筑后备鹅舍时，可参考育雏鹅舍。

（3）种鹅舍 鹅舍有单列式和双列式两种。双列式鹅舍中间设走道，两边都有陆上运动场和水上运动场，在冬天结冰的地区不宜采用双列式。单列式鹅舍冬暖夏凉，较少受季节和地区的限制，故大多采用这种方式。单列式鹅舍走道应设在北侧。种鹅舍要求防寒，隔热性能要好，有天花板或隔热装置更好。

屋檐高 1.8～2 米。窗与地面面积比要求 1：10～12。特别在南方地区南窗应尽可能大些，气温高的地区朝南方向可以无墙也不设窗户。舍内地面用水泥或砖铺成，并有适当坡度（高出舍外 10～15 厘米），饮水器置于较低处，并在其下面设置排水沟。较高处设置产蛋箱或在地面上铺垫较厚的垫料以供产蛋之用（图 5-4、图 5-5），鹅舍外有陆上和水上运动场。每栋种鹅舍以养 400～500只种鹅为宜。大型种鹅每平方米养 2～2.5 只，中型种鹅每平方米养 3 只，小型种鹅每平方米养 3～3.5 只。

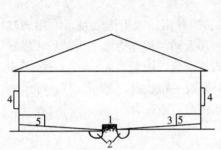

图 5-4　双列式鹅舍示意
1. 走道　2. 排水沟　3. 地面
4. 窗　5. 产蛋箱

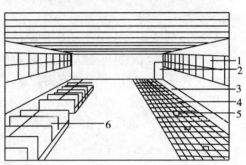

图 5-5　单列式鹅舍示意
1. 窗　2. 门　3. 走道
4. 排水沟上的铁丝网　5. 饮水器　6. 产蛋箱

（4）肉用仔鹅舍和填鹅舍　肉用仔鹅舍的要求与育雏鹅舍基本相同，但窗户可以小些，通风量应大些。要便于消毒。肉用仔鹅采用笼养和网上平养时鹅舍应适当高些。仔鹅育肥期间，每小栏 15 米^2 左右，可养中型鹅 80～90只。填鹅舍如图 5-6 所示。

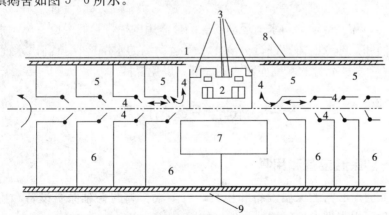

图5-6　填鹅舍的平面布局示意
1. 填饲机　2. 贮料池　3. 候填小群　4. 填饲走道　5. 室内小圈　6. 室外小圈
7. 洗浴池　8. 室内水槽及收集溅水的漏缝板槽　9. 室外水槽及漏缝板槽

有些地区，饲养量较多时，常采用行栅、草舍等简易鹅舍，这种鹅舍多采用毛竹、稻草、塑料布和油毛毡等材料制成，投资少、建造快，夏天通风，冬天保暖，是东南各省常用的建舍方法，饲养效果甚佳。

2. 陆上运动场　陆上运动场是鹅休息和运动的场所，面积为鹅舍的 1.5～2 倍。运动场地面用砖、水泥等材料铺成。运动场面积的 1/2 应搭有凉棚或栽种葡萄等植物形成遮阴棚，供舍饲饲喂之用。陆上运动场与水上运动场的连接部，用砖头或水泥制成一个小坡度的斜坡，水泥地要有防滑面。延伸到水上运动场的水下 10 厘米。

3. 水上运动场　水上运动场供鹅洗浴和配种用。水上运动场可利用天然沟塘、河流、湖泊，也可用人工浴池。如利用天然河流作为水上运动场，靠陆上运动场这一边，要用水泥或石头砌成。人工浴池一般宽 2.5～3 米，深 0.5～0.8 米，用水泥制成。水上运动场的排水口要有一沉淀井（图 5-7），排水时可将泥沙、粪便等沉淀下来，避免堵塞排水道。

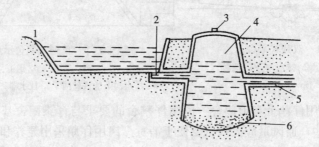

图 5-7　水上运动场排水系统示意
1. 池壁　2. 排水口　3. 井盖　4. 沉淀井　5. 下水道　6. 沉淀物

鹅舍、陆上运动场和水上运动场三部分需用围栏将它们围成一体。根据鹅舍的分间和鹅的分群需要进行分隔。水上运动场的水围应保持高出水面 50～100 厘米，育种鹅舍的水围应深入到底部，以免混群。

三、饲养设备与用具

（一）保温设备和用具

育雏时所必需的保温设备和用具，大多数与鸡的育雏保温设备和用具相同。各地可以根据本地区的特点选择使用。

1. 保温伞　又称保姆伞（图 5-8），形状像一只大木斗，上部小，直径为 8～30 厘米；下部大，直径为 100～120 厘米；高 67～70 厘米。外壳用铁皮、铝合金或木板（纤维板）制成双层，夹层中填充玻璃纤维（岩棉）等保温材料，外壳也可用布料制成，内侧涂布一层保温材料，制成可折叠的伞状。保温伞内用电热丝或远红外线加热板供温（国外也有用煤气或液化石油气供温），伞顶或伞下装有控温装置，在伞下还应装有照明灯及辐射板，在伞的下缘留有10～15厘米间隙，让雏鹅自由出入。这种保温伞每台可养初生雏鹅200～300只。冬季气温较低时，使用保姆伞的同时应注意提高室温。

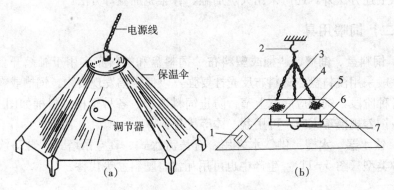

图5-8　折叠式育雏伞

（a）折叠式育雏伞　（b）铝合金育雏伞

1. 控温装置　2. 吊钩　3. 悬挂链　4. 辐射板　5. 外壳　6. 加热器　7. 照明灯

2. 煤炉　采用类似火炉的进风装置，进气口设在底层，将煤炉的原进风口堵死，另装一个进气管，其顶部加一小块玻璃，通过玻璃的开启来控制火力调节温度。炉的上侧装有一排气烟管，通向室外。此法多用来提高室温，采用此法时务必注意通气，防止一氧化碳中毒。煤炉加热可改进为图5-9所示，既可提高室温，又可提高局部温度。

3. 红外线灯　在室内直接使用红外线灯泡加热。常用的红外线灯泡为250瓦，使用时可等距离排列，也可3～4个

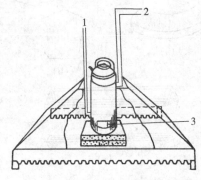

图5-9　煤炉育雏伞

1. 进气孔　2. 排气孔　3. 炉门

红外线灯泡组成一组。第一周龄，灯泡离地面35～45厘米，随雏龄增大，逐渐提高灯泡高度。用红外线灯泡加温，温度稳定，室内垫料干燥，管理方便，节省人力。但红外线灯耗电量大，灯泡易损坏，成本较高，供电不正常的地方不宜使用。

4. 烟道 有地下烟道（即地龙）和地上烟道（即火龙）两种。由炉灶、烟道和烟囱3部分组成。地上烟道有利于发散热量，地下烟道可保持地面平坦，便于管理。烟道要建在育雏室内，一头砌有炉灶，用煤或柴草作燃料，另一头砌有烟囱，烟囱要高出屋顶1米以上，通过烟道把炉灶和烟囱连接起来，把炉温导入烟道内。建造烟道的材料最好用土坯，有利于保温吸热。我国北方农村所用火炕也属地下烟道式。

除上述方法外，还可采用火炕加温、育雏笼加温等方法。

（二）饲喂用具

1. 饲料盘、饲槽、料桶或塑料布 饲料盘和塑料布多用于雏鹅开食，饲料盘一般采用浅料盘，塑料布反光性要强，以使雏鹅发现食物。饲槽或料桶可用于各种阶段，饲槽应底宽上窄，防止饲料浪费。各种饲槽、料桶如图5-10所示，饲养规模不大时，可用盆、钵等代替。

2. 饮水器、水槽 供饮水之用，有长流水式、真空吊塔式、自动饮水器等多种类型（图5-11），生产中也可用瓦盆、塑料盆等代替。

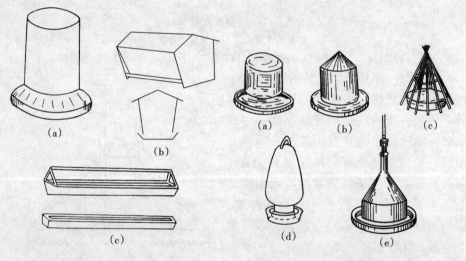

图5-10 饲喂用具
(a) 料桶 (b) 料箱 (c) 食槽

图5-11 不同式样的饮水器
(a) 广口瓶加碟子 (b) 铁皮饮水器 (c) 陶钵加竹圈
(d) 塑料饮水器 (e) 吊塔式自动饮水器

（三）填饲机械

填饲机械通常分为手动填饲机和电动填饲机两类。

1. 手动填饲机 这种填饲机规格不一，主要由料箱和唧筒两部分组成。

填饲嘴上套橡胶软管，其内径1.5～2厘米，管长10～13厘米（图5-12）。手动填饲机结构简单，操作方便，适用于小型鹅场。

2. 电动填饲机　电动填饲机又可分为两大类型。一类是螺旋推运式（图5-13、图5-14、图5-15），它利用小型电动机，带动螺旋推运器，推运玉米经填饲管填入鹅食道。这种填饲机适用于填饲整粒玉米，效率较高，多在生产鹅肥肝时使用。另一类是压力泵式（图5-16），它利用电动机带动压力泵，使饲料通过填饲管进入鹅食道。这种填饲机采用尼龙和橡胶制成的软管做填饲管，不易造成咽喉和食道的损伤，也不必多次向食道捏送饲料，生产效率也高。这种填饲机适合于填饲糊状饲料，多用于烤鹅填饲。

我国生产的几种填饲机技术指标见表5-3。

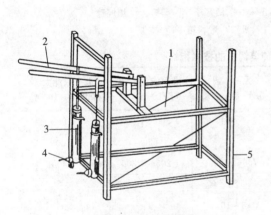

图5-12　手动填饲机
1. 贮料箱　2. 压杆　3. 唧筒
4. 填饲管　5. 支架

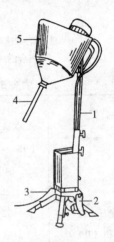

图5-13　9DJ-82-A型填饲机
1. 支架　2. 脚踏开关　3. 电源线
4. 喂料小管　5. 料斗

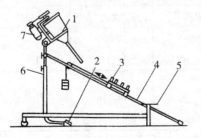

图5-14　9TFL-100型填饲机
1. 饲喂机构　2. 脚踏开关　3. 固禽器
4. 滑道　5. 坐凳　6. 机架　7. 电动机

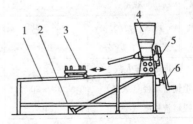

图5-15　9TFW-100型填饲机
1. 机架　2. 脚踏开关　3. 固禽器
4. 饲喂漏斗　5. 电动机　6. 手摇皮带轮

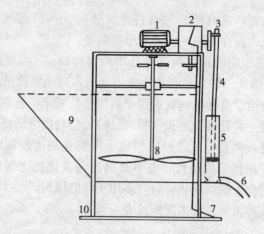

图 5 - 16　压力泵式电动填饲机

1.电动机　2.减速箱　3.偏正轮　4.活塞杆　5.唧筒　6.填饲管
7.离合的踏板　8.拌料机　9.贮料箱　10.支架

表 5 - 3　4 种填饲机的技术指标

项目	型号		上海仿法改良式	无锡9DJ - 82 - A 型	北京农业大学9TFL - 100 型	北京农业大学9TFW - 100 型
外形尺寸（毫米）		长	1 150～1 300	500	1 300～1 400	1 900
		宽	540	500	520	700
		高	1 250	700～1 300	1 200～1 300	1 400
整机重量（千克）			52	22	35	35
料箱容积（升）			24	8～10	9	9
配套电机	类型		三相	三相	三相	三相
	功率（千瓦）		0.6	0.18	0.27	0.27
	转速（转/分）		—	1 400	1 400	1 400
螺旋推运器	型式		立式	立式	立式	卧式
	转速（转/分）		624～880	560	580	580
	流量（千克/分）		1.9	1.5	1～1.5	1～1.5
填饲机操作人数			2	2	1	1
填饲管口径（毫米）			18～20	18～20	18～20	18～20
喂料管长度（毫米）			240	240	500	500

（四）其他用具

1. 垫料　垫料原材料为锯木屑、干草、碎的秸秆等。垫料要干燥清洁、无霉菌、吸水力强。垫料板结或厚度不够，易造成鹅胸囊肿而降低屠体等级。因此，应定期更换。

2. 护板　用木板、厚纸板或席子制成。保温伞周围护板用于防止雏鹅远离热源而受凉。护板高 45 厘米，与保温伞边缘的距离，依育雏季节、雏龄而异。

3. 笼具或平网　一般用金属或竹木制成，多用于饲养肉用仔鹅。

4. 船和竹篙　放牧时用来追赶鹅，同时，也可用来运输饲料和产品。

5. 蛋箱、蛋框　可用塑料、硬纸板等材料制成，主要用于蛋的装运。

6. 竹篮　用毛竹篾编制而成，圆形，直径 70～80 厘米，边高 25～30 厘米，供雏鹅自温育雏、睡眠休息和点水（点水是指将小鹅关放在竹篮内，一起浸入水中，任其活动片刻）。

7. 围条　用竹篾编制成，长 15～20 米，高 60～70 厘米，抓鹅时用其将鹅围成一圈，既方便，又不使鹅造成应激。

除以上设备和用具外，还有铁锹、扫帚、秤等常用工具，以及孵化用具和蛋品加工工具等，也应事先准备妥当。

第六章

鹅的饲养管理

一、肉用仔鹅的生产

（一）肉用仔鹅生产的特点

鹅主要是肉用家禽，养鹅业的主要产品是肉用仔鹅及其加工产品。肉用仔鹅生产具有以下特点。

1. 肉用仔鹅生产具有明显的季节性　这是由于鹅的繁殖季节性所造成的。虽然采用光照控制可以使鹅的全年产蛋有两个周期，但主要繁殖季节仍为冬春季节。因此，肉用仔鹅的生产多集中在每年的上半年。

2. 我国南方气候温和、雨水充足，放牧养鹅占有很大比重，其上市旺期在每年 5 月份开始。每年上半年正是肉用仔鸭上市的淡季，却正是肉用仔鹅产销的旺季，这就为肉用仔鹅生产及加工产品提供了极为有利的销售条件。

3. 鹅是草食肉用家禽　因鹅具耐粗性，无论是舍饲、圈养或放牧，其生产成本均较低，一般肉用仔鹅每增重 1 千克消耗精饲料约 1.5 千克。因此可取得显著的经济效益。

4. 鹅的早期生长迅速　一般肉用仔鹅 60～70 天体重可达 3 000 克以上，因此，肉用仔鹅生产具有投资少、收益快、获利多的优点。

（二）肉用仔鹅的饲养管理方式

肉用仔鹅可采用舍饲、圈养或放牧等方式饲养。

舍饲和放牧两种管理方式各有优点。舍饲适合于规模生产，但生产成本等费用相对较高。舍饲多为地面平养或网上平养，这种管理方式多采用育雏（0～4 周龄）和育肥（5～10 周龄）的两段式饲养。除按鹅的营养需要饲喂配合饲料外，还需喂给足量刈割牧草，任其自由采食。一般雏鹅在 10 日龄即开始短时间放牧，逐步过渡到全日放牧，并适当补饲精饲料。放牧方式虽可充分利用天然牧地以节省成本，但饲养规模受到限制。舍饲仔鹅如饲养管理水平达不到要求，往往不及放牧仔鹅增重效果好。同时，放牧鹅的胸腿产肉率高于舍饲鹅，而皮脂率则相反。从我国当前养鹅业的社会经济条件和技术水平来看，采用放牧补饲方式，小群多批次生产肉用仔鹅更为可行。

颗粒料饲喂肉用仔鹅能取得良好效果，在日粮营养水平相同的条件下，采用颗粒料的增重效果明显优于粉料，值得推广。单一的谷物类饲料增重效果较差。

（三）肉用仔鹅饲养季节的选择

由于我国目前肉用仔鹅的饲养方式以放牧或放牧与舍饲相结合为主，因此，饲养肉鹅要考虑当地的气候、青草和水草等青饲料的生长情况，以及三麦和水稻收割的时间。以利于缩短饲养期，降低饲养成本。江苏大部分地区都选择清明后出壳的雏鹅饲养，此时气候逐渐转暖，青草萌芽，当雏鹅饲养到3周龄左右放牧时，青草已普遍生长，肉用仔鹅放牧场地充足，并可全天放牧。在仔鹅育肥阶段，又可充分利用麦茬田放牧。清明前后饲养的肉鹅，端午节上市出售，价格较高。正可谓："清明养鹅，生长快，成本低，收益大"。

肉用仔鹅的季节性生产虽能充分利用自然资源、节省饲养成本，但随着市场对肉鹅的常年需求及养鹅新技术的应用，如我国南方一些地区采用复种轮作方式种草养鹅等，导致季节性生产已逐渐被改变。

（四）雏鹅的选择

1. 品种选择 各地应根据本地区的自然习惯、饲养条件、消费者要求，选择适合本地饲养的品种或杂交鹅饲养。实践证明，不同鹅种之间的杂种，如狮头鹅（♂）×太湖鹅（♀），狮头鹅（♂）×籽鹅（♀），四川白鹅（♂）×太湖鹅（♀），其后代生活力强，生长速度快，饲料转化率高。选择外来品种首先要充分了解其产品特性、生产性能、饲养要求，然后才能引进饲养。

2. 品质选择 肉用仔鹅必须来自于健康无病、生产性能高的鹅群，其亲本种鹅应有实施的防疫程序。雏鹅应符合该品种的特征。雏鹅毛色光亮，眼睛明亮有神，活泼，用手握住颈部把它提起时，两脚能迅速收缩，并挣扎有力，叫声响亮。脐部收缩完全，脐部周围无血斑和水肿。雏鹅个体大，体躯长而阔，这种雏鹅能很快自行采食。

3. 雏鹅运输 如所购买的雏鹅需长途运输时，应采用经消毒的专用工具，途中应经常检查雏鹅动态，及时增减覆盖物来调节温度，要避免暴晒、雨淋等。

（五）育雏前准备

1. 育雏舍　符合第五章所述要求即可。

2. 育雏舍和用具消毒　育雏室内外在接雏前 5～7 天应进行彻底的清扫消毒。隔墙可用 20％的石灰乳刷新。地面、天花板可用消毒液喷洒消毒，喷洒后关闭门窗 24 小时，然后开窗换气。或者采用福尔马林、高锰酸钾熏蒸消毒，彻底通风后待用。

育雏用食槽、饮水器、竹篓等可用消毒王等消毒药洗涤，然后再用清水冲洗干净，防止腐蚀雏鹅黏膜。垫料应用干燥、松软、无霉烂的稻草、锯屑或其他秸秆。保温覆盖用的棉絮、棉毯、麻袋等，使用前须经阳光暴晒 1～2 天。育雏室出入处应设有消毒池，进入育雏舍人员必须进行消毒，严防带入病原，使雏鹅遭受病害侵袭。

3. 饲料、药品　进雏前应准备好开食饲料或补饲饲料及相关药品备用。

4. 记录表格　养鹅场必须准备好记录表格，用于记录生产和管理工作情况。

（六）0～21 日龄肉用仔鹅的饲养管理

1. 雏鹅的生理特点

（1）初生雏鹅体温调节机能尚未完全建立，对外界温度的变化等不良环境的适应能力较差，特别怕冷、怕热、怕潮湿、怕外界环境突然变化。

（2）雏鹅的消化系统非常娇嫩，容积较小，机能较弱，对饲料的消化、吸收能力差。

（3）雏鹅的新陈代谢非常旺盛，生长速度很快，到 21 日龄时的体重可达初生体重的 10 倍。

饲养雏鹅应根据其生理特点，供给营养丰富的优质饲料，做到少吃多餐，抓好日常饲养管理工作。

2. 雏鹅的饲养

（1）雏鹅的潮口与开食　雏鹅出壳后的第一次饮水俗称"潮口"，第一次吃料俗称"开食"。开食时间是否适宜，直接关系到雏鹅的生长发育和成活率。

雏鹅出壳 24 小时左右，当大多数雏鹅能站立走动、伸颈张嘴、有啄食欲望时，就可进行潮口。将雏鹅放入竹篓中，将竹篓浸入清洁的浅水中（以不淹到雏鹅的胫部为合适），让雏鹅自由活动和饮水 3～5 分钟，提出水面放到温暖的地方，让其理干绒毛。也可在室内用小盆盛水潮口。经几次调教，便可以自由饮水。天气炎热、雏鹅数量多时，可人工喷水于雏鹅身上，让其互相吮吸绒毛上的水珠。或用饮水器直接给雏鹅初次饮水。初次饮水可以刺激雏鹅的食欲，促使胎粪排出。

潮口后即可开食。开食的精饲料多为淘洗干净、并用清水浸泡约 2 小时的碎米。喂前将米沥干，或是煮得半生半熟，经水淘过不黏不烂的碎米、小米饭。青饲料要求新鲜，幼嫩多汁，以莴苣叶、苦荬菜为最佳。青饲料也应清洗干净后沥干，再切成细丝。开食时可先把碎米撒在草席或塑料布上，任雏鹅啄食，然后再喂青饲料。这样可保证雏鹅摄入的精饲料量，防止因吃食青饲料过量，精饲料不足而引起拉稀。昼夜喂料一般分 6～8 次饲喂（夜间喂 2～3 次）。

（2）雏鹅的日粮配制与饲喂　雏鹅日粮的配制可根据日龄的增长及当地的饲料来源，配制成营养水平较合理的配合饲料，与青绿饲料拌喂。饲喂方法应采用"先饮后喂，定时定量，少给勤添，防止暴食"。雏鹅在开食后的第二天起便可按时饲喂。3 日龄后适当补饲沙砾，帮助消化。从 11 日龄起可适当放牧，饲料以青绿饲料为主，精饲料逐步从熟喂过渡为生喂。

0～21 日龄饲料消耗量及饲喂方法见表 6-1、表 6-2。

表6-1　每千只雏鹅的日饲料消耗量

日龄 饲料	1	3	7	10
精饲料（碎米等）（千克）	2.5～3.0	5.0～6.0	15.0～17.0	20.0～22.0
青饲料（千克）	4.5～5.5	12.0～14.0	35.0～40.0	75.0～80.0

表6-2　0～21日龄雏鹅饲料搭配、饲喂次数

日龄		1	2～3	4～10	11～21
饲料 搭配	精饲料（%）	40	35	30	10～20
	青饲料（%）	60	65	70	80～90
饲喂 次数	总数	6～8	6～8	6～7	5～6
	夜间	2～3	2～3	2～3	1～2

3. 0～21 日龄雏鹅的管理

（1）保温　温度对雏鹅的生长发育和成活率有很大的影响，因此，保温是雏鹅管理中最重要的工作。鹅育雏温度的基本要求见表 6-3。

表6-3　雏鹅育雏温度

日龄	1～5	6～10	11～15	16～20
温度（℃）	29～27	26～25	24～22	22～19

育雏保温的方法主要有两种类型，一种自温育雏，另一种供温育雏。

自温育雏在养鹅数量少时应用得较多，可以稻草、毯、棉絮及箩筐、木桶等为材料，这种方法设备简单，节约能源，但工作繁琐，育雏效果不理想，不适宜大群育雏。

供温育雏适用于饲养数量较大的鹅场，育雏室采用电热保姆伞、红外线灯泡、煤炉或烟道加热保温。

育雏保温应执行下列原则：群小稍高，群大稍低；弱雏稍高，强雏稍低；夜间稍高，白天稍低；冷天、阴天稍高，热天、晴天稍低。育雏期间要防止温度突然变化。

雏鹅一般保温 2～3 周左右，保温期的长短，因品种、季节、地理位置不同而调整。保温结束时的脱温应非常慎重，要做到逐渐脱温，特别当气温突然下降时不要急于脱温而应适当补温。

育雏温度是否合适，可以根据雏鹅的活动及表现来判断。温度低时，雏鹅靠近热源，集中成堆，挤在一起，缩成一团，不时发出尖锐的叫声；温度过高时雏鹅远离热源，张口喘气，行动不安，饮水频繁，采食量减少；温度适宜时，雏鹅分布均匀，安静无声，食欲旺盛。

（2）防湿 潮湿对雏鹅的健康和生长发育有不利的影响。若湿度高温度低，体热散发而感寒冷时，易引起感冒和下痢。若湿度高温度也高，则体热散发受抑制，体热积累造成物质代谢与食欲下降，抵抗力减弱，发病率增加。

保持室内干燥，育雏鹅舍适宜的相对湿度为 60%～70%。育雏室的窗门不宜密闭，要注意通风透光。室内喂水时切勿外溢，要经常打扫卫生，垫料潮湿应及时清除，换上干燥的新垫料。

（3）分群与防堆 雏鹅在开水、开食之前，应根据出雏时间的早迟和强弱，进行第一次分群，给予不同的保温制度和开水、开食时间。开食后的第二天，可以根据雏鹅采食情况，进行第二次分群，将那些不吃食，或吃食量很少的雏鹅，分出来另外喂食。此外，育雏阶段要定期按强弱、大小分群，及时拣出病雏淘汰。

每群一般以 100～150 只为宜，分群时还应注意密度，见表 6-4。

表 6-4 雏鹅的饲养密度

日　　龄	1～5	6～10	11～15	16～20 日后
每平方米饲养只数	25～20	20～15	15～12	10～8

雏鹅喜欢聚集成群，如果温度低时更是如此，易出现压伤、压死现象，所以饲养人员要注意及时赶堆分散，尤其在天气寒冷的夜晚更应注意，应适当提

高育雏室内温度。

（4）放牧与放水 雏鹅在 10 日龄以后，条件适宜即可放水和放牧，具体方法见放牧饲养部分。

（5）卫生防疫 搞好卫生防疫工作，对提高雏鹅生活力，保证鹅群健康十分重要，卫生防疫工作包括经常打扫场地和更换垫料，保持育雏室清洁与干燥，每天清洗饲槽和饮水器，环境消毒以及雏鹅的免疫与防病。雏鹅易发生的疾病有小鹅瘟、禽出败、鹅球虫病等。

（七）22～70 日龄肉用仔鹅的饲养管理

这一阶段鹅的生长发育十分迅速，觅食能力增强，消化道容积增大，采食量日益增加。因此应加强仔鹅的饲养管理。

该阶段仔鹅一般采用全舍饲和放牧结合补饲两种饲养管理方式，其中以后者最常用。

1. 放牧饲养

（1）放牧时间 春秋季雏鹅 10 日龄以后，当气候暖和，天气晴朗时可在中午放牧，夏季时可提前到 5～7 日龄，刚开始时 1 小时左右，以后逐步延长，到 30～40 日龄可采用全天放牧，并尽量早出晚归。具体放牧时间长短，可根据鹅群状况，气候及牧草情况而定。放牧时可结合放水时间，放水时间由 15 分钟逐渐延长到 0.5～1 小时，每天 2～3 次，再过渡到自由嬉水。

放牧时间的掌握原则是：天热时上午要早出早归，下午要晚出晚归；天冷时则上午晚出晚归，下午早出早归。

（2）放牧场地的选择 放牧场地要有丰富优质的鹅喜欢采食的牧草。鹅喜爱采食的草类很多，一般只要无毒、无刺激、无特殊气味的草都可供鹅采食。详见第五章青绿饲料部分。

牧地要开阔，可划分成若干小区，有计划地轮牧。牧地附近应有湖泊、小河或池塘，给鹅以清洁的饮水、洗浴和清洗羽毛的水源。牧地附近应有蔽荫休息的树林或其他蔽荫物（如临时搭荫棚）。农作物收割后的茬地也是极好的放牧场地。选择放牧场地时还应了解放牧场附近的农田是否喷过农药，若使用过农药，一般要 1 周后才能在附近放牧。鹅群所走的道路应比较平坦。

（3）放牧时注意事项

①放牧群一般以 250～300 只为宜，放牧地开阔时可增至 500 只左右，甚至 1 000 只。

②放牧时应注意观察采食情况，待大多数鹅吃到 7～8 成饱时应将鹅群赶入池塘或河中，让其自由饮水、洗浴。

③防惊群，防止其他动物及鲜艳颜色的物品、喇叭声的突然出现引起惊群。

④放牧时驱赶鹅群速度要慢，防止践踏致伤。

⑤避免在夏天炎热的中午、大暴雨等恶劣天气放牧。

（4）放牧鹅的补饲　放牧场地条件好，有丰富的牧草和收割后的遗漏谷粒可吃，采食的食物能满足鹅生长的营养需要，则可不补饲或少补饲。放牧场地条件较差，牧草贫乏，又不在收获季节放牧，营养跟不上鹅生长发育的需要，就要做好补饲工作。补饲时加喂青饲料和精饲料，每天加喂的数量及饲喂次数可根据体重增长和羽毛生长来决定。表6-5列出了鹅羽毛生长的规律。

表6-5　鹅羽毛生长规律

俗　称	羽毛生长情况	大约日龄	体重（千克）
小发白	黄绒毛基本上变白	10	—
大发白	全身绒毛变白	15	—
蛀尾巴	尾尖体侧长出大毛毛管	20	0.50
四点花	肋毛二点，肩端二点	35	1.25
草鞋底	腹部已长出大羽，但其中尚夹有绒毛	38	
滑　底	背部羽毛已很长，胸腹部也已长齐	40	
花光头	头颈部开始长羽毛	50	2.00
先前平截	二翅前缘起，直至头部的羽毛已换好	55	2.25
半翅子	主翼羽已生长了一半的长度	70	2.50
全翅子	主翼羽长齐，无血管毛	75	2.75
四面光	换毛结束	120	

补饲或利用稻麦收获季节放牧是广泛应用的一种育肥方法，此法应用时应特别注意饲养期的安排，一旦稻麦茬田结束，要及时出售，以免掉膘。一般经过10天稻麦田的放牧，鹅的体重能够增加500～750克。

2. 全舍饲饲养　又称关棚饲养或圈养育肥，采用专用鹅舍，应用全价配合饲料饲养，通常情况下，配合日粮应达到代谢能11.7兆焦/千克，粗蛋白质18%，钙1.2%，磷0.8%的要求。

全舍饲饲鹅生长速度较快，但饲养成本较高。

全舍饲养法也是放牧鹅后期快速育肥的一种方法，舍饲育肥时应喂给富含碳水化合物的饲料，育肥期约1周。

鹅的育肥还可采用强制育肥的办法，强制育肥又称填饲肥育，分人工填饲和机器填饲两种，具体方法在肥肝生产内容中介绍。

二、种鹅的饲养管理

（一）种鹅的选择

选留种鹅不仅要符合该品种的特征，而且产蛋量要高，后代生长速度要快。

留种用的雏鹅应来自性能优良、健康的种鹅群，而且种鹅群应在开产前一个月注射小鹅瘟疫苗，以确保雏鹅的成活，残次弱雏应及时淘汰。

预选后备种鹅宜在70日龄前后进行，公鹅要求生长快、羽毛符合本品种标准、体质强壮、肥瘦适中、眼大有神、胸深而宽、背宽而长、腹部平整、胫较长且粗壮有力、两胫间距宽、鸣声洪亮，有典型的雄性特征。母鹅要求体型大而重、羽毛紧贴、光泽明亮、眼睛灵活、颈细长、身长而圆、前躯窄、后躯深而宽。

定种（定群）在开产前（180日龄左右）进行，确定公母配种比例，淘汰不合格的公母鹅。

（二）后备鹅的饲养管理

在70日龄前后选留下来的后备鹅，仍处在生长发育和换羽时期，不宜过早粗放饲养，应根据放牧场地的优劣，做好补料工作，并逐渐降低饲料营养成分。

在后备中期，为了适当推迟种鹅的开产日龄，让青年种鹅充分发育，以提高种蛋品质和公鹅的交配能力，也可采用控料饲养。后备母鹅的控料一般从17～18周龄开始到开产前50～60天结束，控料期为60～70天。

后备种公鹅应与种母鹅分开饲养，其控料和恢复阶段，以及拔羽均应比后备种母鹅提前2周实施，以利于种公鹅提前恢复体力，提高配种能力和种蛋的受精率。

（三）种鹅产蛋前的饲养管理

由于后备鹅的后期主要以放牧饲养为主，鹅群体质较差，因此，在鹅群产蛋前1个月就开始补料。饲料采用成年鹅配合料，每天喂2～3次，使鹅群恢复体质、增加体重，并在体内积累一定的营养物质。精饲料的补充是否合适，可以根据鹅粪形状来识别。如鹅粪粗大、松散，用脚轻拨能分成几段，表明精饲料与青饲料比例适当。如鹅粪细小结实，则精饲料多，青饲料少，应增加青饲料喂量。公鹅喜啄斗，在繁殖季节开始前 2～3 周应组群，使公母鹅彼此亲近，公鹅的精饲料补充应提早，使在母鹅产蛋时，有充沛的精力进行配种，提高种蛋的受精率。

（四）产蛋期的饲养管理

临开产前仍应充分放牧，放牧宜早出晚归。由于鹅群体质刚恢复，行动迟缓，且接近于产蛋，所以不宜猛赶、久赶。临产母鹅全身羽毛紧凑、光泽鲜艳，颈羽光滑紧贴，毛平直，肛门呈菊花状，腹部饱满，松软且有弹性，耻骨距离增宽，食量加大，喜欢采食矿物质饲料。母鹅经常点水，是寻求公鹅配种的表现，很快开始产蛋。

产蛋期的母鹅应以舍饲为主，放牧为辅。在日粮配合上，采用配合饲料，饲料中粗蛋白质为 16%～18%，代谢能 11.3～11.7 兆焦/千克。母鹅在开产前 10 天左右会主动觅食含钙量多的物质，因此，除在日粮中提高钙的含量外，还应在运动场或放牧地点，放置补饲粗颗粒贝壳的专用饲槽，任其选食。喂料要定时定量，先精料后青料。精饲料每天喂量，中小型鹅种为 120～150 克，大型鹅种为 150～180 克，分 3～4 次饲喂。青饲料可不定量。放牧可少喂青饲料。产蛋母鹅行动迟缓，放牧或平时驱赶不要急速，防止造成母鹅的伤残。母鹅产蛋时间大多数在早晨，下午产蛋的较少。为了让母鹅养成在舍内产蛋的习惯，早上放牧不宜过早，放牧前要检查鹅群，观察产蛋情况。如发现个别母鹅鸣叫不安、腹部饱满、泄殖腔膨大，不肯离舍，应检查母鹅，有蛋者应留在舍内产蛋。产蛋期要勤捡蛋，注意种蛋保存。此外，要注意光照的补充，每天补充光照 2～3 小时，使每天光照达到 16 小时为宜。鹅舍的垫料要保持干燥，也可采用厚垫料的方式饲养。为了维持公鹅的交配能力，在日粮中应补充维生素 E（按每千克饲料加入 400 毫克计）。鉴于公母鹅对日粮营养需要的差异，公母分群饲养在管理上又不易办到，为此，可采取母鹅饲槽上加隔条，其条间的宽度以母鹅能顺利采食，公鹅的头伸不进去为度。公鹅采用悬吊式料桶，其高度仅为公鹅能顺利采食，母鹅不能采食为度。

种鹅的公母配种比例以 1：4～6 为合适。一般大型品种配比应低些，小型鹅种可高些；冬季的配比应低些，春季可高些。选留阴茎发育良好，精液品质优良的公鹅配种，性比可提高到 1：8～10。放牧鹅群每日早晨出栏后应让其在清洁水域中浮游、嬉水、交配，然后再放牧采食；放牧地应选择近水处，放牧 2～3 小时后应赶到水边让其下水自由交配。种鹅舍应在靠水域的一面设置水上运动场，供种鹅洗浴和交配用。

（五）停产期的饲养管理

鹅群产蛋期基本结束后，日粮水平逐渐降低，此时以放牧为主。目的是促使母鹅消耗体内脂肪，促使羽毛干枯，容易脱落，便于人工拔羽。此期的喂料次数渐渐减少到每天 1 次或隔天 1 次，然后改为 3～4 天喂 1 次。在停止喂料期间，不应对鹅群停水，大约经过 12～13 天，鹅体重减轻，主翼羽和主尾羽出现干枯现象时，则可恢复喂料。待体重逐渐回升，大约放养 1 个月后，就可以人工拔羽。公鹅需比母鹅早 20～30 天拔羽，目的是使公鹅在母鹅产蛋前，羽毛能全部换完，这样，在配种季节公鹅就有充沛的精力。拔羽的母鹅可以比自然换羽的母鹅早 20～30 天产蛋。拔羽的方法和注意事项参见本书第八章。

对就巢性强的母鹅，应在雏鹅孵出后，尽早与新孵出的雏鹅隔离饲养，加强放牧和补饲，缩短休产时间。

第七章
反季节种鹅生产

养鹅生产的经济效益较高，但当前各地发展商品肉鹅生产的供种不足，显著影响了鹅的养殖工作。出现供种不足的原因：一是鹅的繁殖性能较差。通常繁殖性能较好的鹅种，年产蛋也仅有100枚左右，大多数鹅种只有几十枚，孵化供种量有限。二是鹅身披羽绒，具有耐寒怕热的天性，当环境温度达到30℃以上时，尤其是在6～10月份，鹅将停产换羽，导致鹅的繁殖呈现出明显的季节性。由于鹅的季节性繁殖，出现肉用仔鹅的供应空缺，常常因供种情况而影响到全年的均衡生产。此外，在自然状况下的种鹅休产期，也是最适宜发展养鹅生产的水草丰茂时期，由于无种可供往往造成有草无鹅的局面。要解决这一问题，除选择饲养繁殖性能较好的鹅种外，关键是组织种鹅的反季节生产。种鹅在自然状况下不能繁殖的季节通过人工调控达到可以繁殖即为反季节生产，目前这一技术已在国内组织推广。

一、种鹅反季节生产的优点

1. 市场前景大好　由于克服了繁殖活动的季节性束缚，使雏鹅和肉鹅分别能够在全年各个月份特别是价格高涨的时期如6～10月份供应市场。此外反季节种鹅繁殖的反季节肉鹅上市后，羽绒质量好且需求量大。

2. 生产成本降低　种鹅实行反季节生产，能充分利用夏季气温高的特点，能减少育雏保温能耗，提高育雏成活率，并且能够在水草丰茂的季节充分利用饲草资源发展养鹅，降低养殖成本。

3. 经济收益扩大　反季节种鹅繁殖的反季节肉鹅，由于全年均衡生产，使整个养鹅业和鹅产品销售加工的各生产环节如肉鹅生产者、肉鹅贩运者和肉鹅批发商、肉鹅加工商都可获得良好的经济收益。

二、种鹅反季节生产的关键技术

1. 遮黑鹅舍

（1）遮黑鹅舍设计要求　实施鹅反季节繁殖，鹅舍遮黑是关键。鹅舍设计可以采用砖瓦结构或钢架结构。宽 7～12 米，长 60～100 米。朝向宜选择南、南偏东或偏西各 15°～30°。南北墙留有窗户，推拉窗和外翻窗均可，南、北窗面积比可为 2～3∶1，采用卷帘或黑色塑料布遮挡并保证遮黑效果。鹅舍运动场一般是鹅舍宽度的 4～5 倍，为种鹅提供充足的运动空间，还需有水深 10cm 左右的浅水滩，满足种鹅采食、戏水、栖息和交配的需要，同时也能增加运动量，避免产蛋后期因过肥加快降低产蛋率和受精率。鹅舍建筑设计总的要求是冬暖夏凉，阳光充足，空气流通，干燥防潮，经济耐用。鹅虽是水禽但鹅舍内不宜潮湿，特别是雏鹅舍更要注意。

（2）鹅舍防暑降温及通风换气设计　为了便于夏季鹅舍的降温和冬季舍内除潮，一般常用纵向通风、湿垫降温的方法。一般是将湿垫安装在负压通风的进风口。湿垫蒸发表面积大、透气好，由顶部淋水，一侧进风，靠水蒸发降低舍内温度，一般可降温 3～6℃。风机采用低噪声大风量畜禽舍专用风机。通风量按历史上当地最高气温所需通风量进行设计。通风量以 50 米³/时·只计算设计。

产蛋期种鹅由于在鹅舍内生活时间较长，摄食和排泄量较多，很容易造成舍内空气污染，既影响鹅体健康，又使产蛋下降。为保持鹅舍内空气新鲜，除控制饲养密度（舍饲）不超过 1.2 只/米²，还要加强鹅舍通风换气，及时清除粪便、垫料，根据室温及舍内湿度选择开启风机的数量及时间长短，始终保持舍内空气新鲜。

2. 控制光照满足产蛋需要　生产实践与试验表明，光照对种鹅的繁殖性能有很大的影响。光照延长能促进母鹅产蛋，光通过视觉刺激脑垂体前叶分泌促性腺激素，促使母鹅卵巢卵泡发育增大，卵巢分泌雌性激素促使输卵管的发育，同时使耻骨开张，泄殖腔扩大；光照引起公鹅促性腺激素的分泌，刺激睾丸精细管发育，促使公鹅达到性成熟。为此，在育成期 14～30 周龄期间，昼夜总光照时间保持 8 小时，适度控制性成熟，以保证鹅生殖系统和体型得到同步发育。

根据自然季节性繁殖的现象观察，一般鹅在冬春季节产蛋，依此确定每日 12 小时光照作为鹅产蛋期的最佳光照时间（自然光照＋人工光照），一直维持到产蛋结束。光照的时间不能过长，因为较长的光照加上气温过高，会影响产蛋率和受精率。光照时间如果超过 14 小时以上会使产蛋停止和出现就巢现象。

产蛋前期补充光照应在开产前 1 个月进行。小型鹅可在 28 周龄开始补充光照，大型鹅在 31 周龄开始补充光照。光照时间在育成期 8 小时的基础上，每天增加光照 20 分钟直至 12 时/天。增加人工光照的时间可以采取早、晚恒定法。补充光照强度按 2～3 瓦/米² 设计，每 20 米² 面积安装一个 40～60 瓦灯泡为宜，灯与地面距离为 1.75～2 米。

肉种鹅光照程序方案见表 7-1。

表 7-1　肉种鹅光照程序方案

生产阶段	周龄	光照时间（小时）	光照强度（勒克斯）
育雏期	1	23	25
	2	18	25
	3	16	20
生长期	4～8	逐渐过渡到自然光照	—
育成期	9～13	自然光照	—
	14～30	8	10
第一产蛋前期	31～32	每天增加 20 分钟，逐渐至 12 小时	25
第一产蛋期	33～54	12	25
第一换羽期	55～59	18	25
	60～68	8	10
	69～70	每周增加 0.5 小时，逐渐至 12 小时	25
第二产蛋期	71～94	12	25
第二换羽期	95～99	18	10
	100～108	8	—
	109～110	每周增加 0.5 小时，逐渐至 12 小时	25
第三产蛋期	111～134	12	—
第三换羽期	135～139	18	10
	140～148	8	25
	149～150	每周增加 0.5 小时，逐渐至 12 小时	25
第四产蛋期	151～174	12	—

3. 饲料控制满足不同时期的营养需要　制订合理的种鹅综合限制饲喂方案，加强营养调控也是保障反季节鹅繁殖技术成功的基础。雏鹅 1～8 周龄，尽量满足采食量的需要，以保证体况发育健康良好；9～26 周龄，育成期要加大粗饲料或青饲料饲喂比例，减少精饲料饲喂量，以促进消化系统的发育，并

控制生殖系统发育过快；26 周龄以后，开始进入预产期，逐渐加大精饲料饲喂量，每周至少增加 10 克以上精饲料，直到 29 周龄达到高峰喂料量。产蛋期间适当补充粗饲料或青饲料。休产换羽期精饲料的快速减少有利于促进掉羽，换羽后期逐渐增加精饲料有利于促进新的羽毛生长。换羽期粗饲料或青饲料饲喂比例必须增加，以防止饥饿引起的死亡或啄癖。各个饲养阶段应按照生产计划制订综合限制饲喂方案进行管理。

4. 人工强制换羽控制产蛋期　该技术主要是通过控制喂料量、改变光照程序、人工拔主翼羽等措施实行人工强制换羽，使种鹅短期停产换羽进入下一个产蛋期，并将产蛋高峰集中在理想的季节时间内。

随着种鹅产蛋后期产蛋量的逐渐下降，日粮由高峰料量 240～260 克/天·只开始逐渐降低到 200 克/天·只。随后 3 天内减为 150 克/天·只，7 天后减为 100 克/天·只，大约 30 天停止产蛋。

产蛋停止后进行控水控料 1 天（夏天控水 1 天，其他季节控水 2～3 天），再控料 4 天。若膘情在减少不大的情况下，有时连续控料 7 天。

控料结束后开始第 1 天，精饲料喂料量为 50 克/天·只，以后每天每只鹅增加 10 克，直至 100 克/天·只，以后恒定。控水控料同时，光照由第一产蛋期的 12 时/天改为 18 时/天。该过程大约持续到第 67 天。

67 天后，根据鹅膘情控制情况，待大羽毛囊腔内容物没有了即开始拔毛。拔毛期间，精饲料喂料量在原来 100 克/天·只的基础上，每天每只鹅增加 10 克，直至 200 克/天·只，以后恒定。拔毛当天把光照 18 小时直接缩短为每天 8 小时光照（公鹅提前 20 天），持续到 120 天左右。之后，光照由 8 时/天，每天增加 0.5 小时直至 12 时/天，以后恒定。而后，要根据产蛋率逐渐增加喂料量，精饲料喂料量由 200 克/天·只逐渐增加到 240～260 克/天·只。休产期和产蛋高峰期按照制订的饲喂方案适当补充粗饲料和青饲料。按照此方法种鹅约 130 天左右开始产蛋。

三、种公鹅的管理

采用反季节繁殖技术，不但要使母鹅在夏季多产蛋，而且还要使种蛋受精，因此，选择好公鹅是关键的一环。公鹅的选择比母鹅难度大，母鹅可根据体型外貌进行选择，但公鹅不能仅根据体型外貌来选择，如有的公鹅体型虽然很大，外貌也好，但生殖器却存在着发育不良、畸形或者精液品质不好等问题。因此，选择种公鹅时必须进行生殖器官的检查。如果水池中不勤换水，生殖器很易感染，种蛋受精率会大大降低。

　　本章提出的反季节繁殖技术是在舍饲条件下进行的，所繁殖的鹅经过长期的选育与驯化，能够较好地适应圈养环境。鹅育雏期、育成期和产蛋期都要严格执行已制订的鹅舍遮黑、光照控制、综合限制饲喂和人工强制换羽方案。而在我国南方许多养殖场，鹅育雏期、育成期一直处于露天放牧或敞棚散养状态，受自然光照周期影响很大。由于品种缺乏系统选育和圈养训练，生产中执行技术方案不够严格或方案不正确，夏季降温措施不利等，是导致反季节繁殖失败的主要原因。反季节繁殖技术是一个环环紧扣的科学程序，缺少任何一个环节，生产效果都不会理想。

第八章
鹅肥肝生产技术

一、肥肝的特点与营养价值

鹅肥肝是一种特殊的肝脏，实际上就是鹅脂肪肝。它是对体成熟基本完成的鹅，用人工强制肥育的方法饲以超额的高能量饲料，让多余的养分转化为脂肪，并在短时间内积贮于肝脏中而形成比正常的鹅肝脏大几倍至十几倍的特大脂肪肝。

通常情况下鹅肝重为 50～100 克，但鹅肥肝可重达 500～900 克，最大者可达 1 800 克；肥肝在重量、质量方面都与正常的肝脏有很大差别。我国鹅的正常肝脏和肥肝成分分析结果显示，正常肝脏水分较高、脂肪较低；而肥肝则脂肪含量大幅度提高，水分则相对减少。见表 8-1。

表 8-1 鹅肥肝与正常肝成分（%）

肝类型	水分	粗脂肪	粗蛋白质
肥肝	32～35	60	6.7
正常肝	76	2.5～3	7

肥肝的脂肪大多是对人体有益的不饱和脂肪酸，营养价值较高。肥肝中的不饱和脂肪酸的含量约占整个脂肪酸含量的 65%～68%，比羊油（37.4%）、牛油（48.4%）和猪油（54.1%）均高。肥肝的不饱和脂肪酸中包括油酸 61%～62%，亚油酸 1%～2%，棕榈油酸 3%～4%。不饱和脂肪酸能降低人体血液中胆固醇的含量，减少胆固醇类物质在血管壁上沉积，减轻与延缓动脉粥样硬化的形成，对健康极为有益。鹅肥肝与正常肝相比，甘油三酯含量增加 176 倍，卵磷脂含量增加 4 倍，脱氧核糖核酸与核糖核酸增加 1 倍，酶的活性提高 3 倍，并含有多种维生素，因此营养丰富，能滋补身体，加之肥肝质地细嫩，口味鲜美，使之成为高档的营养食品。

二、鹅肥肝生产技术

（一）鹅品种的选择

品种是影响肥肝生产的首要因素。通常情况下，肉用性能佳、体型越大的鹅品种，肥肝平均重越大。而产蛋较多的小型鹅品种，通常肥肝较小。

在实践中，为了提高肥肝的生产能力，通常采用肥肝生产性能好的大型品种作父本，用繁殖率高的品种作母本，进行杂交，利用杂种一代生产肥肝。在这种情况下，种母鹅提供的雏鹅较多，杂种鹅又因为生长发育快，适应性增强而有利于肥肝的生产。例如，以产肥肝性能优秀的狮头鹅为父本，分别与产蛋较高的太湖鹅、四川白鹅、五龙鹅杂交，其杂种的平均肥肝重明显提高。详见表8-2。

表8-2 我国主要鹅品种及杂交种的肥肝性能

品种 （或组合）	平均肥肝重 （克）	最大肥 肝重（克）	肥肝重 占屠体重 （%）	肝料比	淘汰死亡 和残次率 （%）
太湖鹅（3周）	317.0	514	6	1∶32.3	2
溆浦鹅（4周）	572.9	929	6.5	1∶34.4	10
狮头鹅（4周）（5周）	900.0	1 335	13	1∶40	16
浙东白鹅（4周）	391.8	600	6	1∶40	24.1
豁眼鹅（4周）	212.4	538	3.9	1∶101	33.3
四川白鹅	344.0	520	—	1∶40	
永康灰鹅	478.3	844	—	1∶40.1	—
皖西白鹅	318.5	498	—	1∶50.5	—
五龙鹅	324.6	515	—	1∶41.3	—
朗德鹅	869.0	1 600	—	1∶24.5	—
莱茵鹅	582.0	795	—	1∶25.1	
狮头鹅×四川白鹅	467.3	1 030	—	—	
狮头鹅×太湖鹅	381.5	688.5	—	—	
狮头鹅×五龙鹅	531.0	1 040	—	—	
朗德鹅×太湖鹅	381.7	—	—		
朗德鹅×莱茵鹅	677.7	915	—	1∶20.4	—

（二）填饲月龄与季节

年龄对鹅生产肥肝有较大的影响，一般情况下，用于生产肥肝的鹅应在体成熟后进行。因为在体成熟后，鹅消化、吸收的养分，除用于维持需要外，其余部分较多地转化成脂肪沉积，同时由于胸腔大，消化能力强，肝细胞数量较多，肝中脂肪合成酶的活力比较强，有利于肥肝的增大。就我国鹅品种或杂交种来看，大、中型品种宜在 4 月龄，小型品种或杂交种宜在 3 月龄时开始填饲。当然如果雏鹅一开始即饲喂全价配合饲料，由于营养全面，肉用仔鹅养到 3 月龄，体重达到 4 500～5 000 克时，也可以提前进入填饲期。此外，采用放牧饲养的鹅，在填饲前 2～3 周补饲粗蛋白质 20％左右的配合饲料或颗粒饲料，可使供填饲的鹅骨骼、肌肉发育更良好，内脏器官也得到更好的锻炼，为进入填饲期大量填饲打下良好的基础。

鹅是季节性产蛋的，多数鹅从当年的 9～10 月份开始产蛋到次年的 4～5 月份结束，也有全年分 3～4 期产蛋孵化，这就导致了填鹅的季节性生产。

仔鹅填饲的最适宜温度为 10～15℃，20～25℃尚可进行填饲，但不能超过 25℃，因为填饲的是高能量饲料，使仔鹅皮下积贮着大量脂肪，不利于体内热量的散发，故气温超过 25℃时，不能填饲。相反，填饲的仔鹅对低温的适应性较强，但如果室温低于 0℃时，则一定要做好防冻工作。因此，在我国部分养鹅地区，除盛夏和严寒季节外，其余季节均可填饲，生产肥肝。

（三）填饲饲料的调制

1. 填饲饲料　玉米是生产肥肝的最好饲料。因为玉米所含能量高，容易转化为脂肪积贮；如果是陈玉米则效果更好，这是因为陈玉米的水分少，胆碱含量低，含磷量也低，每千克玉米含胆碱 441 毫克，而燕麦为 958 毫克，大麦为 991 毫克，小麦为 1 205 毫克，胆碱能促进脂肪的转移，保护肝脏不让脂肪大量积贮，但不利于肥肝的形成。试验研究证明，用玉米做填饲饲料，生产的肥肝重量，比用稻谷、大麦、薯干作饲料的高。玉米组的平均肥肝重比稻谷组高 20％，比大麦组高 31％，比薯干组高 45％，比碎米组高 27％。

生产实践中还发现，玉米质量即类型、色泽、含水量、纯度，对填饲效果也有一定的影响。国产的小粒种黄玉米比进口马齿种玉米好填，因为后者粒大，螺旋推运器在运转时，容易将玉米轧住而无法推进。玉米的色泽对肥肝的颜色也有影响，如用黄玉米或红玉米填成的鹅肥肝，色泽较深；而用白玉米填成的鹅肥肝，色泽就较淡。玉米以优质无霉的陈玉米为最好，除主要考虑其含水量低等原因外，价格相对便宜也是重要的原因。

2. 饲料调制方法　试验证明，用粒状玉米比粉状玉米填饲效果好，因为玉米粉碎成粉状后，粒间空隙多，体积大，影响填饲数量。玉米粒的加工方法有3种。

（1）干炒法　将玉米在铁锅内用文火不停翻炒，至粒色深黄，八成熟为宜，切忌炒熟、炒煳。炒完后装袋备用，填饲前用温水浸泡1～1.5小时，至玉米粒表皮展开为度。随后沥去水分，加入0.5%～1%的食盐，搅匀后填饲。另一种炒玉米的方法是将玉米倒在能滚动（电机带动）的锅里加热炒，较人工翻炒的均匀程度更好，由于火旺，炒得更快，但设备投资较高。

（2）水煮法　把玉米倒入开水锅内，使水面浸没玉米5～10厘米，煮3～5分钟，捞出沥去水分。这样每千克玉米经煮热后重量为1.2～1.3千克。然后趁热加入占玉米重量1%～2%的猪油和0.3%～1%的食盐，充分搅拌均匀即可填用。

（3）浸泡法　将玉米粒置于冷水中浸泡8～12小时，随后沥去水分，加入0.5%～1%的食盐和1%～2%的动（植）物油脂。

上述玉米的3种调制方法均可获得良好的填饲效果，比较起来以浸泡法最为经济易行，可节省劳力和调制加工费用。在填肥试验和生产所用的玉米中，有加油的，也有不加油的，均取得良好效果。但加油可增加填料中的热能，润滑填饲机管道和鹅的食道，便于填饲操作，对肥肝生产有利。

（四）预饲期与填饲期

生产鹅肥肝的全过程分两段：预饲期和填饲期。

1. 预饲期　鹅从非填饲期进入填饲期，在饲养管理上将有许多明显的不同。一般情况下，在填饲期之前应先进行预饲，预饲期通常为2～3周。对采用全价颗粒饲料饲喂，营养比较平衡、并经放牧锻炼的鹅，一般不再安排预饲期而直接转入填饲期。对以放牧为主、适当补饲，营养水平较低的鹅，必须安排预饲期。通过预饲期，让鹅逐步完成由放牧到舍饲、由自由采食到强制填饲、由定额饲喂到超额饲喂的转变，并在这个转变中，增强鹅的体质，锻炼鹅的消化器官，加强肝细胞的贮存机能，适应新的饲养管理。

（1）预饲鹅的选择　无论是肉用仔鹅，还是后备种鹅，都要经过选择才能进入预饲期。要选择肥肝性能好，体质健壮，生活力强，体成熟基本或者已完成的鹅，大、中型品种体重应达到5 000克左右，小型品种应达到3 000克以上。

（2）预饲期的日粮配合　预饲期内的饲料，应先在原有饲料的基础上，增加20%的玉米碎粒和20%的碎豆饼或花生饼，以后逐渐增加玉米碎粒、玉米，直至玉米占 70%，豆饼或花生饼占 30%。有条件的地方，可以在其中加入 0.3% 左右的蛋氨酸，保持氨基酸的平衡。如有肉粉，也可用含玉米 10%、碎玉米 50%，豆饼 20%，肉粉 20% 的配方。预饲期内青饲料正常供应。

（3）预饲期的饲养管理 肉用仔鹅多以放牧为主，转入预饲期后，要逐步减少放牧、放水的时间和次数，到预饲期结束前几天停止放牧、放水，以适应填饲阶段的关养。预饲期每天喂料 3 次，可分别在 8：00、14：00、19：00 进行，自由采食，给食量逐步增加，让其习惯于采食玉米粒，为适应填饲做准备。除放牧米食青绿饲料外，还可酌情补充青绿饲料，不限量，以使鹅的消化道渐渐膨大、柔软，便于填饲。舍内饲养密度以每平方米 2 只鹅为宜，每圈以不超过 20 只为好。在气温较低的季节，圈内要经常打扫和更换垫草。舍内光线宜暗淡，保持安静。当小型品种的鹅每天精饲料摄食量达到 200 克左右、体重增加到 4 000 克，大型品种的鹅采食量达到每天 250 克、体重增加到 5 500 克时，即可转入填饲期。

2. 填饲期 填饲期是鹅肥肝生产的决定性阶段。在这个阶段，要充分利用人力、机械、饲料、鹅舍等条件，正确进行填饲生产，力争在较短的时间内，以较少的饲料，生产尽量多的优质肥肝。

（1）填饲工艺 鹅的填饲时间一般为 3～4 周，大、中型品种为 4 周，小型品种为 3 周，具体还要根据鹅的实际增重和外形表现来确定。

日填饲量的多少，直接关系到肥肝的增长和合格率。开始填饲时，日填饲量要少些，小型鹅为 200～400 克，第 3 天即可增加到 500 克左右，以后则要尽可能地多填、填饱、填足。最后小型鹅的平均日填饲量为 500～650 克，大、中型鹅则为 750～1 000 克，甚至更多。全期消耗玉米量，每只鹅为 20～30 千克。

日填饲次数与日填饲量有关，也要把握好。适宜的日填饲次数一般为 3～5 次，这是指用粒状料。如果用糊状料，则要增加填饲次数。

（2）填饲的操作 填饲方法可分为手工填饲和机械填饲两种。由于人工填饲劳动强度大，工效低，所以多为民间传统生产中使用；而商品化批量生产中，一般都使用机械填饲。机械填饲机有手摇填饲机和电动填饲机两种。根据中国鹅颈细长的特点，国内已研制出多种型号的鹅填饲机。

机械填饲时，填料人坐在滑车上，用两条腿控制滑车的进退。左手抓住鹅头，食指和大拇指挤压鹅喙的基部将其口掰开，右手拇指将鹅舌向前向下压向下颚，然后将口腔移向喂料管，使上颚紧贴填饲管的管壁，慢慢将填料管插入食道膨大部，食道和填饲管要保持在一条直线上，此时鹅颈要伸直，并用左手握住喙，右手握住填料管出口的膨大部，然后踏动开关，将玉米推进食道下部，先将下部填满，再逐渐将填饲管往上退，边退，边填，将玉米一直填到距咽喉 5 厘米处停填。填完后，左手抓住鹅头、右手顺食道方向向下轻轻捋 2～3 次，以防鹅甩料或吸气时将玉米吸入气管。

（3）填饲期的饲养管理　为了让填饲鹅得到充分的休息，多长肥肝，必须严格关养，不让鹅运动和游泳。鹅舍要冬暖夏凉，通气良好，保持清洁、安静和少光。要保证鹅有充足的清洁饮水，还可在每升饮水中加 1 克食用苏打。整个育肥期内要供饲沙砾，填饲后期，鹅十分脆弱，要特别谨慎，轻提轻放，减少对鹅的惊扰。饲养密度应控制在每平方米 2～3 只，如果密度大，互相拥挤碰撞，会影响肥肝的产量和质量。填饲鹅可以平养、网养、笼养。

（五）肥肝鹅的屠宰取肝

1. 肥肝鹅的屠宰

（1）宰杀、放血　抓住鹅的双腿，倒挂在宰杀架上，头部向下，采用人工割断气管和血管的方式放血。放血应充分，充分放血后的屠体皮肤白而柔软，肥肝色泽正常。

（2）浸烫　宰杀放血后立即浸烫。烫毛的水温要适宜，一般为 65～70℃。水温不宜过高，时间不宜过长，否则脱毛时皮肤易破损，严重者影响肥肝质量；水温过低又不易拔毛。浸烫时，屠体必须在热水中反复搅动，使身体各部位的羽毛都能完全湿透。

（3）脱毛　浸烫到位后的鹅应立即脱毛。脱毛分机械脱毛和人工脱毛两种。使用脱毛机脱毛容易损坏肥肝，因此通常采用手工拔毛。如果烫毛适宜，脱毛工序很容易进行。

（4）预冷　刚脱毛的屠体不能马上取肝，由于肥肝脂肪含量高，热的肥肝非常软嫩，此时取肝容易损坏肝脏。因此应将屠体放在 4～10℃ 的冷库中预冷10～18 小时后再取肝。

2. 肥肝鹅的剖腹与取肝
操作者将屠体放置在操作台上，胸腹部向上，尾部朝向操作者，左手按住屠体，右手持刀。剖腹方法有以下三种。

（1）剖腹取肝法　用刀沿龙骨后缘横向从右向左割开腹部皮脂，用左手伸入腹腔，挑起腹膜，刀刃向上，自左向右割开腹腔，将两侧刀口扩大至双翅基部，然后把屠体移至操作台边，背腰部紧贴台边的棱角上，左手按住双腿和腹部，右手按住胸部，两手同时用力掰开屠体，使肝脏裸露。

（2）仿法式剖腹法　从腹线正中横向切开皮肤，再从横向切口的中点沿腹线向下纵向切开皮肤到肛门为止，整个切口呈丁字形，打开腹腔，分离皮下脂肪，使肝脏裸露。

（3）开胸取肝法　用刀从龙骨前端沿龙骨脊左侧向龙骨后端划破皮脂，然后用刀从龙骨后端向肛门处沿腹中线割开皮脂和腹膜，从裸露胸骨处，用剪刀从龙骨后端沿龙骨脊向前剪开胸骨，打开胸腔，使肝脏裸露。

屠体剖开后，应仔细将肥肝与其他内脏分离，取肝时应特别小心。操作时不能划破肥肝，以保持肥肝完整。注意胆囊不能破裂，如若破裂应立即用水将肥肝上的胆汁冲洗干净。取出的肥肝应适当整修处理，用小刀切除附在肝上的神经纤维、结缔组织、残留脂肪和胆囊下的绿色渗出物，切除肝上的淤血、出血斑和破损部分，放入1‰的盐水中浸泡10分钟，捞出后沥干水，称重分级。并按不同等级进行包装和装箱。在冷库−18～−20℃条件下，可保存2～3个月。

三、肥肝的分级

肥肝的分级主要按重量和感官质量评定。

1. 重量　肥肝重量在很大程度上反映了肥肝的水平。同等质量的肥肝，肥肝越重，利用价值越大，等级越高。特级600克以上，一级350～600克，二级250～350克，三级150～250克，150克以下为等外级。

2. 感官评定

（1）色泽　色调均匀，浅黄色或浅粉色，肝表有光泽。

（2）组织结构　肝体完整，无血斑、无病变，质地有弹性，软硬度适中。

（3）气味　具有鲜肝正常气味，无异味，熟时有特殊的芳香味。

鹅分级标准可参照表8-3。

表8-3　鹅肥肝分级

肥肝等级	肥肝重量（克）	肥肝重量的感官评定
特　级	600以上	结构良好，无损伤，无内外斑痕，浅黄色或浅粉色
一　级	350～600	结构良好，无内外斑痕，浅黄色或浅粉色
二　级	250～350	结构一般，允许略有斑痕，颜色相对较深
三　级	150～250	允许略有斑痕，颜色较深

第九章

鹅的活拔羽绒技术

活拔羽绒是指利用人工技术拔取成年活体鹅的羽绒，是鹅羽绒生产的新技术。

一、羽绒的类型

按羽绒的形状和结构，把鹅体上的羽绒分为4种主要的类型。

1. 正羽 又称被羽，是覆盖体表绝大部分的羽毛，如翼羽、尾羽以及覆盖头、颈、躯干各部分的羽毛。正羽由羽轴和羽片两部分组成（图9-1）。

（1）羽轴 即羽毛中间较硬而富有弹性的中轴。羽轴包括羽茎和羽根两部分，羽茎较尖细，两侧斜生并列的羽片；羽根较粗，基部着生在皮肤内。

（2）羽片 由羽茎两侧的许多平行的羽枝及其羽小枝所构成。近侧羽小枝边缘略卷曲呈锯齿状突起，远侧羽小枝的小钩，与另一羽枝的近侧小枝的锯齿状突起相互勾连形成完整的、坚实而有弹性的结构。

2. 绒羽 绒羽被正羽所覆盖，密生于鹅皮肤的表面，整个羽毛的内层，外表见不到。绒羽特点是羽茎细而短，柔软蓬松的羽枝直接从羽根部生出，呈放射状。绒羽的羽小枝上没有小钩或者小钩不发达。羽小枝构

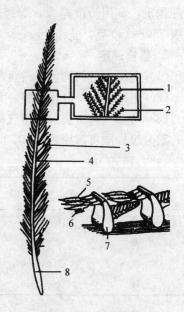

图9-1 正羽形态
1、7. 羽枝 2、5. 羽小枝 3. 羽片
4. 羽茎 6. 小钩 8. 羽根

成隔温层起保温作用，是羽毛中价值最高的部分。绒羽主要分布在鹅体的胸、

腹部和背部。绒羽中由于形态、结构的不同，又可分为以下几种类型。

（1）朵绒　又称纯绒，是绒羽中最好的一种。其特点是从绒核放射出许多绒丝，形成朵状（图9-2a）。

（2）伞形绒　即未成熟或未长全的朵绒，绒丝尚未放射散开而呈伞形（图9-2b）。

（3）毛形绒　羽茎细而柔软，羽枝细密，具有羽小枝，但无钩，梢端呈丝状而零乱。这种绒羽上部绒较稀，下部绒较密（图9-2c）。

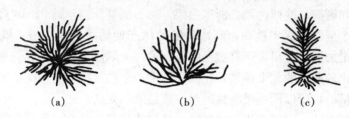

图9-2　绒羽的类型

（a）朵绒　（b）伞形绒　（c）毛形绒

（4）部分绒　指一个绒核放射出两根以上的绒丝，但并不多。

3. 纤羽　又称毛羽，分布在所有羽区。羽毛纤细如毛，羽轴较硬，仅在羽轴的顶部有少数羽枝，保温性能差，利用价值低。

4. 绒型羽　又称半绒羽。是介于正羽和绒羽之间的一种羽绒，其特点是羽绒的上部是羽片，下部是绒羽，但绒羽较稀少。

二、活拔羽绒的特点

1. 能大幅度地提高羽绒的产量和质量　活拔鹅羽绒能在不影响鹅健康和不增加鹅的饲养量的情况下，比以往的"杀鹅取毛法"多增产2～3倍的优质羽绒。活拔的鹅羽绒不经过热水浸烫，也不用晒干，羽绒的弹性足，蓬松度好，柔软干净，色泽一致，含绒率高达22%以上，其余都是可供使用的羽片。而且活拔鹅羽绒加工的制品，只要保管得当，使用的时间也可比水烫毛延长将近两倍。

2. 能显著地增加养鹅收入　在较好的放牧条件下，利用休产期的种鹅、后备种鹅和肉用仔鹅，可活拔3～4次鹅羽绒，不需要消耗大量的饲料，又能增产优质的鹅羽绒0.3～0.4千克，使一只鹅的产值增加1.5倍。

3. 能有效地提高养鹅的综合经济效益　一些地区利用青草季节活拔鹅羽绒，发展地方羽绒工业，而到枯草季节鹅的羽绒一长齐就集中屠宰，出售冻鹅肉，或加工鹅肉罐头，这样又把食品加工业带动起来，从而大幅度地提高了养鹅的综合经济效益。

三、活拔羽绒的适用范围

活拔鹅羽绒是一项很有推广价值的实用技术，但并不是所有的鹅都可以用采活拔，不是什么时候都可以活拔，也不是任何部位的羽绒都有必要拔。

中国鹅按体型和产蛋习性来分，可分成两大类：一类体型较大，全年分几期产蛋，如雁鹅、皖西白鹅、浙东白鹅、狮头鹅等，当年的 9、10 月份开始产蛋，而且产蛋能力逐年提高，利用种鹅的休产期活拔几次羽绒，既不影响产蛋，也不增加饲料支出，还有卖毛收入。另一类鹅体型较小，无就巢性，产蛋量较高，比较典型的如太湖鹅，往往只利用一个产蛋期就立即淘汰出售，而且产量和绒量低，所以活拔鹅羽绒的经济效益就不太高。

活拔鹅羽绒一定要和当地的气候、养鹅的季节相结合，尽可能做到不影响产蛋、配种、健康，尽可能不影响或者少影响鹅的生长发育，这是必要的前提。

肉用仔鹅饲养到 80～90 日龄，羽齐肉足，即可上市，一般不宜进行活体拔毛。因为，这时产毛量少，含绒量低，而且还会影响仔鹅屠体的外观品质。但是如果当地的饲养条件好，仔鹅上市集中，价格又不高，就可以拔 1 次或几次羽绒，让仔鹅继续生长，延迟至价格较高时再出售，这样既有活拔羽绒的收入，又有价格升高的增收额，总体上可能超过延长饲养时间增加的成本。

四、活拔羽绒的技术

（一）拔羽绒前的准备

1. 鹅体准备 在开始拔羽绒的前几天，应对鹅群进行抽样检查，如果绝大部分的羽绒毛根已经干枯，用手试拔羽绒容易脱落，说明羽绒已经成熟，正是拔羽绒时期；否则就要再养一段时间，等羽绒长足成熟时再拔。拔羽绒前一天晚上要停止喂料和喂水，以便排空粪便，防止拔羽绒时鹅粪的污染，如果鹅群羽绒很脏，可在清晨赶鹅群下河洗澡，随即赶上岸让鹅理干羽绒后再行拔羽绒。检查时，将体质瘦弱、发育不良、体型明显较小的弱鹅剔除。

2. 场地和设备准备 选择天气晴朗、温度适中的天气拔羽绒。拔羽绒场地要避风向阳，以免鹅绒随风飘失；地面打扫干净后，可铺上一层干净的塑料薄膜，以免羽绒污染。准备好围栏及放鹅羽绒的容器，可以用硬的纸板箱或塑料桶。另外再准备好一些布口袋，把箱中拔下的羽绒集中到口袋中贮存。另外，还要配备一些凳子、秤，消毒用的红药水、药棉。拔毛环境内的有关器物总的要求是：光滑细腻、清洁卫生、不勾毛带毛、不污染羽绒。

（二）拔羽绒的部位

活拔的鹅羽绒主要用作羽绒服装或卧具的填充物，需要的是含"绒朵"量最高的羽绒和一部分长度在 6 厘米以下的"片绒"。所以拔羽绒的主要部位应集中在胸部、腹部、体侧和尾根等。

（三）鹅体的保定

1. 双腿保定　操作者坐在凳子上，用绳捆住鹅的双脚，将鹅头朝操作者，背置于操作者腿上，用双腿夹住鹅，然后开始拔羽绒。此法容易掌握，较为常用。

2. 半站立式保定　操作者坐在凳子上，用手抓住鹅颈上部，使鹅呈站立姿势，用双脚踩在鹅两脚的趾和蹼上面（也可踩鹅的两翅），使鹅体向操作者前倾，然后开始拔羽绒。此法比较省力、安全。

3. 卧地式保定　操作者坐在凳子上，右手抓鹅颈，左手抓住鹅的两腿，将鹅伏着横放在操作者前面的地面上，左脚踩在鹅颈肩交界处，然后活拔羽绒。此法保定牢靠，但掌握不好，易使鹅受伤。

4. 专人保定　1 人专做保定，1 人拔羽绒。此法操作最为方便，但需较多的人力。

（四）拔羽绒操作

有两种方法：一种是毛绒齐拔，混合出售。这种方便简单易行，但分级困难，影响售价；另一种毛绒分拔，先拔羽片，再拔绒羽，分级出售，按质计价，这种方法比较受买卖双方的欢迎，而且对加工业也有利，因此用后一种方法较好。

1. 毛绒齐拔法　拔时先从颈的下部、胸的上部开始拔起，从左到右，从胸至腹，一排排紧挨着用拇指、食指和中指捏住羽绒的根部往下拔。拔时不要贪多，特别是第一次拔羽绒的鹅，拔片羽时一次 2～3 根为宜，不可垂直往下拔或东拉西扯，以防撕裂皮肤；拔绒羽时，手指紧贴皮肤，捏住绒朵基部，以免拔断而成为飞丝，降低绒羽的质量。胸腹部的羽绒拔完后，再拔体侧、腿侧和尾根旁的羽绒，拔光后把鹅从人的两腿下拉到腿上面，左手抓住鹅颈下部，右手再拔颈下部的羽绒，接下来拔翅膀下的羽绒。拔下的羽绒要轻轻放入身旁的容器中，放满后再及时装入布袋中，装满装实后用细绳子将袋口扎紧贮存。

2. 毛绒分拔法　先用三指将鹅体表的毛片轻轻地由上而下全部拔光，装入专用容器，然后再用拇指和食指平放紧贴鹅的皮肤，由上而下将留在皮肤上的绒朵轻轻的拔下，放在另外一只专用容器中。

在操作过程中，拔羽方向顺拔和逆拔均可，但以顺拔为主，如果不慎将鹅的皮肤拔破，可用红药水（或紫药水、磺酊、0.2%高锰酸钾溶液）涂抹消毒，并注意改进手法，尽量避免损伤鹅体，刚刚拔完的鹅，应立即轻轻放下，让其自行放牧、采食和饮水，但在鹅舍内应尽量多铺干净的垫草，保持温暖干燥，以免鹅的腹部受潮受凉。另外，拔光羽绒的鹅不要急于放入未拔羽绒的鹅群中，以免"欺生"发生。

（五）拔羽绒鹅的饲养

活体拔羽绒对鹅来说是一个比较大的外界刺激，鹅的精神状态和生理机能均会因此而发生一定的变化，一般为精神委顿、活动减少、行走摇晃、胆小怕人、翅膀下垂、食欲减退。个别鹅会体温升高、脱肛等。一般情况下，上述反应在第 2 天可见好转，第 3 天恢复正常，通常不会引起生病或造成死亡。

为确保鹅群的健康，使其尽早恢复羽毛生长，必须加强饲养管理。拔羽绒后鹅体裸露，3 天内不要在强烈阳光下放养，7 天内不要让鹅下水和淋雨，最好铺以柔软干净的垫草。饲料中应增加蛋白质的含量，补充微量元素，适当补充精饲料。7 天以后，皮肤毛孔已经闭合，就可以让鹅下水游泳，多放牧，多食青草。种鹅拔羽绒以后，应该分开饲养，停止交配。对于少数脱肛鹅，可用0.1%的高锰酸钾水溶液清洗患部，再自然推进使其恢复原状，1～2 天就可恢复痊愈。

试验观察表明，拔羽绒后 4 天腹部露白，第 10 天腹部长绒，第 20 天背部长绒，第 25 天腹部绒毛长齐，第 30 天背部毛绒长齐，第 35 天全部复原，所以一般规定 40 天为 1 个拔羽绒周期。

（六）活拔羽绒的包装与贮存

活拔的鹅羽绒是一种高档的轻工原料，特别是羽绒中的"绒朵"含量的多少更是决定质量和价格的主要依据。由于平均每 1 000 朵绒朵重仅 1.9 克左右，遇到微风就会飘扬散失，所以在包装时要尽量轻拿轻放。羽绒的包装大多采用双层包装，即内衬厚塑料袋，外套塑料编织袋，包装后分层用绳子扎紧。

鹅羽绒要放在干燥、通风的室内贮存。鹅羽绒是一种蛋白质，保温性能好，原羽绒未经消毒处理，如果贮存不当，容易发生结块、虫蛀、霉变等。尤其是白色羽绒，一旦受潮发热，羽绒容易变黄，影响羽绒的质量，降低售价。因此，在贮存期间必须防潮、防霉、防蛀、防热。贮存羽绒的库房，要地势高燥，通风良好。平时要经常检查，保持环境清洁，一旦发生上列危害，要及时采取措施，受潮的要及时晾晒或烘干，受热的要通风，发霉的要烘干，虫蛀的要杀虫。羽绒包装与贮存时要注意分类、分别标志，分区放置，以免混淆。

五、羽绒质量检验与羽绒计价

（一）羽绒质量检验

主要是测定羽绒中的绒含量。具体检验方法是，从一批羽绒中抽检出有代表性的样品，称其重量，再分别挑选出绒朵和羽片，称出各自重量后，计算出绒朵和羽片所占的比例。如羽绒合计重量为100克，其中绒朵重40克，羽片重54克，杂质（皮屑、水分含量等）为6克，即其含绒量为40%，含羽片量为54%，杂质损耗6%。

（二）羽绒计价

羽绒计价是对羽片、绒朵分别计算。具体做法是：从混合羽绒中随机抽取样品，测定羽片、绒朵各占的比例和重量，再分别乘以各自的单价，即可计算出羽绒的价格。

如混合的羽绒重1 000克，样品分析表明含绒朵40%，含羽片54%，杂质6%。若以绒羽单价200元/1 000克、羽片单价10元/1 000克，根据下面计算可得总价值为85.4元。

绒值＝绒重量（含绒羽%×总重量）×绒羽单价
＝1 000克×40%×200元/1 000克＝80元

羽片值＝羽片重量（羽片%×总重量）×羽片单价
＝1 000克×54%×10元/1 000克＝5.4元

总值＝绒羽值＋羽片值＝80元＋5.4元＝85.4元

第十章

病毒性疫病

一、小 鹅 瘟

小鹅瘟是由小鹅瘟病毒引起的雏鹅急性或亚急性的败血性传染病。卡尔尼克主编《禽病学》第九版、第十版中记载，方定一和王永坤详细描述1956年中国首次报道小鹅瘟。1971年确定这种病是由一种细小病毒所致。1978年建议称鹅细小病毒感染。在此以前20年间有多种不正确研究报道，其中从发病雏鹅内分离或检测到腺病毒，因此曾提出腺病毒是致病因子，称鹅肠炎。本病主要侵害出壳后4～20日龄的雏鹅，30日龄以上发病少，具有传播快、发病率和病死率高的特点，可达90%～100%。随着雏鹅日龄增长，其发病率和病死率下降。患病雏鹅以精神委顿、食欲废绝和严重腹泻为特征性临诊症状；以渗出性肠炎，小肠黏膜表层大片坏死脱落，与渗出物凝成假膜状，形成栓子状物堵塞于小肠最后段的狭窄处肠腔。在自然条件下成年鹅的感染常不表现临诊症状，但病毒经排泄物及卵传播疾病。

［病原及流行病学概述］

1. 病原主要特性 小鹅瘟病毒属于细小病毒科，细小病毒属，鹅细小病毒。本病毒对雏鹅和雏番鸭有特异性致病作用，而对鸭、鸡、鸽、鹌鹑等禽类及哺乳动物无致病性。病毒存在于患病雏鹅的肝、脾、肾、胰、脑、血液、肠道和心肌等各脏器及组织中。病毒初次分离时，将病料制成悬液接种于12～14日龄易感鹅胚的绒尿腔或绒尿膜，鹅胚一般在接种后5～8天死亡。鹅胚分离病毒连续通过多代后，对胚胎致死时间可以稳定在3～5天。本病毒初次分离也可用14日龄易感番鸭胚。初次分离的病毒株和鹅胚适应毒株及鸭胚适应毒株均不能在鸡胚内复制。鹅胚适应毒株仅能在生长旺盛的鹅胚和番鸭胚成纤维细胞中复制，并逐渐引起规律性细胞病变。

小鹅瘟病毒为球形、无囊膜、二十面体对称，单股DNA病毒；病毒颗粒大小，角对角直径为 22 纳米，边对边直径为 20 纳米，直径为 20～22 纳米，有完整病毒形态和缺少核酸的病毒空壳形态，空心内直径为 12 纳米，衣壳厚为 4 纳米；有 3 条结构多肽，VP1 为 85000，VP2 为 61000，VP3 为 57500，以 VP3 为主要结构多肽，占总含量的 79.9%。本病毒不能凝集禽类、哺乳动物和人类"O"型红细胞。对不良环境的抵抗力强，肝脏病料和鹅胚绒尿液毒在 $-8℃$ 冰箱内至少能存活 10 年，$-65℃$ 超低温冰箱内存活 15 年。能抵抗氯仿、乙醚、胰酶、pH3.0 等，在 56℃ 经 3 小时的作用下仍保持其感染性。

全国各地和不同年份分离的小鹅瘟病毒株，经鹅胚中和试验、细胞中和试验、雏鹅血清保护试验、琼脂扩散试验、间接 ELISA、免疫交叉保护试验等均具有相同抗原性。小鹅瘟 SYG61 毒株与匈牙利鹅细小病毒 HCV 毒株有相同抗原性，而与新城疫病毒、雏鸭病毒性肝炎病毒、鸡传染性法氏囊病病毒、猫细小病毒、犬细小病毒和猪细小病毒等无抗原关系。

应用聚合酶链反应（PCR）技术，将 1961 年和 1999 年分别分离鉴定的两株小鹅瘟病毒，以及番鸭细小病毒扩增出病毒主要衣壳蛋白 VP3 编码基因进行比较，分离时间相隔近 40 年的两株小鹅瘟病毒的核苷酸和氨基酸的同源性为 96% 和 98%。小鹅瘟病毒与番鸭细小病毒 VP3 核苷酸和氨基酸仅有 80%～86% 和 88%～89% 同源性，有较大的差异。

2. 流行病学特点 本病主要发生于 4 日龄以至 20 日龄以内的雏鹅，30 日龄以上的鹅很少发病。发病日龄越小，发病率和病死率也越高。最高的发病率和病死率出现在 10 日龄以内的雏鹅，可达 95%～100%。15 日龄以上的雏鹅比较缓和，有少数患病雏鹅可能自行耐过。发病率和病死率的高低，与被感染的日龄有关，也与当年留种的母鹅群的免疫状态有密切的关系。在每年全部淘汰的种鹅群的区域，通常经过一次大流行之后，当年留剩下来的鹅群都是患病后痊愈或是经无症状感染而获得免疫力，这种免疫鹅群的种蛋所孵出的雏鹅也获得坚强的被动免疫，能抵抗小鹅瘟病毒的感染，不会发生小鹅瘟。所以，本病的流行常有一定的周期性，即在大流行之后的一年或数年内往往不见发病，或仅零星发病。但以后如果小鹅瘟病毒传入，又引起大暴发流行。而在每年更换部分种鹅群饲养方式的区域，一般不可能发生大流行，但每年有不同程度的流行发生，病死率一般在 20%～30%，高的达 50% 左右。

［诊断方法］

1. 临诊症状 雏鹅小鹅瘟，为败血性病毒病。15 日龄以内的易感雏鹅，无论是自然感染还是人工感染，其潜伏期为2～3天；15日龄以上的易感雏鹅潜伏期比前者长1～2天；易感青年鹅的人工感染潜伏期为4～6天。

小鹅瘟的症状以消化道和中枢神经系统扰乱为特征，但其症状的表现与感染发病时雏鹅的日龄有密切的关系。根据病程的长短，分为最急性型、急性型和亚急性型3种类型。

最急性型：常发生于1周龄以内的雏鹅。患病雏鹅突然发病死亡。当发现精神呆滞后数小时内即衰弱，或倒地两腿乱划，很快死亡。患病雏鹅鼻孔有少量浆液性分泌物，喙端发绀和蹼色泽变暗，数日内很快扩散至全群。

急性型：常发生于1～2周龄的雏鹅。患雏鹅症状明显，食欲减少或丧失，虽随群作采食动作，但所采得的草料并不吞下，随采即甩弃。约患病半天后行动迟缓，无力，站立不稳，喜蹲卧，落后于群体，打瞌睡、拒食，但多饮水。排出黄白色或黄绿色稀粪，稀粪中杂有气泡，或有纤维碎片，或未消化的饲料，肛门周围绒毛湿润，有稀粪沾污。泄殖腔扩张，挤压时流出黄白色或黄绿色稀薄粪便。张口呼吸，显得用力，鼻孔有棕褐色或绿褐色浆液性分泌物流出，使鼻孔周围污秽不洁。口腔中有棕褐色或绿褐色稀薄液体流出。喙端发绀，蹼色泽变暗。嗉囊松软，含有气体和液体。眼结膜干燥，全身有脱水征象。病程一般为2天左右。在临死前出现两腿麻痹或抽搐。有些病鹅临死前可出现神经症状。

亚急性型：多发生于流行后期。2周龄以上的患病雏鹅，病程稍长，一部分病鹅转为亚急性型，尤其是3～4周龄的雏鹅感染发病，多呈亚急性型。患病鹅精神委顿，消瘦，行动迟缓，站立不稳，喜蹲卧，拉稀，稀粪中杂有多量未消化的饲料及纤维碎片和气泡。肛门周围绒毛污秽严重，少食或拒食，鼻孔周围沾污多量分泌物和饲料碎片。病程一般为3～7天，或更长，少数患鹅可以自愈。

青年鹅经人工接种大剂量强毒，4～6天部分鹅发病。患鹅食欲大减，体重迅速减轻，精神委顿，排出黏性稀粪，两腿麻痹，站立不稳，喜伏地，头颈部有不自主动作，3～4天后死亡，部分鹅能自愈。

2. 病理变化

（1）大体病理变化　本病大体病理变化以消化道炎症为主，全身皮下组织明显充血，呈弥漫红色或紫红色，血管分枝明显。

最急性型：由于雏鹅日龄小，多为1周龄以内雏鹅，病程短，病变不明显，仅见小肠前段黏膜肿胀充血，覆盖有大量黏稠的淡黄色黏液。有些病例小肠黏膜有少量出血点或出血斑，表现急性卡他性炎症变化。胆囊肿大，充满稀薄胆汁。

急性型：患病雏鹅一般在 1～2 周龄，病程 2 天左右，有比较明显的肉眼病理变化，尤其是肠道有特征性的病理变化。脏器病变情况如下：

消化道：患雏食道扩张，腔内含有数量不等的绿色稀薄液体，混有黄绿色食物碎屑，黏膜无可见病变，腺胃黏膜表面均有多量淡灰色黏稠液附着，肌胃的角质膜很黏腻，容易剥落。肠道均有明显的病变，尤其是小肠部的病变最显著和突出。十二指肠，特别是其起始部分的黏膜呈弥漫性红色，肿胀有光泽，黏膜表面有散在节段性发红，少数病例黏膜有散在性出血斑。空肠和回肠的回盲部肠段，外观变得极度膨大，呈淡灰白色，体积比正常肠段增大 2～3 倍，形如香肠状，手触肠段质地很坚实。从膨大部与不肿胀的肠段连接处很明显地可以看到肠道被阻塞现象。膨大的肠段有的病例仅有 1 处，有的病例见有 2～3 处。每段膨大部长短不一，最长达 10 厘米以上，短者仅 2 厘米。膨大部的肠腔内充塞着淡灰白色或淡黄色的栓子状物，将肠腔完全阻塞，很像肠腔内形成的管型。栓子物的头尾两端较细，栓子物很干燥，切面上可见中心为深褐色的干燥肠内容物，外面包裹着厚层的纤维素性渗出物和坏死物凝固而形成的假膜。有的病例栓子呈扁平带色，外形很像绦虫样。阻塞部的肠段由于极度扩张，使肠壁菲薄，黏膜平滑，干燥无光泽，呈淡红色或苍白色，或微黄色。无栓子的其他肠段，肠内容物呈棕褐色或棕黄色，很黏稠样。有些部分肠段见有纤维素性凝块或碎屑附着在黏膜表面，但不形成片状的假膜。肠黏膜呈淡红色至弥漫性红色，偶见出血斑点。结肠黏膜表面有多量黄色或棕黄色黏稠液附着，黏膜肿胀发红，靠近回盲部更加明显。盲肠黏膜变化与结肠相同。直肠无明显变化。泄殖腔显著扩张，充满灰黄绿色稀薄内容物，黏膜无可见病理变化。法氏囊无明显病理变化。

肝脏：稍肿大，表面光滑，质地变脆，呈紫红色或暗红色。有些病例呈黄色甚至深黄色。切面有淤血流出。少数病例肝实质有针头至粟粒大坏死灶。

胆囊：显著扩张，充满暗绿色胆汁，胆囊壁弛张，黏膜无明显病理变化。

肾脏：稍肿大，呈深红或紫红色，质脆易碎，表面和切面上血管分枝清晰，有少量淤血流出。输尿管扩张，充满灰白色尿酸盐沉着物。

胰脏：呈淡红色，切面血管扩张充血。少数病例偶见有针头大的灰白色小结节。

脾脏：不肿大，质地柔软，呈紫红色或暗红色，切面上组织结构无明显病理变化。少数病例切面上可见有散在性针头大的灰白色小坏死灶。

心脏：右心房显著扩张，充满暗红色血液凝块或凝固不良的血液。心外膜表面血管分枝明显充血，稍微隆起于表面，个别病例有散在性淤斑。心内膜一般无可见病理变化，心壁弛张，心肌晦暗无光泽，个别病例心肌苍白。

肺：呈不同程度充血，两侧肺叶后缘有暗红色出血斑，质地较实。挤压肺脏，切面上有数量不等的稀薄泡沫流出。

气管黏膜和气囊：一般均无明显病理变化。

脑：脑壳充血、出血，尤其是小脑部最为显著。脑膜血管显著充血扩张，切面血管亦有同样变化，少数病例的软膜上有散在性针头大出血点。

皮下：全身皮肤，尤其是头部皮肤出现紫红色出血斑块，有的病例融合为大片紫癜。

亚急性型：患病雏鹅肠道栓子病变更加典型。

（2）显微病理变化

消化道：小肠膨大处的变化为典型的纤维素性坏死性肠炎。假膜脱落处残留的黏膜组织仍保留原有轮廓，但结构已破坏。固有层中有多量淋巴细胞、单核细胞及少数中性粒细胞浸润。黏膜层严重变性或分散成碎片，肠壁平滑肌纤维发生实质变性和空泡变性以及蜡样坏死。大多数病例的十二指肠和结肠呈现急性卡他性炎症。

肝脏：肝细胞严重颗粒变性和程度不一的脂肪变性，有些病例还有水泡变性。

肾脏：间质小血管扩张充血，有时发生小出血。肾小管上皮颗粒变性，少数病例实质中有小坏死灶，间质中也有炎性细胞弥漫浸润。

胰脏：间质血管充血。腺泡上皮变性，部分区域腺泡结构破坏，上皮脱落，形成小坏死灶。间质中有少数淋巴细胞及单核细胞浸润。

脾脏：髓质脾窦轻度出血。淋巴滤泡数量减少和结构不清楚，坏死灶周围水肿，脾髓中单核细胞广泛增生，有的形成大片的增生区，混有少数中性白细胞。

心脏：心脏纤维有不同程度的颗粒变性和脂肪变性，很多肌纤维断裂，排列零乱，肌间血管充血并有小出血区，肌纤维间淋巴细胞和单核细胞弥漫性浸润。

肺：间质血管显著充血，肺泡毛细血管同时发生充血扩张和散在出血，肺泡及副支气管腔中含有淡红水肿液，混有少量的红细胞及淋巴细胞。

脑：脑膜及实质血管显著扩张，充满红细胞，实质小血管扩张破裂，红细胞渗出于周围间隙中形成小出血灶。神经细胞变性，严重病例出现小坏死灶，胶质细胞增生。少数病例血管外膜细胞增生，周围有淋巴细胞及胶质细胞浸润，形成轻微的"套管"现象，表现非化脓性脑炎变化。

3. 实验室诊断　小鹅瘟的诊断是根据流行病学、临诊症状和病理变化进行的。1～3周龄的雏鹅群大批发病死亡，发病率和病死率极高，而青年鹅、成年鹅和其他家禽均未发生；患病雏鹅以排黄白色或黄绿色水样稀粪为主要特征，肠管内有条状的脱落假膜或在小肠末端发生特有的栓子阻塞于肠管。但要做出明确的诊断结论，需要进行实验室病毒分离鉴定以及血清学诊断。

（1）病原分离及鉴定

①病毒分离。

病料及处理：无菌手续取患病雏鹅、死亡雏鹅的肝、胰、脾、肾和脑等内脏器官病料，放置灭菌的玻瓶冻结保存作病毒分离用。

方法一：先将病料组织剪碎、磨细，用灭菌生理盐水，或灭菌 PBS 液作 1：5～1：10 稀释，经 3 000 转/分，离心 30 分钟，取上清液加入抗生素，使之每毫升组织液含有青霉素、链霉素各 1 000 单位，于 37℃温箱作用 30 分钟，经细菌检验为阴性者作病毒分离材料。

方法二：将上述离心的上清液，经 0.22 微米滤膜过滤除菌的组织液加入抗生素，使之每毫升含有青霉素、链霉素各 500 单位，经细菌检验为阴性者作为病毒分离材料。

方法三：将上述离心的上清液，按 4：1 加入分析纯氯仿充分混匀后放置 37℃温箱作用 60 分钟或 4℃冰箱过夜，经 3 000 转/分，离心 30 分钟，取上清液加入抗生素，使之每毫升含有青霉素、链霉素各 1 000 单位，于 37℃温箱作用 30 分钟，经细菌检验为阴性者作为病毒分离材料。

胚胎接种（鹅胚或番鸭胚）：将上述病毒分离材料接种 6 枚 12 日龄易感鹅胚，每胚绒尿腔接种 0.2 毫升，置 37～38℃孵化箱内继续孵化，每天照胚 2～4 次，观察 9 天，一般经 5～9 天大部分胚胎死亡。在 72 小时以前死亡的胚胎废弃，72 小时以后死亡的鹅胚取出，放置 4～8℃冰箱内冷却收缩血管。用无菌手续吸取绒尿液保存和做无菌检验，并观察胚胎病变。无菌的绒尿液冻结保存作传代和检验用。

胚胎病变：由本病毒致死的鹅胚和番鸭胚具有相同的大体肉眼病变。绒尿膜增厚，全身皮肤充血，翅尖、趾、胸部毛孔、颈、喙旁均有较严重出血点，胚肝充血及边缘出血，心脏和后脑出血，头部皮下及两肋皮下水肿。接种后 7 天以上死亡的鹅胚和番鸭胚胚体发育停顿，胚体小。

②病毒鉴定。用鹅胚绒尿液分离病毒与已知抗小鹅瘟病毒标准血清，或抗小鹅瘟病毒单克隆抗体用易感鹅胚做中和试验，或用易感雏鹅做中和试验；用已知抗小鹅瘟病毒标准血清用易感雏鹅做保护试验；也可应用琼脂扩散试验、ELISA、荧光抗体等方法鉴定病毒。

（2）病原与抗体检测

①琼脂扩散试验。

a. 材料准备。

标准抗血清：标准阳性血清、抗小鹅瘟病毒单克隆抗体、标准阴性血清，均由指定单位提供。

标准抗原：标准琼扩抗原，由指定单位提供。

被检血清：无菌手续采集血液，分离血清，按 0.01%量加入硫柳汞防腐，冻结保存待检。

被检琼扩抗原制备：将分离毒株鹅胚绒尿液，经 3 000 转/分，离心 30 分钟，取上清液加入等量三氯甲烷（氯仿）振摇 30 分钟后，经 3 000 转/分，离心 30 分钟。吸取上清液装入透析袋，置于有干燥硅胶的密闭玻璃缸（或玻璃瓶）内数小时，或至完全干燥为止，也可置 40%聚乙二醇中浓缩（约 12 小时）。加适量灭菌无离子水于透析袋内，使之达到 1/40～1/50 原绒尿液量，待完全溶解后吸出置无菌小瓶内加入 0.01%硫柳汞防腐，冻结保存，即为被检琼扩抗原。

琼脂板制备：取 1.0 克优质琼脂或琼脂粉加 100 毫升、pH7.8 的 8%氯化钠溶液，加热使其完全溶解后加入 1 毫升 1%的硫柳汞溶液，混匀制成 3 毫米厚的平板，待冷却后打孔即成。

b. 操作方法。

检测抗体：

打孔：将制备好的琼脂板按模板用打孔器打孔，并挑出孔中的琼脂。中心 1 孔，周围 6 孔，孔径 3 毫米，孔距 4 毫米，用溶化琼脂补孔底。

加样：中央孔加入标准琼扩抗原，1 孔、4 孔加入标准阳性血清，其他孔分别加入被检血清，或 1 孔加入标准阳性血清，其他孔分别加入被检倍增稀释血清，各孔均以加满而不溢出为度。将加样后的琼脂板放入填有湿纱布的盒内，置 20～25℃室温或 37℃温箱，经 24 小时初判，72 小时终判。

结果判定：当标准阳性血清孔与抗原孔之间形成清晰沉淀线时，被检血清孔与抗原孔之间也出现沉淀线，且与标准阳性血清沉淀线末端相吻合，即将被检血清判为阳性。

当标准阳性血清孔与抗原孔之间形成清晰沉淀线时，当被检血清孔与抗原孔之间无沉淀线出现时，即将被检血清判为阴性。

当被检血清最高稀释度孔与抗原孔之间形成清晰沉淀线时，即判为被检血清琼扩效价。

检测抗原：

打孔：同操作方法。

加样：中央孔加标准阳性琼扩血清，1孔、4孔加入标准琼扩抗原，其他孔加入被检抗原。各孔均以加满而不溢出为度。将加样后的琼脂板放入填入湿纱布的盒内，置20～25℃室温或37℃温箱，经24小时初判，72小时终判。

结果判定：当标准抗原孔与阳性血清孔之间形成清晰沉淀时，被检抗原孔与阳性血清孔之间也出现沉淀线，且与标准抗原沉淀线末端相吻合，即将被检抗原判为阳性。

当标准抗原孔与阳性血清孔之间形成清晰沉淀时，被检抗原孔与阳性血清孔之间无沉淀线出现时，即将被检抗原判为阴性。

②中和试验（鹅胚中和试验）。

a. 材料准备。

标准抗血清：标准阳性血清、抗小鹅瘟病毒单克隆抗体、标准阴性血清均由指定单位提供。

标准毒株：标准小鹅瘟病毒株（SYC61株），由指定单位提供。

被检毒株：为鹅胚分离绒尿液毒，并进行毒价滴定。

被检血清：无菌手续采集血液，分离血清，经56℃30分钟灭活，−20℃保存备用。

稀释液：可采用灭菌Hank's液或灭菌生理盐水。

b. 病毒毒价滴定：先将小鹅瘟鹅胚绒尿液毒用每毫升含有青霉素和链霉素各1 000单位灭菌稀释液做10倍系列稀释，从10^{-1}～10^{-8}，每个稀释度接种6枚12日龄易感鹅胚，每胚绒尿腔0.2毫升，置37～38℃孵化箱继续孵化，观察9天。每天照蛋2～4次，剔除接种后72小时内死亡鹅胚，结果按Karber公式计算鹅胚半数致死量（ELD_{50}）。小鹅瘟鹅胚适应毒ELD_{50}为$10^{7.0}$左右。

c. 操作方法：固定病毒稀释血清法：先将小鹅瘟胚绒尿液毒用灭菌稀释液稀释，使每一单位剂量含有$200ELD_{50}$，与等量递增稀释的血清混合，置37℃温箱作用60分钟。每个稀释度接种6枚12日龄易感鹅胚，每胚绒尿腔0.2毫升。同时设$100ELD_{50}$病毒液对照，置37～38℃孵化箱继续孵化，观察9天，记录每组鹅胚的存活数。

结果判定：1∶8以上判为阳性，1∶2以下判为阴性，1∶4为疑似反应。

固定血清稀释病毒法：先将小鹅瘟胚绒尿液毒用灭菌稀释液做10倍递增系列稀释，分装到两列灭菌试管中。第一列分别加等量阴性血清混合作为对照组，第二列分别加等量被检血清混合，置37℃温箱作用1小时。每个稀释度接种6枚12日龄易感鹅胚，每胚绒尿腔0.2毫升。置37～38℃孵化箱继续孵化，观察 8 天，记录每组鹅胚的存活数，计算 ELD_{50} 和中和指数。

结果判定：中和指数为对照组与被检组 ELD_{50} 的差数的反对数。中和指数 <10 为阴性，10～49 为可疑，50 以上为阳性。

③保护试验。用已知抗小鹅瘟血清注射易感雏鹅，然后用待检病毒攻击，或用被检血清注射易感雏鹅，然后用已知小鹅瘟强毒攻击，根据被保护的情况确定被检病毒。5～10 只 5 日龄左右的易感雏鹅或易感雏番鸭，每只雏禽皮下注射 0.5 毫升抗小鹅瘟血清或康复血清。血清注射后 6～12 小时分别注射含有 1 000 单位青霉素、链霉素的 Hank's 液或用生理盐水稀释的病毒，每雏 $100LD_{50}$ 剂量。前者用被检的鹅胚强毒，或肝脏病料；后者用已知小鹅瘟鹅胚强毒，观察 10 天，记录雏鹅死亡数及检验病变。试验时加设 $100LD_{50}$ 组和正常饲养对照组，每组均应严格分开饲养，防止相互感染造成试验失败。

④琼脂扩散抑制试验。琼扩抗原加入相应抗体，则抗原和抗体相结合而抑制沉淀带的出现。如加入抗体过多，抗原和抗体结合后还有过剩抗体，又可与抗原相结合出现沉淀带。此法可检测抗原成分、鉴定沉淀带性质以及抗原抗体结合的最适比例。

被检血清和已知抗小鹅瘟血清分别用无菌 PBS 液做倍增稀释，并将其各分为 4 份。其中 2 份分别加入等量已知小鹅瘟琼扩抗原和被检琼扩抗原，另 2 份分别加入等量 PBS 液代替抗原，混匀后于 37℃ 温箱作用 1 小时。按琼扩试验诊断方法进行试验。

4. 鉴别诊断　小鹅瘟在流行病学、临诊症状以及某些组织器官的病理变化可能与鹅禽流感、鹅副黏病毒病、沙门氏菌病、巴氏杆菌病等相似，需进行鉴别诊断。

（1）与鹅禽流感鉴别　禽流感是多种家禽的一种传染性综合征。近年来，欧洲、美洲和亚洲的一些国家，从鸡、鸭、鹅、火鸡、鸽及鹌鹑等分离到 A 型流感病毒。各种年龄鹅均易感染发生，发病率高达 100%，雏鹅、仔鹅病死率高达 90%～100%，种鹅为 40%～80%。而小鹅瘟主要发生于 3 周龄以内的雏鹅，可作为重要鉴别之一。患鹅以头颈部肿胀，眼出血，头颈部皮下出血或胶样浸润，内脏器官、黏膜和法氏囊出血为特征，而小鹅瘟无上述病变，可作为重要鉴别之二。将肝、脾、脑等病料处理后接种 5～10 枚 11～12 日龄鸡胚和 5 枚 12～13 日龄易感鹅胚，观察 5～7 天。如两种胚胎均在 96 小时内死亡，绒尿液具有血凝性并被特别抗血清所抑制，即可判定为鹅禽流感，而鸡胚不死亡，鹅胚部分或全部死亡，胚体病变典型，无血凝性，可诊断为小鹅瘟，可作为重要鉴别之三。

（2）与鹅副黏病毒病鉴别 鹅副黏病毒病是由禽副黏病毒Ⅰ型病毒所致。根据 F 基因 47～436bp 间的核酸序列，与其他禽副黏病毒Ⅰ型毒株比较后绘制进化树图，属于基因Ⅶ型。各种品种和日龄鹅均具有高度易感性，特别是 15 日龄以内雏鹅有 100％发病率和病死率，而小鹅瘟主要发生于 3 周龄以内的雏鹅，可作为重要鉴别之一。患鹅脾脏和胰腺肿大，有灰白色坏死灶，肠道黏膜有散在性和弥漫性大小不一、淡黄色或灰白色的纤维素性的结痂等特征性病变；部分患鹅腺胃和肌胃充血、出血，而小鹅瘟不具备上述病变，可作为重要鉴别之二。用脑、脾、胰或肠道病料处理后接种鸡胚，一般于 36～72 小时死亡，绒尿液具有血凝性，并能被禽副黏病毒Ⅰ型抗血清所抑制，即可判定为鹅副黏病毒病，可作为重要鉴别之三。

（3）与沙门氏菌病鉴别 鹅沙门氏菌病是由鼠伤寒、鸭肠炎、德尔俾等多种沙门氏菌所致。多发生于 1～3 周龄的雏鹅，常呈败血症突然死亡，可造成大批死亡。患鹅腹泻，肝肿大，呈古铜色，并有条纹或针头状出血和灰白色的小坏死灶等病变特征，但肠道不见有栓子，可作为重要鉴别之一。将患鹅肝脏做触片，用美蓝或拉埃氏染色，见有卵圆形小杆菌，即可疑为沙门氏菌，而小鹅瘟肝脏病料未见有卵圆形小杆菌，即可作为鉴别之二。将肝脏病料接种于麦康凯培养基，经 24 小时见有光滑、圆形、半透明的菌落，涂片革兰氏染色镜检为革兰氏阴性小杆菌，经生化和血清学鉴定，即可确诊，而小鹅瘟肝脏病料培养为阴性，可作为重要鉴别之三。

（4）与巴氏杆菌病鉴别 鹅巴氏杆菌病是由禽多杀性巴氏杆菌引起的急性败血性传染病，发病率和死亡率较高。青年鹅、成年鹅比雏鹅更易感染。患鹅张口呼吸、摇头、瘫痪、剧烈腹泻，呈绿色或白色稀粪。肝脏肿大，表面见有许多灰白色、针头大的坏死灶，心外膜特别是心冠脂肪组织有出血点或出血斑，心包积液，十二指肠黏膜严重出血等特征性病变，即可作为重要鉴别之一。用肝、脾做触片，用美蓝染色镜检，见有两极染色的卵圆形小杆菌，即为鹅巴氏杆菌病，而小鹅瘟肝脏病料染色镜检未见有细菌，即可作为鉴别之二。将肝脏病料接种于鲜血琼脂平皿，经 37℃ 24 小时培养，即有露珠状小菌落，涂片革兰氏染色镜检为革兰氏阴性小杆菌，经生化和血清学鉴定，即可确诊，而小鹅瘟肝脏病料培养为阴性，可作为重要鉴别之三。

[防制策略]

1. 预防措施

种鹅主动免疫：应用疫苗免疫种鹅是预防本病有效而又经济的方法。活苗一次免疫法，种鹅在产蛋前 15 天左右用 1：100 稀释的鹅胚化种鹅弱毒苗 1 毫升进行皮下或肌肉注射。在免疫 12 天后至 100 天左右，鹅群所产蛋孵化的雏鹅群能抵抗人工及自然病毒的感染。种鹅免疫 100 天以后，雏鹅的保护率有所下降，种鹅必须再次进行免疫，或雏鹅出炕后用雏鹅弱毒苗进行免疫或注射抗血清，以达到高度的保护率。

活苗二次免疫法：种鹅在产蛋 1 个月以前用 1∶100 种鹅苗 1 毫升进行免疫，产蛋前 15 天用 1∶10 种鹅苗 1 毫升进行免疫，雏鹅的保护率可延至免疫后 5 个月之久。

灭活单苗免疫法：种鹅产蛋前半个月至 1 个月，用小鹅瘟油乳剂灭活苗进行免疫注射，每只鹅肌肉注射 1 毫升，免疫后 15 天至 5 个月内雏鹅均具有较高的保护率。

二联灭活疫苗免疫法：用小鹅瘟病毒和鹅副黏病毒制备的二联灭活苗，种鹅产蛋前半个月至 1 个月进行免疫，每只鹅肌肉注射 1 毫升，免疫后 3 个月左右用鹅副黏病毒病灭活疫苗再免疫 1 次，雏鹅和种鹅均具有较高的保护率。

雏鹅主动免疫：未经免疫的种鹅群，或种鹅群免疫 100 天以上的所产蛋孵化的雏鹅群，在出炕 48 小时内应用 1∶50～1∶100 稀释的鹅胚化雏鹅弱毒疫苗进行免疫，每只雏鹅皮下注射 0.1 毫升，免疫后 7 天内严格隔离饲养，防止强毒感染，保护率达 95％左右。在已被污染的雏鹅群做紧急预防，保护率达70％～80％。已被感染发病的雏鹅进行免疫注射无明显预防效果。

经二联灭活苗免疫的种鹅群的雏鹅，在 15～20 天应进行鹅副黏病毒病灭活苗注射，每只雏鹅肌肉或皮下注射 0.5 毫升，免疫期达 2 个月。

2. 治疗方法 各种抗生素和磺胺类药物对本病均无治疗及预防作用。本病的特异性防制有赖于被动免疫。

在本病流行区域，或已被本病病毒污染的孵坊，雏鹅出炕后立即皮下注射高免血清，或精制卵黄抗体，可达到预防或控制本病的流行和发生。高免血清琼扩效价必须在1∶8 以上。血清用量与效价有密切关系。雏鹅群在出炕后 24 小时内，每雏鹅皮下注射 0.3～0.5 毫升，其保护率可达 95％；对已经感染发病的雏鹅群的同群雏鹅，每只皮下注射 0.5～0.8 毫升，保护率可达 80％～90％；对已感染发病早期的雏鹅，每只皮下注射 1 毫升，治愈率可达 50％左右。同源抗血清可作为预防和治疗用，而用非禽类制备的异源抗血清不宜作预防使用，仅在发病雏鹅群作紧急预防和治疗使用。

自 1997 年新发现鹅副黏病毒病之后，增加了小鹅瘟防制的难度，为了保障雏鹅的健康，可应用小鹅瘟和鹅副黏病毒病二联抗血清，有较好保护效果。

二、鹅副黏病毒病

1997 年王永坤和辛朝安首先在江苏和广东分离鉴定病毒。鹅副黏病毒病是各种年龄鹅的一种急性病毒性传染病，2 周龄以内雏鹅其发病率和病死率均可高达 98%，已成为养鹅业危害极大的传染病。本病 2000 年以前仅在数省鹅群流行，现全国各省鹅群均有流行发生。患病鹅肠道黏膜出血、坏死、溃疡病灶和纤维素性结痂，以及脾脏肿大、大小不一坏死病灶为特征。病鹅及其排泄物和分泌物是主要传染来源。

［病原及流行病学概述］

1. 病原主要特性　病原属副黏病毒科，腮腺病毒属，禽副黏病毒Ⅰ型，F 基因Ⅶ型，鹅副黏病毒。病毒为有囊膜，单股 RNA，呈球形，大小中等，100～250 纳米。囊膜上有纤突，具有血凝素和神经氨酸酶。病鹅的脾、脑、肝、肺、气管分泌物、卵泡膜以及肠管和排泄物中都含有大量病毒。

鹅副黏病毒对鹅和鹅胚、鸡和鸡胚均属于强毒力的毒株。病毒能够在发育鸡胚的绒尿膜和尿囊腔内生长繁殖，初次接种后常在 36～48 小时引起鸡胚死亡，胚体皮肤充血，头和翅等处严重出血，胚体和尿囊液中含有大量病毒。鹅副黏病毒株与鸡新城疫疫苗毒株和强毒株的 F 蛋白基因同源性为 82%～84%，HN 蛋白基因同源性为 80%～90%，有较大变异。而水禽毒株之间同源性为 96%～99%。用新城疫弱毒株和强毒株制备的疫苗免疫鹅保护效果欠佳。

鹅副黏病毒能够凝集多种动物的红细胞，被抗鹅副黏病毒血清作用之后，即不能凝集红细胞，这种现象称为红细胞凝集抑制。临诊上可以用这个方法鉴定鹅副黏病毒和测定感染鹅，或免疫鹅血液中的抗鹅副黏病毒抗体的水平，称为红细胞凝集抑制试验（简称血凝抑制试验）。

病毒的抵抗力不强，容易被干燥、日光及腐败所杀死。但在阴暗、潮湿、寒冷的环境中，病毒能够生存很久，如组织和绒尿液中的病毒在 0℃环境中，至少可以存活 1 年以上，在−35℃冰箱内至少存活 7 年。在掩埋病鹅尸体的土壤中，病毒能够存活 1 个月。在室温或较高的温度下，存活期较短。常用的消毒药物如 2% 苛性钠溶液、3% 石炭酸溶液、1% 臭药水和 1% 来苏儿等，3 分钟内都能将病毒杀死。

2. 流行病学特点　自 1997 年在江苏发现本病之后，短短数年时间已在全国许多省市鹅群暴发流行，造成很大的经济损失，影响养鹅业的健康发展。根据近200群不同日龄鹅调查统计，发病率为40%～100%，平均为60%左右；病死率30%～100%，平均为40%左右。不同日龄鹅均有易感性，发病最小的为3日龄，最大的为300余日龄，日龄越小，发病率和病死率越高，随着日龄增长，发病率和病死率均有所下降，但两周龄以内的雏鹅其发病率和病死率均可达100%。

本病的流行没有明显的季节性，一年四季均可发生。豁眼鹅、太湖鹅、闽北鹅、永康鹅、阳江鹅、皖西白鹅、雁鹅、四川白鹅、莱茵鹅、朗德鹅和狮头鹅，以及地方草鹅等不同品种均感染发病。在本病流行初期，同群的鸡在鹅群发病后2～3天也感染发病，其症状和病变与鹅基本一致。鸡的病死率达80%以上，而同群的鸭未见发病，但近几年来，鸭群也开始流行发病。

本病主要通过消化道和呼吸道感染。病鹅的唾液、鼻液及粪便沾污了饲料、饮水、垫料、用具和孵化器等是重要的传染来源。病鹅在咳嗽和打喷嚏时的飞沫内含有很多病毒，散布在空气中，易感鹅吸入之后就能发生感染，并从一个鹅群传到另一个鹅群。病鹅的肉尸、内脏和下脚及羽毛处理不当，也是重要的传播源。

鹅副黏病毒也能通过鹅蛋传染，从病鹅的蛋中能分离出病毒。流行地区的鲜蛋和鹅毛等都是传播疫病的媒介。除此之外，许多野生飞禽和哺乳动物也都能携带病毒，例如狗、猫及鼠吃了病鹅尸体后72小时内可以排出病毒传播疫病。

[诊断方法]

1. 临诊症状　不同日龄自然感染的病例，潜伏期一般3～5天，日龄小的鹅1～2天，日龄大的鹅2～3天。病程一般2～5天，日龄小的雏鹅2～3天，日龄大的鹅4～7天，人工感染的雏鹅和青年鹅均在感染后2～3天发病，病程1～4天。自然病例和人工感染病例具有相同症状。患鹅发病初期拉灰白色稀粪，病情加重后粪便呈水样，带暗红色、黄色、绿色或墨绿色。患鹅精神委顿和衰弱，眼有分泌物，眼睑周围湿润。常蹲地，有的单脚时时提起，少食或拒食，体重迅速减轻，但饮水量增加。行动无力，浮在水面，随水漂流。部分患病鹅后期表现扭颈、转圈、抑头等神经症状，饮水时更加明显。10日龄左右病鹅有甩头、咳嗽等呼吸症状。不死的病鹅，一般于发病后6～7天开始好转，9～10天康复。

2. 病理变化

（1）大体病理变化　患鹅脾脏肿大、淤血，表面和切面布满大小不一的灰白色坏死灶，有的粟粒至芝麻大，有的融合成绿豆大小的坏死斑。胰腺肿胀，表面有灰白色坏死斑或融合成大片，色泽比正常苍白，表面光滑，切面均匀。肠道黏膜出血、坏死、溃疡、结痂等病变特征。从十二指肠开始，往后肠段病变更加明显和严重。十二指肠、空肠、回肠黏膜有散在性或弥漫性大小不一的出血斑点、坏死灶和溃疡灶。小粟粒大以至融合成大的圆形出血斑和溃疡灶，表面覆盖淡黄色或灰白色，或红褐色纤维素性结痂，突出于肠壁表面。结肠病变更加严重，黏膜有弥漫性、大小不一的溃疡灶，小如芝麻大，大如蚕豆大，表面覆盖着纤维素形成结痂。盲肠黏膜出血斑和纤维素性结痂溃疡病灶；直肠和泄殖腔黏膜弥漫性结痂病灶更加严重。剥离结痂后呈现出血面或溃疡面。盲肠扁桃体肿大出血或结痂溃疡病灶。有些病例在食道下段黏膜可见有散在性芝麻大、灰白色或灰白色纤维性结痂。部分病例腺胃及肌胃黏膜充血、出血。部分病例肝脏肿大、淤血、质地较硬。胆囊扩张，充满胆汁，病程较长的病例胆囊黏膜有坏死灶。心肌变性，部分病例心包有淡黄色积液。肾脏稍肿大，色淡。有神经症状病例的脑充血、出血、水肿。皮肤淤血，部分病例皮下有胶样浸润。

（2）显微病理变化

脾脏：脾髓淤血，实质淋巴组织明显减少，脾小体几乎完全消失，有的区域仅见中央动脉周围残留少许淋巴细胞。坏死灶大小不一，很多融合成片，灶内原有细胞成分溶解消失，成为一片红染的纤维素样物质，其中混有浆液性渗出物。

肠道：病变稍轻的区域为黏膜发生急性卡他性炎，肠绒毛肿胀，上皮脱落，固有层炎性水肿，肠腺结构破坏。有些区域绒毛发生凝固性坏死。眼观所见的溃疡病灶，镜下为大肠黏膜组织连同绒毛结构完全坏死，坏死组织和渗出物融合形成厚层固膜性结痂。

胰腺：灰白色区为实质腺泡上皮广泛发生变性，其中并见散在的坏死灶，大小不一，灶内腺泡细胞崩解破坏，仅见一些残留的细胞碎屑。

肝脏：肝细胞广泛发生颗粒变性，汇管区和小叶间质小血管周围有淋巴样细胞及网状细胞散在增生或聚集成团块状，显示间质性肝炎景象。有的病鹅肝实质中也出现散在的小坏死灶。灶内肝细胞破坏消失，有淋巴样细胞浸润。

肾脏：均见肾小管上皮严重颗粒变性，部分细胞坏死崩解，少数病例的肾脏组织中也出现小的坏死灶。

心肌：心肌纤维广泛发生颗粒变性，个别病例的心肌纤维萎缩变细，间隙扩大，纤维束间可见到很多心肌纤维发生坏死，崩解断裂成碎片。

3. 实验室诊断　鹅副黏病毒病的诊断可以根据流行病学、临诊症状和病理变化综合诊断。确诊必须用鸡胚进行病毒分离，以及用血凝试验和血凝抑制试验、中和试验、保护试验等血清学方法进行鉴定。

（1）病毒分离

①病料采集与处理。分离病毒的病料应采自早期典型病变的病鹅或死鹅，病程较长的病鹅可能有并发症，容易干扰病毒的分离。捕杀病鹅或死鹅应用无菌手续采取脑或肝脏、脾脏组织。将病料磨细，加入灭菌生理盐水或灭菌PBS液制成 1：5～1：10 的悬液，经 3 000 转/分，离心 30 分钟后吸取上清液，按每毫升加入青霉素、链霉素各 1 000 单位，混匀后置 4～8℃冰箱中作用 2～4 小时，或 37℃温箱中作用 30 分钟后取少许液体分别接种于普通琼脂斜面、鲜血琼脂斜面和厌氧肉汤培养基，于 37℃培养观察 48 小时，无菌生长，冻结保存作为病毒分离材料。也可将上清液经滤器过滤后，按每毫升加入青霉素、链霉素各 500 单位，混匀后置 37℃温箱中作用 30 分钟，作为病毒分离材料。

②鸡胚接种。用 4～6 枚 10～11 日龄 SPF 鸡胚，或 4～6 枚未经新城疫免疫鸡群的鸡胚，每胚绒尿腔接种上述分离材料 0.2 毫升。接种 24 小时后每天照蛋 4 次，连续 5 天，通常于接种后 36～72 小时内死亡。接种 24 小时以后死亡的鸡胚，放置 4℃的冰箱内，气室向上，冷却 4～12 小时。用无菌手续收获绒尿液，并做无菌检查。浑浊的绒尿液和有菌生长的绒尿液弃去不用。将澄清、无菌生长和鸡胚病变典型的绒尿液放置低温冰箱冻结保存供进一步鉴定。

（2）病毒鉴定　毒株的鉴定最常用的方法是血凝试验和血凝抑制试验。

①血凝试验（HA）。将被检的鸡胚绒尿液病毒用生理盐水按倍增方法稀释成不同稀释度，分别加入于 8 支小试管，每管 0.5 毫升或 0.25 毫升。然后加入同等量的 1％鸡红细胞悬液混匀后，置于 20～30℃室温中，15 分钟后检查，每 5 分钟观察 1 次，观察至 60 分钟，判定结果。

1％鸡红细胞系采取健康鸡血液。采血时需加入抗凝剂，以生理盐水洗涤 3～5 次，每次以 3 000 转/分，离心 15 分钟，将血浆、白细胞等充分洗去，将沉积的红细胞用生理盐水稀释成 1％悬液。

②血凝抑制试验（HI）。用已知抗鹅副黏病毒血清做血凝抑制试验，对鸡胚的分离物做鉴定。先将已知抗鹅副黏病毒血清做以 2 为底数的对数稀释，每个稀释度分别加入两排试管中，每管 0.25 毫升。另设阴性血清对照管。第一排试管每管加入 0.25 毫升含有 4 个凝集单位的被检病毒液，第二排每管加入 0.25 毫升含有 4 个凝集单位的已知鹅副黏病毒液。混匀后放置 37℃温箱作用 20 分钟后加入 1％鸡红细胞悬液，每管 0.5 毫升，混匀后置于 20～30℃室温中，15 分钟后每 5 分钟观察 1 次，观察至 60 分钟，判定结果。如已知抗血清

对已知鹅副黏病毒的抑制价和被检病毒的抑制价相近，而且都不被已知阴性血清所抑制，即可将被检的病毒定为鹅副黏病毒。

③微量血凝试验。在微量凝集板上，从第1～第12孔或根据所需要的孔数，用定量针头每孔加入0.025毫升生理盐水。用定量针头吸取同等量的被检的鸡胚绒尿液加入第1孔，依次做倍量稀释，至最后一个倍量孔，弃去余液。用定量针头每孔加入0.025毫升1‰鸡红细胞悬液，并设用生理盐水代替被检病毒液的红细胞对照孔，立即在微量振荡器上混匀，置室温中30分钟左右判定结果。判定方法与试管法相同。

④微量血凝抑制试验。在微量凝集板上，两排均从1～12孔或根据抗血清效价所需的孔数，用定量针头在每孔加入0.025毫升生理盐水。往第1孔中分别加入已知抗鹅副黏病毒血清0.025毫升，依次做倍量稀释至最后1孔，弃去余液。第一排每孔加入含有4个凝集单位0.025毫升被检鸡胚病毒液。第二排每孔加入含有4个凝集单位0.025毫升已知鹅副黏病毒液。微量板在微量振荡器上混匀，置室温中30分钟后用定量针头每孔加入0.025毫升1‰鸡红细胞悬液，并设病毒液和鸡红细胞对照孔，在微量振荡器上混匀，置室温中30分钟左右判定结果。判定方法与试管法相同。

4. 鉴别诊断

（1）与鹅鸭瘟病毒感染症鉴别。由鸭瘟病毒所致的鹅鸭瘟病毒感染症和鹅副黏病毒病对各种品种和年龄鹅均有高度的致病性，但在病理变化上有较大的差别。由鸭瘟病毒感染的患鹅在下眼睑、食道和泄殖腔黏膜有出血溃疡和假膜特征性病变，而鹅副黏病毒病无此病变，可作为重要鉴别之一；这两种病毒均能在鸭胚和鸡胚上繁殖，并引起胚胎死亡，由鸭瘟病毒致死的胚胎绒尿液无血凝性，而鹅副黏病毒致死的胚胎绒尿液具有凝集鸡红细胞的特性，并被特异抗血清所抑制，不被抗鸭瘟病毒血清所抑制，具有重要鉴别诊断意义。

（2）与鹅禽流感鉴别 见禽流行性感冒鉴别诊断项。

（3）与鹅巴氏杆菌病鉴别 鹅巴氏杆菌病是由禽多杀性巴氏杆菌所致。本病多发生于青年鹅、成年鹅，应用广谱抗生素和磺胺类药物有紧急预防和治疗作用，而对鹅副黏病毒病无任何作用；患鹅肝脏有散在性或弥漫性针头大小坏死灶病变特征，而鹅副黏病毒病无坏死病灶，是重要鉴别之一。患鹅肝脏触片，用美蓝染色镜检见有两极染色的卵圆形小杆菌，而鹅副黏病毒病为阴性，可作为重要鉴别之二。患鹅肝脏接种鲜血培养基和经处理后接种鸡胚，在鲜血培养基上呈露珠状小菌落，涂片革兰氏染色镜检为阴性卵圆形小杆菌，而鹅副黏病毒病在鲜血培养基上为阴性，但能引起鸡胚死亡，绒尿液能凝集鸡红细胞，并能被特异抗血清所抑制，可作为重要鉴别之三。

[防制策略]

1. 预防措施　鹅副黏病毒属于禽副黏病毒Ⅰ型F基因Ⅶ型毒株，它不同于鸡新城疫常用的弱毒苗和中等毒力苗的毒株，因基因型不同，仅用上述活苗进行免疫不能防制本病的发生。应选用经过基因鉴定的毒株制备灭活苗，才能保证有效的免疫效果。鹅副黏病毒病灭活苗是应用具有高毒价和免疫原性好的毒株的绒尿液，经福尔马林灭活后，加入适当比例的油佐剂制成，它是疫苗的重要因素。由于禽副黏病毒Ⅰ型基因型的毒株不断出现，培育一株新基因型弱毒株一般需要3年，在这3年内又可能出现新基因型毒株，使培育弱毒株失去应用价值。从生产上应用，表明灭活苗能有效控制本病的流行和发生。

种鹅免疫：在留种时的仔鹅或青年鹅应进行一次免疫，产蛋前2周内再进行一次灭活苗免疫，在第二次免疫后3个月左右进行第三次免疫，使鹅群在产蛋期均具有免疫力。

雏鹅免疫：经免疫的种鹅，在一个母源抗体正常的雏鹅群，初次免疫在15天左右进行一次灭活苗免疫，2个月后再进行一次免疫；无母源抗体的雏鹅（种鹅未经免疫），可根据本病的流行情况，在2～7日龄或10～15日龄进行一次免疫。在第一次免疫后2个月左右再免疫一次。

制订一个科学的免疫程序，对防制鹅副黏病毒病的发生是极为重要的。但它受到很多因素的制约，如疫苗的质量、鹅群免疫应答基础、母源抗体水平、个体差异、干扰免疫的疾病，以及饲养场的卫生防疫条件等。所以，免疫程序千万不能千篇一律，一成不变，关键是要做好鹅群的免疫监测工作，定期检测鹅群的鹅副黏病毒病抗体（HI抗体）的消长和水平，一旦发现鹅群的HI抗体水平下降（通常以HI抗体效价1：16作为临界点），就必须进行加强免疫。

采取综合防制措施，以消灭本病的发生和流行。有计划地做好鹅群的免疫监测和疫苗接种工作，使鹅群保持有高水平的抗体；新引进的鹅必须严格隔离饲养，同时接种鹅副黏病毒病灭活疫苗，经过两个星期确实证明无病时，才能与健康鹅合群饲养；鹅场要严格执行卫生防疫制度，人员进出要进行消毒。由于鸡也在流行禽副黏病毒Ⅰ型F基因Ⅶ型毒株，该毒株对鹅也有致病力。因此，除鹅群应做好防制外，鹅群必须与鸡群严格分区饲养。鹅群内不应饲养鸡，避免相互传播。

加强对这种新病的认识，建立正确的诊断方法及可靠的结果，是预防本病发生的重要手段。本病的发生所造成的严重损失，要比小鹅瘟大，因为小鹅瘟仅发生于20日龄内的雏鹅，应引起养殖户的高度重视。

严禁用鸡新城疫Ⅰ系活疫苗免疫鹅群。按鸡1羽份剂量注射2～5日龄雏鹅，24～72小时内发病，病死率为50％以上，高者可达90％；用鸡1羽份剂量注射15日龄雏鹅，病死率50％以上；用鸡10羽份注射15日龄雏鹅，病死率可高达100％；1羽份注射1～1.5月龄仔鹅，96小时内发病，病死率50％左右；用2～5羽份注射种鹅，120小时内发病，病死率达10％～30％，鹅群大幅度减蛋或停蛋，经30～40天才能逐渐恢复产蛋。

2. 治疗方法 鹅群一旦发生鹅副黏病毒病后，立即将病鹅隔离或淘汰，死鹅烧毁或深埋，同将对鹅群中没有症状的鹅用鹅副黏病毒病灭活苗进行紧急免疫接种，先免疫注射健康鹅，后免疫假定健康鹅。免疫时应勤换注射针头，避免用具污染。同时可适当应用抗生素，以减少并发病和有利于肠道病变的康复。

应用抗鹅副黏病毒病血清，或精制卵黄抗体做鹅群紧急注射，有较好的保护率，或用抗小鹅瘟和抗鹅副黏病毒病双抗体，也有较好的保护率。

三、鹅禽流行性感冒（鹅禽流感）

1996年首先发现并分离鉴定鹅禽流感H5N1亚型毒株。禽流行性感冒简称禽流感，是多种家禽的一种传染性综合征。患鹅常呈头颈肿，称之"鹅肿头病"；也因患鹅眼睛严重潮红，称之"鹅红眼病"；又因患鹅眼睛充血、出血和鼻腔流血，称之"出血症"；因具有高度发病率和病死率，俗称"鹅疫"。患鹅内脏器官和组织广泛出血为特征性病理变化。各种日龄鹅均具有高度易感性。雏鹅发病高达100％，病死率达95％以上，种鹅发病率也极高，病死率达40％～80％不等。发病鹅群产蛋停止，需1个月以上才能恢复产蛋。患病鹅及排泄物、分泌物及种蛋均是传播主要来源。本病对养鹅业有很大的危害。

［病原及流行病学概述］

1. 病原主要特性 禽流感病毒在分类上属于正黏病毒科，A型流感病毒。病毒颗粒呈短杆状或球状，直径80～120纳米。病毒能凝集鸡和某些哺乳动物的红细胞，能在发育鸡胚中生长，接种鸡胚尿囊腔，引起鸡胚死亡，鸡胚的皮肤和肌肉充血和出血。病毒也能在鸡胚肝肾细胞和鸡胚成纤维细胞上生长，并引起细胞病变。

流感病毒以其核衣壳和包膜基质蛋白为基础，可以分为A、B和C三个抗原型，从鸟类分离到的流感病毒均属A型。在同一型内，随着血凝素（HA）和神经氨酸酶（NA）两种糖蛋白的变异性，又可分为许多亚型。到目前为止，从人和各种动物分离到的流感病毒有16种不同的HA亚型，10种不同的

NA 亚型。由于 HA 和 NA 的抗原性变异是相互独立的，两者的不同组合又构成更多的病毒抗原亚型。由于流感病毒基因组的易变性，即使是 HA 和 NA 亚型相同的毒株，也可能在抗原性、致病性及其他生物学特性上有着程度不同的差异。

禽流感病毒的致病力差异很大，在自然情况下有的毒株发病率和病死率都可高达 100％，有的毒株仅引起轻度的产蛋下降，有的毒株则引起呼吸道症状，病死率很低。但鹅禽流感病毒株除了对鹅和鸭有高致病力外，对鸡、鹌鹑、鹧鸪等陆禽也具有高致病力。

2. 流行病学特点　调查表明，水禽对流感病毒的易感性并非像以往书籍或资料记载仅为带毒者而不发病。病毒分离鉴定结果证明，有一种 H5N1 亚型流感毒株对各种日龄和各种品种的鹅群均具有高度致病性。雏鹅的发病率可高达 100％，病死率可达 95％以上，其他日龄的鹅群发病率一般为 80％～100％，病死率一般为 60％～80％，产蛋种鹅发病率近 100％，病死率为 40％～80％。一年四季均可发生，但以冬春季为主要流行季节。本病的传播一般认为要通过密切接触，也可经蛋传染。患禽的羽毛、肉尸、排泄物、分泌物以及污染的水源、饲料、用具均为重要的传染来源。本病的人工感染可以通过鼻内、窦内、静脉、腹腔、皮下、皮内以及滴眼等多种途径，都能引起感染发病。

[诊断方法]

1. 临诊症状　患鹅常为突然发病，体温升高，食欲减退或废绝，仅饮水，拉白色或带淡黄绿色水样稀粪，羽毛松乱，身体蜷缩，精神沉郁，昏睡，反应迟钝。患鹅曲颈斜头、左右摇摆等神经症状，尤其是雏鹅较明显。多数患鹅站立不稳，两腿发软，伏地不起，或后退倒地。有呼吸道症状，部分患鹅头颈部肿大，皮下水肿，眼睛潮红或出血，眼睛四周羽毛贴着褐黑色分泌物，严重者瞎眼，鼻孔流血。患鹅病程不一，雏鹅一般 2～4 天，青年鹅、成年鹅的病程为 4～9 天。母鹅在发病后 2～5 天内产蛋停止，鹅群绝蛋，未死的鹅只一般在 1～1.5 个月后才能恢复产蛋。

2. 病理变化

（1）大体病理变化　大多数患鹅皮肤、毛孔充血、出血。全身皮下和脂肪出血。头肿大的病例下额部皮下水肿，显淡黄色或淡绿色胶样液体。眼结膜出血，瞬膜充血、出血。颈上部皮肤和肌肉出血。鼻腔黏膜水肿、充血、出血，腔内充满血样黏液性分泌物。喉头黏膜有不同程度出血，大多数病例有绿豆到黄豆大凝血块，气管黏膜有点状出血。脑壳和脑膜严重出血，脑组织充血、出血。胸腺水肿或萎缩、出血。脾脏稍肿大，淤血、出血，呈三角形。肝脏肿大、淤血、出血。部分病例肝小叶间质增宽。肾脏肿大，充血、出血。胰腺出血斑和坏死灶，或液化状。胸壁有淡黄色胶样物。腺胃黏性分泌物较多，部分病例黏膜出血。腺胃与肌胃交界处有出血带。肠道局灶性出血斑或出血块，黏膜有出血性溃疡病灶，直肠后段黏膜出血。多数病例心肌有灰白色坏死斑，心内膜出血斑。多数病例肺淤血、出血。产蛋母鹅卵泡破裂于腹腔中，卵巢中卵泡膜充血、出血斑、变形。输卵管浆膜充血、出血，腔内有凝固蛋白。病程较长患病母鹅的卵巢中卵泡萎缩，卵泡膜充血、出血或变形。患病雏鹅法氏囊出血。有些病例十二指肠与肌胃处有出血块。部分病例盲肠出血。

（2）显微病理变化　心脏，实质性心肌炎，心肌纤维大片发生坏死、崩解，呈红色无结构团块状，其中有大量炎性细胞增生浸润。脑，非化脓性脑膜脑炎，实质中从血管周围淋巴间隙扩张，有淋巴细胞包围形成"管套"。

3. 实验室诊断　本病确诊必须进行病毒分离鉴定和血清学试验。

（1）病毒分离

①病料采集与处理。分离病毒的病料应采自流行早期具有典型病变的患鹅。病鹅或死鹅应用无菌手续，采取脑、肝、脾组织器官。将病料磨细，加入灭菌生理盐水或灭菌 PBS 液，制成 1∶5～1∶10 的悬液，经 3 000 转/分，离心 30 分钟吸取上清液，按每毫升加入青霉素、链霉素各 1 000 单位，混匀后置 4～8℃冰箱中作用 2～4 小时，或 37℃温箱中作用 30 分钟。取少许液体，分别接种于鲜血琼脂培养基和厌氧肉汤培养基，于 37℃培养观察 48 小时，应无菌生长，作为病毒分离材料。也可吸取皮下渗出物，用灭菌生理盐水或灭菌 PBS 液制成 1∶5 悬液，经 3 000 转/分，离心 30 分钟后吸取上清液，经过滤器过滤，滤液按每毫升加入青霉素、链霉素各 500 单位，于 37℃温箱作用 30 分钟后作为病毒分离材料。

患病产蛋母鹅，用无菌手续取有病变卵泡数个，放置灭菌二重皿，置于冰箱内冻结。采样时将冻结卵泡取出立即用灭菌剪刀剪开卵泡膜，将膜取出剪碎磨细，加入灭菌生理盐水或灭菌 PBS 液制成 1∶5 悬液，经 3 000 转/分，离心 30 分钟，吸取上清液，按每毫升加入青霉素、链霉素各 1 000 单位，混匀，置 37℃温箱中作用 30 分钟后作为病毒分离材料。

②鸡胚接种。用 4～6 枚 11 日龄 SPF 鸡胚，或 4～6 枚 11 日龄未经禽流感免疫鸡群的鸡胚，每胚绒尿腔接种上述病毒分离材料 0.2 毫升。接种 18 小时后每天照蛋 4 次，连续 4 天。通常于接种后 24～48 小时死亡，18 小时内死亡鸡胚废弃，18 小时后死亡鸡胚放置于 4℃冰箱，气室向上，冷却 4～12 小时。用无菌手续收获绒尿液，并做无菌检查。浑浊的绒尿液和有菌生长的绒尿

液弃去不用。将清朗、无菌生长和鸡胚病变典型的绒尿液放置低温冰箱冻结保存供进一步鉴定。鸡胚胚体皮肤充血、出血，脑出血，绒尿膜增厚、充血。

（2）病毒鉴定

①血凝试验。在微量凝集板上，从第 1 孔起，在若干孔内，用定量针头每孔加入 0.025 毫升生理盐水。用定量针头吸取 0.025 毫升等量被检的鸡胚绒尿液加入第 1 孔，依次做倍量稀释，至最后一个量孔弃去余液。再用定量针头每孔加入 0.025 毫升 1% 鸡红细胞悬液，并用生理盐水代替被检鸡胚绒尿液的红细胞对照孔，立即在微量振荡器上混匀，置室温中 30 分钟左右判定结果。凡能使鸡红细胞完全凝集的被检病毒液最高稀释倍数，称为 1 个血凝单位。

②血凝抑制试验。在微量凝集板上，根据标准 HA 亚型抗血清的种类和效价数排，均从第 1 孔起，用定量针头在每孔加入 0.025 毫升生理盐水。在第 1 孔中分别加入已知抗血清 0.025 毫升，并依次做倍量稀释至最后 1 孔弃去余液。每孔加入含有 4 个凝集单位 0.025 毫升被检病毒液。微量板在微量振荡器上混匀，置 37℃ 温箱中作用 30 分钟后，用定量针头每孔加入 0.025 毫升 1% 鸡红细胞悬液，并设被检病毒液和鸡红细胞对照孔，在微量振荡器上混匀，置室温中 30 分钟左右判定结果。如被哪个 HA 亚型抗血清所抑制，即可将被检病毒液定为哪个亚型。

（3）血清诊断　可以采取病禽或康复禽的血清进行琼脂扩散试验。

禽流感的琼脂扩散试验是用禽流感病毒抗原检测相应的抗体，中国农业科学院哈尔滨兽医研究所已研制出禽流感的特异性诊断液（冻干抗原），可供琼扩试验应用，方法如下。

①琼脂板的制备。

a. 0.01 摩/升 PBS 的配制：

甲液：$Na_2HPO_4 \cdot 12H_2O$ 3.58 克，加 1 000 毫升蒸馏水。

乙液：KH_2PO_4 1.36 克，加 1 000 毫升蒸馏水。

待甲、乙二液充分溶解，用脱脂棉过滤后分别保存，用时取甲液 24 毫升加乙液 76 毫升混合即可。

b. 制板：0.8 克琼脂糖、8 克氯化钠加入甲、乙混合液至 100 毫升，在水浴中煮沸融化后，加入 0.01% 硫柳汞，每个平皿分装 18～20 毫升，放入冰箱保存。

c. 打孔：取出平皿，按 7 孔一组的梅花图形扣孔，孔径 3 毫米，孔距 4 毫米，将孔中的琼脂挑去补底即成。

d. 加样：用注射器或滴管吸取抗原悬液滴入中间孔中，以加满为止，阳性对照血清分别加入外围的 1 孔、4 孔，待检血清按顺序分别加入 4 个外围孔中，每加一个样品，应更换一个针头或滴管。

e. 加样完毕后放入温箱，待抗原及血清渗透入琼脂中后，将平皿倒过来放在保持一定湿度的瓷盘中，经 24～48 小时观察结果。

②观察结果。如受检血清有禽流感抗体，在抗原与抗体孔之间会产生肉眼清晰可见的沉淀线，沉淀线的一端必须和阳性对照血清沉淀线一端相吻合，即为阳性，不出现沉淀线的为阴性。有的受检样品产生一条以上的沉淀线，仍属阳性反应。

4. 鉴别诊断 鹅禽流感在流行病学、临诊症状以及某些器官的病理变化与鹅副黏病毒病、鹅巴氏杆菌病、鹅大肠杆菌性生殖器官病有些相似，需进行鉴别诊断。

（1）与鹅副黏病毒病鉴别 鹅副黏病毒病是由禽副黏病毒Ⅰ型 F 基因Ⅶ型毒株所致。虽然两种病毒对各种品种和年龄鹅均具有高度致病性，但在病理变化上有较大差别。鹅副黏病毒病的脾脏肿大，有灰白色大小不一坏死灶，肠道黏膜有散在性或弥漫性大小不一淡黄色或灰白色的纤维素性结痂病灶为特征，而鹅禽流感以全身器官出血为特征，是重要鉴别之一。这两种病毒均具有凝集红细胞的特性，但通过凝集抑制试验可以鉴别，鹅副黏病毒血凝性被特异抗血清所抑制，而不被禽流感抗血清所抑制；相反，鹅禽流感血凝性能被特异抗血性所抑制，而不被鹅副黏病毒病抗血清所抑制，具有重要鉴别诊断意义。

（2）与鹅巴氏杆菌病鉴别 鹅巴氏杆菌病是由禽多杀性巴氏杆菌所致。本病多发生于青年鹅、成年鹅，而雏鹅很少发生，在流行病学上有一定参考意义。同时应用广谱抗生素和磺胺类药物有紧急预防和治疗作用，而抗生素对鹅禽流感无任何作用，也有参考价值。患鹅巴氏杆菌病的肝脏有散在性或弥漫性针头大小的坏死灶特征，而患禽流感的鹅肝出血，无坏死灶，是重要鉴别之一；患鹅肝脏触片，用美蓝染色镜检见有两极染色的卵圆形小杆菌，而鹅禽流感肝触片染色镜检未见有细菌，可作为重要鉴别之二；患鹅肝脏病料接种鲜血琼脂培养基和经处理后接种鸡胚，在鲜血琼脂培养基上呈露珠状小菌落，涂片革兰氏染色，镜检为阴性卵圆形小杆菌，而鹅禽流感在鲜血琼脂培养为阴性，但能引起鸡胚死亡，绒尿液能凝集鸡红细胞，并能被特异抗血清所抑制，可作为重要鉴别之三。

（3）与鹅大肠杆菌性生殖器官病鉴别 见鹅大肠杆菌性生殖器官病鉴别诊断项。

[防制策略]

1. 预防措施 鹅在禽流感中以前认为是带毒而非具致病性，但近年来以一种烈性病毒传染病出现。由于本病的流行病学在很多方面，特别是传染的来源还未搞清楚，因此在防制上造成较大难度，应采取积极的预防措施。如要注意应激因素（如受冷、禽群拥挤等）和引进种鹅可能激发本病的发生和发展。由于禽流感病毒易变，毒株很多，而且免疫原性相对比较差，给特异性防制的研究增加困难。因此，应选择在流行中占优势的毒株，或根据流行区域存在的相同亚型的不同抗原毒株，研制成多价灭活苗。

油乳剂灭活苗的免疫，种鹅育成阶段应进行 2～3 次免疫注射，在产蛋前 15～30 天再进行一次免疫，在免疫后 2 个月左右再次进行免疫。经 4～5 次免疫的种鹅在整个产蛋期，可以达到控制在鹅群的流行发生；商品鹅，经免疫种鹅群后代的雏鹅，可在 15 日龄左右进行首免。未免疫种鹅群后代的雏鹅，可根据本病的流行情况在 10 日龄以内或 15～20 日龄进行首免。在首免后一个月左右进行第二次免疫。

鹅禽流感和鹅副黏病毒病在鹅群已广泛流行，如应用二联苗能有效地控制疫病的发生。

2. 治疗方法　本病目前没有有效的治疗方法。抗生素仅能控制并发或继发性的细菌感染，金刚烷胺等对本病毒的复制可能有干扰或抑制作用。

鹅群一旦发生禽流感后，立即将病鹅淘汰，死鹅烧毁或深埋，彻底消毒场地和用具。对未发病的鹅群可用抗血清或卵黄抗体做紧急免疫接种有一定的保护率。用灭活苗做紧急防疫注射，除 15 日龄以内的雏鹅外，一般 5～7 天能有效地控制流行发生。

四、鹅鸭瘟病毒感染症

鸭瘟又名鸭病毒性肠炎，是鸭的一种急性败血性传染病。1923 年在荷兰首次发现，1957 年我国学者黄引贤在广东首先提出。本病在 20 世纪 60 年代中发现小量鹅被感染。临诊特征为发高热，两脚发软，腹泻，粪便呈绿色，流泪，头颈部肿大，故群众把它叫做"大头瘟"。口腔和食道黏膜有坏死性假膜，泄殖腔和眼睛黏膜出血及坏死性溃疡，肝脏出血和坏死等为本病特征。鹅群感染以后即群内传播，往往造成大批死亡。在有鸭瘟流行的场所鸭鹅混养或同地放牧饲养易发生本病的流行。

[病原及流行病学概述]

1. 病原主要特性　鸭瘟病毒属疱疹病毒科，疱疹病毒属，鸭疱疹病毒 I 型，鸭瘟病毒。在自然情况下，除感染鸭之外，也能感染鹅和雁，是一种泛嗜性全身感染的病毒，存在于病鸭的各个内脏器官、血液、分泌物及排泄物中，以肝和脾中的病毒含量最高。病毒呈球状，有囊膜，大小在 120～180 纳米，具有典型疱疹病毒的形态结构。病毒能够在 10～12 日龄发育鸭胚的绒尿膜上生长繁殖，鸭胚通常在接种病毒后 4～6 天死亡。病毒在发育的鹅胚、鸡胚和鸭胚细胞及鸡胚细胞上也能够生长，并产生细胞病变。病毒对热、干燥和普通消毒药物都很敏感，56℃ 10 分钟即行死亡，在 50℃ 下需要 90～120 分钟才被灭活，在室温条件下，其传染力能够维持 30 天，在氯化钙干燥的条件下（22℃）能够维持 9 天。

2. 流行病学特点 在自然情况下，只有鸭能够感染鸭瘟，鹅在同病鸭密切接触的情况下，也可感染发病。其他家禽如鸡、鸽和火鸡都不会感染。采用人工接种的方法，可以引起鹅和很多种属于游禽类的水禽发生感染。病毒在连续通过鸡胚以后，也能够引起 2 周龄以内的雏鸡感染发病。鸭瘟活疫苗连续通过雏鹅继代，对雏鹅的毒力逐渐增强，可引起严重发病和死亡，对成年鹅也能感染发病。任何品种、年龄和性别的鹅，对鸭瘟病毒都有很高的易感性，不过它们之间的发病率、病程以及病死率是有差别的。通常在流行期间，成年鹅的发病率较高，1 月龄以下雏鹅发病较少。

鸭瘟的传染来源主要是病鸭、鹅或病愈康复不久的带毒鸭、鹅。健康鹅群和病鸭群在一起放牧，或是在水中相遇，或是放鹅时经过流行地区都能够发生感染。被病鹅的排泄物沾污的用具和运输工具也是传染鸭瘟的媒介。某些野生水禽（例如野鸭）和飞鸟，也可能感染或携带病毒，因而有可能成为传播本病的一个自然疫源或媒介。此外，某些吸血昆虫也可能传播本病。目前尚未发现蛋带毒的证据。

鸭瘟病毒的传染途径，主要是通过消化道感染。人工感染可以通过口服、滴鼻、泄殖腔接种、静脉注射，以及肌肉注射等途径，都能引起发病。一年四季都可以发生，但本病的流行同气温、湿度、鹅群和鸭群的繁殖季节以及农作物的收获季节等因素有一定关系。通常在春夏之际和秋季流行最严重，因为这个时期饲养量最多，群大，密度高，各处放牧流动频繁，接触的机会多，因而发病率也较高。本病的流行过程大致与一般急性败血性传染病相似。当鸭瘟病毒传入一个有易感性的鹅群之后，一般在 3～7 天后开始出现零星病鹅，再过 3～5 天就有大批病鹅出现，疫病进入发展期和流行盛期。根据鹅群的大小和饲养管理方法的不同，每天的发病数从 10 多只至数十只不等。发病的持续时间也有数天至 1 个月左右。整个流行过程 2～6 周。

［诊断方法］

1. 临诊症状 自然感染的潜伏期为 3～4 天，因病毒的毒株不同而有差异。开始发病时，病鹅表现精神委顿，食欲减少，体温升高至43℃以上，高热稽留。全身体表温度增高，特别是头部和翅部最显著，以后病鹅的食欲完全消失，或口渴增加。两脚发软，翅膀下垂，伏坐地上不愿移动。强迫驱赶时，步态不稳，走不了几步即行倒地，最后完全不能站立。

病鹅的一个特征性症状是怕光、流眼泪和眼睑水肿，眼睑周围羽毛沾湿，起初是流出一种澄清浆液，以后变成黏稠或脓样，黏膜形成出血性或坏死性溃疡病灶。病鹅鼻中流出稀薄或黏稠的分泌物，呼吸困难，叫声变粗厉。发生腹泻，排出绿色或灰白色稀粪，肛门周围的羽毛沾污和结块，肛门肿胀和扩张，翻开肛门可见泄殖腔黏膜充血、水肿，有出血点，严重的黏膜表面覆盖一层假膜，不易剥离。有一部分病鹅的头和颈部几乎变成一样粗细，拨开颈部腹侧面羽毛，可见皮肤浮肿，呈紫红色，触之有波动感。到了发病后期，极度衰竭而死亡。

本病的病程一般都很急骤，平均为2～5天，快的在发现停食后1～2天即行死亡，慢的可拖延到1周以上。部分病鹅能够耐过而康复。

2. 病理变化

（1）大体病理变化 病理变化因种类、年龄、性别、宿主的易感性以及病毒的毒力而不同，典型病例是出现急性败血症，全身小血管破坏，皮肤和皮下充血、出血，全身浆膜、黏膜和内脏器官有出血斑点。腺胃黏膜出血，淋巴组织广泛坏死，消化道黏膜的坏死斑点病灶以及实质器官发生变性。

皮下组织发生不同程度的炎性水肿，在"大头瘟"典型病例中，头和颈部的皮肤肿胀，剖开时流出淡黄色的透明液体。口腔黏膜，主要是舌根、咽部和上腭部黏膜表面常有淡黄褐色的假膜覆盖，刮落后即露出鲜红色、外形不规则的出血性溃疡。食管黏膜的病变具有特征性，黏膜表面散在覆盖着灰黄色或草黄色的坏死物形成的假膜结痂，呈小的斑块状或与黏膜纵皱襞相平行的条索状；或是黏膜表面覆盖大片假膜；或是黏膜上同时出现大小不一的出血性溃疡和散在的出血点。食管和腺胃括约肌的连接部有出血环，整个肠道发生急性卡他性炎症，以十二指肠、盲肠和直肠最严重。位于空肠和回肠区的肠环状带，呈深红色，从肠壁外面和内腔上均能看到，黏膜上有黄色、针尖状小坏死灶。泄殖腔黏膜的病变与食管相同，也具有特征性，黏膜表面覆盖着一层绿褐色或棕褐色或黄色的坏死结痂，黏得很牢固，不易剥落，黏膜上散布出血斑点。法氏囊黏膜充血发红，有针尖样的黄色小斑点，到了后期，囊壁变薄，囊腔中充满白色、凝固的渗出物。

肝脏表面和切面上可以看到针头至小米大的灰白色坏死斑点和出血斑。胆囊肿大扩张，充满浓稠的墨绿色胆汁。淋巴器官均受侵害，脾脏不肿大，质地松软，颜色变深，表面和切面上也常见灰白色的小坏死点。胸腺的表面和切面上也有出血点和灰黄色坏死灶，心外膜和心内膜上有出血斑点，心腔内充满凝固不良的暗红色血液。气管黏膜充血，肺一侧或两侧充血和出血。产蛋母鹅的卵巢有明显病变，卵泡和膜发生充血和出血，有的整个卵泡变成暗红色，质地坚实，切开时流出血红色浓稠的卵黄物质，或是完全变成凝固的血块。卵泡的形态不整齐，有的皱缩，有的发生破裂而引起卵黄性腹膜炎。

（2）显微病理变化　可见食管腺扩张，继而黏膜棘细胞层上皮细胞水泡变性，最后黏膜坏死，固有层炎性水肿，上皮层发生凝固性坏死，形成糜烂和溃疡。肠道黏膜和泄殖腔黏膜的病变和食道黏膜基本相同，黏膜上皮破坏脱落，有的发生凝固性坏死。肝脾脏的实质细胞发生明显的颗粒变性和脂肪变性，并有小坏死灶。血管壁变化明显，内皮破裂，结缔组织略现疏松，在血液外渗处，可见组织分离，通过破裂的血管壁，血液渗入组织。

3. 实验室诊断

（1）病毒分离与鉴定　初次分离病毒最好用肝、脾或肾组织病料，以缓冲盐水将其做成匀浆，低速离心后将上清液接种于细胞培养物、雏鸭或鸭胚作分离病毒。

①雏鸭。1 日龄易感雏鸭肌肉接种后，在 3～12 天内死亡。雏麻鸭比白色北京雏鸭更易感，尸检可发现鸭瘟典型的眼观和显微镜病变。同时，用未接毒雏鸭作对照。通过免疫雏鸭，然后以病毒分离物攻毒，或用免疫荧光法可确诊本病。

②鸭胚。初次分离病毒，可将病料接种 9～11 日龄鸭胚的绒毛尿囊膜或腔。鸭胚接种后 4～10 天死亡，呈特征性弥漫性出血。有时需将绒毛尿囊膜或腔盲传 2～4 代后才能分离到病毒。本法敏感性不如用易感的 1 日龄雏鸭。

鸡胚对鸭瘟的野毒感染不很敏感，但经连续传代后病毒可适应于鸡胚。白色北京鸭胚对鸭瘟毒株的敏感性有差异。

（2）血清学试验　用胚胎和细胞培养物所做的血清中和试验，用于监测鸭瘟病毒的感染，以及免疫检测。

4. 鉴别诊断　与鹅巴氏杆菌病鉴别。鸭瘟在有些方面同鹅巴氏杆菌病很相像。应当注意鉴别诊断。

流行病学特点：鹅巴氏杆菌病的病原体为禽多杀性巴氏杆菌，是很多种家禽的共同病原菌，所以在流行的时候，其他家禽如鸭和鸡也都能感染发病，而鸭瘟病毒则其他家禽一般不会感染。流行特点是一般发病急骤，病程很短，流行期不长；而鸭瘟相对地发病缓慢些，流行期也比较长。

临诊症状特点：急性鹅巴氏杆菌病主要显现精神委靡，食欲废绝，呼吸困难，口腔和鼻孔中有时流出带泡沫的黏液，有时流出血水，频频摇头，接着便死亡。而鸭瘟所特有的流眼泪或眼睑封闭，两脚发软，不能站立，口腔后部黏膜出现假膜和溃疡，部分病鹅的头和颈部肿大，以及颈部皮下水肿、出血等症状，鹅巴氏杆菌病则是没有的。

病理变化：鹅巴氏杆菌病和鹅鸭瘟病毒感染症虽然都具有一般急性败血症的变化，但从一些具有特征性的病变来比较，可以加以鉴别。首先，在患鸭瘟鹅的食管和泄殖腔黏膜处经常可以看到结痂性或假膜性病灶，但在鹅巴氏杆菌病无此特征性病变。这是两者之间一个很重要的不同点。鹅巴氏杆菌病的肺脏通常都有严重病变，表现弥漫性充血、出血和水肿，病程稍长的会出现纤维素性肺炎变化，而鹅鸭瘟病毒感染症的肺脏变化一般并不显著。相反的，一部分患鸭瘟的鹅颈部皮肤可见明显的炎性水肿。

药物治疗也可以比较出这两种疫病的不同点。鹅巴氏杆菌病一般应用磺胺类和抗生素治疗，都有较好的疗效，而对鹅鸭瘟病毒感染症却并无效果，这也可以作为鉴别诊断上的一个根据。

实验室诊断：根据病原检查和动物接种检验，可以做出这两种疾病的确诊。采取病鹅的肝、脾组织悬液，加抗生素做无菌处理后接种发育鸭胚，进行病毒分离和鉴定；或是应用已知的抗鸭瘟血清与待检的病料做病毒中和试验，都可以获得确诊。

[防制策略]

1. 预防措施　本病的防制工作必须采取封锁隔离、严格消毒和注射疫苗相结合的综合措施。在没有发生鸭瘟的地区或鹅场，应当着重做好预防工作，严格防止疫病的传入和使鹅群建立有效的免疫力。鹅群与鸭群严格分开饲养、放牧，以及做好鸭群鸭瘟的预防接种，可确保鹅群不发生本病。

不从有病地区引进鹅。必须从外面购进种鹅时，一定要经过严格的健康检查，隔离饲养一定时期才能并群；不到有病地区去放牧。鹅群下水放牧，应当先了解当地的疫病情况，如果上游有病鸭和病鹅，就不能在下游放牧；有鹅群发病的地方，应定期注射预防疫苗，做到鹅群只只免疫。鸭瘟活疫苗现在已广泛使用，证明安全有效。注射前将疫苗加灭菌蒸馏水做稀释，20 日龄以上的鹅肌肉注射，免疫期约 6 个月，成年鹅接种 20～30 羽份疫苗后免疫期可达 1年；严格执行消毒卫生工作。鹅舍和运动场经常保持清洁卫生，定期进行消毒。装运鹅的车辆和容器，每次用过后应当进行消毒，以切断一切传染源。

一个地区或鹅群一旦发生了鸭瘟病毒感染症，必须集中力量采取严格的封锁和隔离措施，将疫病控制在最小范围之内，防止蔓延。加强检查，早期诊断，早期检出病鹅，减少传染来源；隔离饲养，停止放牧，以防止传播病毒，扩大疫情；严格消毒。发病鹅群的场舍，每天清除粪便，用10％～20％石灰乳或5％漂白粉消毒。装运过病鹅的用具和车辆，也要彻底消毒之后才能装运其他鹅群；摸清疫区疫情，注射疫苗。如果疫病发生的范围较大，一方面摸清疫病的流行地区，严格执行以上各项防制措施；另一方面立即对全区的健康鹅群进行预防注射。同时在发病鹅群中进行紧急预防注射，可以缩短疫病的流行时间和大大地减少鹅群的发病率和病死率，是控制和消灭本病流行的一个强有力的措施。在注射疫苗时，应该注意凡是已经表现症状的病鹅，不必注射疫苗，应当立即淘汰；做到一根针头注射一只鹅，以免在注射过程中传播病毒；注射疫苗以后，一般需经1周才能产生有效的免疫力。因此，在注射疫苗后，仍需严格执行防制措施。

2. 治疗方法 各种抗生素和磺胺类药物对本病均无治疗和预防作用。

五、鹅　痘

鹅痘是禽痘的一种，属于痘病毒科，禽痘病毒属，鹅痘病毒，具有较高度传染性的疾病，通常发生在喙和皮肤间，或同时发生。病变的特征是喙和皮肤的表皮和羽囊上皮发生增生和炎症过程，上皮细胞内出现具有特异性的包涵体，最后形成结痂和脱落。

［病原及流行病学概述］

1. 病原主要特性 鹅痘的病原是一种比较大的痘病毒，直径（298～324）纳米×（143～192）纳米。在病变的皮肤表皮细胞和感染鸡胚的绒尿膜上皮细胞的细胞浆内，可以看到一种嗜酸性染色、卵圆形或圆形的包涵体，直径可达5～30微米，比细胞核还要大。

痘病毒对干燥的抵抗力很强，在外界环境中能够长期生存，从皮肤病灶脱落下来的干痘痂，它的毒力可以保存几个月之久。在一般情况下，病毒可以在土壤中生存数周。常用的消毒药物能在10分钟内杀死病毒，能够达到消毒的目的。50％甘油可以长期保存病毒。

病毒能在10～12日龄发育鸡胚和鸡胚成纤维细胞上生长繁殖，并生成特异性病变。在接种后第6天，鸡胚绒尿膜上即形成一种局灶性的或弥漫性的痘疱病灶，病灶呈灰白色，坚实，厚约5毫米，中央为一坏死区。

2. 流行病学特点 家禽中以鸡的易感性最高，不管任何年龄、性别和品种都能够感染鸡痘，甚至几日龄或几周龄的雏鸡也都能感染发病。其次是火鸡,而鹅等其他家禽,虽然也能够发生,但并不严重,病死率低,但对患病鹅生长有一定影响。鹅痘在一年四季中都能够发生,尤其是在秋季最易流行,一般在秋季发生皮肤型痘为多见。鹅痘病毒的传染途径,主要是通过皮肤或黏膜的伤口侵入体内。已经证明某些吸血昆虫,特别是蚊子(库蚊属和伊蚊属)能够传带病毒,是夏秋季造成鹅痘流行的一个重要传染媒介。蚊子吸吮过病鹅的血液后,它的带毒时间可以保持 10～30 天。

[诊断方法]

1. 临诊症状 髯和眼皮等处生成一种特殊的痘子。病鹅最初在喙和腿部皮肤出现一种灰白色的小结节(丘疹)症状,这是由于局部皮肤的表皮和羽囊上皮发生增生与表皮下水肿所形成,很快增大,呈黄色,并和邻近的结节互相融合,形成干燥、粗糙、呈棕褐色的大结痂,突出在皮肤表面或喙上。把痂剥去,露出一个出血病灶。结痂的数量多少不一,多的时候可以布满整个头的无毛部分和喙等处。结痂可以留存 3～4 周之久,以后就逐渐脱落,留下一个平滑的灰白色疤痕。患鹅症状一般比较轻微,没有全身性症状,但严重的病鹅精神委靡,食欲减少或停食,体重减轻等全身性症状。少数病鹅因消瘦、体弱而引起死亡。

2. 病理变化 患病鹅除喙和腿部皮肤呈典型病灶外,其他器官一般不发生明显变化,如有病变,常因其他微生物并发感染所致。

3. 实验室诊断 鹅痘在禽痘病例中的发生是不多见的,但随着规模化饲养后,此病将有可能引起流行,因此确诊具有一定的重要性。

(1)病毒分离

①病料采集及处理。分离病毒的病料最好采自新形成的痘疹病灶。应用灭菌的剪刀切取痘疹病灶,深部达上皮组织。将病料浸泡于每毫升含有青霉素、链霉素各 1 万单位灭菌生理盐水,或 Hank's 液 30～60 分钟。取出后用剪刀剪碎,用乳钵或组织研磨器研磨后加入灭菌生理盐水制成 1∶5 悬液,经 3 000 转/分,离心 30 分钟。取上清液按每毫升加入青霉素、链霉素各 1 000 单位,置 37℃温箱中作用 60 分钟。取少许液体接种于鲜血琼脂培养基和厌氧肉汤培养基,无菌生长,作为病毒分离材料。

②鸡胚接种。用 4～6 枚发育良好的 10 日龄鸡胚,每胚绒尿膜接种上述病毒分离材料 0.1 毫升。接种后将鸡胚置 37℃继续孵育,观察 5～7 天,检查绒尿膜上是否出现灰白色灶状痘斑。如初代接种有出现不典型病变时,可继续传代。

(2)病毒鉴定

①电镜检查。取痘疹病料制成超薄切片，或感染鸡胚绒尿膜上的灰白色灶状痘斑病料制成超薄切片做电镜检查，见有 180 纳米×320 纳米大型病毒颗粒。

包涵体检查：取痘疹病料或感染鸡胚绒尿膜病灶，制作切片，用苏木素和伊红染色，在上皮细胞的胞浆内可以见到嗜酸性包涵体。

②血清学鉴定（琼脂扩散试验）。

琼脂板的制备：由 1‰优质琼脂或 1‰琼脂粉、8‰氯化钠和 0.01‰硫柳汞配制而成。

抗血清：取自然康复或人工感染鹅康复的血清，以及鸡痘免疫血清。

被检抗原：将痘疹病料或感染鸡胚有病变的绒尿膜制成 1∶2～1∶3 乳剂，经离心取上液作为被检琼扩抗原。

方法：与小鹅瘟方法相同。一般在 24～48 小时内出现 1～2 条沉淀线。

[防制策略]

1. 预防措施　在无本病发生史的区域或鹅群、鹅场，一般无需用疫苗免疫。在有鹅痘流行和发生的区域或鹅群，除了加强鹅群的卫生管理等预防措施外，可应用鸡痘活疫苗、鸽痘活疫苗或鹌鹑化活疫苗进行免疫接种，能有效地预防本病的流行和发生。

2. 治疗方法　目前还没有特效药物，通常是采用一些对症疗法，以减轻症状及防止并发症的发生。将病鹅隔离，消毒鹅舍、场地和用具，患鹅痘疹用洁净的镊子小心剥离，伤口涂擦碘酊或红药水、紫药水有一定效果。

六、鹅鸡法氏囊病毒感染症

鹅鸡法氏囊病毒感染症又称鹅腔上囊病，经血清学和病毒特性研究证明本病是由鸡传染性法氏囊病病毒所致的雏鹅一种急性高度接触性传染病。患病鹅群均有与鸡法氏囊病密切接触史。多发生于 3～6 周龄鹅，尤其 4～5 周龄雏鹅有较高发病率和病死率。患病鹅具有法氏囊肿大、出血，呈紫葡萄状，并有坏死灶；肌肉，尤其大腿和胸部肌肉出血为特征性病理变化。

[病原及流行病学概述]

1. 病原主要特性　鹅法氏囊病病毒经病毒形态、理化特性等方面研究，属双股 RNA 病毒科，禽双股 RNA 病毒属。病毒为无囊膜，球形，大小约 60 纳米左右的颗粒。经交叉琼扩试验，本病毒与鸡传染性法氏囊病病毒有密切血清学关系。病毒分离物接种易感鹅，其症状和病变与自然病例相同。接种易感鸡，其症状病变与鸡传染性法氏囊病相同。本病毒为鸡传染性法氏囊病毒。

2. 流行病学特点 1957 年鸡法氏囊病在美国特拉华州的盖姆波罗镇的肉鸡流行发生。1979 年邝荣绿报道广州和 1980 年周蛟报道北京有此病。鸡传染性法氏囊病病毒的自然宿主为鸡和火鸡。自 1957 年国外发现此病至今无报道鹅有自然感染发生。我国自 1979 年鸡法氏囊病发生以来至 1991 年期间无鹅感染病例。1992—2009 年，17 年间仅有数起报道鹅法氏囊病。本病的发生，常与患鸡法氏囊病的鸡群有密切接触有关系，尤其是鹅鸡混养，或鹅群饲养部分鸡，当鸡发生病时而引起雏鹅群感染发病。但未见有大规模流行发生。这数起鹅法氏囊病，主要发生于 3～6 周龄鹅，以 4～5 周龄雏鹅发病率和病死率最高，发病率 10%～100%，病死率 5%～50% 高低不等，这与鹅群被感染强度和有无并发病有关。各种品种雏鹅均有易感性。

[诊断方法]

1. 临诊症状 患病雏鹅精神委顿，拥挤成堆。羽毛松乱无光泽。食欲大减或废绝，站立不稳，不愿行走。腹泻，排出白色水样稀粪，稀粪中白色多为尿酸盐，患鹅迅速脱水，瘦弱。肛门四周羽毛常被稀粪沾污。有的患鹅有勾颈等神经症状。患病鹅群的流行期一般不超过 7 天，患鹅病程长短不一，短者 1～2 天，长者 4～5 天。

2. 病理变化 法氏囊肿大，大者 2～3 倍，出血呈紫红色葡萄状，黏膜皱褶有散在性或弥漫性出血点，多数病例黏膜有弥漫性灰白色坏死灶，囊腔内有蛋黄色黏性分泌物；肌肉，尤其腿部肌肉和胸部肌肉有点状、斑状或条状出血；肾肿胀，有尿酸盐沉积；心内膜出血；肺淤血；肠道黏膜有出血斑；皮下有胶样浸润。

3. 实验室诊断 鹅法氏囊病是一种新发现的病毒性传染病，要确诊必须进行病毒分离鉴定及血清学诊断。

（1）病毒分离

①病料采集与处理。采集具有典型病变的患雏鹅或死亡鹅的法氏囊组织，剪碎磨细加入灭菌生理盐水或 PBS 液制成 1∶5～1∶10 的悬液，经 3 000 转/分，离心 30 分钟。吸取上清液，按每毫升加入青霉素、链霉素各 1 000 单位混匀后置 4～8℃ 水箱中作用 2～4 小时，或 37℃ 温箱中作用 30 分钟，经细菌培养为无菌者作为病毒分离材料。

②禽胚接种。将病毒分离材料接种 4～6 枚 12 日龄易感鹅胚，每胚绒尿腔 0.2 毫升，或接种 4～6 枚 10～11 日龄 SPF 鸡胚，每胚绒尿腔 0.2 毫升。通常

于72～120小时死亡。死亡胚冷却后吸取绒尿液，经无菌检验后冻结保存做进一步鉴定。

③病毒鉴定。

鹅及鸡接种：鹅胚绒尿液毒或鸡胚绒尿液毒接种4～6只25～35日龄雏鹅或4～6只30日龄左右SPF鸡，每只皮下或肌肉注射0.5毫升。通常在接种后48小时左右开始出现症状，72～120小时出现死亡。死亡雏鹅和雏鸡均具有法氏囊病典型病变。

保护试验：用鸡法氏囊病高免抗血清接种4～6只25～35日龄易感雏鹅，每只皮下或肌肉注射2毫升。血清注射后6～12小时接种鹅胚或鸡胚分离毒，每只皮下注射0.2毫升。另4～6只注射生理盐水代替血清作为对照组，观察10天。血清组鹅全部健活，后者发病死亡，并具有典型病变。

琼扩试验：琼扩被检抗原制备，取患病鹅典型病变的法氏囊组织，剪碎磨细用生理盐水做1∶5稀释制成匀浆在冰箱内反复冻融3～5次，经1 000转/分，离心10分钟。取上清液加入等量氯仿振摇30分钟后，经3 000转/分，离心10分钟。取上液加入0.01％硫柳汞防腐，冻结保存作为被检抗原。

抗血清：用已知鸡法氏囊病高免血清、本病鹅康复血清或高免血清。

方法：按常规方法进行交叉琼扩试验。结果，被检抗原应与已知鸡法氏囊抗血清和本病鹅的抗血清明显阳性反应。鸡法氏囊病标准抗原与鸡法氏囊病抗血清和鹅抗血清均显阳性反应。

[防制策略]

1. 预防措施　鹅法氏囊病的发生是由鸡法氏囊病鸡及污染物传染所致。因此只要做到雏鹅与鸡分离饲养，雏鹅群内严禁饲养雏鸡，雏鹅群不到鸡群或鸡场周围放牧。尤其是雏鹅饲养期绝对不能与雏鸡群接触，即可达到预防本病的流行发生。无本病的雏鹅群无需进行疫苗免疫注射。

2. 治疗方法　患病雏鹅群可用鸡法氏囊病抗血清做紧急预防。未出现症状雏鹅每只皮下注射1毫升，有较好预防。患病雏鹅每只皮下注射2毫升，有较好治疗效果。精制卵黄抗体剂量应加倍使用。在使用抗体时可适当加广谱抗菌药物，可提高其成活率。

七、雏鹅出血性坏死性肝炎

雏鹅出血性坏死性肝炎是我国新发现的1～10周龄雏鹅和仔鹅一种病毒性传染病。雏鹅的发病率和病死率较高。2001年王永坤首先在江苏发现并分离鉴定病原为鹅呼肠孤病毒。本病又称"鹅花肝病"、"鹅呼肠孤病毒感染症"，数年来本病已在全国许多省市鹅群流行发生，造成危害。

[病原及流行病学概述]

1. 病原主要特性　本病病原为呼肠孤病毒科，正呼肠孤病毒属，禽呼肠孤病毒群，鹅呼肠孤病毒。具有典型呼肠孤病毒形态特征，为双股 RNA 病毒，二十面体对称的双衣壳，92 个壳粒，球形，无囊膜，大小为 76～86 纳米，核心直径 51～57 纳米。病毒粒子有两种形态，一种为完整病毒颗粒，另一种为缺少核酸空壳病毒颗粒。禽呼肠孤病毒群各病毒株之间具有共同的群特异抗原。异源型毒株间有交叉中和关系，用中和试验证明禽呼肠孤病毒群至少有 11 个血清型。鹅呼肠孤病毒所属血清型有待研究。经血清中和和琼扩试验等，证明本病毒与雏番鸭细小病毒、小鹅瘟病毒、雏鸭病毒性肝炎病毒、鸭瘟病毒、鹅禽流感病毒、鹅副黏病毒病病毒、鸡新城疫病毒、鸡法氏囊病毒、EDS病毒等没有血清学关系。琼扩试验证明与鸡病毒性关节炎病毒 PR 毒株有交叉反应，与雏番鸭坏死性肝炎病毒血清学关系有待研究。

病毒能在发育良好的鹅胚、鸭胚、番鸭胚和鸡胚繁殖，大多能致死胚胎。死亡胚胎和未死亡胚胎均具有特征性胚体和膜的病变。鹅胚、鸭胚和番鸭胚病死率可高达 95％左右，而鸡胚仅 85％病死率。胚胎病死率集中于 96～120 小时。鹅胚、番鸭胚、鸭胚和鸡胚大体肉眼病变比较一致。绝大多数死亡胚胎全身胚体皮肤和皮下严重充血、出血，呈鲜红色或紫红色胚体。有些胚胎皮肤不充血，但胸部、头部和大腿等不同部位肌肉和皮肤有大小不一的鲜红出血斑；心肌颜色苍白，心外膜有大小不一的点状或斑状鲜红出血斑；肝脏肿大，死亡较早的小胚龄有散在性大小不一的淡黄色和红色相间的坏死病灶，死亡较迟的较大胚龄的肝脏有灰白色或淡黄色大小不一的坏死灶；肾脏肿大，有针头大的灰白色坏死灶；脾脏肿大，有大小不一的灰白色坏死灶；胰腺有出血点；肌胃和腺胃浆膜有淡黄色绿豆至黄豆大的坏死结节；接种部位的绒毛尿囊膜有紫红色和鲜红色黄豆大至小蚕豆大出血性坏死斑，其他部位有散在性出血点。有些病例绒尿膜上形成水泡样病灶。不死亡的胚胎或接种后 8 天以上死亡的胚胎发育不良，肝、脾、心、肾等器官均有上述大体病变，而且更为明显。有部分绒尿膜包裹着整个胚胎，并有散在性大小不一出血点。

病毒也能在鸡胚、鸭胚、番鸭胚和鹅胚成纤维细胞上复制，并产生细胞病变。对乙醚、氯仿、胰蛋白酶不敏感，对酸、热有较强抵抗力。不能凝集禽类和哺乳动物红细胞。

2. 流行病学特点　本病主要危害 1～10 周龄雏鹅和仔鹅，多发生于 2～4

周龄仔鹅。发病率和病死率与日龄有密切关系，差异较大，日龄越小发病率和病死率越高。发病率为10%～70%，病死率为2%～60%，4周龄以内雏鹅发病率可高达70%以上，病死率达60%左右，而7～10周龄仔鹅病死率低，约2%～3%。青年鹅感染后多不出现明显症状，种鹅感染后虽然无临诊症状，但对产蛋率和出雏率有一定影响，并可带毒垂直传播。各品种的雏鹅和仔鹅均有易感性。本病无明显的季节性，与饲养雏鹅季节有密切的关系。与卫生条件差、饲养密度过大、气候骤变以及应激因素有一定关系。患病鹅生长受阻，饲料报酬低。有本病鹅群也易发生细菌性或其他病毒性疫病的继发。

［诊断方法］

1. 临诊症状 患病鹅生长受阻是本病的特征。按病程可分为急性，亚急性和慢性三种类型，它与患病鹅的日龄有着密切的关系，随着感染发病鹅的日龄增长，其发病类型由急性至慢性。

急性型：多发生于3周龄以内雏鹅，病程为2～6天。患病雏鹅精神委顿，食欲大减或废绝，绒毛杂乱无光泽，体小瘦弱，喙和蹼颜色淡，呈苍白，不能站立，行动缓慢、腹泻。病程稍长的患鹅一侧或两侧跗关节或跖关节肿胀。

亚急性和慢性型：多发生于3周龄以上的雏鹅和仔鹅，病程为5～9天。患病鹅精神不佳，食欲减少，不愿站立，行动困难，呈跛行，跗关节、跖关节肿胀明显；有些病例趾关节或脚和趾屈肌腱等部位肿胀。体小瘦弱，生长受阻是本病的特征。

2. 病理变化

（1）大体病理变化

急性型：患病雏鹅均具有共同病理变化特征。患鹅肝脏有散在性或弥漫性大小不一的紫红色或鲜红色出血斑和散在性或弥漫性大小不一的淡黄色或灰黄色坏死斑，小如针头大，大如绿豆大的坏死斑；脾脏稍肿大，质地较硬，并有大小不一的灰白色坏死灶；胰腺肿大，出血，并有散在性针头大灰白色坏死灶；肾脏肿大，充血、出血，有弥漫性针头大的灰白色坏死灶，有的呈大理石样；有的病例呈心包炎，心内膜有出血点；肠道黏膜充血、出血等肠炎病变，肌胃肌层有鲜红色出血斑；胆囊肿大，充满胆汁；颅骨严重充血，脑组织充血；肺充血。

亚急性型：患病雏鹅和仔鹅肝脏和脾脏病变有类似急性型病例，但病变较轻，表面有浆液性纤维性炎症；肿胀关节腔内有纤维素性渗出物或机化纤维素性渗出物。

慢性型：患病仔鹅内脏器官的病变很轻微或无肉眼可见病变，肿胀关节腔有机化纤维素性渗出物；个别在腓肠肌腱有出血斑。

（2）显微病理变化　患病雏鹅的主要病变为：弥漫性的出血性坏死性肝炎；脾脏广泛出血、坏死；胰腺实质多发性灶状坏死；肾脏实质严重浊肿；肠道黏膜卡他性炎；心肌浊肿及心内膜炎；肺充血、局灶性出血坏死；轻微脑炎、脑神经细胞变性、坏死。

肝脏：大片实质发生坏死，切片中几乎看不到完整的肝腺泡，坏死区范围较大，相连成片。坏死区中的肝腺泡结构完全破坏，肝细胞崩解，成为一片淡红色的蛋白质性细网状结构物，充满坏死肝细胞形成的空泡和残留的核碎屑。坏死区周围有大片出血区，其中腺泡组织也已破坏或完全消失。在坏死出血区周围及残存肝组织间质中有单核细胞及淋巴细胞散在浸润。

脾脏：与肝脏病变相似，整个切片成为大片充血、出血、坏死区，脾髓结构完全消失，淋巴组织大部分萎缩消失，仅见在出血区内散在分布的残存淋巴细胞集落，已不见完整的淋巴小结。坏死区形态不规则，有的相连成片，染淡红色，其中可见成片的浆液状物质浸润和散在淋巴细胞及核碎屑。

胰腺：胰浆膜疏松，组织水肿扩张，小血管出血，淋巴管扩张，水肿液中有少量单核细胞及淋巴细胞浸润。腺小叶内散在出现腺泡坏死小灶，有的相互融合成索状，灶内腺泡上皮细胞崩解，可见到成团的红染酶原颗粒，有的仅剩空泡。坏死灶内也有单核细胞浸润。

肾脏：肾小管上皮广泛发生严重浊肿，有些上皮细胞已破坏崩解，实质中有小出血灶，在间质内及肾小管间散见淋巴细胞增生浸润。

肠管：小肠浆膜均见炎性水肿，扩张，有散在的红细胞和单核细胞浸润，黏膜层很多绒毛上皮脱落，浅层多已发生坏死。

心脏：心内膜炎性水肿，扩张，有单核细胞和淋巴细胞散在浸润，深入浅层心肌间质，心肌纤维浊肿，肌间有小出血灶。

肺：很多肺泡充血，有些副支气管腔内含有数量不等的红细胞，肺小叶间明显水肿，淋巴管扩张，水肿液中混有红细胞和少数单核细胞。较大支气管周围出现出血坏死灶，灶中肺泡组织破坏，充满红细胞，其中含有单核细胞及淋巴细胞。

脑：大脑有小胶质细胞散在增生浸润，并见数个或十数个胶质细胞聚集成团。神经细胞大多发生变性，周围水肿形成扩张的空腔，其中有的神经细胞发生浓缩或溶解，仅见一些红染的胞浆物质。切片中见实质内小血管周围间隙扩张，有的血管周围有少数胶质细胞增生，显现不完整的"管套"。小脑髓质中有小出血灶，脉络丛有出血和单核及淋巴细胞浸润。

腱鞘：在腱鞘滑液层有单核炎性细胞浸润。

3. 实验室诊断　雏鹅出血性坏死性肝炎是一种新发现的鹅的病毒性传染病。目前研究报道极少，未能被许多兽医工作者及饲养者所认识，尤其近10余年来增加不少新鹅病。因此病原分离鉴定显得特别重要。

（1）病毒分离

①病料采集。用无菌手续采集数只患病濒死或刚死亡雏鹅的肝脏、脾脏病料，放置于无菌的玻瓶冻结保存作为病毒分离材料。

②病料处理。将肝、脾病料剪碎、磨细，用灭菌 PBS 或 Hank's 液做1：5～1：10 稀释，经 3 000 转/分，离心 30 分钟，取上清液加入青霉素、链霉素各 1 000 单位，于 37℃温箱作用 30 分钟，经细菌检验为阴性者作为病毒分离材料。

③胚胎接种。将经检验的病料，可分离接种 10 日龄 SPF 鸡胚、12 日龄鹅胚、11 日龄鸭胚、12～13 日龄番鸭胚，每胚绒尿膜接种 0.1 毫升，置 37～38℃孵化箱内继续孵化，每天照蛋数次，观察 10 天。48 小时内死亡胚胎废弃。大多于 4～5 天死亡，于 4～8℃冰箱冷却，收集绒尿液及绒尿膜，经无菌检验及具有典型胚胎及膜病变者，于低温保存作传代及鉴定用。未死亡胚胎冻死，检查胚胎及膜，有典型病变者于低温保存作传代用。

④雏鹅接种。用患病鹅肝脾病料制备的病毒分离材料，或胚胎绒尿液做 1：5 稀释，接种 5 只 10 日龄左右易感雏鹅，每鹅肌肉注射 1.0 毫升，或爪垫注射 0.2 毫升，观察 15 天。一般于感染后 5～6 天开始发病，死亡雏鹅需作细菌等检验，并检验其病理变化应与自然病例相同。

（2）中和试验

①胚胎中和试验。胚胎绒尿液（鸡胚、鸭胚、鹅胚）上清液分成 2 份，1 份加入 4 倍量已知抗本病毒高免血清，另一份加入 4 倍量灭菌 PBS 或生理盐水代替血清作为对照，混匀后置 37℃温箱作用 30 分钟，每组接种 4～6 枚胚胎，每胚绒尿膜 0.1 毫升，观察 8 天。血清组胚应全部健活，胚体和膜均无病变，而对照组胚死亡，并具有特征性胚体和膜的病变。

②细胞中和试验。4 倍递增稀释的本病毒抗血清与等量 $200TCID_{50}$ 细胞病毒液混合，37℃作用 2 小时，每稀释度感染 6 孔鸡胚成纤维细胞。同时用同样的方法分别加入小鹅瘟抗血清、番鸭细小病毒抗血清、禽流感 H5、H9 亚型抗血清、鸡新城疫抗血清，作用后感染细胞，另设病毒对照。结果，除了本病毒特异抗血清组细胞无病变中和外，中和价为 4^{-4}，病毒对照组细胞均出现病变，不能中和本病毒。

上述结果表明抗小鹅瘟血清、抗番鸭细小病毒血清、抗禽流感 H5、H9 亚型病毒血清、抗鸡新城疫病毒血清均不能中和本病毒，无抗原关系。

（3）琼脂扩散试验

①琼脂抗原制备。用分离毒株胚体和绒尿膜以及同种胚胎同日龄正常胚体和绒尿膜，分别剪细制成匀浆，经3次冻融后离心取上清液，再用氯仿抽提3次，将上清液浓缩作为琼扩诊断抗原和阴性抗原对照。

②抗血清制备。用分离毒株胚胎绒尿液，经多次免疫同种青年禽类制备抗血清，以及未免疫同种禽类血清对照组。

③琼脂板制备。以1‰琼脂糖、8％NaCl、7.2pH和7.5％甘氨酸配方，其沉淀线最清晰。

④琼扩结果。琼扩方法和判定结果与小鹅瘟方法相同。

⑤琼脂扩散阻断试验。各分二组，一组抗本病毒株血清，抗小鹅瘟血清、抗番鸭细小病毒血清，分别与等量200ELD$_{50}$本病毒液混合，另一组加入等量非本病抗血清或健康禽类血清或生理盐水作对照，混合后于37℃作用1小时，经离心取上清液于本病毒株制备的琼扩抗原做琼扩试验。结果，抗本病毒血清与本病毒琼扩抗原为阴性，而对照组琼扩价为1∶16。

4. 鉴别诊断 雏鹅出血性坏死性肝炎在流行病学、症状、病理变化与小鹅瘟、鹅沙门氏菌病、鹅鸭疫里默氏杆菌病有些相似，需进行鉴别诊断。

（1）与小鹅瘟鉴别 小鹅瘟是3周龄以内雏鹅一种急性或亚急性高发病率和高病死率的传染病，10日龄以内有很高发病率和病死率，病死率高达95％，而本病此日龄段的雏鹅其发病率和病死率低，是流行病学鉴别之一。肝脏特征性病变是本病所特有，肠道栓子特征性病变是小鹅瘟所特有，是病理变化鉴别之二。将经处理的病料接种易感鹅胚和鸡胚，每胚绒尿膜0.2毫升，观察8天，如鹅胚和鸡胚死亡，胚体及膜有特征性病变，即可认为是出血性坏死性肝炎，如鸡胚不死，又无病变，而鹅胚死亡，胚体和膜无本病特征性病变，即可认为是小鹅瘟，是鉴别之三。此外，也用血清交叉中和试验和交叉琼脂扩散试验进行鉴别。

（2）与鹅沙门氏杆菌病鉴别 由鼠伤寒等沙门氏菌所致1～3周龄的雏鹅常以严重腹泻，肝脏呈古铜色，并有针头大坏死灶，但不具出血性坏死性肝炎特征性病变，是重要病理变化鉴别之一。将肝脏病料做触片美蓝染色镜检见有卵圆形小杆菌，即可疑为沙门氏菌所致，而本病为阴性，是鉴别之二。将病料接种于麦康凯培养基，37℃培养24小时，见有光滑、圆形、半透明的菌落，涂片革兰氏染色镜检为阴性小杆菌，而本病为阴性，是鉴别之三。此外，还可进行细菌学和病毒学检验加以鉴别。

（3）与鹅鸭疫里默氏杆菌病鉴别 二种疫病发病日龄很相似，症状也有类似，但从病理变化可区别。鹅鸭疫里默氏杆菌病具有心包炎、肝周炎、气囊炎、脑膜炎、输卵管炎等三炎或五炎特征性病理变化，但肝脏等组织器官无坏死灶病变，是重要鉴别之一。将病料做触片美兰染色镜检见有卵圆形小杆菌，而本病为阴性，是鉴别之二。将病料接种鲜血琼脂或巧克力琼脂培养基，在37℃CO_2培养箱培养48～72小时，见有细小菌落，而本病无细菌生长，是鉴别之三。还可进行细菌学和病毒学加以鉴定。

[防制策略]

1. 预防措施　此病于2001年我国新发现雏鹅和仔鹅病毒性传染病，在流行病学，病原特性等许多方面尚未研究清楚，危害性也未为人们所认识，增加了预防和控制本病的难度。由于本病毒可垂直和水平传播，因此病鹅群和带毒鹅群是重要传染来源，其蛋不能作种蛋用。雏鹅和仔鹅感染后除发病死亡外，病程较长的患病鹅或日龄较大雏鹅和仔鹅感染后常出现特征性运动失调，跛行，生长缓慢，并不断排毒污染场地，造成疫病不断扩大。因此患病鹅应淘汰或隔离，消毒场地，防止饲养污染。有此病的鹅群，易有细菌或病毒继发感染增加发病率和病死率，应适当使用药物和防疫注射减少疫病的发生。加强种鹅群的免疫是预防本病的重要手段。

种鹅群免疫：种鹅群在青年段时应进行首免，二免在产蛋前15天左右，应用油乳剂灭活苗免疫，免疫后15天已产生较高抗体，一方面可达到消除种蛋垂直传播，大大减少传染来源。同时子代雏鹅具有较高母源抗体，使15日龄左右雏鹅能抵抗病毒的感染，可达到降低其发病率和病死率，并提高雏鹅免疫应答的效果。

雏鹅群免疫：经种鹅免疫后代的雏鹅，应在15日龄左右用灭活苗免疫（不用油苗）；未经种鹅免疫后代的雏鹅，应在1周龄内，用灭活苗免疫，能有效地预防本病的流行发生。

2. 治疗方法　用抗本病毒血清或卵黄抗体做紧急预防或治疗。被污染孵坊的雏鹅群，或可能被感染的雏鹅群，每雏皮下或肌肉注射1毫升抗血清，在第一次注射后15天左右进行第二次注射，每雏1.5～2.0毫升，有较高保护率。已患病的鹅群，做紧急预防，每雏1.5～2.0毫升，有一定保护率。患病鹅，每鹅2～3毫升，有一定治愈率。在应用抗血清时适当加入抗菌素，有利于控制并发病的发生。使用卵黄抗体剂量应是抗血清的2倍以上。

八、鹅圆环病毒病

鹅圆环病毒病是近年来新发现的畜禽病之一。1999年在德国首次发现，

2003 年中国台湾报道该病，2005 年在浙江某养殖场的禽流感病死鹅体内检测到该病毒。鹅圆环病毒除引起鹅发生原发感染致死亡之外，更严重的是使感染鹅的免疫功能受到损害，导致机体抵抗力下降，易遭受其他病原的并发或继发感染，使病情加重，造成更大损失。这种可导致机体免疫抑制的病毒，由于经常以亚临诊感染的形式出现，常易被忽视。

[病原及流行病学概述]

本病病原为圆环病毒科，圆环病毒属，鹅圆环病毒。病毒无囊膜，二十面体，病毒粒子直径大约 15～25 纳米，是目前已知的最小的鹅病毒。到目前为止尚未能体外培养成功。根据基因组序列同源性，与鸭圆环病毒仅 68％同源性，与鸽圆环病毒仅 47％同源性。表明鹅与鸭圆环病毒之间基因组序列存在较大的变异性。

目前国内外对鹅圆环病毒的研究处于起步阶段，在鹅圆环病毒的检测和鹅圆环病毒的流行病学调查方面的研究还处于空白。

[诊断方法]

1. 临诊症状和病理变化　病鹅主要表现发育不良，体重下降，羽毛生长障碍，生长缓慢，免疫系统受侵引起二次感染的易感性增加。主要的病理变化在淋巴组织，其中法氏囊病变最明显，一些病例中整个囊结构破坏。由于免疫受到抑制，临诊上常可见有一些病例因混合感染造成轻度的气囊浑浊或者浆膜炎。

2. 实验室诊断　由于鹅圆环病毒是新近发现的病毒，而且不能进行体外培养，因此诊断方法相对较少。已建立的诊断方法有组织学观察法、电镜法、间接免疫荧光法、聚合酶链式反应法。电镜观察发现，病毒在法氏囊中检测率最高，其次是脾脏和胸腺，肝脏等组织没有发现病毒。

[防制策略]

1. 预防措施　由于对本病研究甚少。病毒未能体外培养成功。目前主张以防止本病毒的侵入和扩散。

2. 防治方法　目前尚无可预防疫苗和治疗药物。但控制继发感染，可较大地减少发病和死亡。

九、水禽网状内皮组织增生病

本病是由网状内皮组织增生病病毒群所致的鸭、鹅、鸡、火鸡、野鸡等禽类的淋巴组织和其他组织慢性肿瘤、免疫抑制、生长发育不良、贫血、致死性网状细胞瘤等一组症状不同的综合征疾病。患病水禽以生长不良，贫血，肝和脾肿大、坏死和肿瘤病灶为特征性病变，发病率和病死率不高，但影响其他疫苗的免疫应答以及生产性能和饲料报酬下降。

[病原及流行病学概述]

1. 病原主要特性 本病病原是属于反转录病毒科，网状内皮组织增生病毒群，鸡合胞体病毒、禽网状内皮组织增生病毒和鸭脾坏死病毒，水禽由后两种病毒所致。病毒为单股 RNA，大小为 80～100 纳米，有囊膜，对乙醚、氯仿、热、pH3.0 敏感。－70℃可长期存活。本病毒不同分离株有共同的群特异抗原，不同毒株间的致病力有很大差异。但与禽 C 型反转录病毒在抗原性上无关系。通过交叉中和试验可将群内病毒区分。病毒可在鸭胚和鸭胚细胞内复制，但细胞无明显病变。

2. 流行病学特点 本病一般为散发性流行发生，但在商品禽，尤以鸭、火鸡等危害较严重。火鸡、鸭、鸡、鹅等为自然宿主。健康水禽与病禽同群饲养，因接触而传染。腹腔、皮下、肌肉人工接种可引起感染，雏水禽比成年禽易感。1987 年台湾学者陈秋麟等报道鹅的病例，抗体调查结果，鹅和鸭有34.7%～38.0%阳性率，鸡和火鸡为 17.5%～18.2%阳性率。从鸭病例分离的病毒对雏鸭和雏鹅有致病性，而对雏鸡、雏火鸡及雏鹌鹑则无致病性。而另有研究报道 2 个分离株，分别接种 2～4 周龄雏鸭和 1 日龄雏鸡均能致死，内脏器官有明显病变。病毒存在于肿瘤病灶、血液和消化道。经排泄物和分泌物传播，也可经卵传播，曾从鸭胚分离到病毒。

[诊断方法]

1. 临诊症状 本病可分为急性型和慢性型。急性型，死亡快，临诊不显著。感染多呈慢性过程，患禽食欲日益减退，精神欠佳，瘦弱，羽毛松乱脱落，生长缓慢或停止，贫血，最后严重消瘦死亡。从人工感染雏鸭长期观察结果表明，病死率可达 80%～100%，其中有 25%感染鸭可见到肿瘤病灶。有报道 20～30 周龄鹅脾、肝、胰、肠发生慢性淋巴瘤。4 份脾脏病料感染鹅，仅 1份在感染后 11～22 天引起淋巴瘤，而 3 份在很长潜伏后发生淋巴瘤；4～10周龄和 20 周龄鸭自然发生淋巴瘤，6 月龄鸭内脏器官淋巴瘤，也有报道 8～24周龄的鸭可引起很高比率的淋巴瘤和其他肿瘤。

2. 病理变化 本病大体病变有三种病变型。内脏增生病变型，肝脏和脾脏呈肿大，出血点或斑，表面见有散在性或弥漫性不规则灰白色的肿瘤小结节，心脏、肾脏、胰腺、肠道淋巴结也有灰白色或黄白色肿瘤病变。坏死性病变型，脾脏肿大，大面积出血和有干酪样的坏死灶。肠管上皮常有干酪样病灶和细胞脱落。神经增生病变型，患病禽神经末梢水肿性肿大。患病禽肿瘤有淋巴肉瘤、淋巴细胞肉瘤和梭状细胞肉瘤。

3. 实验室诊断

（1）病毒分离

①病料采集。采集病变组织或肿瘤、血浆和泄殖腔拭子，作为病毒分离材料。

②病料处理。病变组织或肿瘤病料剪碎、磨细，用灭菌生理盐水做 1∶5 稀释，经 3 000 转/分，离心 30 分钟。取上清液加入青霉素、链霉素使之每毫升各含 1 000 单位。经细菌检验阴性者，为病毒分离材料。取血浆上层黄血浆和中间层白细胞，经高速离心取沉淀物，用含有各 1 000 单位青霉素、链霉素灭菌生理盐水做 1∶3～1∶5 稀释，经细菌检验阴性者为病毒分离材料。将采集的棉拭子浸泡于含有各 2 000 单位青霉素、链霉素灭菌生理盐水于室温作用 60 分钟。经 3 000 转/分，离心 30 分钟，取上清液经细菌检验阴性者，为病毒分离材料。

③细胞接种。除病毒分离材料接种于鸭胚肾单层细胞或鸭胚成纤维细胞，感染后细胞一般不会产生细胞病变，每代培养 7 天，当细胞液变黄色时需换细胞培养液。需至少盲传二代以上。应用特异性荧光抗体试验、PCR 等方法对病毒进一步鉴定。

（2）血清学诊断方法　一般用病毒中和试验、琼脂扩散试验、酶免疫测定、PCR 等方法鉴定分离株的抗原和感染禽血清中或卵黄中的抗体。

［防制策略］

1. 预防措施　水禽网状内皮组织增生病，由于国外一些学者多数从事鸡的研究，而水禽研究甚少，故有关报道不多。水禽患本病多呈慢性经过，排泄物和可从蛋垂直传播。因此通过对水禽群的检验，淘汰带毒禽、病禽，以及粪便安全处理可达到控制或减少本病的发生。

2. 治疗方法　目前无药可用。

十、鹅出血性肾炎肠炎

鹅出血性肾炎肠炎是由多瘤病毒所致的鹅的病毒性全身性高致死性传染病，也是家禽中唯一由多瘤病毒感染引起的疾病。该病于 1969 年首次报道于匈牙利，20世纪80～90年代在欧洲散发。目前已成为法国养鹅业危害最大的疫病之一。很多年来，本病一直被怀疑是小鹅瘟的一种新形式。事实上，用抗小鹅瘟或鸭肝炎的高免血清并不能保护小鹅免患本病。

［病原及流行病学概述］

1. 病原主要特性　本病病原为乳多空病毒科，多型瘤病毒属，鹅出血性肾炎肠炎病毒。鸟类另一种禽多型瘤病毒，是感染相思鹦鹉雏鸟的鸟类多型瘤病毒。鹅出血性多瘤病毒无囊膜，球形，呈二十面体对称，直径为40～50纳米，基因组为环状双链DNA。基因组的组成具有所有多瘤病毒的共同特征。各分离毒株之间的差异还未弄清楚，但一般认为多瘤病毒基因组具有高度稳定性。该病毒对各种理化因素的抵抗能力较强，在55℃下2小时仍具有完全毒力，能耐受多次的冻融和脂质溶剂，1%的石炭酸溶液处理，其活力不受影响。而雏相思鹦鹉的多瘤病毒对含氯消毒剂敏感。1日龄雏鹅皮下及腹腔接种，可复制病例，最急性型的在接种后6～8天死亡。也可以通过接种1日龄雏鹅的原代肾上皮细胞进行培养，细胞病变在接种5天后出现。但鸭胚成纤维细胞、鹅胚成纤维细胞均不敏感。

鹅出血性肾炎肠炎的免疫学研究不是很多，但在受过感染的鹅群中已检测到中和抗体，而且能很好地通过母源抗体传给后代。受过感染的种鹅产的蛋孵化出的雏鹅，即使用高滴度的病毒接种，也较难使其发病。免疫抗体持续时间长短还有待研究。

2. 流行病学特点　潜伏期的长短与感染时雏鹅的日龄大小有关，1日龄雏鹅感染后6～8天内死亡，3周龄雏鹅感染后的潜伏期则在15天以上，4周龄之后感染的鹅不出现临诊症状，成为隐性携带者，5～6周龄大的仔鹅一般难观察到临诊症状。4～10周龄的小鹅也有发病报道。受感染的鹅群中，发病率和病死率为10%～80%，且发病后最常见的结局是死亡。

本病冬季多发，可能是由于气候条件或因种禽光照不足造成弱雏所致。鹅出血性肾炎肠炎至今仅在育成鹅中有报道。其他的水禽，如野鸭或小番鸭即使人工接种都不会感染。

受感染的鹅可通过粪便排出病毒，导致环境的污染。至于病毒是否可以通过蛋垂直传播还未得到证实，也未发现有生物源性的媒介参与本病的传播。

［诊断方法］

1. 临诊症状　临诊症状仅在死亡前几小时出现，离群独处，处于昏迷状态，然后死亡。在自然病例和人工感染的幼鹅可观察到角弓反张神经症状。病程长的慢性型病例可引起内脏及关节腔尿酸盐沉积，跛行，患病雏鹅群中每天有一定量死亡，可延续到 12 周龄。

2. 病理变化

（1）大体病理变化　主要是皮下组织水肿，腹腔中有多量凝胶样腹水，肾炎，有时有出血性肠炎。慢性型死亡的鹅可见内脏痛风及关节腔尿酸盐沉积。

（2）显微病理变化　最主要的特征是肠炎、肾炎及肾小管上皮细胞坏死，以及法氏囊滤泡的皮质及髓质区的中度至重度的淋巴细胞增生，大量 B 淋巴细胞被破坏。肠上皮细胞的坏死程度决定肠道的大体病变，大部分组织中，尤其是急性病例能观察到出血点，但其细胞中看不到可用于诊断本病的包涵体。

3. 实验室诊断　病原学检测，可接种易感细胞分离鹅出血性多瘤病毒。也可用 PCR 方法，针对 VP1 基因设计引物，从感染鹅的组织（如肝、脾、肾）中提取 DNA，进行检测。隐形携带者的 PCR 实验材料可用血液或泄殖腔拭子。

血清学检测方面，由于检测结果不稳定，现不常用。

［防制策略］

现还没有有效的治疗方法，最好的办法是采取综合防制措施，加强饲养管理，严格消毒及接种疫苗。

该病通过隐性携带者和病鹅得以传播，粪便污染是最主要的传播途径。应严格消毒，用含氯消毒剂可有效灭活该病毒，消毒前要彻底清除粪便等有机物。虽然还未证实该病可经蛋垂直传播，但应严格遵守孵化场的清洁卫生措施，以减少雏鹅早期感染。应激或寒冷等恶劣的管理条件可加重该病，因此要保证良好的饲养管理环境。

此外，最好要进行疫苗的免疫预防。对种鹅进行免疫，可为雏鹅在易感时期提供母源抗体。种鹅可在每个产蛋期前进行 2 次免疫，在疫区育成鹅也要进行免疫，以保护其渡过整个生产期。目前弱毒疫苗、灭活苗等在试验中。

第十一章

细菌性疫病

一、鹅鸭疫里默氏杆菌病

鹅鸭疫里默氏杆菌病又称鹅浆膜炎、鹅鸭疫里默氏杆菌感染症。是由鸭疫里默氏杆菌引起的一种接触性传染病，主要侵害雏鹅、雏鸭及雏火鸡等多种禽类，多发于2～7周龄的雏鹅和雏鸭，呈急性或慢性败血症。患鹅常出现眼和鼻分泌物增多、拉稀、共济失调、头颈震颤等症状。以纤维素性心包炎、肝周炎、气囊炎、脑膜炎以及部分病例出现干酪性输卵管炎、结膜炎、关节炎等特征。由于雏鹅感染日龄和细菌血清型的不同，其发病率和病死率高低差异较大，病死率为1%～80%，甚至高达90%以上。耐过的鹅生长迟缓，增重减慢。由于该病常常导致大批幼鹅发病、死亡以及生长迟缓，饲料报酬显著下降，而且该病难以扑灭。在发病的鹅群或鹅场持续存在，引起不同批次的雏鹅感染发病，因此，被认为是造成养鹅业经济损失最严重的疫病之一。

[病原及流行病学概述]

1. 病原主要特性　鸭疫里默氏杆菌是革兰氏阴性菌，为无鞭毛、不运动、不形成芽孢的小杆菌。单个、成双或呈短链状排列，菌体形态除杆状外，部分呈椭圆形，偶见呈长丝状。细菌大小为0.2～0.5微米，呈丝状的菌体可长达11～24微米。瑞氏染色可见大多数菌体呈两极着染，印度墨汁以及姬姆萨染色，可见有菌体荚膜。有21个血清型，本病主要有2型、1型、6型和10型等血清型。

本菌可在血液琼脂、巧克力琼脂、胰酶大豆琼脂、马丁肉汤琼脂等固体培养基以及胰酶大豆肉汤、马丁肉汤、胰蛋白肉汤，以及胰蛋白葡萄糖硫胺素肉汤等液体培养基上生长，不能在普通琼脂和麦康凯琼脂上生长。本菌在5%～10%的CO_2环境中生长旺盛，初次分离时，对CO_2的依赖性更强，因此，通常在CO_2培养箱或蜡烛缸内培养。最适培养温度为37℃。大多数菌株能在

45℃培养下生长，但在 4℃时不生长。本菌在血液琼脂或巧克力琼脂呈黏性生长，菌落黏稠。在血清琼脂培养基上也可生长，菌落半透明。在含血清的肉汤培养基中，37℃培养 48 小时，培养基呈轻度混浊，管底有少量灰白色沉淀物。

本菌经静脉、肌肉、腹腔、皮下、气管、眼内、鼻内、关节腔等途径接种雏鹅、雏鸭、雏鸡、豚鼠均能致死，但不致死家兔和小白鼠。本菌具有易产生抗药性的特性，对抗菌药物的敏感性在不同疫区和在同疫区而不同时间均不相同。

2. 流行病学特点　本菌可引起多种禽类发生败血性疾病。自然条件下，最易感的是鸭和鹅，不同品种的雏鹅均有自然感染发病的报道，其次是火鸡，也可引起鹌鹑、野鸭、雉、天鹅、鹧鸪和鸡感染发病。我国自从 1997 年发现以来在许多雏鹅出现自然感染鸭疫里默氏杆菌病的流行发生，它已不是由患鸭疫里默氏杆菌病的患鸭感染所致，而是鹅群内，鹅群间自然传播流行。

2～7 周龄的鹅高度易感，10 周龄时虽然仍能出现感染发病，但发病率和病死率很低。种鹅及青年鹅不易感染。本病常由日龄较小的鹅群逐渐扩散到日龄较大的鹅群。某个鹅场一旦发病，其周围的鹅场或鹅群也会相继发生该病的流行，而且很难从发生过该病的鹅场根除，如果不改善饲养条件和环境卫生，就会引起不同批次的达到易感日龄的雏鹅感染发病。鸭疫里默氏杆菌对不同禽类的致病性不同，有报道鸭、鹅发生本病时，鹅的病死率（21％）高于鸭的病死率（2.5％～12％）。由于不同血清型的菌株毒力不同，以及与其他病原微生物的并发感染、环境条件的改变等应激因素的不同，本病所造成的发病率和病死率相差也较大。新疫区的发病率和病死率明显高于老疫区，日龄较小的鹅群发病率和病死率明显高于日龄较大的鹅群，1 月龄以内雏鹅感染病死率可达90％以上。

本病常发生于低温、阴雨、潮湿的季节，冬季和春季较为多见，其他季节也偶有发生。本病可通过污染的饲料、饮水、口沫、尘土，经呼吸道、消化道、刺破的足部皮肤的伤口、蚊子叮咬等多种途径传播。

本病的发生、流行以及造成危害的严重程度与应激因素关系密切。感染而未受应激的鹅通常不表现临诊症状或症状轻微。卫生及饲养管理条件较好的鹅群常表现为散发且多为慢性。气候寒冷、阴雨、饲养密度过高、鹅舍通风不良、垫料潮湿且未及时更换、场地潮湿、肮脏，从育雏室转移到育成舍饲养，从温度较高的鹅舍转移到温度较低的鹅舍，从舍内转移到舍外饲养或池塘内放养，饲料配比不当、缺乏维生素及微量元素，运输应激，先前发生的其他病原微生物的感染如大肠杆菌病、巴氏杆菌病、曲霉菌病、沙门氏菌病以及一些病毒并发感染等因素均能诱导和加剧本病的发生和流行。

[诊断方法]

1. 临诊症状　各品种易感鹅感染鸭疫里默氏杆菌后表现的临诊症状基本相似。该病潜伏期的长短与菌株的毒力、感染途径以及应激等因素有关，一般为1～3天，有时长达1周左右。按病程可分为最急性型、急性型、亚急性型和慢性型。很多鹅群发生本病以急性型病例占多数，也有部分鹅群以亚急性型和慢性型为主。

最急性型：出现于鹅群刚开始发病时，通常看不到任何明显症状即突然死亡。

急性型：多见于2～3周龄的雏鹅，病程一般为1～3天。患鹅主要表现为精神沉郁、厌食、离群、不愿走动或行动迟缓、甚至伏卧不起、垂翅、衰弱、昏睡、咳嗽、打喷嚏，眼鼻分泌物增多，眼有浆液性、黏液性或脓性分泌物，常使眼眶周围的羽毛粘连，甚至脱落。鼻内流出浆液性或黏液性分泌物，分泌物凝结后堵塞鼻孔，使患鹅表现呼吸困难。少数病例可见鼻窦明显扩张，部分患鹅缩颈或以嘴抵地，濒死期神经症状明显，如头颈震颤、摇头或点头，呈角弓反张，尾部摇摆，抽搐倒地。也有部分患鹅临死前表现阵发性痉挛。

亚急性型或慢性型多发生于日龄稍大的4～7周龄雏鹅，病程可达7天或7天以上。主要表现为精神沉郁、厌食、腿软弱无力、不愿走动、伏卧或呈犬坐姿势、共济失调、痉挛性点头或头左右摇摆，难以维持躯体平衡。部分病例头颈歪斜，当遇到惊扰时呈转圈运动或倒退。有些患鹅跛行。病程稍长、发病后未死的鹅往往发育不良，生长迟缓，平均体重比正常鹅轻0.5～1.5千克，甚至不到正常鹅的一半。

2. 病理变化　本病主要特征是浆膜出现广泛性的多少不等的纤维素性渗出，故有传染性浆膜炎之称，可发生于全身的浆膜面，心包膜、气囊、肝包膜以及脑膜最为常见。

急性型：心包液明显增多，其中可见数量不等的白色絮状的纤维素性渗出物，心包膜增厚，心包膜常可见一层灰白色或灰黄色的纤维素渗出物。病程稍长的病例，心包液相对减少，而纤维素性渗出物凝结增多，使心外膜与心包膜粘连，难以剥离。气囊混浊增厚，有纤维素性渗出物附着，呈絮状或斑块状，颈、胸气囊最为明显。肝脏表面覆盖着一层灰白色或灰黄色的纤维素性膜，厚薄不均，易剥离。肝肿大，质脆，呈土黄色或棕红色或鲜红色。胆囊肿大，充盈着浓厚的胆汁。有神经症状的病例，可见脑膜充血、水肿、增厚，也可见有纤维素性渗出物附着。

亚急性型：常出现单侧或两侧跗关节肿大，关节液增多，也可发生于胫跗关节，关节炎的发生率有时可达病鹅的 40％～50％。少数患鹅可见有干酪性输卵管炎，输卵管明显膨大增粗，其中充满大量的干酪样物质。脾脏肿大，脾脏表面可见有纤维素性渗出物附着，但数量往往比肝脏表面少。肠黏膜出血，主要见于十二指肠、空肠或直肠，也有不少病例肠黏膜未见异常。鼻窦肿大的病例，将鼻窦刺破并挤压，可见有大量恶臭的干酪样物质蓄积。病程稍长的患病雏鹅皮下充血、出血、胶样浸润。胸壁和腹部气囊含有黄白色的干酪样渗出物。有些病例肝脏表面有散在性的针头大小的灰白色坏死点。

3. 实验室诊断

（1）微生物学检验

病料采集：细菌学检查可取脑、肝、脾组织触片或心血、心包液涂片，进行革兰氏或瑞氏染色，观察细菌形态。同时取病料进行病原的分离培养，观察其培养特性。急性期且未使用过抗生素的病例，或死亡病例较适宜于进行细菌镜检和分离培养。脑和心血中最易分离出病原菌，约80％甚至90％左右的病例脑组织中可分离到病原菌。约60％的病例心血中可分离到病原菌，约10％左右的病例肝、脾组织可分离到病原菌。另外，还可从气囊、骨髓、肺、呼吸道以及病变的渗出物中分离到病原菌，疾病急性期的鼻腔分泌物中亦可分离到病原菌。

分离培养：应用血液琼脂或巧克力琼脂，在 5％～10％的 CO_2 条件下37℃培养 48 小时，生长出直径约1～2毫米、圆形、光滑、突起的奶油状的菌落。选择纯培养物进行生化试验，鉴定其主要生化特性是否与鸭疫里默氏杆菌相符合。

（2）血清学检验　应用标准的分型抗血清，可进行玻板或试管凝集试验，以及琼脂扩散试验鉴定血清型。由于鸭疫里默氏杆菌的血清型较多，且不同血清型之间缺乏抗原交叉反应，这给本病血清学检测的推广和应用带来困难。以防漏检，检测抗原时应用拥有各型标准抗血清，检测抗体时，又应拥有各型标准菌株作为抗原。目前主要的血清学检测方法有：

①凝集试验。

a. 快速玻板凝集试验。将各型标准抗血清分别滴加于玻片上，取待检菌株于血清中混匀后在3～5分钟内观察凝集结果，即可判定血清型。

b. 试管凝集试验。将标准抗血清倍比稀释，待检菌株经纯培养后，用0.3％的福尔马林液 PBS 洗涤并制成悬液，调节 OD_{525} 至 0.2，抗血清与抗原各 0.5 毫升混合，37℃作用 18 小时后观察结果。

②琼脂扩散试验。待检菌株纯培养后，经沸水煮 1 小时或高压121℃1 小时制成抗原。操作按常规方法进行。

③间接血凝试验。各型标准菌体作为检验抗原，致敏醛化的绵羊红细胞。将待检血清倍比稀释，与致敏红细胞 37℃ 作用 1～1.5 小时后判断结果，以 50％ 的致敏红细胞凝集，判为阳性。

（3）动物接种 将细菌分离培养物经肌肉、静脉或腹腔等途径接种。用于接种的易感雏鹅应来源于未发生过鸭疫里默氏杆菌病的饲养场，并且适龄、健康未使用过各类鸭疫里默氏杆菌疫苗。接种后观察是否出现本病特征性的临诊症状及病理变化，同时接种豚鼠、家兔和小白鼠，本菌能致死豚鼠，但不致死家兔和小白鼠。

4. 鉴别诊断

（1）与雏鹅大肠杆菌性败血病鉴别 由大肠杆菌所致的鹅大肠杆菌病常呈心包炎、气囊炎和肝包膜炎与本病很难区别，大肠杆菌所致肝包膜炎，包膜与组织粘连，很难剥离，而本病易剥离，是重要鉴别之一。将病料接种于鲜血琼脂培养基和麦康凯琼脂培养基，经 37℃ 培养 24～72 小时，大肠杆菌能在两种培养基上生长，呈大肠杆菌菌落特征，而鸭疫里默氏杆菌仅能在鲜血琼脂培养基上生长，呈特征性菌落，是鉴别之二。将病料涂片或触片染色镜检，大肠杆菌较大，大小不太一致，而鸭疫里默氏杆菌呈卵圆形小杆菌，而且大小比较一致，是鉴别之三。必要时进行小鼠接种。大肠杆菌能致死小白鼠，而鸭疫里默氏杆菌不致死小白鼠，也是实验室诊断的鉴别之四。

（2）与鹅巴氏杆菌病鉴别 由巴氏杆菌能引起各种日龄鹅发病，尤其是青年鹅、成年鹅发病率比幼年鹅高。而鸭疫里默氏杆菌仅引起 7 周龄以内的鹅发病，7 周龄以上极少发病，是流行病学上重要鉴别之一。肝脏呈灰白色坏死病灶，心冠脂肪出血等是巴氏杆菌病特征性病变，无"三炎"病变，而"三炎"病变是鸭疫里默氏杆菌病特征性病变特征，是鉴别之二。小白鼠接种，巴氏杆菌能致死，而鸭疫里默氏杆菌不能致死，是鉴别之三。

（3）与鹅大肠杆菌病和鹅巴氏杆菌病的鉴别要点（表 11-1）。

表 11-1 鹅鸭疫里默氏杆菌病与鹅大肠杆菌性败血病和鹅巴氏杆菌病的鉴别要点

病名	鹅鸭疫里默氏杆菌病	鹅大肠杆菌性败血病	鹅巴氏杆菌病
病原	鸭疫里默氏杆菌	大肠埃希氏菌	多杀性巴氏杆菌
病原特性	形态较一致的小杆菌，无鞭毛，不运动，不产生硫化氢和吲哚，不利用碳水化合物，不能在麦康凯和普通培养基上生长。脑、心血中易分离到细菌	周身鞭毛，能运动，不产生硫化氢，能产生吲哚，能分解葡萄糖和甘露醇，产酸产气，在麦康凯和普通培养基上均能生长。各病变组织、器官易分离到细菌	无鞭毛，不运动，能产生硫化氢和吲哚，能分解葡萄糖和甘露醇，产酸不产气，能在普通培养基上生长，不能在麦康凯培养基上生长。肝脏、血液、心脏易分离到细菌

（续）

病名	鹅鸭疫里默氏杆菌病	鹅大肠杆菌性败血病	鹅巴氏杆菌病
流行病学	发生与应激因素关系密切，主要侵害 2～7 周龄雏鹅，日龄越小，发病率和死亡率越高	可发生各种日龄的鹅，仔鹅有较高的发病率和病死亡率	青年鹅和种鹅发病率高
症状	常有头颈震颤、歪颈等神经症状，耐过鹅生长迟缓	有神经症状	病程较短，多为急性，常常未表现明显症状即突然死亡，慢性病例可出现歪颈
肉眼观察	浆膜出现纤维素炎症，少数病例出现干酪性输卵管炎，慢性病例常出现关节炎	肝肿大出血，脑充血、出血、坏死	心冠脂肪出血，肝脏表面可见有灰白色坏死点
动物接种	不致死家兔和小白鼠	致死家兔和小白鼠	致死家兔和小白鼠

[防制策略]

1. 预防措施　疫苗的预防接种是预防鹅鸭疫里默氏杆菌病较为有效的措施，但由于本菌不同血清型菌株的免疫原性不同，菌苗诱导的免疫力具有血清型特异性，目前发现的血清型就有 21 种之多，并且该病可出现多种血清型混合感染。目前，疫苗有油乳剂灭活苗、铝胶灭活苗，以及弱毒活菌苗。因此，在应用疫苗时，要经常分离鉴定本场流行菌株的血清型，选用同型菌株的疫苗，或多价抗原组成的多价灭活苗，以确保免疫效果。

由于本菌除血清型多外，培养条件要求高，免疫原性又较差。因此，要求在 10 日龄左右首次免疫，在首免后 2～3 周进行第二次免疫。作者认为首免用水剂灭活苗，二免用水剂灭活苗或油乳剂灭活苗免疫。

一般性预防措施主要是减少各种应激因素。由于该病的发生和流行与应激因素有密切相关，因此在将雏鹅转舍、舍内迁至舍外以及下塘饲养时，应特别注意气候和温度的变化，减少运输和驱赶等应激因素对鹅群的影响。平时，应注意环境卫生，及时清除粪便，鹅群的饲养密度不能过高，注意鹅舍的通风及温湿度；对于发生鸭疫里默氏杆菌病的鹅群或鹅场，待该批鹅群出栏上市后，对鹅舍、场地及各种用具进行彻底、严格地清洗和消毒；老疫区的鹅群，在饲养管理过程中更应特别注意，如果气候突变或有其他较强烈的应激因素存在，可在饲料或饮水中适量添加敏感的抗菌药物；尽量不从发生该病流行的鹅场引进种蛋和雏鹅。有不少鹅群就是由于从疫区引进种蛋而导致了该病的发生。鸭疫里默氏杆菌病在我国流行发生已有 30 多年历史，目前仍然发病率高，流行面广，污染面大，因此，鹅群必须分隔饲养，防止鹅群被感染而发病。

2. 治疗方法　由于不同血清型以及相同血清型的不同菌株对抗菌药物的敏感性差异较大，故对该病有效的治疗必须建立在药敏试验基础上。根据不同地区分离株做药敏试验的结果，选用相应的药物治疗本病，才能取得较理想的效果，使发病率和病死率明显下降。也应该注意到有不少药物在药敏试验时对本菌表现为高度敏感，而在实际应用时效果并不明显。用高免血清和康复鸭血清进行紧急预防和治疗，无明显效果。

应用敏感的药物治疗鹅鸭疫里默氏杆菌病，虽然可以明显地降低发病率和病死率，但如果禽舍、场地、池塘以及用具受到污染，当下一批雏鹅进入易感日龄后，又会出现该病的暴发。如果每批雏鹅都采用药物进行治疗或预防，一方面会增加生产成本，另一方面会导致菌株产生耐药性。即使药物疗效显著，对于最急性型和急性型病例，在治疗之前已出现一定程度的死亡，对于症状和病变严重的雏鹅，疗效也并不理想。有效地控制该病的流行关键在于预防，包括一般性预防措施和疫苗预防。

二、鹅巴氏杆菌病

鹅巴氏杆菌病又称鹅出血性败血病，是鹅、鸭、鸡的一种急性败血性传染病，也有呈现慢性病型，发病率和病死率都很高。由于病禽常常发生剧烈的腹泻症状，所以通称为禽霍乱。患鹅肝脏呈灰白色坏死灶，内脏器官出血，具有特征性病变。

［病原及流行病学概述］

1. 病原主要特性　本病的病原是一种革兰氏阴性小杆菌，称禽多杀性巴氏杆菌，呈卵圆形或短杆状。用美蓝（甲基蓝）、石炭酸一品红或姬姆萨染色后，菌体的两端部着色特别深，呈明显的两极性，在显微镜下比较容易识别。急性病例很容易从病鹅的血液、肝、脾等器官中分离到病原菌；慢性病例，可以采取病鹅咽喉部分的黏液接种血液琼脂培养基或小白鼠进行分离培养。多杀性巴氏杆菌有 A、B、D、E、F 5 个不同荚膜（K）血清型和 12 种不同菌体血清型。根据 O∶K 抗原可组成不同血清型，各血清之间无交叉反应。禽巴氏杆菌以 A 型为主，鹅以 5∶A，还有 8∶A 和 9∶A。禽巴氏杆菌对一般消毒药物的抵抗力不强，如 3％臭药水、1％石炭酸或 0.02％升汞都可以作消毒之用。本菌对青霉素、链霉素、土霉素以及磺胺嘧啶等磺胺类药物均敏感。病菌在自然干燥情况下很快死亡，60℃ 10 分钟即行死亡。冬季的寒冷天气，死禽体内的病菌能够生存 2～4 个月，埋在土壤中可以生存 5 个月之久，在厩肥中至少存活 1 个月。

2. 流行病学特点　本病的发生常为散发性，间或呈流行性。各种家禽和多种野鸟（麻雀、啄木鸟、白头翁等）都能感染，家禽中最易感的是鹅、鸭。本病主要传染来源是由于引进了带菌的家禽。这种带菌的家禽外表上并没有什么异常，但经常地或间歇地排出病原菌，污染周围环境。鹅群的饲养管理不良、体内寄生虫病、营养缺乏、长途运输、天气突变、阴雨潮湿以及鹅舍通风不良等因素，都能够促进本病的发生和流行。病鹅的排泄物和分泌物中含有多量病菌，污染了饲料、饮水、用具和场地等，从而散播疫病。狗、猫、飞禽（麻雀和鸽），甚至人都能够机械带菌。除此之外，苍蝇、蜱和螨等也是传播本病的媒介。本病的传染途径一般是消化道和呼吸道。消化道传染是通过摄食和饮水。本病流行无季节性，因饲养条件不同，有的多发生于秋冬季，有的发生于秋季，也有的发生于春季。本病多发生于成年鹅和青年鹅，而雏鹅一般很少发生。

［诊断方法］

1. 临诊症状　病鹅表现的症状，由于疾病的流行时期、鹅体的抵抗力以及病菌的致病力强弱而有差异。自然感染的潜伏期为数小时至 5 天。可以分为最急性型、急性型、慢性型三种病型。

最急性型：发生在本病刚开始暴发的最初阶段。常发现鹅群中高产鹅和肥胖鹅在夜间突然死亡，生前并不显现任何症状。

急性型：一般表现精神呆钝，尾翅下垂，打瞌睡，食欲废绝，口渴增加；鼻和口中流出黏液，呼吸困难，口张开，常常摇头，将所蓄积在喉部的黏液排出来，所以群众把它叫做"摇头瘟"。发生剧烈腹泻，排出绿色或白色稀粪，有时混有血液，具有恶臭；肛门四周羽毛沾污；体温升高至 42.5～43.5℃；病程 1～2 天，病死率高。少数患鹅可耐过而转为慢性型。

慢性型：此型发病较少，患鹅消瘦、贫血和持续性腹泻，食欲减退；腿部关节肿胀，不能行走，往往发生瘫痪，通常病程较长，在出现症状之后 1 个月左右死亡。

2. 病理变化

最急性型：病鹅死后剖检常看不到明显的病理变化。仅有一些病例心脏冠沟脂肪有少数出血点，肝脏有少数灰白色、针头大的坏死点。

急性型：病鹅腹膜、皮下组织和腹部脂肪组织常有小出血点。肠道中以十二指肠的病变最显著，发生严重的急性卡他性肠炎或出血性肠炎，肠黏膜充血、出血，布满小出血点，肠内容物中含血液。腹腔内，特别是在气囊和肠管的表面，有一种黄色的干酪样渗出物沉积。肝脏的变化具特征性，体积增大，色泽变淡，质地稍变坚硬，表面散布着许多灰白色、针头大的坏死点。脾脏一般不见明显变化，或稍微肿大，质地比较柔软。心包膜有程度不等的出血，特别是在心冠部脂肪组织上面的出血点最明显。心包发炎，心包囊内积有多量淡黄色液体，偶尔还混有纤维素凝块。肺充血，表面有出血点，有时也可能发生肺炎变化。

慢性型：患鹅消瘦，脂肪消失。肿胀关节腔有干酪样或浑浊的渗出物。如有呼吸道症状的患鹅鼻腔和气囊黏膜呈卡他性炎症。

3. 实验室诊断

（1）微生物学检验　采取疑似巴氏杆菌病鹅的心血、肝、脾、肾等有病变的内脏器官作为被检病料。

染色镜检：被检病料做触片或涂片，待自然干燥后用火焰固定，美蓝染色或瑞氏、姬姆萨染色镜检，如见两极染色卵圆形的小杆菌，或革兰氏染色，镜检见有革兰氏阴性、大小一致、卵圆形的小杆菌，可初步确诊。

分离培养：将被检病料接种于绵羊鲜血琼脂培养基，或马丁氏琼脂培养基，或血清琼脂培养基等平皿，于37℃温箱作用24小时，取其中细小、半透明、圆整、淡灰色、光滑的菌落接种于鲜血斜面培养基，供涂片镜检、生化反应、动物接种、血清学检验用。

（2）动物接种　将被检鹅的心血或肝脏、脾脏磨细，用灭菌生理盐水做1∶5～1∶10稀释，或将24小时斜面纯培养物加入5～10毫升灭菌生理盐水洗下，作为接种材料。

青年鹅皮下或肌肉注射0.5～1.0毫升，或静脉注射0.5毫升，或滴鼻0.1～0.2毫升，接种后于24～48小时死亡，剖检见有典型鹅巴氏杆菌病病理变化即可确诊。

小白鼠皮下或腹部注射0.2～0.5毫升，于24～48小时死亡，剖检内脏器官呈败血症病理变化。

（3）抗原型鉴定

荚膜物质（K）抗原型鉴定：将被鉴定菌株接种于马丁氏琼脂斜面培养基，于37℃温箱作用24小时，用2～3毫升灭菌生理盐水洗下，并收集于小试管中，置于56℃水浴箱中30分钟，促进荚膜物质由菌体上解脱下来，然后经6 000～8 000转/分，离心30～60分钟，上清液即为所制备的荚膜抗原。取被检菌株荚膜抗原约0.3毫升，加入经福尔马林固定的0.2毫升洗净的绵羊红细胞，充分混合后置37℃温箱或水浴箱中作用1～2小时。然后经3 000转/分，离心30分钟，弃上清液，沉淀红细胞，再用约10毫升生理盐水洗一次红细胞，除去游离的未被红细胞吸附的荚膜抗原。离心收集的致敏红细胞，加入20毫升生理盐水，配制成1%的致敏红细胞悬液。各取1%的致敏红细胞悬液0.5毫升，分别加入1∶40稀释的各型抗血清（A、B、D、E、F）0.5毫升于试管内，摇动试管，使之混合均匀，放置于室温中2小时或37℃温箱作用1小时后观察。阳性者红细胞呈凝集现象，阴性者红细胞集中于试管底部。判定结果的方法与一般红细胞凝集反应相同，通常以＋＋号为标准。

菌体（O）抗原型鉴定：将被鉴定的菌株接种于马丁氏琼脂斜面或克氏瓶，37℃温箱作用24小时，每个斜面加入1毫升，每个克氏瓶加入20毫升含8.5%氯化钠、0.02摩/升的磷酸缓冲液洗下苗苔，收集于试管中，置100℃水浴箱内1小时，然后经6 000～8 000转/分，离心30分钟，弃上清液，将沉淀物加入等量的缓冲液，并加入福尔马林防腐，作为被检"O"抗原。保存于冰箱内备用。

用8.5%氯化钠盐水配制的0.9%琼脂糖或琼脂浇入平板或玻璃板上，使其厚度为3～3.5毫米。凝固后用打孔器打孔，孔径一般为4毫米，孔距为6毫米，中心孔加入被检抗原，周围孔加入标准血清，于37℃温箱放置24～48小时。阳性者抗原孔与抗体孔之间出现白色沉淀带。

（4）血清学检验　血清学诊断的目的，在于应用血清学的凝集方法对鹅群进行普查诊断和免疫效果的检测。用标准A型、B型、D型、E型、F型5型菌株，或当地分离的菌株按上述介绍方法制备成1%的致敏绵羊红细胞作为诊断抗原。

试管法：将待检鹅血清做成不同稀释度，分别加入等量诊断抗原，摇匀后放置于室温中2小时或37℃温箱作用1小时观察。凝集价在1∶40以上者为阳性反应。

玻片法：取被检血清0.1毫升（约2滴）滴于玻片上，随后加入等量诊断抗原，于15～20℃下摇动玻片，使抗原与被检血清均匀混合，1～3分钟内出现絮状物，液体透明者为阳性。

（5）生化鉴定结果（表11-2）

表11-2　生化鉴定结果

革兰氏染色	运动力	溶血性	过氧化酶	氧化酶	靛基质	M~R试验	V~P试验	尿素酶	明胶	葡萄糖	蔗糖	乳糖	甘露醇	山梨醇	果糖	半乳糖	甘露糖	水杨素	鼠李糖	硫化氢	麦康凯培养基上生长
−	−	−	+	+	+/−	−	+	+	+	+	+	+	+	+	+	+	+	+	+	+	−

4. 鉴别诊断

(1) 与鹅副黏病毒病鉴别 见鹅副黏病毒病鉴别诊断项。

(2) 与鹅禽流感鉴别 见鹅禽流感鉴别诊断项。

(3) 与其他禽类巴氏杆菌及鸭疫里默氏杆菌的生化试验（表 11-3）

表 11-3 鹅巴氏杆菌与其他禽类巴氏杆菌和鸭疫里默氏杆菌的生化试验

项目	巴氏杆菌			鸭疫里默氏杆菌
	多杀性巴氏杆菌	溶血性曼氏杆菌	禽巴氏杆菌	
溶血性	−	+	−	V
麦康凯琼脂上生长	−	+U	−	−
产生吲哚	+/−	−	−	−
明胶液化	−	−	−	+U
产生过氧化氢酶	+	+U	+	+
尿素酶	−	−	−	V
葡萄糖发酵	+	+	+	U
乳糖发酵	−U	+U	−	U
蔗糖发酵	+	+	+	U
麦芽糖发酵	−U	+	+	U
鸟氨酸脱羧酶	+	−	−	−

注：— 无反应；＋ 反应；V 可变反应；−U 通常无反应；+U 通常有反应。

[防制策略]

1. 预防措施 带菌的家禽和病鹅是传播本病的主要来源，但是目前还没有简便可靠的方法检出禽群中的带菌家禽，因此只有平时加强鹅场的饲养管理工作，严格执行消毒卫生制度，尽量做到自繁自养。引进种鹅或苗鹅时，必须从无病的鹅场购买。新购进鹅必须施行至少 2 周的隔离饲养，防止把疫病带进鹅群。

预防禽巴氏杆菌病的疫（菌）苗分灭活菌苗和活菌苗两类。灭活疫苗大体上分两种：一种是禽霍乱氢氧化铝甲醛菌苗，一般兽医生物药品厂均有生产。这种灭活疫苗，3 月龄以上的鹅，每只肌肉注射 2 毫升。优点是使用安全，接种后无不良反应；缺点是免疫效果不一致，因禽多杀性巴氏杆菌的血清型较多，用一株细菌制造的菌苗，对其他血清型的巴氏杆菌无效，最好是采用本场分离的菌株制造，效果很好。另一种是禽霍乱组织灭活菌苗，系用病鹅的肝脏组织或用禽胚制成，接种剂量为每只肌肉注射 2 毫升。优点是接种安全，无不良反应，免疫谱比前一种灭菌苗广，菌苗易保存，在室温中至少可保存 6 个月，接种后 7～10 天产生免疫力。缺点是菌苗用量较大，成本较高。灭活菌苗最大的优点，在紧急预防注射时，可同时应用药物加以控制。

活疫（菌）苗为弱毒菌株的培养物经冷冻真空干燥制成。禽霍乱活菌苗接种剂量为每只肌肉注射1毫升。免疫期比灭活苗稍长，但因活菌苗不能获得一致的致弱程度，有时在接种菌苗后鹅群会产生较强的反应，而且菌苗的保存期很短，湿苗10天后即失效。另外，可能在接种鹅群中存在带菌状态，因此，在从未发生过本病的鹅群不宜接种。目前，由于各生产单位选用的菌株和致弱方法不同，使用禽霍乱活菌苗应按瓶签说明操作。由于雏鹅群和仔鹅群发生较少，一般不使用疫苗免疫注射。

2. 治疗方法 鹅群中发生本病后，必须立即采取有效的防制措施。病死鹅全部烧毁或深埋，鹅舍、场地和用具彻底消毒，病鹅进行隔离治疗。病鹅群中未发病的鹅，全部喂给磺胺类药物或抗生素，以控制发病。健康鹅注射预防疫苗。

治疗本病的药物很多，效果较好的有下列几种：

（1）喹诺酮类 这类药物具有抗菌谱广、杀菌力强和吸收快等特点，对革兰氏阴性菌、阳性菌及支原体均有作用。其中最常用的是氟哌酸（诺氟沙星）和环丙沙星，有很好效果。治疗剂量，每千克饲料中添加氟哌酸0.2克，充分混合，连喂7天。环丙沙星，每升饮水中添加0.05克，连喂7天。

（2）磺胺类 磺胺噻唑（SN）、磺胺二甲嘧啶（SM2）、磺胺二甲氧嘧啶（SDM）以及磺胺喹啉（SQ）等都有疗效。一般用法是在病鹅饲料中添加0.5%～1%的SN或SM2；或是在饮水中混合0.1%，连续喂3～4天；或者在饲料中添加0.4%～0.5%的SDM，连续喂3～4天。也可以在饲料中添加0.1%的SQ，连续喂2～3天，停药3天，再用0.05%的浓度连喂2天。

（3）抗生素 链霉素、土霉素、庆大霉素及强力霉素等均有疗效。链霉素的剂量，鹅（体重2～3千克）为每只肌肉注射10万单位，每天注射2次；或在饲料中添加0.05%～0.1%的土霉素也有疗效。此外，肌肉注射金霉素（每千克体重40毫克），效果也很好。

在使用上述抗菌药物时，有一个问题必须注意，即一个鹅群如果长时间使用一种药物，有些菌株对这种药物可能产生耐药性，造成疗效降低甚至完全无效，此时，必须更换其他药物。最好的办法是分离病菌，做药物敏感试验（抑菌试验），根据结果选用最敏感的药物治疗病鹅。

三、雏鹅大肠杆菌性败血病

大肠杆菌病是由大肠杆菌感染所引起的多种禽病的总称。水禽感染致病性大肠杆菌后，由于其年龄、抵抗力以及大肠杆菌的致病力、感染途径的不同，可以产生许多症状和病变不同的病型。在雏鸭以引起大肠杆菌性肝炎和脑炎为特征，在雏鹅和仔鹅以引起大肠杆菌性败血症为特征，在产蛋的种鹅和产蛋的种鸭以发生大肠杆菌性生殖器官病为特征。这种细菌性传染病已威胁着水禽业的健康发展。本病多发生于 10～45 日龄鹅，其中 1 周龄内的雏鹅常显败血症死亡，有较高发病率和病死率。

[病原及流行病学概述]

1. 病原主要特性　本病的病原是由 O_1、O_2、O_6、O_8、O_{14}、O_{78}、O_{119}、O_{138}、O_{147} 等血清型的埃希氏大肠杆菌所致。大肠杆菌是一种革兰氏阴性，不形成芽孢的杆菌，大小通常为（2～3）微米×0.6 微米，许多菌株能运动，具有周身鞭毛。大肠杆菌能在普通培养基上于 18～44℃ 或更低的温度中生长，菌落圆而隆凸，光滑、半透明、无色，直径 1～3 毫米，边缘整齐或不规则。大肠杆菌在肉汤中生长良好，在绵羊鲜血琼脂平皿生长良好，在麦康凯琼脂平皿上形成粉红色菌落。

2. 流行病学特点

大肠杆菌是动物肠道中的常在菌，其密度为每克含有 10^6 个左右细菌，有 10%～15% 的肠道大肠杆菌属于有致病力的血清型。病鹅及粪便是主要传染来源。有致病性的大肠杆菌常能通过蛋传递，造成场地污染、胚胎和雏鹅大量死亡，降低孵化率和出雏率。禽舍中的灰尘，每克可能含有 10^5～10^6 个大肠杆菌，卫生条件较差的禽舍空气中，每立方米可以多达（3～5）×10^4 个大肠杆菌，通过呼吸道，也可通过污染的饲料从消化道侵入体内。所以禽舍环境不卫生，往往引起发病流行。

大肠杆菌也是一种条件性致病菌，当由于各种应激刺激造成禽体的免疫功能降低时，就会发生感染，因此，在临诊上常常成为雏鹅鸭疫里默氏杆菌病的并发菌。

[诊断方法]

1. 临诊症状　本病由于雏鹅感染日龄、大肠杆菌菌株以及感染途径的不同，有急性型、亚急性型和慢性型。

急性型：多发生于出壳 1 周龄内的雏鹅，呈急性败血症死亡，发病率和病死率很高。患鹅突然发病，很快呈衰弱，精神委顿，怕冷，常拥挤成堆，不断尖叫。

亚急性型：多发生于 1～4 周龄雏鹅。患鹅精神不佳，羽毛乱而无光泽，成堆取暖；食欲大减，饮水增加，呼吸困难；下痢，稀薄粪便，常含有灰白色黏液；肛门周围绒毛沾污，沾满排泄物。瘦弱而衰竭死亡，病死率较高。

慢性型：多发生于4周龄以上仔鹅。患鹅精神欠佳，毛色渐失去光泽，食欲减少，生长不良，逐渐消瘦；长期下痢，稀粪中多含有灰白色或淡黄色黏状物。病程较长，不死者常呈僵鹅。

2. 病理变化

急性型：患鹅腹腔中有未被吸收的卵黄，卵黄囊大而软，内多为液状呈淡黄绿色或淡绿色卵黄水，多有腥臭味。多数病例肝脏有条状出血。少数病例呈心包炎病变。

亚急性、慢性型：亚急性型患鹅多数有"一炎"或"二炎"病变，而慢性型患鹅均具有"三炎"变化。心包炎，心包膜浑浊，增厚不透明，呈灰白色。心包腔内充满淡黄色积液，液中有数量不等的纤维素性渗出物。严重病例，心内外膜粘连；肝周炎，肝脏有不同程度肿大。肝有一层厚度不均被膜，或厚度不等灰白色的纤维素性膜覆盖，包膜不易剥离，而与肝脏粘连，剥离包膜时易将肝组织取出。肝表面有灰白色点状坏死灶；气囊炎，气囊膜增厚，浑浊，常附着数量不等的灰白色或黄白色纤维素性渗出物。患鹅消瘦，皮下及体内脂肪消失。

3. 实验室诊断

病料采集：取患病鹅的肝、脾、心包液、卵黄液等作为被检材料。

分离培养：同种鹅大肠杆菌性生殖器官病方法。

生化鉴定及血清学鉴定：同种鹅大肠杆菌性器官病方法。

4. 鉴别诊断 见鹅鸭疫里默氏杆菌病鉴别诊断项。

[防制策略]

1. 预防措施 加强种鹅大肠杆菌性生殖器官病的防疫注射和平时加强鹅群的消毒卫生工作。加强孵坊、孵化器、用具、产卵窝、育雏室的消毒清洁卫生工作，以及种蛋炕坊前的消毒，即可大大减少雏鹅败血型的发生。雏鹅群与种鹅群、青年鹅群应分离饲养，防止带菌鹅群传染于雏鹅群。雏鹅群放牧应在无其他鹅群放牧过的地段，水塘应是流动水。有本病流行的地方，在饲养雏鹅时，可应用广谱抗菌药物添加于饲料或饮水，一般5天左右一个疗程，也能较好预防本病的发生。应用分离鉴定菌株制备的多价灭活苗，7日龄左右的雏鹅，颈部皮下注射0.5毫升，能有效地预防亚急性型和慢性型。鹅体对大肠杆菌内毒素非常敏感，反应很巨大，易造成雏鹅大批死亡，种鹅群减蛋、停蛋以及死亡，因此一般不用油乳剂灭活苗。

2. 治疗方法　由于大肠杆菌易产生抗药性，易出现抗药菌株，如不用敏感药物进行治疗，常难以达到预期效果。因此，应根据分离的大肠杆菌做药敏实验。选择有用的药物做雏鹅群紧急预防和病鹅治疗。

四、种鹅大肠杆菌性生殖器官病（鹅蛋子瘟）

种鹅大肠杆菌性生殖器官病是由 O_2、O_7、O_{141}、O_{39} 等血清型大肠杆菌所引起母鹅产蛋期间发生于母鹅和公鹅的一种疾病，发病率和病死率较高，群众俗称"鹅蛋子瘟"。疾病的发生随着产蛋而开始，产蛋停止而告终。有此病的鹅群产蛋率下降近 1/3，在孵蛋期间常出现大批臭蛋。患病母鹅的粪便含有蛋清、凝固蛋白或凝固蛋黄，常呈煮蛋汤样；输卵管有多量黄色纤维素性渗出物、凝固的卵黄和蛋白块滞留；腹腔多呈卵黄性腹膜炎。患病公鹅的阴茎肿大，在不同部位有数量不等的芝麻至黄豆大的脓性或黄色干酪样结节。严重者部分或大部分阴茎露出体外，肿大数倍，有大小不一的结节。

[病原及流行病学概述]

1. 病原主要特性　本病的病原是由 O_2K_{99}、O_2K_1、O_7K_1、$O_{141}K_{85}$、O_{39} 等血清型大肠杆菌所致。本菌能发酵乳糖、葡萄糖、甘露糖、麦芽糖、伯胶糖、鼠李糖、山梨醇及蕈糖，产酸产气；不发酵肌醇和菊糖，吲哚试验阳性，甲基红试验阳性，V-P试验阴性，柠檬酸盐阴性，硫化氢阴性，尿酶阴性等。从病鹅的卵和腹腔渗出物以及公鹅的外生殖器官病灶中可以分离出病菌。采用从病料中分离出的大肠杆菌培养物接种易感鹅，能够引起发病。从人工感染结果中发现，公鹅在任何季节都很易感，而母鹅则仅在产蛋期间有易感性，非产蛋期间不易感，这与本病的流行病学特点是一致的。它属于产蛋种鹅一种独立的新的细菌性传染病。

2. 流行病学特点

本病流行发生于产蛋期的公鹅、母鹅，通常在产蛋初期或中期开始发生，至产蛋终了而停止流行。发病率的高低随着产蛋时间的迟早而不同，在产蛋开始时发生本病的鹅群，其发病率高达 $36\%\sim38\%$，一般为 19.6%。发病鹅群如不立即采取措施，将导致很高的病死率，可达到 72%，一般病死率为 11%，造成很大的经济损失。公鹅发病率，根据调查病鹅群中的 1 720 只公鹅，阴茎出现病变者有 530 只，占总数的 30.8%。对产蛋量的影响，患病的鹅群产蛋量有明显的下降，平均每只鹅产量下降 $8.1\sim10.5$ 枚。病鹅群的鹅蛋受精率比健康的低 $9.7\%\sim27.8\%$，也低于同孵坊的平均水平，同一饲养员饲养的鹅群有病年份的鹅蛋受精率也低于无病年份。对出雏率的影响，病鹅群的出雏率比健康鹅群低 4.8％。

[诊断方法]

1. 临诊症状　患病母鹅由于病程长短可分为急性型、亚急性型和慢性型3种。

急性型：患病母鹅死亡快，膘度好，死时泄殖腔常有硬壳或软壳蛋滞留。

亚急性型：出现临诊症状之后，一般 2～6 天内死亡。患病母鹅初期表现为精神委顿，减食，不愿行走，或在水面漂浮不动，常落后于鹅群。后期食欲停止，眼睛凹陷脱水，喙和蹼干燥和发绀，毛松乱。最主要的特征是排泄物带有蛋清、凝固蛋白或凝固蛋黄，多呈煮蛋汤样。病鹅肛门周围羽毛潮湿，沾染着恶臭的排泄物。

慢性型：少数病鹅病程可长达 10 天以上，最后消瘦死亡。部分病例可逐渐好转而康复，但不易恢复其产蛋机能。

患病公鹅的主要临诊症状限于阴茎。轻者整个阴茎严重充血，肿大 2～3倍，螺旋状的精沟难以看清，在不同部位有芝麻至黄豆大的黄色脓性或黄色干酪样结节。严重者阴茎肿大 3～5 倍，并有 1/3～3/4 的长度露出体外，不能缩回体内。露出体外的阴茎部分呈黑色的结痂面。外露和体内的阴茎，尤其是基部常有数量不等、大小不一的黄色脓性或干酪样结节，剥除结痂呈出血的溃疡面。结节可挤出脓样或干酪样的分泌物，多数患病公鹅的肛门周围也有相似的结节。阴茎外露的病鹅除失去交配能力之外，其精神状态、食欲、体重均无异常，也无死亡病例。

此外，在调查中曾发现个别死亡的母鹅病例除了上述变化外，全身多处皮肤，特别是颈部和眼眶周围也有相似的脓样或干酪样结节。

2. 病理变化

（1）大体病理变化

生殖器官：在产卵期母鹅阴道人工感染后的不同时期进行捕杀检查，结果与自然病例相似。前 5 天病变主要发生在输卵管。第 8 天以后，开始波及卵巢和腹腔。急性病例，输卵管黏膜充血，有针头大出血点。有的病例输卵管，局部有灰白色或淡黄色纤维素性渗出物附着，不易剥离，或坏死物脱落，形成溃疡。输卵管腔内常有硬壳或软壳蛋滞留，蛋壳表面粗糙，并附着脱落的黏膜或凝固的蛋白。蛋白分泌部有炼乳样的或大小不一、像煮熟的蛋白碎片和团块滞留。严重者整个输卵管肿大，腔内塞满凝固蛋白或卵黄。输卵管的黏膜和浆膜严重出血。有的病例黏膜水肿，有的病例黏膜和伞部及输卵管系膜有散在性针头大的出血点。少数病例在病初，蛋白分泌部黏膜隆起呈疱状，如小蚕豆大，疱内充满无色透明黏稠的分泌物（蛋清）。

卵巢中接近成熟的卵泡膜松弛易破，形态不一，表面高低不平。有些较大的卵泡多呈煮熟的卵黄样，切面为成层结构，可以剥离。较小的卵泡皱缩变形，软硬各殊，呈灰色、褐色或紫黑色等异常色泽。有的卵泡内呈溶化的卵黄水。有的病例除了上述变化外，卵泡膜严重充血。特别是亚急性和慢性病例，成熟卵泡破裂于腹腔。

阴茎：无论是人工感染还是自然病例，轻者严重充血，肿大 2～3 倍，螺旋状的精沟难以看清，阴茎体的不同部位，尤其在基部有芝麻至黄豆大的黄色脓性干酪样结节。严重者阴茎肿大 3～5 倍，有 1/3～3/4 的长度露出体外。外露部分呈黑色的结痂面，剥除结痂呈出血性溃疡面。

腹腔器官：腹腔器官的变化主要表现在亚急性和慢性病例中。腹腔充满淡黄色腥臭的卵黄水和凝固的卵黄块。卵黄块的形状随器官脏面不同而异，大小也不一。肠袢常被淡黄色纤维素性渗出物和凝固的卵黄粘连，肠系膜和肠浆膜充血，有散在性针头大的出血点。

肝、脾稍肿大，表面附有淡黄色纤维素性渗出物，容易剥离。心外膜充血。

（2）显微病理变化

输卵管：黏膜上皮细胞发生严重的水泡变性和坏死脱落。固有层有单核细胞、淋巴细胞浸润，血管充血，局部出血。肌层明显增宽，肌纤维间的间隙扩大，肌原纤维分离断裂，排列凌乱，发生水肿。部分肌纤维间有红细胞渗出。少数肌纤维细胞核溶解消失。浆膜层血管充血，局部有出血，血管周围有炎性细胞浸润。

卵泡：变性、坏死。

阴茎：上皮细胞发生变性，坏死，海绵体呈现一片无结构的坏死物质。

肠：黏膜上皮细胞变性、局部坏死脱落，肌层增厚，肌纤维排列疏松，其胞核淡染，少数胞核溶解消失。浆膜层显著增厚，结构疏松，间隙扩大，肌原纤维分离断裂，排列凌乱，发生严重水肿。浆膜表面附着纤维素性渗出物。

肝：肝细胞发生水泡变性和脂肪变性，少数有淤血。脾窦有充血，脾小体结构模糊不清。

心：心肌纤维发生颗粒变性，肌纤维间隙增宽，肌原纤维结构模糊，局部有散在性出血。

3. 实验室诊断

（1）病料采集　取患病母鹅腹腔卵黄液、输卵管中凝固蛋白、变形卵泡液，患病公鹅病变阴茎的结节作为被检病料。

分离培养：取病料直接在麦康凯琼脂平皿或在伊红-美蓝琼脂平皿划线培养，放置 37℃ 温箱培养 24 小时。大肠杆菌在麦康凯琼脂平皿上生成粉红色菌落，菌落较大，表面光滑，边缘整齐。在伊红-美蓝琼脂平皿上大多数呈特征性的黑色金属闪光的较大菌落。每个病例可从分离平皿挑选 3～5 个可疑菌落，分别接种于普通斜面供鉴定之用。

生化鉴定：将疑似为大肠杆菌纯培养物做生化反应，能够迅速分解葡萄糖和甘露醇，产酸；一般在 24 小时内分解阿拉伯糖、木胶糖、鼠李糖、麦芽糖、乳糖和蕈糖；不分解侧金盏花醇和肌醇；能产生靛基质，不产生尿素酶和硫化氢。凡符合上述生化反应的，就可确定为埃希氏菌属成员。

（2）血清学检验 将被检菌株的培养物分别与分组 OK 多价血清做玻板凝集或试管凝集试验，确定其血清型，再根据 OK 分组血清所组成的 OK 单因子血清做凝集反应。将被检菌株的培养物经 120℃ 2 小时加热，破坏 K 抗原后的菌体抗原，与 O 血清做凝集反应，以确定 O 抗原型。

4. 鉴别诊断 与鹅禽流感鉴别。各种年龄鹅均可发生，有很高的发病率和病死率。产蛋鹅发生禽流感时在数天内能引起大批鹅发病死亡，同时整个鹅群停止产蛋，这与鹅大肠杆菌性生殖器官病在流行病学方面有很大的不同，是鉴别之一。鹅禽流感对卵巢破坏很严重，大卵泡破裂、变形，卵泡膜出血斑块，病程较长的呈紫葡萄样，而鹅大肠杆菌性生殖器官病，大卵泡破裂、变形，卵泡膜充血，一般无出血斑块，无紫葡萄样，内脏器官也无出血，而以腹膜炎为特征，是鉴别之二。将病料接种于麦康凯琼脂培养基，鹅禽流感为阴性，但接种鸡胚能引起死亡，绒尿液具有血凝性，并能被特异抗血清所抑制，是鉴别之三。

[防制策略]

1. 预防措施 平时加强鹅群的消毒卫生措施。鹅群产蛋前 15 天左右对公鹅要逐只检查，将外生殖器上有病变的公鹅剔除，以防止传播本病。扬州大学兽医学院用 4 株不同抗原型的大肠杆菌研制的预防鹅蛋子瘟的灭活疫苗，20年来使用结果证明安全有效。每只母鹅在产蛋前 15 天左右肌肉注射疫苗 1 毫升，注射后有轻微减食反应，经 1～2 天即可恢复。免疫后 5 个月保护率仍达95% 左右。在发病鹅也可注射菌苗，每只肌肉注射 1～2 毫升，7 天后即无新的病鹅出现，能够有效地控制疫病的流行。在注射疫苗时，鹅群可同时应用有效抗菌素，有利于控制本病和减少其他细菌性疾病并发。

2. 治疗方法 根据分离到的大肠杆菌做药敏试验的结果，肌肉注射链霉素、卡那霉素、环丙沙星、氟哌酸均有很好的疗效。

发病鹅群中，病鹅注射链霉素，同群鹅饲喂广谱抗生素，可使大部分轻病鹅迅速恢复，疾病在鹅群中很快中止发展，但在停药以后，本病可能再次发作。

五、鹅沙门氏菌病

鹅沙门氏菌病又称鹅副伤寒，是由鼠伤寒等几种沙门氏菌所引起的疾病的总称。各种家禽都能感染，主要发生在雏鹅等幼小家禽急性细菌性传染，可以造成大批死亡。而青年鹅及成年鹅感染后多呈慢性型或隐性经过，成为带菌者。患鹅以腹泻，瘦弱，肝脏肿大、呈古铜色、表面有灰白色或淡黄色坏死灶为特征性病理变化。这一类细菌常引起人的食物中毒，在公共卫生上有重要意义。

［病原及流行病学概述］

1. 病原主要特性　本病的病原是沙门氏菌属的细菌，常见的有六、七种，最主要的是鼠伤寒沙门氏菌（约占50％），其他如鸭沙门氏菌、肠炎沙门氏菌埃森变种、汤姆逊沙门氏菌及纽温顿沙门氏菌等。病原菌的种类常因地区和鹅种类的不同而有差别。沙门氏菌为革兰氏阴性小杆菌，大小（0.4～0.6）微米×（1～3）微米，具有鞭毛，能运动，没有芽孢。在抗原性上彼此之间常有关系，在普通琼脂培养基上，生长良好，能发酵多种糖类，产酸或同时产气。此类菌的抵抗力不很强，60℃15分钟即行死亡，一般消毒药物都能很快杀死病菌。病菌在土壤、粪便和水中的生存时间很长，鹅粪中的沙门氏菌能够存活28周，土壤中的鼠伤寒沙门氏菌至少可以生存280天，池塘中的能存活119天，在饮水中也能够生存数周以至3个月之久。有些沙门氏菌在蛋壳表面、壳膜和蛋内容物里面，在室温条件下可以生存8周。

2. 流行病学特点　本病细菌除了鹅发生外，在鸭、鸡、火鸡、珠鸡、野鸡、鹌鹑、孔雀等雉科禽类，鸽、麻雀和芙蓉鸟等鸟禽类，以及属于不同科属的野禽均可感染，并能互相传染。在自然条件下，本病多发生于1～3周龄雏鹅，病死率高低不一，低者约百分之几，高者可达80％左右。通常仔鹅，尤其4月龄以上鹅很少发病。本病的病原菌也经常出现在马、牛、羊、猪、狗、猫等家畜体内，也发现在毛皮兽以及野生肉食兽中。也可以传染给人类，是一种重要的人兽共患疾病。鼠类和苍蝇等都是病菌的重要带菌者，在本病的传播上有重要作用。污染病菌的家禽和动物加工副产品是本病的重要传染源。鹅沙门氏菌病传染主要是通过消化道，带菌动物是传染本病的主要来源，粪便中排出的病原菌污染了周围环境，从而传播疾病。本病也可以通过种蛋传染，沾染在蛋壳表面的病菌能够钻入蛋内，侵入卵黄部分。在孵化时也能污染孵化器和育雏器，在雏群中传播疾病。

[诊断方法]

1. 临诊症状　雏鹅感染大多由带菌鹅蛋所引起，1～3周龄雏鹅的易感性最高。潜伏期短，最短在感染后数小时即可发病，呈急性败血型症状。病鹅食欲消失，颤抖，气喘，眼睑水肿，眼和鼻中流出清水样分泌物，身体衰弱，动作迟钝和不协调。肛门常有粪便沾污，口渴增加。病鹅步态不稳，常常突然跌倒死亡，所以过去把它称做"猝倒病"。倒地做划船动作。死亡前后呈角弓反张。病程较长的患鹅，腿部关节肿胀，有痛感，跛行。青年鹅、成年鹅感染后，部分鹅下痢，较瘦弱，跛行。

2. 病理变化　患鹅肝脏肿大，呈红色或古铜色，表面也常有灰白色的小坏死点。回肠里面有干酪样物质形成的栓子，直肠扩张增大，充满秘结的内容物。心包炎和心肌炎，心包内有较清朗积液。脾脏肿大，有针头大的坏死点。肾脏的色泽变苍白，有出血斑。肺淤血、出血。气囊膜浑浊不透明，常附着黄色纤维素性渗出物。脑壳充血、出血，部分患鹅脑组织充血、出血。

3. 实验室诊断

（1）微生物学检验

病料采集：雏鹅急性病例可采取肝、心血、心包液和肠道内容物等。

分离培养：用无菌手续分别取上述内脏器官以及心血、心包液、胆汁、脑组织等病料，直接在S-S琼脂平皿或麦康凯琼脂平皿上划线分离培养；用无菌手续取肠道内容物接种于亚硒酸盐增菌培养基，或接种于亚硫酸钠肉汤增菌培养基，放置37℃温箱培养18～24小时。将增菌培养液在S-S琼脂平皿或亚硫酸钠琼脂平皿上划线分离培养，也可将肠道内容物直接在麦康凯琼脂平皿上划线分离培养。

上述琼脂平皿培养基放置37℃温箱培养24～48小时，在发康凯琼脂平皿培养基上，沙门氏菌均为无色、透明或半透明、圆形、光滑、较扁平的菌落。在S-S琼脂培养基和亚硫酸钠琼脂培养基上，沙门氏菌均能产生硫化氢而形成黑色或墨绿色菌落。

初步鉴定：每个病例可从分离平皿上挑选5个以上的疑似菌落，分别接种于三糖铁琼脂斜面和尿素培养基，经37℃培养24小时，如果被检菌株在三糖铁琼脂培养基上，斜面呈粉红色（原培养基颜色），底层培养基变为黄色，并可能有气体产生，硫化氢阳性，尿素培养基呈阴性，即可初步疑为沙门氏菌。

（2）血清型鉴定　将疑为沙门氏菌纯培养物制成浓菌液，取菌液 2 滴置于玻片上，一滴加入沙门氏菌 A~F 群多价 O 血清，另一滴用生理盐水代替血清做玻板凝集试验。血清阳性菌株需做生化鉴定。凡血清阳性菌株和生化反应又符合于本属的特点，即可判定被检菌株为沙门氏菌。将符合沙门氏菌的被检菌株与 O 因子血清和 H 因子血清做凝集反应，以确定其 O 抗原和 H 抗原后，即可从抗原表解中查明其菌名。

4. 鉴别诊断

（1）与小鹅瘟鉴别　见小鹅瘟鉴别诊断项。

（2）与雏鹅出血性坏死性肝炎鉴别　雏鹅出血性坏死性肝炎是由鹅呼肠孤病毒所致的雏鹅病。患病雏鹅肝脏出血坏死特征性病变与沙门氏菌病的病变不同，是鉴别之一。肝脏病料触片染色镜检，沙门氏菌病见有细小、卵圆形小杆菌，而本病为阴性，是鉴别之二。将病料接种于麦康凯琼脂培养基，置 37℃ 温箱培养 24 小时，见有无色透明或半透明、圆形、光滑、较扁平菌落，而本病为阴性。病料处理后接种鸡胚，引起死亡，胚体和膜具有特征性病变，是鉴别之三。必要时进行细菌鉴定。

［防制策略］

1. 预防措施　预防鹅沙门氏菌病的方法，首先要加强鹅群的环境卫生和消毒工作，产蛋箱和地面上的粪便要经常清除，防止沾污饲料和饮水。雏鹅和成年鹅要分开饲养，防止间接或直接接触。另一方面要加强种蛋和孵化育雏用具的清洁和消毒，种蛋外壳切勿沾污粪便，孵化前进行适当的消毒（用消毒药液浸洗或用福尔马林熏蒸）。孵化器和育雏器每次用过后必须彻底消毒。

清除鹅群中的带菌者对预防本病是很重要的。不过鹅沙门氏菌带菌者的检出较鸡白痢和鸡伤寒困难，因为带菌者常为肠内带菌，血液中的凝集素的浓度不高；另一方面在所感染的沙门氏菌的菌种未确定之前，没有现成的凝集抗原可以利用，必须分离病原细菌自行制造。

在预防接种方面，国外虽有多价菌苗供母禽主动免疫和多价免疫血清供雏禽紧急预防之用，但是由于沙门氏菌的种类太多，所以接种后不一定有效。必须先对当地鹅沙门氏菌病的病原菌种类有充分了解。可靠的办法是就地取材，采用当地常见的沙门氏菌制成菌苗，供预防注射之用。

鹅群发生本病以后，应当迅速采取严格的消毒隔离措施，防止疾病扩散到其他鹅群，并防止人畜被传染。水禽沙门氏菌对人类公共卫生上的意义比鸡白痢菌和鸡伤寒菌更为重要，因为很多沙门氏菌对人类同样能够致病。对于带菌鹅以及它们的肉、蛋等产品，应该加强卫生检验和无害处理等措施，以防止发生食物中毒。

2. 治疗方法 鹅沙门氏菌病的药物治疗可以减少雏鹅的死亡损失。临诊上可以试用下列药物：

（1）粉料中添加0.5％磺胺嘧啶、磺胺二甲嘧啶或磺胺二甲氧嘧啶，连续饲喂4～5天。每千克粉料添加0.2克氟哌酸，连喂7天。

（2）金霉素或土霉素，每只雏鹅每天20毫克，分3次喂给，或在每10千克粉料中添加抗生素2.5克，做大群治疗。壮观霉素和庆大霉素也有效。

（3）链霉素或卡那霉素肌肉注射，每只雏鹅每天1～2毫克，分2次注射，或在每千克饮水中添加1克，让病鹅自行饮服，因病鹅口渴，可以保证喝到。

由于沙门氏菌的种类很多，不同的沙门氏菌对以上各种药物的敏感性也不同，因此疗效不一致，特别是对抗菌药物已有抗药性的菌株日益增多。在有条件的地方应将分离到的病菌先做药敏试验，选择确定有效的药物。

六、鹅葡萄球菌病

本病是由于皮肤和黏膜损伤以及脐孔感染金黄色葡萄球菌所致的雏鹅急性和青年鹅慢性传染病。雏鹅感染后，多呈急性败血症，有很高的发病率和病死率。青年鹅感染后，多引起关节炎，病程较长。

[病原及流行病学概述]

1. 病原主要特性 金黄色葡萄球菌为革兰氏阳性的圆形或卵圆形细菌，直径7～10微米，在固体培养基生长的细菌排列成葡萄状。细菌在普通培养基上生长良好，为光滑、隆起的圆形菌落，直径1～2毫米，幼嫩菌落呈灰黄白色，以后变成金黄色。禽型金黄色葡萄球菌能产生溶血素和血浆凝固酶，能够凝固兔血浆和在血液琼脂平皿上产生溶血环。细菌的致病力与其产生的多种毒素有关，其中肠毒素是造成禽类病害及人类食物中毒的重要病因。细菌能穿过皮肤和黏膜引起致病。葡萄球菌对外界的抵抗力较强，60℃温度下30分钟才能杀死。在干燥脓液或血液中的病菌能生存2～3个月。常用消毒药以3％～5％石炭酸的杀菌效果最好。

2. 流行病学特点 金黄色葡萄球菌无处不在，是常在菌。广泛存在于鹅群周围环境中，鹅舍内的空气、地面以及鹅的体表、鹅蛋表面、鹅粪中都能分离到病菌。本病一年四季均能发生，由于机体防御屏障的损害，通过皮肤黏膜的创伤感染是本病的主要传染途径，也可以通过直接接触和空气传播。

幼雏还可以通过脐孔感染，引起脐炎。种蛋和孵化器被污染，会造成胚胎早期死亡和出雏率下降，孵出的雏鹅容易死亡，也容易患脐炎。造成鹅体创伤的因素很多，例如由于笼的铁丝刺伤、啄食癖、刺种疫苗、安装翅号、吸血昆虫刺伤等，都能造成外伤而成为葡萄球菌的感染门户。此外，鹅群过大、拥挤、鹅舍内通风不良、营养不良（缺硒或贫血等）等因素，都能促进本病的发生。

［诊断方法］

1. 临诊症状 由于葡萄球菌感染途径和日龄的不同，表现为不同病型的临诊症状和病理变化，本病有脐炎型、皮肤型、关节炎型等。

脐炎型：常发生于出壳时或出壳后1周内的雏鹅，通过脐带孔感染所致。患雏鹅体弱，精神委顿，食欲废绝，腹围膨大，脐带发炎，有结痂病灶。

皮肤型：多发生于0.5～2.5月龄的仔鹅。患鹅局部皮肤发生坏死性炎症或腹部皮肤和皮下炎性肿胀，呈蓝紫色皮肤。病程较长的病例，皮下化脓，并引起全身感染，食欲停止，衰竭而死。

关节炎型：多发生于青年鹅、成年鹅。患鹅趾关节和跗关节肿胀，跛行。

2. 病理变化

脐炎型：患病雏鹅脐部坏死，卵黄吸收不良，稀薄如水，并具有腐败的味道。

皮肤型：患鹅皮下尤其胸部皮下有出血性胶样浸润，胶液呈黄棕色或棕褐色，有的病例也有坏死性病变。

关节炎型：患鹅关节囊内或滑液囊内有浆液性或纤维素性渗出物。病程较长的病例，囊内有干酪样坏死物质。有些病例呈骨髓炎。

3. 实验室诊断

（1）微生物学检验 采取雏鹅腹腔中吸收不良的卵黄液、脐带坏死物、皮下胶液、关节囊内的渗出物、变色肥鹅肝和脓灶中的脓液等病料作为被检材料。

染色镜检：病料涂片，革兰氏染色镜检，阳性者可见革兰氏阳性、圆形或卵圆形葡萄状和短链状球菌。

分离培养：被检病料接种绵羊鲜血琼脂平皿，37℃温箱培养24小时，挑取金黄色、具有溶血性的菌落做纯培养，供进一步做生化反应和凝固酶等试验。如病料已被污染，可用却浦曼培养基进行分离培养，致病性葡萄球菌菌落较小，菌落周围培养基为黄色。

甘露醇发酵试验：将分离到的葡萄球菌菌株接种于甘露醇培养基，置

37℃温箱培养 24 小时，致病性葡萄球菌能发酵甘露醇而使培养基变为黄色。

凝固酶试验：致病性葡萄球菌能产生一种凝血浆酶，具有凝固兔和人血浆的特性，是鉴定本菌的方法之一。方法是用 3.8% 灭菌枸橼酸钠溶液 1 毫升，吸取家兔新鲜血液 9 毫升，混合后离心沉淀，取上层血浆供试验用。

玻片法：取清洁玻璃片 1 块，用蜡笔分成 2 格，一格加血浆 1 滴，一格加生理盐水 1 滴，然后于将待测的 24 小时细菌纯培养物分别混于血浆和生理盐水中，经 1~2 分钟观察。如血浆凝固成颗粒状，而生理盐水无凝固现象，即为阳性反应；如两者均不凝固，即为阴性。

试管法：取灭菌小试管 2 支，各加入 1：4~1：8 血浆 0.5 毫升。然后于第 1 试管中加入待检 24 小时肉汤培养物或细菌悬液 0.1 毫升；于第 2 试管中加入无菌肉汤 0.1 毫升作为对照，摇匀，置 37℃温箱，于第 1、第 2、第 4 及第 6 小时各观察 1 次。观察时与对照管比较，如第 1 管内血浆失去流动性，部分或全部血浆呈胶冻状，即为血浆凝固酶阳性。致病性葡萄球菌一般在 2~4 小时内即可使血浆凝固，最迟不超过 6 小时。

（2）动物接种

皮下接种：家兔皮下接种 1.0 毫升 24 小时培养物，致病性葡萄球菌可引起局部皮肤溃疡、坏死。

静脉接种：家兔耳静脉接种 0.1~0.5 毫升肉汤培养物。致病性葡萄球菌于 24~48 小时内使家兔死亡。剖检可见浆膜出血，肾、心脏、心肌及其他器官组织有大小不一的脓肿病变。

4. 鉴别诊断　与表皮葡萄球菌鉴别要点见表 11-4。

表 11-4　与表皮葡萄球菌鉴别要点

鉴别要点 \ 菌株	金黄色葡萄球菌	表皮葡萄球菌
菌落色素	金黄色	白色或柠檬色
产生凝固酶	阳性	阴性
分解甘露醇	阳性（极少阴性）	阴性（极少阳性）
甲型（a）毒素	阳性	阴性
致病性	强	弱

〔防制策略〕

1. 预防措施　由于金黄色葡萄球菌广泛存在于自然界，常因局部感染而引起致病，发病后治疗效果不佳。因此，防止鹅体的外伤和出壳时脐带孔被感染对本病的预防显得特别重要。平时加强鹅舍、孵化室、用具、笼、运动场等的清洁卫生和消毒工作，清除污物和一切锐利的物品，特别是笼底板不能有尖刺物，减少或防止皮肤、黏膜和鹅掌的外伤。保持种蛋的清洁，减少粪便污染，做好育雏保温工作。进行防疫注射时，要做好局部消毒工作，防止吸血昆虫叮咬，消灭蚊蝇和体表寄生虫。一旦发现皮肤损伤，及时用5％碘酊或5％龙胆紫酒精涂擦，防止葡萄球菌感染。

应用疫苗对本病的预防效果不大。饲喂嗜酸乳酸杆菌可以减少肠道和嗉囊中的金黄色葡糖球菌，降低感染率，因嗜酸乳酸杆菌对它有排除作用。

2. 治疗方法　根据药物敏感试验的结果，应用庆大霉素、卡那霉素治疗本病的效果最好。其他抗菌药物包括磺胺类药物、链霉素、青霉素及四环素等，由于生产上的广泛使用，耐药菌株大量增加，因此疗效不一定可靠。

七、水禽支原体感染症

水禽支原体感染症又称水禽支原体病、水禽传染性窦炎、水禽慢性呼吸道病，是由支原体引起的雏水禽慢性传染病。患禽生长缓慢，以鼻窦炎、结膜炎和气囊炎为特征。

［病原及流行病学概述］

1. 病原主要特性　本病病原为支原体科，支原体属，水禽支原体。形体微小而多形态，营养要求高，在含有10％～20％新鲜血清培养基才能生长。初次分离时必须在含有5％～10％CO_2的潮湿环境才能在固体培养基上生长。典型菌落多呈圆形、微小、光滑、透明、露珠状。菌落中心呈致密圆形凸起，外观以"乳头状"、"脐状"、"荷包蛋"状，幼菌落呈无色透明，老龄菌落中心凸起，呈淡黄色或棕黄色。能凝集鸭红细胞，而不能凝集鸡红细胞。抵抗力不强。

2. 流行病学特点　1956年我国学者罗仲愚，1983年郭玉璞，1988年田克恭等先后报道此病。多发生于2～3周龄以内雏禽。发病率和病死率的高低，除与日龄有关外，与日常有无用抗生素药物、有无并发感染、饲养管理、卫生条件以及有无应激等均有关系。发病率30％～40％，高者可达80％以上。病死率1％～10％，高者可达20％～50％。患病禽、带菌禽以及污染的种蛋是主要传染来源，呼吸道为主要传染途径。一年四季节均可流行发生。

［诊断方法］

1. 临诊症状　患病雏禽病初一侧或两侧眶下窦呈隆起的肿胀，有波动感。

后肿胀部变硬实。鼻腔黏膜发炎，有浆液性或黏液性或脓性分泌物流出，或干痂堵塞鼻孔。患禽有不断甩头或用爪抓鼻部，呼吸不畅等症状。有些患禽眼内有大量浆性或黏性分泌物。眼睛四周绒毛沾污结块。精神欠佳，食欲减少，生长缓慢。

2. 病理变化　眶下窦充满多量灰白色浆性、黏性分泌物或干酪分泌物，黏膜充血、水肿、增厚。气囊混浊、增厚。喉头和气管黏膜充血、水肿，有浆性或黏性分泌物。内脏器官一般无明显肉眼病变。

3. 实验室诊断　采集患病禽眶下窦的分泌物和气囊等病料接种于禽支原体培养基，在含有 $5\%\sim10\%CO_2\,37℃$ 温箱条件下培养 $3\sim5$ 天。将典型菌落做纯培养供鉴定用。

［防制策略］

1. 预防措施　平时加强饲养管理、卫生消毒和污物做堆肥发酵工作，每天加强雏禽舍保温和防潮湿工作。适度饲养密度和全进全出的饲养制度。在有本病发生的禽场，在雏禽饲养过程中，可用太乐菌素等药物添加饮水中，有较好的预防效果。

2. 治疗方法　患病禽群可用太乐菌素、强力霉素、土霉素等药物添加于饲料或饮水中，一般连用 $3\sim5$ 天能有效地控制流行发生。

八、雏鹅绿脓杆菌病

雏鹅绿脓杆菌病是由绿脓杆菌引起雏鹅的一种败血性传染病，发病率和病死率为 $5\%\sim10\%$。但常因其他病原微生物继发或并发感染而造成损失，必须引起重视。

［病原及流行病学概述］

1. 病原主要特性　本病的病原为假单孢菌属绿脓杆菌。为革兰氏阴性小杆菌，一端单鞭毛，能运动，无荚膜和芽孢。在普通培养基上生长良好。在培养基或病灶内产生绿脓青素和绿脓荧光色素等多种毒素。分布广泛，存在于水、污水、土壤和空气中，为条件性致病菌，可造成多种动物的感染而发病。当鹅因应激等因素而抵抗力低下时易引起机体感染。

2. 流行病学特点　雏鹅绿脓杆菌病一般为散发，无明显的季节性。常因种蛋卫生管理不佳而被污染，被污染的种蛋经孵化产气而爆破时又造成其他鹅胚的污染及初出炕的雏鹅感染。常与支原体病并发而造成呼吸道和肺脏的伤害。本病可造成眼炎、蜂窝织炎。发病率和病死率为5%～10%。

[诊断方法]

1. 临诊症状 病雏鹅表现为精神委靡，食欲减退或废绝。呼吸困难，羽毛乱而无光泽，两翅下垂。眼睛发生流泪，眼周围发生不同程度水肿，水肿部破裂后流出液体，形成痂皮。腹泻，呈灰白色、淡黄或黄绿色水样稀粪，有的稀粪中带血。口角边缘、头部、下颌、腿等部位的皮肤有大小不一、触之柔软的脓疱。有的皮下水肿，病雏最后极度衰竭，突然倒向一侧，抽搐死亡。

2. 病理变化

（1）大体病理变化 本菌产生多种伤害细胞的毒素，造成动物发生水肿、出血和组织坏死的病变。头颈部的皮下组织有黄绿色或淡绿色浆液性胶样渗出物。肝脏肿大，质地脆，有黄绿色坏死斑。脾肿人，有针头大灰白色坏死。心内膜和肌肉有出血斑。气囊浑浊，增厚。肠道黏膜充血、出血。

（2）显微病理变化 局部病变组织可见异嗜性粒细胞浸润，血管内可见本菌在侵害的血管壁造成菌栓。

3. 实验室诊断 取患病鹅肝、胰、血液、气囊等作为病料，取死鹅分离本菌时应以骨髓和皮下绿色胶样物为病料。将病料接种普通琼脂培养基培养，经37℃温箱培养18小时为光滑、湿润、微隆起、边缘整齐或不整齐中等菌落。菌落周围的琼脂呈蓝绿色和黄绿色，并有特殊芳香气味。培养48小时，色素变深。在鲜血琼脂培养基常呈β溶血。在麦康凯培养基培养24小时呈无色、细小、半透明菌落。培养48小时，菌落中心呈棕绿色。

[防制策略]

1. 预防措施 平时加强饲养管理，搞好清洁卫生及消毒工作，防止创伤感染。对于运输的雏鹅，必须对盛载器具进行彻底消毒，以减少病原对雏鹅的感染。

一旦发病，要封锁养殖场，及时挑出病鹅隔离治疗。对无治疗价值的鹅一律淘汰，并与死雏鹅一起深埋。用0.1‰醋酸溶液对孵化育雏室及用具彻底消毒，用消毒药物对周围环境进行彻底消毒。

2. 治疗方法 治疗可用多粘菌素，每千克饲料15毫克拌料，连用3～5天；阿米卡星，肌肉注射，每千克体重5毫克，1次/日，连用3天；也可用庆大霉素、磺胺嘧啶等药物。同时在饲料中添加维生素C和微生态制剂，有利于雏鹅康复。

九、鹅溶血性曼氏杆菌病

鹅溶血性曼氏杆菌病是由溶血性曼氏杆菌感染雏鹅引起的一种急性热性传染病。病死率可达40%以上。患病鹅症状及大体病理类似于多杀性巴氏杆菌病。

[病原及流行病学概述]

1. 病原主要特性　溶血性曼氏杆菌原名称溶血性巴氏杆菌，1999年改成现名。属于巴氏杆菌科，曼氏杆菌属，形态与多杀性巴氏杆菌相似，人工培养时间长，呈多形性，菌体大小约为0.5微米×2.5微米，有荚膜，菌毛，无芽胞，不运动，瑞氏染色呈两极着色，革兰氏染色为阴性。本菌对营养要求不高，在普通培养基上均能生长良好，菌落呈圆形、光滑、湿润、半透明。在血液琼脂上，新分离的菌落呈微弱的溶血。在牛鲜血琼脂培养基呈β溶血。在羔羊鲜血琼脂培养基呈双溶血圈菌落。培养到48小时移去菌落后可见到溶血环。连续传代培养，溶血性便减弱或消失。

该菌是一个较复杂的类群，按其生化特性的差异，分为A、T两个型。根据菌体表面的蛋白抗原的差异，通过血凝实验，又将本菌分为17个血清型。正常反刍动物的上呼吸道会有本菌共栖，但一般认为毒力较强的致病菌株才有致病性。

本菌对物理和化学因素的抵抗力比较低。普通消毒药对本菌都有良好的消毒力，但克疗林对本菌的杀菌力很差。

2. 流行病学特点　溶血性曼氏杆菌是牛、绵羊和其他反刍动物的条件性病原，呈全球性分布。在自然情况下，通常不感染鹅，不同畜、禽间不易相互感染。鹅感染溶血性曼氏杆菌的原因主要是接种溶血性曼氏杆菌污染的不合格的疫苗等生物制品所致，一年四季都可以发生。本病的流行过程呈急性败血经过。被污染的生物制品注射8小时后开始有雏鹅死亡，2天内可达雏鹅死亡高峰，病死率可达40%以上。

[诊断方法]

1. 临诊症状　患病鹅呈不同程度的精神沉郁，食欲减退，体温升高。有的两脚发生瘫痪，不能行走，最后衰竭、昏迷而死亡。仔鹅发病和病死较成年鹅严重，常以急性为主。

2. 病理变化　患病鹅心包膜有淡黄色纤维素性渗出物。腹腔有大量黄色纤维素性渗出液，肝、脾、肾充血肿大。胸肌和腿肌黄染、苍白。

3. 实验室诊断　根据流行病学材料、临诊症状和剖检变化，结合治疗效果，可对本病做出初步诊断，确诊有赖于细菌学检查。将病鹅肝脏等病料和渗出物做触片、涂片，瑞氏染色，镜检，可见有两极着染的钝圆杆菌。接种培养基分离到该菌，可得出正确诊断。必要时可用小鼠进行实验感染。从病死鹅所使用的生物制品中亦可检出该菌。

　　［防制策略］

1. 预防措施　鹅溶血性曼氏杆菌病的发生是由受污染的不合格的生物制品注射所致。因此要做到使用正规厂家生产的生物制品，不购买"三无"产品，这样可达到预防本病的发生。

2. 治疗方法　鹅群发病后，立即将死鹅烧毁或深埋，病鹅隔离，可用替米考星、强力霉素等药物进行饮水治疗，可控制病情。

十、鹅变形杆菌病

　　鹅变形杆菌病是由肠杆菌科变形杆菌属中的奇异变形杆菌和普通变形杆菌引起雏鹅的一种急性热性传染病。患鹅以呼吸困难、排绿色稀粪、心包炎、肝周炎、腹膜炎为特征性病理变化。其发病率和病死率高低与鹅的日龄和饲料中添加的药物有密切的关系。近些年来随着鹅群饲养密度的加大，该病单一感染或混合感染时有发生，不容忽视。

　　［病原及流行病学概述］

1. 病原主要特性　变形杆菌有普通、奇异、莫根、雷极氏和普罗维登斯等5种，本病主要由奇异变形杆菌和普通变形杆菌所致。为革兰氏阴性、无荚膜、无芽孢的细菌。周身有鞭毛，运动活泼。形态大小不一，主要为短杆状，偶见球状、长丝状；大多呈单个散在排列，少数成对或短链状或成簇排列。奇异变形杆菌的菌体 O 抗原有 27 个，普通变形杆菌的菌体 O 抗原有 17 个。

　　本菌兼性厌氧，营养要求不高，在 $10\sim43℃$ 内均可生长，最适生长温度为 20℃。在营养琼脂培养基上的菌落呈扁平、灰白色、半透明、边缘不整齐。胆硫乳琼脂培养基上的菌落周边无色、半透明、黑色中心、边缘不整齐。在麦康凯琼脂培养基上的菌落呈较扁平、圆形、淡褐色菌落。三糖铁琼脂斜面可见斜面产碱变红、底部产酸变黄、产气，产 H_2S；在马丁氏肉汤中呈均匀混浊、管底有少量沉淀，48 小时后液面见一薄层菌膜。

在湿润普通营养琼脂和血琼脂培养基上，两种变形杆菌呈迁徙生长，或扩散膜状生长，即没有划线的地方也有菌苔形成。半固体营养琼脂穿刺接种也能显示其具有运动性。

2. 流行病学特点 奇异变形杆菌和普通变形杆菌在自然界分布很广，存在于土壤、污水和垃圾中，人和动物的肠道也经常存在，在一定条件下可成为条件致病菌，引起多种感染症。变形杆菌能感染多种动物，在我国，猪、鸡变形杆菌病报道相对较多。鹅也可感染发病。发病鹅多为 3～30 日龄的雏鹅。发病率与病死率与发病鹅日龄密切相关，日龄越小，发病率和病死率越高，病死率达 38.4%。

本病多见于冬春寒冷季节和春夏之交的潮湿季节。有时并发或继发于其他常见的鹅病，如鹅传染性浆膜炎、小鹅瘟等。

[诊断方法]

1. 临诊症状 病鹅主要表现为体温升高，精神欠佳，食欲减少，站立不稳，喜卧。呼吸急促，张口呼吸，咳嗽、打喷嚏，鼻腔流出黏液。排白色或浅绿色、黄绿色稀粪。

2. 病理变化 患鹅心包膜增厚，浑浊，心包液有纤维素性渗出物。肝脏肿大，有黄白色或灰白色纤维素性分泌物覆盖。腹膜有纤维素性渗出物附着。喉头和气管黏膜出血或气管内充满黏液性分泌物或积有血凝块或黄色干酪样物。肺水肿，弥漫性出血或淤血，切面呈大理石样。脾肿大稍出血。气囊炎，气囊壁附有大量干酪样物。胆囊肿胀。有的病例肠道黏膜坏死脱落。有的病例有脑膜炎。

3. 实验室诊断

（1）微生物学检验

病料采集：采集病死鹅的肝、脾、心包液、腹膜渗出物、脑等病料，做触片、抹片革兰氏染色，显微镜下观察细菌形态。取上述病料接种于普通琼脂平皿和 4% 琼脂平皿上进行划线，放置 37℃ 温箱培养 18～24 小时，观察其培养特性。前者呈迁徙波浪式生长，后者能被抑制，呈单个菌落。

生化鉴定：将疑似为变形杆菌纯培养物做生化反应，生化特性为能分解葡萄糖，使之产酸产气，不能分解乳糖、卫矛醇、山梨醇、甘露糖，除奇异变形杆菌外能产生靛基质，能迅速分解尿素，产生硫化氢，有运动力。据该菌的形态、培养和生化特性，可确定为变形杆菌。

（2）血清学检验 应用标准的分型抗血清，可进行玻板或试管凝集试验，以及琼脂扩散试验鉴定血清型。由于变形杆菌抗原种类多样，且不同血清型之间缺乏抗原交叉反应，这给本病血清学检测的推广和应用带来困难。

（3）动物接种　将 18 小时细菌分离培养物经皮下、口服接种 7 日龄左右易感雏鹅，每只 0.5 毫升。雏鹅应来源于未发生过鹅变形杆菌病的饲养场。口服组可出现腹泻，但不出现死亡。皮下接种组接种后 12 小时陆续出现精神沉郁，站立不稳，瘫痪。呼吸困难、咳嗽。腹泻，排黄白色稀便等症状。剖检可见，心包炎、肝周炎。肾肿大、充血、出血。整个肠道呈弥漫性出血，肠黏膜脱落等。从鹅的脑组织可分离到变形杆菌。

4. 鉴别诊断

（1）与鹅禽流感鉴别　各种年龄鹅均可发生鹅禽流感，有很高的发病率和病死率，而变形杆菌病主要发生于雏鹅，在流行病学方面有很大的不同，是鉴别之一。鹅禽流感以全身各器官出血，而无心包炎、肝周炎、腹膜炎等病理变化特征，是鉴别之二。将病料接种于普通琼脂培养基，鹅禽流感为阴性，但病料接种鸡胚能引起死亡，绒尿液具有血凝性，并能被特异抗体所抑制，是鉴别之三。

（2）与鹅鸭疫里默氏杆菌病鉴别　这两种病在流行病学、发病日龄以及病理变化很难区别。将病料分别接种于普通琼脂培养基和鲜血琼脂培养基。鹅鸭疫里默氏杆菌仅能在含有 5%～10%CO_2 鲜血琼脂培养基生长，而变形杆菌两种培养基均能生长，并以迁徙波浪式生长，具有鉴别意义。

[防制策略]

1. 预防措施　一般认为变形杆菌是环境污染菌，但在一定条件下可成为条件致病菌，引起多种感染症。近年来，该病在鹅群中时有发生，表明过去不太重要的细菌性疾病和条件致病菌感染，在当今集约化程度较高、饲养密度愈来愈大的养禽业中时有发生，应加以重视。

因鹅的变形杆菌病以往并不多见，同时本病的剖检变化有心包炎和肝周炎的变化，故在没条件做细菌分离和鉴定的情况下，对本病容易忽视和误诊，要加强对本病的认识和诊治。要坚决纠正重视药物防治，轻视环境净化的错误意识。对病死家禽做无害化处理和粪便堆肥发酵。对鹅舍、养殖器具和周围环境要定期消毒，对雏鹅做好防寒保暖等护理工作，以加强鹅群自身抵抗力。切忌将病死家禽到处乱扔、将粪便到处乱堆，造成病原微生物到处散播，使疾病流行并难以扑灭。

2. 治疗方法　由于不同菌株对抗菌药物的敏感性差异较大，故对该病有效的治疗必须建立在药敏试验基础上。根据不同地区分离株做药敏试验的结果，选用相应的药物治疗本病，才能取得较理想的效果。常用药物有丁胺卡那霉素、庆大霉素、环丙沙星、氟哌酸、妥布霉素、先锋Ⅴ等抗生素，按量加入饲料或饮水中。

十一、鹅链球菌病

鹅链球菌病，又称鹅链球菌感染，是引起雏鹅的一种急性败血性传染病，青年鹅和成年鹅均可感染，多呈慢性型。患病雏鹅以昏睡，下痢，两肢软弱，步行蹒跚，皮下、浆膜水肿、出血以及实质器官肿大，并有点状坏死为特征。本病虽然在鹅群中并不常见，但是一旦发生，损失是惨重的，应当引起足够重视。

[病原及流行病学概述]

1. 病原主要特性　本病病原为禽链球菌，包括兰氏 D 血清群中的粪链球菌，粪便链球菌，坚韧链球菌，鸟链球菌和 C 血清群中的兽疫链球菌。本菌呈圆形或卵圆形，直径为 0.5～2.0 微米，单个、成对或呈短链存在，在液体培养基中链较长，而在固体培养基上则链较短。多数幼龄培养物可见到透明质酸形成的荚膜，无鞭毛，不能运动，不形成芽孢。革兰氏染色阳性，培养较久或被吞噬细胞吞噬后的菌株则转为阴性。兼性厌氧，普通培养基中生长不良，在含鲜血或血清的培养基上生长较好。生长温度范围通常为 25～45℃，最适温度 37℃，最适 pH7.4～7.6，血琼脂培养基上形成灰白色、表面光滑、直径 0.1～1.0 毫米、圆形隆起的小菌落。D 群粪链球菌呈 α 溶血型或不溶血，C 群兽疫链球菌呈 β 溶血型。D 群粪链球菌能在麦康凯培养基上生长，而 C 群兽疫链球菌不能生长。在液体培养基中，初呈均匀混浊，后因细菌形成长链而呈颗粒状沉淀管底，上清透明。

2. 流行病学特点　各种日龄的鹅均易感，多发生于雏鹅。发病率和病死率高低有较大的差异，与鹅日龄、菌株、感染途径、环境卫生、应激以及使用药物有密切关系。发病率高者可达 60%～80%，病死率 5%～20%。青年鹅和成鹅可经皮肤外伤感染，幼雏多经脐带感染，也可经污染的蛋壳和胚体垂直感染。本病的传播途径主要是通过口腔和空气传播，潜伏期从 1 天到几周，通常为 5～21 天。本病的发生往往与一定的应激因素有关，如气候变化、温度偏低、潮湿拥挤、空气污浊、饲养管理不当、卫生条件差等常可成为本病发生的诱因。本病多见于舍饲期，无明显季节性。在实验条件下，家兔、小鼠、火鸡、鸽和鹅也对该菌敏感。

［诊断方法］

1. 临诊症状　由于患病鹅日龄不同，其症状和病变也不同。可分为急性型和慢性型。

急性型：多发生于雏鹅和仔鹅，多为突然发病，常呈败血症状，病程多在5天内。病鹅精神委顿，呆立一旁，不愿走动，有的两肢软弱，步态蹒跚，容易跌倒。食欲减少或废绝，羽毛松乱无光泽，消瘦，怕冷常成堆，嗜眠。粪便呈绿色或灰白色或淡黄色稀便，肛门四周羽毛沾污粪便。发病急、病程短，一旦有临诊症状出现，大多数病鹅将死亡。死前多数有痉挛和角弓反张神经症状。

慢性型：患病鹅精神欠佳，食欲减退，体重下降，消瘦，跛行，头部震颤，常藏于背部羽毛或翅下。有的病鹅发生结膜炎和角膜炎。眼睑肿胀、流泪，覆盖一层纤维素性蛋白膜。严重者双目失明。患病成年鹅多见跗关节或趾关节肿大，行走不便或跛行，脚部皮肤和组织常见坏死。腹部肿胀下垂。

2. 病理变化

（1）大体病理变化

急性型：多表现为急性败血症的特点。实质器官出血较为严重，肝、脾肿大，表面可见局灶性密集的小出血点或出血斑。心包腔和腹腔有浆液或浆液纤维素性淡黄色液体。心冠脂肪、心内膜和心外膜可见有小点出血；肾脏肿大、出血。肠道呈卡他性变化，有时见有出血点。肺淤血或水肿。皮下、浆膜及肌肉水肿。有的患鹅喉头、气管、支气管黏膜充血，局部出血，有黏性分泌物。气囊浑浊，增厚。雏鹅常引起脐炎，肿胀，有的化脓。

慢性型：病鹅常呈纤维素性心包炎和关节炎、腱鞘炎、肝周炎、坏死性心肌炎、心瓣膜炎。肝、肾、脾等实质器官发生梗死。产蛋鹅多见有卵黄性腹膜炎和输卵管炎。

（2）显微病理变化

显微镜下可见心脏、肝脏、脾脏有坏死病灶，并于坏死病灶处常有革兰氏阳性细菌存在。但病灶处的炎性细胞反应轻微，偶尔可见到一些异嗜性粒细胞和巨噬细胞的浸润。

3. 实验室诊断

（1）微生物学检验　本病的发病特点、临诊症状和病理变化只能作为疑似的依据，要进行确诊时，必须依靠细菌的分离与鉴定。

染色镜检：采取病死鹅的肝、脾、心血直接涂片，用美兰（或瑞氏）和革兰氏染色法镜检，若见到蓝紫色或革兰氏阳性的单个、成对或短链状排列的球菌，可初步诊断为本病。

分离培养：取病死鹅的肝、脾、心血分别划线接种于鲜血培养基，置37℃培养24小时，均长出一致的灰白色、半透明、光滑湿润、圆形隆起的小菌落。多呈α或β溶血。染色镜检，均可见有革兰氏阳性链状排列的球状细菌。将纯培养物做生化鉴定。

（2）动物接种　取分离菌培养物，注射1日龄健康雏鹅5只，颈部皮下注射0.2毫升/只。48小时内全部患败血症死亡。也可家兔腹腔或静脉注射0.5～1.0毫升，小白鼠腹腔注射0.2～0.5毫升，于24～48小时败血性死亡。从心血、肝、脾等分离到与上述一样的本链球菌。

4. 鉴别诊断　本病与雏禽大肠杆菌性败血病、沙门氏杆菌病、浆膜炎、巴氏杆菌病、小鹅瘟等疫病，在流行病学、临诊症状和病理变化有些类似，须做鉴别诊断。

（1）与雏鹅大肠杆菌性败血病鉴别　急性型链球菌病与亚急性大肠杆菌性败血病虽然均具有心包炎、肝周炎、气囊炎。但后者不具有皮下及肌肉水肿，心外膜和冠状沟出血，脾脏肿大，有坏死灶特征性病理变化是鉴别之一。将病料或纯培养物做触片、涂片，做革兰氏染色镜检，大肠杆菌为革兰氏阴性小杆菌是鉴别之二。病料接种麦康凯琼脂培养基，红色较大圆整菌落为大肠杆菌，是鉴别之三。必要时做生化鉴定。

（2）与沙门氏杆菌病鉴别　沙门氏杆菌病不具有"三炎"、皮下、肌肉水肿及心外膜和冠状沟出血特征，但肝脏肿大，呈红色或古铜色特征性病理变化，是鉴别之一。将病料或纯培养物做触片、涂片，做革兰氏染色镜检，革兰氏阴性小卵圆形细小杆菌为沙门氏杆菌，是鉴别之二。将病料接种麦康凯琼脂培养基，无色菌落为沙门氏杆菌，是鉴别之三。

（3）与浆膜炎鉴别　这两种疾病均具有"三炎"病变特征，但浆膜炎无肝脏坏死灶和心外膜和冠状沟出血，是鉴别之一。将病料或纯培养物（链球菌病24小时内的培养物）做触片、涂片染色镜检，浆膜炎为革兰氏阴性小杆菌，是鉴别之二。将纯培养物接种于鲜血琼脂培养基和麦康凯琼脂培养基，浆膜炎在鲜血琼脂培养基能生长，但不呈溶血现象，在麦康凯琼脂培养基不生长，是鉴别之三。

（4）与巴氏杆菌病鉴别　这两种疾病均具有肝脏坏死灶，心外膜和冠状沟出血，但巴氏杆菌病不具有"三炎"及皮下、肌肉水肿病等病变特征，是鉴别之一。将病料或纯培养物做触片、涂片，做革兰氏染色镜检，巴氏杆菌病为革兰氏阴性卵圆形、两端染色小杆菌，是鉴别之二。将纯培养物接种于鲜血琼脂培养基和麦康凯琼脂培养基，巴氏杆菌在鲜血琼脂培养基能生长，但不呈溶血现象，在麦康凯琼脂培养基不生长，是鉴别之三。

（5）与小鹅瘟鉴别　小鹅瘟发生于 3 周龄以内的雏鹅，不具有"三炎"病变，但有肠道栓子物的特征性病变，是鉴别之一。将病料做触片染色镜检，小鹅瘟未见有细菌存在，是鉴别之二。将病料接种于鲜血琼脂培养基，小鹅瘟无菌生长，是鉴别之三。

[防制策略]

1. 预防措施　本病的预防主要是减少应激因素，加强饲养管理工作，供给营养丰富的饲料；保持鹅舍的温度，注意空气流通；严格防疫消毒制度，保持鹅舍垫料清洁卫生、干燥，应定期进行鹅舍及环境的消毒工作。注意防止鹅皮肤和脚掌创伤感染；保持种蛋清洁，粪便污染的蛋不能进行孵化；入孵前，孵坊及用具应清洗干净并要消毒，入孵种蛋要用甲醛液熏蒸消毒，防止经蛋传播。

2. 治疗方法　根据药敏试验结果，对病鹅群进行及时治疗，青霉素是该病的首选药物，其次是庆大霉素和新霉素，也可选用土霉素、强力霉素等药物。

对病鹅每只注射青霉素 2 万～4 万单位，可连续治疗 2～3 天。也可注射庆大霉素，与青霉素合用，庆大霉素每只雏鹅注射 2～3 毫克。

可用 0.04％的复方新诺明或新霉素拌料，让鹅自由采食，连喂 3～5 天。

用强力霉素喂服时，按每只鹅 10～20 毫克，每天 1 次；或按每升饮水中加入 50～100 毫克，让鹅自由饮用；也可按每千克饲料中加入 0.1～0.2 毫克，让鹅自由采食，连用 3～5 天。

对部分重症不食的则淘汰。对场地及饲槽用具进行每天 1 次的全面消毒。

十二、鹅坏死性肠炎

本病又称魏氏梭菌性肠炎，是由魏氏梭菌引起的一种急性传染病。患病禽以排出黑色或间有鲜红血液的稀粪，小肠后段黏膜坏死为特征。

[病原及流行病学概述]

1. 病原主要特性　魏氏梭菌属于芽孢杆菌科，梭状芽孢杆菌属。两端稍钝圆革兰氏阳性大杆菌，无鞭毛，不能运动，在机体内有荚膜，又称产气荚膜杆菌。芽孢呈卵圆形，位于菌体中央或近端，不比菌体大。为厌氧菌，但厌氧要求不十分严格。易培养，发育十分迅速，在肝块或肉块肉肠培养基培养 5～

6 小时即生长混浊，并产生大量气体。在葡萄糖鲜血琼脂培养基，菌落为圆形、光滑、隆起、淡灰色，周围有双重溶血圈。本菌有 17 个菌体（O）抗原型。本菌能产生强烈的毒素，根据毒素和抗毒素中和试验可为 A～F6 个型。本病由 A 型和 C 型魏氏梭菌产生的 α 和 β 等毒素所致。

2. 流行病学特点 本菌在自然界分布极广，土壤、饲料、草料、污水、人畜禽肠道内以及粪便均存在。各种日龄鹅均可感染发生，以青年鹅和成年鹅为多，无明显流行季节。消化道及伤口为传染途径，当病菌进入消化道或伤口侵入机体内大量繁殖，产生强烈的外毒素，使受害肠壁充血、出血或坏死，改变肠壁的通透性，毒素大量进入血液而引起全身性毒血症死亡，此病发病率不高。

［诊断方法］

1. 临诊症状 此病常突然发生急性死亡，难见有明显症状。此后患鹅腹泻，排出呈黑色或间有鲜红血液的稀粪，并见有肠黏膜脱落混什。精神不佳，食欲大减或绝食。羽毛无光而松乱，尤其肛门四周羽毛沾有排泄物。行走无力，不能站立，消瘦。

2. 病理变化 本病以坏死肠炎为主要病变特征。尤其在小肠中后段的空肠、回肠，肠腔扩张充气，为正常 2～3 倍，腔内有多量血样液体。肠壁增厚，黏膜有大小不一、形态不同的纤维素性渗出物、糠麸样坏死灶和溃疡面，有的形成假膜。内脏器官通常无肉眼可见病变。

3. 实验室诊断

（1）病料采集 采集患鹅的空肠和回肠内的渗出物作为病料。

（2）分离培养 将病料接种于鲜血琼脂平皿培养基或葡萄糖鲜血琼脂平皿培养基，置于厌氧罐中 37℃温箱培养 24 小时，挑选具有双溶血圈、圆形、凸起、光滑、边缘整齐的菌落做纯培养供鉴定用。

（3）染色镜检 将纯培养物涂片革兰氏染色，见有革兰氏阳性大杆菌。如用病料涂片染色镜检，见有较多革兰氏阳性大杆菌。

（4）动物接种 用 18～24 小时液体培养物接种 18～22 克体重的小白鼠，每鼠腹腔注射 0.5 毫升，观察 3 天。小白鼠死亡后能分离到本菌。

［防制策略］

1. 预防措施 平时加强清洁卫生及鹅场消毒工作，预防消化道细菌及肠道寄生虫病的发生，防止肠道黏膜受损。有本病鹅场或鹅群应做好粪便堆肥发酵。有球虫病史的鹅场，在球虫病流行季节前用药物驱虫。在饲料中或饮水中不定期加入有效的抗生素，能有较好的预防效果。

2. 治疗方法　对病鹅群可应用氟苯尼考、克林霉素、庆大霉素、新霉素、红霉素等抗生素添加于饲料或饮水，一个疗程能有效地控制其流行发生。

十三、水禽衣原体病

水禽衣原体病又称鸟疫、鹦鹉热，是由鹦鹉衣原体引起禽类的一种急性，或慢性接触性传染病。也是人、畜、禽、鸟的共患传染病。在禽类中，鸭和鹅均可感染发病，尤以雏禽的易感性高。患病禽以结膜炎、鼻炎、下痢和胸腹腔和心包腔有多量炎性分泌物等为特征性临诊症状和病理变化。

［病原及流行病学概述］

1. 病原主要特性　禽衣原体病病原为衣原体科，衣原体属，鹦鹉衣原体。衣原体属有沙眼衣原体、鹦鹉衣原体、肺炎衣原体和兽类衣原体等 4 种。禽类衣原体与牛、羊等哺乳动物兽类衣原体无抗体中和关系。不同动物的衣原体分离株，由于各自对宿主有偏嗜性，禽类与哺乳动物兽类的衣原体相互致病性不明显。禽类衣原体有不同血清型，对不同禽类其致病性也不相同。衣原体是一类球形或梨形微生物。属性细胞内寄生，只能在易感的动物和细胞培养物内复制，最适宜是鸡胚、小白鼠和豚鼠以及一些动物细胞，常用于分离和增殖。直径 0.2～1.5 微米，不能运动，为革兰氏阴性，用姬姆萨氏染色衣原体呈深紫色。在形态上大小差异较大，与在细胞内独特的寄生周期中的不同发育期有关。对理化因素的抵抗力不强，对热较敏感（56℃以上 5 分钟灭活），对一般消毒剂如 70％酒精、3％过氧化氢、3％碘酊等可在数分钟内将其灭活，但对煤酚具有抵抗力，在外界环境中仍能存活较长时间。

2. 流行病学特点　鹦鹉衣原体的宿主范围十分广，鸭、鸽以及麻雀、白鹭等许多鸟类和猪、牛、羊等哺乳动物都是天然宿主，自身并不显出症状，但可以携带和排出有毒株衣原体。带菌禽畜及患病禽畜的排泄物、分泌物以及污染的饲料和水源为传染来源。通过消化道、呼吸道、眼结膜、交配及伤口和吸血昆虫叮咬等途径感染。由于鸭等水禽对病原体有较强的抵抗力，一般多呈隐性感染。雏水禽易感性比青年水禽高，当饲养卫生条件差，应激大，以及并发感染时，可能引起流行。

［诊断方法］

1. 临诊症状　患病水禽的症状取决于感染株毒力的强弱、感染量、年龄、抵抗力以及饲养条件优劣等因素，多呈慢性消耗性，病程长达10～30天。患病水禽精神欠佳，呆立，步伐不稳，行动缓慢。有些病禽关节肿大，行走跛行。食欲减少或废绝。腹泻，排黄白色或浅绿色稀粪，肛门四周羽毛污秽粘连。眼结膜炎，鼻腔和眼有浆液性或黏性或脓性分泌物，眼周围绒毛污秽黏结。有的病禽呼吸困难，张口呼吸。病程长的患禽消瘦，死前出现神经症状或瘫痪。患病种群产蛋率大幅度下降，出雏率也下降。发病率高低不等，5～7周龄雏禽最严重，高者可达50％以上。病死率也可达50％，尤其是雏禽有并发病存在时，病死率更高。

2. 病理变化　患禽消瘦异常，全身脂肪消失，鼻腔和气管内有多量黏性分泌物。胸腔有多量混浊分泌物，或常混有纤维素性分泌物。腹腔有多量纤维素性分泌物覆盖于脏器，有的器官发生粘连。肝脏肿大色深，有弥漫性或散在性针头大灰白色坏死点。脾脏肿大。气囊混浊，增厚，有纤维素性分泌物附着。心包腔有量多浆液纤维素性分泌物，心外膜有大小不一出血点。胸部肌肉萎缩。

3. 实验室诊断

（1）病料采集　采集刚死亡禽新鲜的肝、脾、心肌以及胸腔、腹腔和心包腔中的分泌物等病料。

（2）染色镜检　将肝、脾、心肌等做触片，或将胸腹腔等分泌物做涂片，用姬姆萨染色镜检，衣原体呈紫色。

（3）病原分离　将上述病料磨细用灭菌生理盐水做1∶5～1∶10稀释悬液，适量加入抗生素如链霉素，或卡那霉素，或万古霉素，每毫升1 000～2 000单位，但不能加青霉素。置4℃冰箱过夜，经1 000转/分，离心10～15分钟，取中间清液作为病原分离材料。

①鸡胚接种　接种用的鸡胚要求来源于不饲喂抗生素，尤其是四环素类、青霉素以及无衣原体感染鸡群。胚龄为6～8日龄，卵黄囊接种，每枚0.1～0.2毫升。置37～38℃继续孵育8～10天。72小时内死亡弃去，对以后死亡鸡胚逐个取卵黄囊膜压片染色检查有无衣原体。阳性的卵黄囊膜经细菌检查阴性者作鸡胚传代或供其他试验用。如第一代未发现衣原体，应再盲传2～3代检查。鸡胚多于接种后5～6天死亡，卵黄膜充血，绒尿膜水肿。

②小白鼠接种　15克左右小白鼠腹腔接种。腹腔内腹水大增，并集聚大量纤维蛋白性渗出物，使腹部膨大，不能行走而死亡。脾脏肿大，是检验、保存、传代衣原体的首选器官。也可用脑内和鼻内接种。此外，也可用豚鼠接种。

③细胞接种　许多细胞株如 Vero、BHK_{21}、$Hela_{229}$、BGM、MoCoy 等以

及鸡胚继代细胞内复制。本病原体能在鸡胚细胞产生蚀斑。在接种后 3 天，有 60％～70％细胞受感染，即可用染色检查到衣原体。

④血清学检查　用补体结合试验方法检查发病初期和康复期抗体滴度，当抗体滴度增加 4 倍，即可判阳性。此外，也可用酶联免疫吸附试验、琼脂双扩交叉试验、间接血凝试验等方法。

[防制策略]

1. 预防措施　水禽衣原体病还没有可应用的疫苗使用。本病是人、畜、禽共患传染病，因此平时应加强饲养管理和搞好卫生消毒工作，以及禽场隔离措施。饲养场禁止饲养鸽及观赏鸟类。定期在饲料中添加 1％金霉素，连续 4～6 周，能有效地控制本病的发生。

2. 治疗方法　禽群一旦发现本病时，可用金霉素，卡那霉素、庆大霉素、氟苯尼考等药物治疗。

第十二章
真 菌 病

一、水禽曲霉菌病

曲霉菌病是多种禽类和哺乳动物（包括人在内）常见的真菌病。禽曲霉菌病是一种常见危害很大的霉菌病，几乎所有各种禽类都能感染。急性暴发主要发生于幼禽，常呈群发性出现，发病率很高，可造成大批死亡，而青年禽和成年禽多为散发，有一定病死率。病变以呼吸道（尤其是肺和气囊）发生炎症和小结节为主要的特征，所以又叫曲霉菌性肺炎。

［病原及流行病学概述］

1. 病原主要特性 在曲霉菌属中，烟曲霉菌是主要的病原菌，此外黄曲霉菌及黑曲霉菌等也有不同程度的致病力。这些霉菌和它产生的孢子，在自然界中分布很广，如稻草、谷物、木屑、发霉的饲料以及墙壁、地面、用具和空气中都可能存在。曲霉菌孢子对环境有很强的抵抗力，对化学药品也有较强的抵抗力。

从烟曲霉菌和它的孢子中可以抽提出一种对家兔、狗、豚鼠、小白鼠和禽类的血液、神经和组织有毒害作用的毒素。

2. 流行病学特点 雏禽对烟曲霉菌最容易感染，常见急性暴发，而在成年家禽常只是个别散发。出壳后的雏禽在进入被烟曲霉菌污染的育雏室后，48小时即开始发病死亡。4～12日龄是本病流行的最高峰，以后逐渐减少，至1月龄基本停止死亡。如果饲养管理条件不好，流行和死亡可一直延续到2月龄。

污染的木屑垫料、空气和发霉的饲料是引起本病流行的主要传染源，其中可含有大量烟曲霉菌孢子。家禽在污染的环境里带菌率很高，但迁出污染环境后，带菌率即逐渐下降，至40天霉菌在体内基本消失。病菌主要是通过呼吸道和消化道传染。育雏阶段的饲养管理、卫生条件不良是引起本病暴发的主要诱因，育雏室内日夜温差大、通风换气不好、过分拥挤、阴暗潮湿，以及营养不良等因素都能促使本病发生和流行。温热和潮湿适宜的条件，可使曲霉菌大量繁殖。因此梅雨季节是本病高发期。

[诊断方法]

1. 临诊症状　自然感染潜伏期 2～7 天。由于雏禽被感染的日龄不同，发病率和病死率有所不同。病禽可见呼吸困难，气喘，呼吸次数增加，胸腹明显扇动，张口呼吸。精神委顿，常缩头闭眼，流鼻液。食欲减退，口渴增加，迅速消瘦，体温升高。后期表现腹泻，排出绿色或淡黄色糊状粪便，拒食，出现麻痹症状，行走困难。在某些食道黏膜有病变的病例，表现吞咽困难。病程一般在 1 周左右。水禽群发病后如不及时采取措施，病死率可达 50% 以上。放养在户外的水禽对曲霉菌病的抵抗力很强，几乎能避免传染。

2. 病理变化　本病由于致病的菌株、水禽品种、感染日龄的不同，其病理变化和病程长短也有差异。但肺部和气囊，具有特征性的变化。肺的病变最为常见，肺充血，切面上流出灰红色泡沫液。肺、气囊和胸腹膜上有一种从针头至米粒大小、数量不等的坏死肉芽肿结节，有时可以相互融合成大的团块，最大的直径达 3～4 毫米。结节呈灰白色或淡黄色，柔软而有弹性，内容物呈干酪样。有时在肺、气囊、气管或腹腔内肉眼即可见到成团的霉菌斑。在肺的组织切片中，可见到多发性的支气管肺炎病灶和肉芽肿，病灶中可见分节清晰的霉菌菌丝、孢子囊及孢子。气囊膜浑浊、增厚、有炎性渗出物覆盖。膜上有大小不一、数量不等的霉菌结节，有的病例见有较大隆起的霉斑，呈烟绿色或深褐色。

3. 实验室诊断　临诊上有诊断意义的是由呼吸困难所引起的各种症状，但应注意和其他呼吸道疾病相区别。单凭临诊诊断还有困难，所以在禽场中诊断本病还要靠流行病学调查，如呼吸道感染，不卫生的环境条件，特别是发霉的垫料和饲料。本病的确诊，可以采取患病水禽肺或气囊上的结节病灶，制成抹片后用显微镜检查曲霉菌的菌丝和孢子。有时候直接抹片检查可能看不到霉菌，就必须采取结节病灶的内容物用沙保弱氏琼脂培养基或查氏琼脂培养基做霉菌分离培养，观察菌落形态、颜色及结构等做鉴定才能够确诊。

[防制策略]

1. 预防措施　不使用发霉的垫料和饲料是预防水禽曲霉菌病的主要措施。选用外观干净无霉斑的麦秸、稻草或谷壳作垫料，或选用干净的中粒沙子（小米至高粱粒大），用水反复洗去砂中尘土，晒干后铺 5～10 厘米厚于雏床上作垫料（适用于火炕育雏）。垫料要经常翻晒，以防止霉菌生长繁殖。如垫料被霉菌污染，可用福尔马林熏蒸消毒后再用。必须应用新鲜不发霉的全价饲料。

长期被烟曲霉菌污染的育雏室土壤中含有大量孢子，因此必须彻底清扫、换土和消毒，消毒可用5‰石炭酸或臭药水，然后再铺上垫料。

雏水禽进入育雏室后，日夜温差不要过大，逐步合理降温，设置合理的通风换气设备。在梅雨季节育雏时要特别注意防止垫料和饲料的发霉。

2. 治疗方法　本病目前尚无特效的治疗方法。在确诊本病后，彻底检查发病因素，在清除导致发病因素的同时可应用药物。用制霉菌素防治本病有一定效果，剂量为每100只雏禽1次用50万单位，每天2次，连用2天。此外，也可用克霉唑（人工合成的广谱抗霉菌药），剂量为每100只雏禽用1克，混合在饲料内喂给。饮水中添加硫酸铜（1∶2 000倍稀释），连喂3～5天，也有一定的效果。

二、雏鹅霉菌性脑炎

本病由烟曲霉菌、黄曲霉菌、黑曲霉菌等曲霉菌所致的曲霉菌病是禽类及哺乳动物常见的疾病，尤其在每年高湿、温暖的梅雨季节是水禽高发期，易造成较大的损失。自从20世纪80年代以来，在患曲霉菌病的幼鹅群中，常有以神经症状为特征和致死率很高的病例出现，患病以脑炎和脑组织坏死灶为病理变化特征。经微生物分离鉴定，多为烟曲霉菌和黄曲霉菌所致。

［病原及流行病学概述］

1. 病原主要特性　引起雏鹅脑炎的烟曲霉菌等曲霉菌在沙保弱氏琼脂培养25～28℃培养72小时，均能生长霉菌。菌落最初为白色绒毛状结构，逐渐扩延，变成浅灰色、灰绿色、暗绿色、熏烟色。分生孢子呈串珠状，在孢子大柄膨大形成烧瓶形的顶囊，囊上呈放射状排列，菌丝呈圆柱状，色泽有绿色、暗绿色、熏烟色。

除了曲霉菌属中的烟曲霉菌是主要病原外，还有黄曲霉菌和黑曲霉菌等以及由顶幅孢霉属中的禽顶幅孢霉菌，都能致幼年鹅脑炎和脑坏死。患鹅呈现神经症状，致死率都很高。

国外有报道由顶幅孢霉菌所致的鹅脑炎。但至今国内尚未见有分离菌的记载。禽顶幅孢霉菌是顶幅孢霉属的一个新种，是一种嗜热性真菌，自然条件下存在于高温环境中。国外曾从温度较高（35～50℃）的煤渣表面和地热地区分离出本菌。霉菌生长的温度范围很广，最适于的温度为45℃。在察氏培养基上，42℃培养3天即见生长，在室温和37℃温度中也均能生长良好。菌落形态扁平或稍皱，表面呈丝绒样外观，深棕色。病菌能产生一种可溶性的淡红棕色色素，弥散入周围培养基中，在菌落周围形成一淡红色晕环。在显微镜下，菌丝体细长，直径1.5～3.5微米，呈淡黄色至淡棕色。分生孢子呈卵圆形，先为无色，成熟后为深棕色或淡棕色，含有2个细胞。病禽脑病灶的霉菌菌丝散在地分布在整个病灶中，在未染色标本中呈淡黄色，苏木紫-伊红染色为淡紫色，菌丝很长，形态规则，不见分枝。

2. 流行病学特点　本病主要发生于幼禽，雏鸡、雏火鸡发病最多，我国发现雏鹅发病，其他禽类尚未见有发病报道。自1987年以来，每年7月份高湿温暖梅雨季节期间从7日龄左右的雏鹅至青年鹅不同年龄段的鹅群均有发生曲霉菌病。在7日龄左右至1月龄左右患病的雏鹅和仔鹅群中，常见数量不等以神经症状为主要特征的病例，患病鹅日龄越小，症状越严重，病程越短，致死率越高。其中1～2周龄雏鹅是发病死亡高峰，病死率可高达40％以上，往后发病率和病死率逐渐减少。日龄较大的仔鹅呈散发性出现，病程较长。

本病的传染来源目前还不十分清楚。有人曾从禽舍垫料中分离出病菌，一般都认为禽舍的垫料（木屑、秸秆、干草等），由于微生物生长的自身产热，为此种嗜热性霉菌提供了良好的生长条件。此外，产热也不利于其他不耐热微生物的生长，从而促使霉菌生长得更好。禽体的正常体温也适于病菌的生长，这些都是造成发病流行的重要因素。在自然情况下，本病是通过呼吸道吸入感染的，经过血液循环进入脑中引起脑炎和脑坏死。人工感染雏禽，可以用霉菌孢子通过脑内、气管内、胸部气囊及腭窦内接种引起发病。

［诊断方法］

1. 临诊症状　大多数患鹅在发病后2～5天内死亡，也有病例5天以上死亡。患病鹅呼吸困难，并有噗噗声，气喘，张口呼吸，张口伸颈，呼吸次数增加，胸腹部明显扇动。精神委顿，缩头闭眼，口鼻分泌物增多。食欲减退或废绝，口渴增加，甩头，迅速消瘦，衰弱无力。粪便呈灰绿色或白色稀粪，羽毛污乱。除上述症状外，患鹅有明显神经症状，有的运动失调，容易跌倒，头颈向一侧歪斜或出现角弓反张，有的两肢麻痹，不能站立，嗜睡。

2. 病理变化　患病鹅均具有相同特征性的病理变化。大脑两半球的额叶或顶叶组织有芝麻大小至蚕豆大的淡黄色或淡红棕色坏死灶，坏死灶与正常脑组织有明显界限，很容易区分。有的病鹅小脑也有相同病灶。由烟曲霉菌等所致脑炎病例，肺、胸腔和气囊必定有肉芽肿结节特征性病灶。雏鹅曲霉菌病仅一部分引起脑炎病例。而由禽顶幅孢霉菌所致的脑炎病例，肺和气囊无特征性病变。肺充血、淤血，流出灰红色泡沫液，有黄色芝麻至黄豆大肉芽肿结节；气囊和胸腹膜上有针头至玉米粒大小的坏死肉芽肿结节。有的病例相互融合成大的团块，最大的直径可达3～4毫米，结节呈灰白色或淡黄色，柔软而有弹性，内容物呈干酪样。有的病例在肺、气囊、气管、腹膜腔内肉眼可见成团的霉菌斑。有些病例肝脏肿大，色泽棕黄，表面有散在的灰白色坏死灶。

3. 显微病理变化　脑切片染色镜检，大小脑组织有大小不等的坏死灶，坏死灶可以看到有散在分布的霉菌菌丝片段，菌丝长短和粗细不一，均为单个存在，并不密集成丛。坏死灶中心和周围组织有大量多核巨细胞、巨噬细胞和淋巴细胞浸润，小血管周围形成袖套，坏死灶组织表面常见有霉菌生长，并有幼稚的分生孢子。

4. 实验室诊断　本病的确诊必须进行病理组织学检查和霉菌分离培养。由顶幅孢霉菌所致疾病在发病年龄、发病季节及临诊症状与禽曲霉菌病很相似。但由曲霉菌感染所致的脑炎除了引起脑炎病变和神经症状外，主要是引起肺炎和浆膜病变，外观形态上形成黄白色的坏死小结节。而顶幅孢霉菌病则是主要引起脑炎和脑坏死，仅偶尔出现肺炎病变。在苏木紫-伊红染色的病变组织切片中，曲霉菌病的坏死灶中央往往可以看到聚集的透明无色菌丝，不着色，苗丝较粗，且有分叉，而顶幅孢霉菌病的菌丝形体细长，不分叉，呈散在分布，着染淡紫色，可相鉴别。

[防制策略]

1. 预防措施　防制措施与曲霉菌病相同，应加强育雏舍的清洁卫生，垫料消毒，以减少霉菌的污染。参考水禽曲霉菌病。

2. 治疗方法　本病目前无有效治疗药物。参考水禽曲霉菌病。

三、鹅 口 疮

鹅口疮又称霉菌性口炎，白色念珠菌病，是鸡、鸽、鹅、鸭、火鸡、鹌鹑等家禽以及野鸡上消化道的一种霉菌病。本病的特征性病变是上部消化道（口腔、咽、食道和嗉囊）的黏膜发生白色的假膜和溃疡。幼禽对鹅口疮的易感性比成年禽高。人及家畜也能感染。

[病原及流行病学概述]

1. 病原主要特性　本病的病原是一种酵母状真菌，称为白色念珠菌。

在培养基上菌落呈白色金属光泽。革兰氏染色为阳性，但着色不甚均匀。菌体小而椭圆，长 2~4 微米，能够生芽，伸长形成假菌丝。病禽的粪便中含有多量病菌，在病禽的嗉囊、腺胃、肌胃、胆囊以及肠内，都能分离出病菌。

2. 流行病学特点 病禽和带菌禽是主要传染来源，也可以通过蛋壳传染，健康禽吃到了病原菌污染的饲料及饮水，上部消化道黏膜损伤有利于病菌的侵入。多发生于炎热多雨季节，此时的温度和湿度有利于本病原菌大量繁殖。饲养场的不良卫生环境，饲料单一，营养不足可增加发病率。不同品种的雏鸡、雏鹅、雏鸭和乳鸽均易感发生。

[诊断方法]

1. 临诊症状 本病无特征性临诊症状，患病雏鹅、雏鸭表现呼吸困难，气喘，伸颈张口，生长不良，精神委顿，羽毛粗乱，食欲大减。嗉囊扩张，松软，消化障碍。发病率和病死率不等。被感染的青年鹅、鸭表现精神欠佳，食欲减少，较消瘦。

2. 病理变化 病变最常发生在嗉囊、口腔和食道，黏膜增厚，上面形成灰白色、稍隆起的圆形溃疡。黏膜表面常见有假膜性的斑块和容易刮落的坏死物质。口腔、咽、气管和食道上段也可能形成溃疡状的斑块。口腔黏膜上面的病变，常形成黄色、干酪样的典型"鹅口疮"。腺胃偶然也可能受到感染，黏膜肿胀、出血，表面覆盖着一种黏液性或坏死性渗出物。肌胃的角质层发生糜烂。

3. 实验室诊断 病禽的消化道黏膜的特殊性增生和溃疡病灶，常可以作为本病的诊断依据。确诊必须采取病变器官的渗出物做抹片检查，观察酵母状的菌体和菌丝，或用沙氏培养基进行霉菌的分离培养，可分离到白色念珠菌，必要时做鉴定。

[防制策略]

1. 预防措施 上消化道的霉菌病常与环境卫生不良有关，因此首先要改善卫生条件，禽群不能拥挤。禽蛋表面也可以携带病菌，能传染给雏禽，因此种蛋孵化前要用消毒药液清洗消毒。禽群中发现病禽，应立即隔离。

2. 治疗方法 患禽口腔黏膜上的病灶，可涂敷碘甘油。嗉囊可以灌数毫升 2% 硼酸溶液消毒，饮水中添加 0.05% 硫酸铜（即 2 000 毫升饮水中加硫酸铜 1 克），盛放在饮水器中喂给。患病群每千克饲料中添加制霉菌素 100 毫克，连喂 1~3 周，可以减少本病的发生和控制病情的发展。

四、黄曲霉毒素中毒

黄曲霉毒素中毒是鸭、鹅、番鸭和家畜的一种极为常见的霉饲料中毒病，是人畜共患疾病。一般所谓"霉玉米中毒"，就是黄曲霉毒素中毒。中毒雏水禽呈急性，以肝脏受损，全身性出血，腹腔积液，消化道功能障碍和神经症状等为特征。中毒一旦发生，无解毒特效药物，常造成巨大的损失。

[病原及流行病学概述]

1. 病原主要特性　黄曲霉毒素是黄曲霉菌的一种有毒的代谢产物。黄曲霉菌在自然界到处存在，大多数是不产毒的，其中有一部分菌株能够产生毒素。据普查粮食（玉米）的结果表明，在温暖潮湿的地区，产毒黄曲霉菌株的污染率高达 30% 以上。玉米、花生、稻和麦等谷类最容易存在，棉籽饼、豆饼、麸皮、米糠等饲料也可以被黄曲霉菌污染，家禽吃了这种发霉的饲料就发生中毒。

2. 流行病学特点　黄曲霉产生的毒素现在已发现 20 余种，其中毒力最强的是 B_1 毒素。这种毒素对人、畜及家禽均有剧烈毒性，主要是损坏肝脏，并且具有致癌作用。不过由于动物种类不同，它们的敏感性也有较大的差异。家禽中以幼鸭的敏感性最高，7 日龄以内的雏鸭，只要口服或注射黄曲霉毒素 B_1 50～60 微克即能引起中毒死亡。

[诊断方法]

1. 临诊症状　黄曲霉毒素中毒由于家禽的品种不同、年龄不同和饲料中毒素含量的多少，可分成急性型、亚急性型和慢性型 3 种病型。

急性型：雏鸭和雏鹅一般为急性中毒。患病雏禽精神委顿、食欲消失，增重抑制，脱毛，常常鸣叫，步态不稳，共济失调，拱背，严重跛行，企鹅式行走。面部、眼睑皮肤和喙部苍白，两眼流泪，周围潮湿脱毛。腿和蹼皮肤严重贫血苍白，由于皮下出血而呈紫红色，死亡时头颈呈角弓反张。雏鸭病死率可达 100%。

成年水禽的耐受性较雏禽高，鸭其半数致死剂量为每千克体重 0.5～0.6 毫克。急性中毒的症状和雏鸭相似，常见口渴增加和腹泻，排出白色或绿色稀粪。

亚急性型、慢性型：症状较不明显，主要是食欲减少、消瘦、衰弱、贫血，表现全身恶病质现象，时间长后可以产生肝癌。母禽产蛋率和孵化率下降。

2. 病理变化 黄曲霉毒素中毒的特征性病理变化是在肝脏。

急性型：肝脏常肿大，色泽苍白变淡或呈淡黄色，有出血斑点。显微镜下，可见肝实质细胞弥漫性发生脂肪变性，变成空泡状，肝小叶周围胆管上皮细胞增生，形成条索状。胆囊扩张，肾脏也苍白和稍肿胀，胰腺有出血点，胸部皮下和肌肉常见出血。

亚急性型和慢性型：肝脏由于胆管大量增生而发生硬化，时间越长，则硬化越明显，肝脏中可见有白色小点状或结节状的增生病灶，肝的色泽变黄，质地变硬。显微镜下，可见肝实质细胞大部分消失，大量纤维组织和胆管增生。时间超过 1 年以上时，肝脏中可能出现肝癌结节。心包和腹腔中常有积液。小腿和蹼的皮下可能有出血。

3. 实验室诊断 根据临诊症状和病变可获初步诊断。将可疑饲料喂几只 1 日龄雏鸭数天后，如有毒素即可引起雏鸭中毒死亡，因雏鸭对黄曲霉毒素特别敏感。

[防制策略]

1. 预防措施 预防中毒的根本措施是不喂发霉饲料。平时要加强饲料的保管工作，注意干燥，特别是在温暖多雨季节，更要注意防霉。仓库如已被产毒黄曲霉菌株污染，要用福尔马林熏蒸或过氧乙酸喷雾彻底消毒，消灭霉菌孢子。

黄曲霉毒素在外界不易破坏，一般加热煮熟不能使毒素分解。病禽的排泄物中都含有毒素，禽场地上的粪便要彻底清除，集中用漂白粉处理，以免污染水源和地面。被毒素沾染的用具可用 2‰ 次氯酸钠溶液消毒。

中毒病禽的器官组织内都含有毒素，不能食用，应该深埋或烧毁，以免影响公共卫生。

家禽如果发生黄曲霉毒素中毒，应该立即更换饲料。饲喂肥鹅肝的饲料，绝对不能含有黄曲霉毒素。

2. 治疗方法 无有效药物治疗。

第十三章

寄生虫病

一、水禽剑带绦虫病

鹅和鸭有多种绦虫（如片形皱缘绦虫、缩短、环状、小巨头等膜壳绦虫和矛形剑带绦虫）寄生，其中以矛形剑带绦虫危害最严重。以1～3月龄仔水禽发病最严重。

[病原及流行病学概述]

1. 病原主要特性　矛形剑带绦虫的成虫长达11～13厘米，宽18毫米。顶突上有8个钩排成单列。成虫寄生在鹅和鸭的小肠内。孕卵节片随禽粪排出到外界。孕卵节片崩解，虫卵散出，如果落入水中，被一种水生动物剑水蚤吞食后，虫卵里面的幼虫就逸出并在中间宿主剑水蚤体内逐渐发育成为似囊尾蚴。鹅、鸭吃到了这种体内含有似囊尾蚴的剑水蚤就发生感染，在鹅、鸭的消化道中似囊尾蚴逸出，吸着在小肠黏膜上逐渐发育成为成虫。

2. 流行病学特点　本病流行范围很广，尤其在地势较低，有水生植物生长的水塘、水池、河边等有利于剑水蚤的生存和发育。有的地区可能呈地方性发病流行。病情轻重与机体抵抗力、日龄大小，感染囊尾蚴数量以及饲养条件有密切的关系。

[诊断方法]

1. 临诊症状　本病主要危害数周到5月龄的水禽，感染严重时，水禽表现明显的全身性症状。成年水禽也可感染，但症状一般较轻。

病禽首先出现消化机能障碍的症状。排出灰白色或淡绿色稀薄粪便，混有白色的绦虫节片，肛门四周羽毛污染。食欲减退，到后期完全不吃，口渴增加，生长停顿，消瘦。精神委靡，不喜活动，常离群独居，翅膀下垂，羽毛蓬乱。有时出现神经症状，运动失调，走路摇晃，两腿无力，向后坐倒或突然向一侧跌倒，不能起立。发病后一般经 1～5 天死亡。有时由于其他不良环境因素（如气候、温度等）的影响而使大批幼年病水禽突然死亡。

2. 病理变化　患病水禽消瘦，小肠肿大，剖检时可见大量绦虫，不肿大的肠道内也见绦虫。小肠发生卡他性炎症和黏膜出血，其他浆膜和黏膜组织也常见有大小不一的出血点，心外膜上更为显著。

［防制策略］

1. 预防措施　剑水蚤在不流动的水里较多，因此尽可能在流动的、最好是水流较急的水域放养水禽。幼禽和成年水禽分开饲养、放养。经常检查，对感染绦虫的鹅群或鸭群应进行有计划地药物驱虫，以防止散播病原。

2. 治疗方法　硫双二氯酚每千克体重 150～200 毫克，一次喂服；吡喹酮每千克体重 10 毫克，一次喂服；氯硝柳胺（又称灭绦灵）每千克体重 50～60 毫克，一次喂服。

二、鹅生殖器官吸虫病

本病又称鹅前殖吸虫病，是由前殖科的多种前殖吸虫寄生于输卵管、泄殖腔、法氏囊及直肠，侵害产蛋鹅的寄生虫病。本病广泛流行于南方，尤其温暖和潮湿的季节，危害较大。

［病原及流行病学概述］

1. 病原主要特性　鹅生殖器官吸虫病，由卵圆前殖吸虫、透明前殖吸虫、楔形前殖吸虫、日本前殖吸虫、卡罗前殖吸虫等侵害鹅的输卵管、泄殖腔、法氏囊及直肠等。虫体扁平，外形如梨形，前端稍尖，后端钝圆。体表有小刺，口吸盘近似圆形，腹吸盘位于虫体前 1/3 处的后方。睾丸呈卵圆形，位于虫体中央左右两侧。卵巢多分叶，位于两睾丸前缘与腹盘之间。虫卵呈深褐色，椭圆形，一端有小盖。

2. 流行病学特点　前殖吸虫的发育需要两个中间宿主，第一个中间宿主为淡水螺蛳，第二个中间宿主为蜻蜓的幼虫或稚虫。寄生在鹅输卵管、泄殖腔、法氏囊和直肠内成虫产的卵随排泄物排出体外，在水中被第一中间宿主淡水螺蛳吞食，即在肠内孵出毛蚴，再钻入肝脏发育成胞蚴，胞蚴形成尾蚴，成熟的尾蚴离开螺体进入水中，进入第二中间宿主幼虫或稚虫的腹肌内发育为囊蚴。当鹅吞食含囊蚴的蜻蜓稚虫时即被感染。囊蚴在鹅消化道发育成童虫，游离的童虫经消化道移行到泄殖腔，然后进入法氏囊和输卵管，经 1～2 周发育成虫。

本病流行面广，呈地方性流行。常高发于温暖和潮湿的季节和地方，其流行与第二中间宿主蜻蜓的出现有密切的关系，每年5～9月份是蜻蜓活动的盛期，也是本病高发期。各种年龄鹅均有发生感染，以产蛋鹅最为严重。

[诊断方法]

1. 临诊症状　感染初期患鹅无明显症状。数天后，当输卵管蛋清分泌部和蛋壳分泌部黏膜腺体的功能受到破坏，发生障碍时，鹅群开始出现沙壳蛋、薄壳蛋和畸形蛋。当出现软壳蛋时，鹅群产蛋量开始下降，有时在粪便见有少量蛋清。当鹅群出现软壳蛋、无壳蛋或无卵黄蛋时，患病鹅出现明显的症状。精神委顿，食欲减少，羽毛无光泽而松乱，不愿下水和行走。患病后期，体温升高，饮水增加，腹部有压痛感，肛门外露，黏膜潮红，周围羽毛脱落，沾污物。部分患病母鹅呈企鹅式行走，此类病例1周内死亡。

2. 病理变化　输卵管黏膜严重充血，增厚，腔内有多量黏性分泌物，并可找到虫体。卵泡膜充血，卵泡变形。企鹅式行走的母鹅由于输卵管破裂，引起腹膜炎，腹腔中有多量凝固性卵黄碎片及多量淡黄色混浊的液体。有的肠盘间发生粘连，肠管充血，并有纤维素性分泌物附着。

[防制策略]

1. 预防措施　在有病史的区域和鹅群每3个月定期普查，阳性鹅群或一旦发现患鹅，立即用丙硫苯咪唑、吡喹酮等药物驱虫。粪便堆积发酵杀灭虫卵，可根本杜绝传染源。螺蛳是吸虫的中间宿主，可采用开沟排水改良土壤，或用硫酸铜、多聚乙醛、氯硝柳胺等灭螺剂。鹅群放牧应避开吸虫流行区，或采取封闭式饲养，可达到防止本病的发生。

2. 治疗方法　患病鹅群可用丙硫苯咪唑，按每千克体重50毫克，一次口服，有良好效果；吡喹酮按每千克体重10～15毫克有良好效果；氯硝柳胺按每千克体重50～60毫克有良好效果。

三、鹅次睾吸虫病

鹅次睾吸虫病是由后睾科吸虫寄生于鹅的胆管和胆囊引起的疾病。分布面很广，有一定危害。

[病原及流行病学概述]

1. 病原主要特性　我国鹅次睾吸虫病是由东方次睾吸虫、似后睾吸虫等后睾科吸虫所致。危害最大的是东方次睾吸虫。虫体呈叶片状，长为 2.35～4.64 毫米，宽为 0.53～1.2 毫米。体表覆有小刺。口吸盘位于体前端，腹吸盘于体前 1/4 的中央处。睾丸大而分叶，位于后端，呈前后排列。卵圆形的卵巢位于睾丸前方。虫卵的大小为 （0.029～0.032）毫米×（0.015～0.017）毫米。

2. 流行病学特点　后睾科吸虫生活史，第一中间宿主为淡水螺，第二中间宿主为麦穗鱼和爬虎鱼。带虫鹅的粪便进入水中，虫卵被淡水螺吞食，在螺内孵出毛蚴，发育成胞蚴、雷虫蚴和尾蚴。尾蚴钻入鱼体内，在肌肉中形成囊蚴，当鹅食到带有囊蚴的鱼而感染。囊蚴在鹅体内经 15～30 天发育成虫。

[诊断方法]

1. 临诊症状　患病鹅的临诊症状取决于感染虫体的数量以及病程长短。由于虫体寄生于胆管和胆囊，而非寄生于肠道。肝脏功能受到不同程度的破坏。患鹅精神欠佳，食欲逐减，行走无力，羽毛无光松乱，消瘦，贫血，眼结膜黄染。生长发育受阻，鹅产蛋量下降。消化不良，排出浅绿色或灰白色稀粪，并见有不消化的饲料。

2. 病理变化　患鹅消瘦，体内脂肪消失。肝脏肿大，质地硬，色淡黄。胆囊肿大，胆汁大减，胆壁增厚，腔内有数量不等虫体。肝脏胆管扩大，管壁增厚，管内见有虫体阻塞。

3. 实验室诊断　取胆囊和胆管内的虫体做形态学检查即可确诊。

[防制策略]

1. 预防措施　严禁用水生草料作鹅饲料，应到流动水水域放牧。有病史的区域的鹅群，应将粪便堆肥发酵杀死虫卵。定期用药物驱虫，杀死体内成虫，减少或杜绝水域虫卵的污染。

2. 治疗方法　有本病的鹅群定期用硫双二氯酚、丙硫苯咪唑、吡喹酮、氯硝柳胺等驱虫药口服或添加于饲料，能有效地治愈和控制其发生。

四、鹅眼睛吸虫病

本病又称嗜眼吸虫病，是由嗜眼科的各种嗜眼吸虫侵害鹅的眼结膜囊和瞬膜的寄生虫病。本病广泛发生于长江流域和南方的许多鹅群，感染率很高，有一定危害性。

[病原及流行病学概述]

1. 病原主要特性 鹅眼睛吸虫病，由安徽嗜眼吸虫、涉禽嗜眼吸虫、鸭嗜眼吸虫、普鲁比嗜眼吸虫、霍夫卡嗜眼吸虫、鹅嗜眼吸虫、广东嗜眼吸虫等侵害鹅的眼结膜和瞬膜。虫体外形似矛头状，呈淡黄色，半透明。大小为（3～8.4）毫米×（0.7～2.1）毫米，腹吸盘比口吸盘大。生殖孔在两个吸盘之间，有一个细长的雄茎囊，睾丸呈前后排列，卵巢位睾丸之前，卵黄腺呈管状，位于虫体中央两侧。子宫内的卵呈卵圆形，每枚卵均含有发育完全的毛蚴。

2. 流行病学特点 寄生于眼内的吸虫所产的卵随着眼分泌物排出，在水中立即孵出毛蚴，毛蚴遇到中间宿主——螺蛳，在螺内组织发育，并释放出母雷蚴进入螺蛳心脏继续发育成子雷蚴，子雷蚴发育为尾蚴，从心脏移行到消化腺。尾蚴从螺蛳体内逸出后可在任何固体物上形成包囊，当鹅吞食包囊后，囊内的尾蚴即在口和嗉囊内脱囊。幼龄吸虫在 5 天内即从鼻泪管移行到结膜囊，在囊内约经 1 个月左右发育成熟。

本病发病率的高低与中间宿主螺蛳感染率的高低、螺蛳数量与温度有密切的关系。在温暖季节螺蛳大量繁殖，因此在温暖南方一年四季均可发生，7～9 月份为高峰期。嗜眼吸虫的生活史，使本病多发生于青年鹅和成年鹅，感染率高者可达 40％左右。

[诊断方法]

1. 临诊症状 多数患鹅单侧眼睛的结膜囊、瞬膜和鼻泪管有虫体，少数病例双眼有虫体。由于虫体有比较大的吸盘，吸附着结膜的机械性和分泌毒素的刺激，引发结膜发炎。患鹅病初怕光，流泪，结膜充血潮红，并有出血点。结膜、瞬膜和眼睑水肿。呈不安，食欲减少，摇头，用爪不断搔眼。后期眼泪中有黏性或脓性分泌物。单眼或双眼紧闭。有些病例角膜混浊或溃疡，单目或双目失明，不能觅食，无力行走，消瘦，衰竭死亡。鹅群产蛋量下降。

2. 病理变化 除眼内发现虫体及眼组织病变外，内脏器官及组织无肉眼可见的病变。

[防制策略]

1. 预防措施 本病的发生与中间宿主螺蛳有关，因此减少或消灭螺蛳，即可减少感染率。如将水生作物作为饲料应事生进行灭囊处理。禁止到有本病流行水域放牧。

2. 治疗方法　患病鹅有虫体的眼睛用 75％酒精点眼 4～6 滴，可将虫杀死，获得良好的治疗效果。

五、鹅消化道线虫病

鹅消化道线虫病，是禽线虫纲中的多种线虫所致的体内寄生虫病，其危害较绦虫和吸虫大，宿主广，互相传染。不同线虫其寄生部位各有不同，对组织器官的损害也有不同。消化道线虫病在鹅群比较普遍存在，造成一定危害。

［病原及流行病学概述］

1. 病原主要特性　线虫外形为线状、圆柱状或近似线状，两端较细，其中头端偏钝，尾部较尖。雌雄异体，大小差异很大，一般雌虫较大，尾部较直。雄虫较小，尾部常弯曲。内部器官位于假体腔内。线虫的发育，是多种多样，直接发育不需中间宿主，雌虫产卵排出体外，在适宜的温度和湿度外界环境中，孵出幼虫，经过二次蜕皮变为感染性幼虫。有些线虫需经蚯蚓、昆虫等中间宿主，在中间宿主内孵出幼虫，经过若干天发育为感染性幼虫。鹅吃到有感染性幼虫，在体内发育为成虫。

2. 流行病学特点　线虫构成鹅寄生蠕虫的最重要的类群，寄生虫种类的数量和所造成的危害，均大大超过吸虫和绦虫。寄生于食道及膨大部有环形毛细线虫、钩刺棘尾线虫；寄生于腺胃有钩刺棘尾线虫、裂刺四棱线虫；寄生于肌胃有鹅裂口线虫、钩刺棘尾线虫、具钩瓣口线虫；寄生于肠道有膨尾毛细线虫、钩刺棘尾线虫、鸽毛细线虫；寄生于盲肠有鸭毛细线虫、鸽毛细线虫、鸡异刺线虫、鸟类圆线虫。线虫病多发生于温暖潮湿季节，常呈地方性发生。仔鹅易感染，感染率比成年鹅高。

［诊断方法］

1. 临诊症状　患鹅感染后消化功能受阻，饲料的消化率明显下降。精神欠佳，食欲下降，生长不良，羽毛无光松乱，消瘦，贫血。有些病例腹泻，粪便带有黏液。

2. 病理变化　由于线虫寄生于消化道部位不同，其病变各不相同。寄生部位消化道的黏膜充血、出血、坏死，并常见有线虫集聚。肌胃角质层易碎、坏死，呈棕色硬块，角质层下有墨色溃疡病灶，并见有许多细长的虫体。

［防制策略］

1. 预防措施　本病常因带虫鹅所致，但虫卵孵出的幼虫抵抗力较弱，在外界存在时间相对较短。根据上述因素，有病史的鹅场、鹅群饲养地，可采取1～1.5个月休闲期。粪便做堆积发酵，结合鹅舍清洁卫生消毒工作，即可较有效地消除传染原。雏鹅群、仔鹅群与青年鹅群、成年鹅群分离饲养，可大大减少线虫的感染率。有本病史地区的鹅群定期进行预防性驱虫。鹅群每3～6个月用药物驱虫，按每千克体重用丙硫苯咪唑25～50毫克内服。

2. 治疗方法　有本病发生的鹅群可用以下药物：丙硫苯咪唑、噻苯唑、左唑咪等驱虫药，根据药物可加入饲料中饲喂，或加入水中饲喂。

六、鹅球虫病

我国鹅球虫病于1981年发生后，其流行发生日益增多。主要由鹅艾美尔球虫，有毒艾美尔球虫、多斑艾美尔球虫、柯氏艾美尔球虫等肠道球虫所致。本病多发生于每年天气温暖和多雨湿度大的季节。主要发生于2～7周龄不同日龄段的雏鹅和仔鹅，尤其是雏鹅一旦暴发流行，发病率可高达90％～100％，病死率因日龄的不同有高低，一般为10％～80％。由于此病不像鸡球虫病那么常见，常未能引起人们的注意加以防治，对养鹅业造成较大危害。

［病原及流行病学概述］

1. 病原主要特性　鹅球虫有3个属，即艾美尔属、等孢属和泰泽属，16种。具有明显致病性的有鹅艾美尔球虫、有毒艾美尔球虫、多斑艾美尔球虫、柯氏艾美尔球虫和稍小太泽球虫等5种肠道球虫，其中前三种鹅球虫检出率最高，危害性最大。至于由截形艾美尔球虫所致的鹅肾球虫病在我国目前尚未报道，而国外报道较多，它对仔鹅有很高的致病力。除鹅之外，也有截形艾美尔肾球虫对野鹅和天鹅致病的研究报道。禽类艾美尔球虫各虫种之间没有交叉免疫，再次暴发的球虫病是由不同虫种所致的结果。球虫尽管具有相似的卵囊形态，但在禽类和哺乳动物的宿主特异性是很严格的。

鹅肠道球虫虽然不像鸡有比较特异寄生肠段，但也有相对寄生肠段。鹅艾美尔球虫主要寄生于小肠后段，盲肠和直肠也有寄生；有毒艾美尔球虫寄生于小肠；多斑艾美尔球虫主要寄生于小肠前段，也见于后段、盲肠和大肠；柯氏艾美尔球虫主要寄生于小肠后段及直肠，严重患鹅，小肠中段、盲肠和泄殖腔寄生；稍小太泽球虫主要寄生于小肠前段、中段和后段，直肠和盲肠也有寄生。鹅肾球虫病，截形艾美尔球虫寄生于鹅的肾小管上皮。鹅球虫病常有不同种球虫混合感染增强其致病性，使鹅群发病率和病死率升高。

2. 流行病学特点　由于我国南北气温和养鹅季节差异大，鹅球虫病流行发生的季节不同。南方广东、广西、福建在3～5月份发生，浙江、江西、湖南等多在4～6月份，江苏在5～8月份发生。数年来先后调查江苏20个发病鹅群，发病时间于5月开始发生至9月初停止，大多数发生于6月中旬至7月中旬，这与当年气候有关，与当地梅雨季节到来有密切的关系，具有明显的季节性。各种年龄的鹅均可感染发生，但病死率与鹅日龄有关。发病率的高低与气候、饲养环境等有密切的关系。发病率高达90%～100%，低者14%，多为21%～70%不等。病死率高低与患病鹅的日龄、饲养条件、用药等有关系。病死率高达94%以上，低者为6%～7%，多为11%～87%不等。

[诊断方法]

1. 临诊症状　患病鹅食欲减退，继而废绝，但饮水增多，饮水后频频甩头，精神委靡，落后于鹅群，缩颈，翅膀下垂，羽毛松乱，头部不断左右摆动或摇头，口腔积液、流涎或流白沫。垂头闭目，离群呆立或伏地不能站立。患病鹅粪便由干转稀，继而下痢，排出水样稀粪，并多伴带有酱红色或红色未凝固血液或凝固血块和黏液，并夹有脱落的黏膜，如红腐乳样。肛门松弛，周围羽毛沾污着红色或棕色的排泄物，迅速消瘦脱水。急性发病病例多在1～2天内衰竭死亡。病程稍长的慢性病鹅可视黏膜贫血和十分消瘦，部分患鹅可以耐过逐渐自然康复，但生长速度缓慢。

2. 病理变化　患病鹅病理变化基本一致，主要在小肠，呈急性出血性卡他性肠炎。从十二指肠道到回盲柄处肠管扩张，小肠下段病变最严重。大多数病例肠黏膜壁增厚，黏膜大面积出血和弥漫性或点状出血，肠腔内充满红色或红褐色血液和溃疡黏膜脱落碎片的黏稠物。小肠中段和下段黏膜有白色小结节或灰白色糠麸样的纤维素性渗出物覆盖。多数病例回肠、盲肠及直肠黏膜肿胀增厚、出血或纤维素性渗出物覆盖。有些病例泄殖腔黏膜也有炎症和出血病变。多数病例十二指肠和空肠黏膜病变轻，呈轻度卡他性炎症。其他内脏器官未见有明显肉眼可见的病变。

3. 实验室诊断　成年鹅带虫现象很普遍，所以粪便中存在球虫卵囊不能作为诊断本病的依据，必须根据临诊症状、病理变化和存在球虫卵囊进行综合诊断。鹅球虫病的发生季节，稀便中带有鲜红未凝固或凝固血液以及小肠严重卡他性炎症，黏膜增厚，肠腔内充满血液等特征性病变，即可作为初步诊断。

急性死亡的病鹅，可在病变肠黏膜上刮取少量黏液，放在载玻片上，加

1～2滴生理盐水，充分搅匀，加盖玻片后用显微镜检查，如见有大量圆球形的裂殖体、香蕉形的裂殖子和卵圆形的卵囊，即可确诊为球虫病。

4. 区别鉴别 鹅肠道球虫病和鹅肾球虫病在症状及病理变化有较大区别。鹅肠道球虫病，裂殖体在肠上皮细胞大量增殖时破坏小肠黏膜的完整，引起肠管发炎和上皮细胞的崩解，消化机能因而发生障碍，营养物质不能吸收，以及肠壁血管的破裂，大量液体和血液积集肠内。因此鹅肠道球虫病血便及粪便中有肠黏膜为特征性症状和小肠黏膜大面积出血、肠腔内充满红色或红褐色血液及溃疡黏膜脱落碎片等，这种特征性的病理变化是鹅肾球虫病和鹅其他疾病所没有的，可作为临床鉴别诊断重要参考。

鹅肾球虫病，根据国外资料记载，在16种鹅球虫中肾球虫的致病力很强，仔鹅急性病死率可高达87％。本病多发生于3～14周龄雏鹅和仔鹅。患病鹅精神委顿，食欲迅速减少或废食，衰弱，脱水，两眼凹陷，翅下垂，羽毛松乱，呆立或伏地不能站立，昏睡，斜颈等症状。肾球虫病，由于球虫寄生于肾小管上皮，造成肾小管的阻塞，使肾脏丧失肾功能。因此，肾脏具有此型特征性病理变化。患鹅轻者肾脏稍肿大，严重者肿大2～4倍，肾脏表面和切面可见有针头大至粟粒大的灰红色或灰黄色坏死灶或条状病灶，病灶中可见充满球虫卵囊及尿酸盐沉积，常见有肾小管变得很曲折。其他器官未见有肉眼可见的病变。

［防制策略］

1. 预防措施 球虫可通过迁移和定居的野鹅而传染给家鹅，因此养鹅场周围栖息的带有球虫的野生鹅和天鹅等水禽常常是鹅球虫传染来源。患病鹅，或带虫的青年鹅和成年鹅是本病流行、发生重要的传染来源。患病鹅和带虫鹅排出带有卵囊的粪便污染饲料、水源、禽舍、饲养场地、用具等。卵囊在污物中能存活一段时间，在冬季的池水中经2个月，仍然具有感染力。雏鹅和仔鹅接触到或食进被孢子化球虫卵囊污染的饲料、饮水等时，即感染发病。

雏鹅、仔鹅在饲养过程中如饲料营养成分低劣，或精料过多而青料太少，或缺乏维生素和矿物质，由于抵抗力下降，而促进本病的暴发流行，造成高度的发病率和病死率。

鹅球虫病发生过程中，由于机体抵抗力下降，有可能同时继发细菌性、病毒性以及其他寄生虫病，如鸭疫里默氏杆菌感染、沙门氏菌病、小鹅瘟、鹅副黏病毒病、鹅呼肠孤病毒感染、绦虫病和曲霉菌感染等，能引起大批雏鹅和仔鹅发病死亡，造成经济损失。

禽类球虫具有相似的形状，但每种球虫均有宿主严格的特异性，鸡和鸭的球虫不会致鹅发病，但野鹅和天鹅的球虫会感染家鹅，而引起发病。因此，在饲养种鹅、青年鹅和成年鹅时防止与野生鹅、天鹅等鹅类接触而被感染成为带虫者。雏鹅和仔鹅避免到有野生鹅类出没地放牧、下水。防制鹅球虫病，鹅舍应确保清洁和干燥，必须严格做好消毒卫生工作，粪便要及时清除，并做发酵处理。如果场地已被严重污染，应转移至未被污染场地饲养。雏鹅、仔鹅与青年鹅群、成年鹅群和种鹅群分开饲养，防止因带虫而被感染发病。每年3月至9月初是鹅球虫病高发季节，因此在球虫病流行季节必须加强饲养管理，用具清洗、消毒，舍内垫料保持干燥，在饲料中添加抗球虫药，可防止本病发生和流行。严禁将未经无害处理和未经发酵肥料施于饲料地，以防止青饲料带虫而引发本病的流行发生。

在曾发生鹅球虫病地区，在发生季节，不同的鹅群分别用杀球灵、盐霉素钠、球虫灵、氨丙林、氯苯胍、磺胺-6-甲氧嘧啶等均匀混于饲料，连用3～5天，可预防本病的流行发生。

2. 治疗方法　发病的雏鹅群和仔鹅群用上述药物均可迅速控制本病和大大减少发病率和病死率。首先将患病鹅隔离饲养治疗。每鹅用1万单位青霉素，口服，连用3～5天；氨丙林按每鹅100～200毫克饮服，连用3天；氯苯胍，按每鹅2～5毫克饮服，连用3～5天；均有治疗效果。患病鹅群除病鹅隔离治疗外，鹅群应及时用药物进行紧急防治。氨丙林，按每千克体重用250毫克的剂量，混合饲料喂给，连喂3天；氯苯胍，按每千克体重用10毫克，混合饲料喂给，连喂3天；球虫灵，按每千克体重30毫克，混合饲料喂给，连喂3天；磺胺-6-甲氧嘧啶和TMP合剂，两者按5∶1比例，合剂的用量为0.04％混合在粉料中，连喂7天，停药3天，再喂3天。上述几种药物在不同患病鹅群均有良好的治疗效果。

七、水禽住白细胞虫感染症

水禽住白细胞虫感染症又称水禽白冠病，是能在鹅、鸭、鸡等禽类的血液和一些内脏器官组织细胞中发育增殖的一种原虫所引起的急性、慢性或局部性疾病。温暖和潮湿的我国南方多发，呈地方性流行危害。

［病原及流行病学概述］

1. 病原主要特性　禽住白细胞虫感染症病原具致病性的有7种住白细胞原虫，其中卡氏和沙氏住白细胞原虫侵害鸡，西氏住白细胞原虫侵害鹅、鸭等水禽。住白细胞原虫的生活史由三个阶段组成，裂殖生殖期，寄生于宿主（水禽）内脏——肝、脾、肺、胰、淋巴结和脑等器官的上皮细胞及组织细胞内；配子生殖期，寄生于水禽的红细胞、白细胞和淋巴细胞；孢子生殖期，寄生于黑蚊体内。含有孢子虫的黑蚊叮咬鹅、鸭时，将孢子虫注入体内，孢子虫随着血流进入体内各器官组织，按其裂殖期和配子期进行生殖。

2. 流行病学特点 西氏住白细胞原虫的流行季节与蚋属（Simulium）中的黑蚊活动有密切的关系。在 20℃ 以上温度和适宜湿度的环境黑蚊繁殖快，活动力强，也是该病流行高发的季节。说明蚊子吸取带虫水禽的血液，在体内进行孢子增殖，再将蚊子内的原虫传递给幼年水禽，使本病循环不断。

[诊断方法]

1. 临诊症状 西氏住白细胞原虫对幼年鹅、鸭有很强的致病性，替伏期为 6～10 天。患病水禽多呈最急性发生，发病后 1 天内可死亡。患病禽呈不安，食欲大减或废食，精神委顿，流泪，眼睑粘连，体弱、羽毛无光泽，呼吸困难。下痢呈淡黄绿色稀粪。两脚软而无力，行走困难，或共济失调。有 30% 左右病死率。有些病例死前出现神经症状。青年水禽和成年水禽感染后多呈慢性经过。患禽精神不佳，食欲减少，逐渐消瘦。部分患禽数天后死亡。

2. 病理变化 患病死亡水禽的尸体消瘦。皮下出血。肌肉苍白，有大小不一的出血点。肝脏肿大，暗淡无光泽，色淡，并有散在出血点。脾脏肿大，色淡。心包积液，心肌色白而松弛。内脏器官有灰白色或淡黄色针头大至粟粒大的小结节。血液稀薄。

3. 实验室诊断 根据流行病学、临诊症状和病原检查即可确诊。用消毒针头，取患病水禽翅小血管血液，做成薄涂片，用瑞氏或姬姆萨氏染色液染色镜检，在被配子感染的红细胞通常膨大。红细胞和白细胞内查到虫体，也见有游离的虫体，呈紫红色圆点状或似巴氏杆菌两极着色，也有 3～7 个或成堆排列。肝、脾、脑等组织触片或切片或小结节压片染色镜检见有多量的大型裂殖体。

[防制策略]

1. 预防措施 本病是由蚋属中的黑蚊通过叮咬将西氏住白细胞原虫注入水禽体内所致的寄生虫病。因此消灭蚋这种传播媒介，即能有效地控制本病的发生。蚋是一类小的吸血昆虫，产地与蚊子相似，也在水内，每年所产生的代数因温度等条件而异。因此在成虫大量出现之前，杀灭蚋的幼虫是关键。在流行季节饲养地周围每周用杀虫药进行喷雾可达到较好效果。

2. 治疗方法 水禽群一旦发病，治疗越早越能有效地控制其流行发生。常用药物有以下几种：磺胺二甲氧嘧啶、磺胺喹恶啉、克球粉等磺胺类药物，上述药物可混于饲料或饮水，应按药物使用说明书，防止药物中毒。

八、水禽隐孢子虫病

隐孢子虫病，是由原虫感染引起的一种人畜共患寄生虫病。以寄生于呼吸道上皮纤毛和消化道黏膜上皮微绒毛而引起家禽呼吸道、法氏囊感染和腹泻。家禽贝氏隐孢子虫感染率很高。

[病原及流行病学概述]

1. 病原主要特性 禽类隐孢子虫有鼠隐孢子虫、贝氏隐孢子虫、鹅隐孢子虫、火鸡隐孢子虫等4种。鹅、鸭等水禽隐孢子虫病由贝氏隐孢子虫所致。隐孢子虫的特征是卵囊内有4个裸露的子囊孢子，不形成孢子囊。发育可分为脱囊、裂殖生殖、配子生殖、孢子生殖等4个阶段。鹅、鸭等禽类隐孢子虫的寄生部位均在呼吸道、泄殖控和法氏囊。

2. 流行病学特点 水禽隐孢子虫病各日龄水禽均有感染，但多发生于11周龄以内，感染率为10%～30%，其中2～4周龄雏禽感染率最高，可达50%左右。而成年水禽感染无症状而带虫。人工感染试验证明鹅、鸭、鸡等禽类的隐孢子病均能互相感染。贝氏隐孢子虫既可通过消化道感染，如果吃到有带虫粪便污染的饲料、饮水和垫草中的卵囊，也可通过呼吸道感染，由于吸入环境中的卵囊。雏鹅和雏鸭人工感染贝氏隐孢子虫潜伏期和排卵的高峰期基本相同，潜伏期为4天左右，排卵高峰期为6～14天。

[诊断方法]

1. 临诊症状 人工感染雏水禽，一般第1周左右即出现呼吸道症状，呼吸困难、咳嗽、打喷嚏。第2～第3周，患禽精神委顿、嗜睡、翅下垂、呼吸极度困难，甩头，张口和伸颈呼吸，食欲大减或废绝。多在此后数天内死亡。

2. 病理变化 患病水禽喉头和气管黏膜水肿，有多量浆液性或黏液或泡沫状渗出物。有的病例气管内有灰白色凝固物，呈干酪样。肺部腹侧充血，表面湿润，有灰白色硬斑。气囊混浊，呈云雾状。法氏囊和泄殖腔黏膜肿胀，呈灰白色。

3. 实验室诊断 采集患禽喉头、气管、法氏囊或泄殖腔黏液鉴定卵囊。将采集的黏液用白糖配制的饱和溶液漂浮法收集卵囊，经1 000倍显微镜检查，见有圆形或椭圆的卵囊，大小约为 6.14 微米×5.04 微米，囊壁光滑，无色，单层结构，厚约 0.5 微米。内含有 4 个裸露大小为 5.8 微米×1.1 微米的香蕉形子孢子和大小为 3.41 微米×2.93 微米的一个大残体。采取患禽喉头、气管、法氏囊或泄殖腔黏膜做涂片，用姬姆萨染色，镜检，胞浆呈蓝色，内含数个致密的红色的卵囊。

[防制策略]

1. 预防措施 水禽隐孢子虫病对抗生素类、磺胺类、抗球虫类等药物有很强的抵抗力，无治疗和预防效果。卵囊对常用的消毒剂药物和 40℃ 环境也有很强的抵抗力。一些高浓度消毒药品如 10％福尔马林，50％氨水，50％漂白粉也不能全部杀死卵囊。因此，改善饲养管理，定期严格的消毒卫生工作，粪便等排泄物、分泌物堆积发酵（因 65℃ 以上的温度能有效地杀死卵囊），增强机体免疫力，能有效地控制本病的流行。患病的禽群适当用药物防止细菌性感染，可减少病死率，提高抗隐孢子虫病的作用。

2. 治疗方法 水禽隐孢子虫病至今尚无有效治疗药物和疫苗。

九、水禽虱病

水禽虱病是寄生于水禽体表皮肤和羽毛的一种外寄生虫病。患禽表现不安，奇痒，食欲不振，生长发育不良。羽毛粗乱无光泽，易造成羽毛断折。产蛋禽感染后减蛋。本病对水禽养殖业造成一定损失。

[病原及流行病学概述]

1. 病原主要特性 寄生于家禽的虱至少有 40 种，而寄生于水禽的主要有 4 种。寄生于鹅体的有苗缘鹅虱（细鹅虱）和鹅体虱（鹅巨毛虱）；寄生于鸭体的有苗缘鸭虱（细鸭虱）和大鸭虱（鸭巨毛虱）。虫体扁平，头端钝圆，头部较大，大于胸部，口器为咀嚼式，触角由 3～5 节组成。雄虫尾端钝圆，雌虫尾端分两叉。

2. 流行病学特点 虱一生均在禽体上生活，其所产卵多附于羽毛上，呈成串堆积，经数天孵化为稚虫，经 3 次蜕皮为成虫。虱子在禽体上能活数月，一对虱子能产 12 万只后代。虱子脱离禽体仅能活数天。秋、冬季节是虱子生长繁殖的旺季，也是水禽虱病的高发期。传播方式主要是直接接触感染，也可通过垫料及用具传播。多发生于饲养卫生环境不良和非下水放牧的水禽群，尤其是仔禽和青年禽。

[诊断方法]

当虱在水禽大量寄生时（多见秋冬季），不断刺激皮肤，致使患禽皮肤奇痒，时常用嘴啄奇痒部位的羽毛。羽毛乱而欠光泽，常有脱落和折断。不能安眠休息，食欲不振，导致生长发育不良，逐渐抵抗力下降，尤其是幼禽影响较大，甚至衰弱而死亡。产蛋水禽产蛋量下降，也影响受精率和孵化率。除消瘦外，内脏器官无明显肉眼病变。

[防制策略]

1. 预防措施 秋冬季是虱子繁殖生长旺季，因此每年在此季节前必须特别注意每月检查 2 次，一旦发现虱子的存在应立即加以控制，以免造成大批水禽群严重感染。无病的水禽不能和有病群一起放牧，接触。引进水禽时应详细检查，防止带虱子水禽进入无病群。搞好环境卫生，保持水禽舍、场地清洁干净。及时清除粪便及脱落羽毛集中堆肥发酵处理。

2. 治疗方法 有虱子发生的水禽群，应用杀虫剂进行治疗。常用杀虫剂有氯氰菊酯、伊维菌素、马拉硫磷、氯菊酯、敌百虫等。治疗要进行 2 次，隔离 7～10 天，因上述药物仅能杀死成虫和幼虫，而不能杀死虫卵，第二次治疗虫卵孵出的幼虫。除了对禽体涂洗喷洒药物治疗外，同时也应对产蛋箱、地面、用具等进行喷洒药物处理。

第十四章

代谢病及中毒病

一、水禽维生素 A 缺乏症

幼禽和刚产蛋的新母水禽常发生维生素 A 缺乏症，是由于饲料中缺乏维生素 A 而引起的。运动不足、饲料中缺乏矿物质、饲养条件不良以及患胃肠道疾病（如球虫病、蠕虫病等），都是促使发病的重要因素。缺乏维生素 A 可以降低机体的抵抗力，所以很容易感染其他传染病。

[病因及发生情况概述]

维生素 A 是家禽生长、视觉和保持器官黏膜上皮组织正常生长和修复所必需的营养物质，因此，家禽缺乏维生素 A，不仅胚胎和雏禽的生长发育不良，而且引起眼球的变化而导致视觉障碍，嘴及消化道、呼吸道和泌尿生殖道的损害。

维生素 A 是一种脂溶性和不稳定的物质，很容易被氧化而失效。主要存在于动物组织中，特别是在肝组织中含量最丰富。植物中维生素 A 的含量较少，主要是含维生素 A 元（维生素 A 的前身），在豆科绿叶、绿色蔬菜、南瓜、胡萝卜及黄玉米中含量最丰富。

[诊断方法]

1. 临诊症状 当种水禽和雏水禽的饲料中缺乏维生素 A，1 周龄左右的雏禽出现维生素 A 缺乏症时，由于软骨内造骨过程显著抑制，骨骼发育障碍，因而病禽生长发育停滞，消瘦。羽毛松乱，无光泽，运动无力，两脚瘫痪。喙部颜色变淡，眼结膜发炎，流泪或流渗出物，上下眼睑粘连，眼发干形成一干眼圈，角膜混浊不清，眼球凹陷，双目失明。死亡率高达 50％ 以上。

患病母禽，产蛋量显著下降，受精率、孵化率和出雏率下降。胚胎发育不良，死胚增加，雏禽体弱，蛋黄色变淡。公禽配种力下降。患禽眼流泪，眼睑粘连。严重的患禽眼内有干酪样物质，而造成失明。

2. 病理变化　患禽眼结膜囊内有大量干酪样渗出物，眼球萎缩凹陷。口腔和食道黏膜发炎，有散在的白色小坏死灶。严重病禽，坏死灶融合成条状，或灰黄色假膜，或形成小溃疡灶。肾脏的肾小管里面常有多量尿酸盐蓄积，严重病例的输尿管和泄殖腔中也蓄积尿酸盐。此外，往往心脏、心包、肝脏和脾脏表面也曾见到尿酸盐沉积，这种变化与内脏痛风相同，是由于缺乏维生素 A 引起肾脏机能障碍，因而尿酸盐不能正常排泄所致。病禽血液中的尿酸含量，可以从正常的每 100 毫升血液中的 5 毫克升高至 44 毫克。病禽的胸腺、法氏囊和脾脏等免疫器官发生萎缩，因而免疫功能明显下降。

[防制策略]

1. 预防措施　防止雏禽的先天性维生素 A 缺乏症，产蛋种禽的饲料中必须含有充足的维生素 A。同时应该注意饲料的保管，防止发生酸败、发酵、产热和氧化，以免维生素 A 被破坏。

2. 治疗方法　病禽的治疗是在日粮中补充富于维生素 A 或维生素 A 元饲料，例如鱼肝油及胡萝卜、三叶草等青绿饲料。幼禽也可以肌肉注射 2 毫升鱼肝油（每毫升含维生素 A 5 万单位）。大群治疗时，可在每千克饲料中补充维生素 A 1 万单位。维生素 A 在体内能够迅速吸收，症状很快好转。

二、水禽维生素 E 和硒缺乏综合征

维生素 E 和硒缺乏综合征又称幼鸭、幼鹅白肌病。维生素 E 是几种生育酚的总称。幼禽缺乏维生素 E 和硒时，使机体抗氧化机能下降，导致骨骼肌以及内脏器官发生病变，以及影响生长发育繁殖等机能障碍；并可以发生脑软化症、渗出性素质和肌营养不良（白肌病）为特征的营养代谢病。

[病因及发生情况概述]

维生素 E 在家禽营养中的作用是多方面的，它不仅是正常生殖机能所必需的，而且是一种最有效的天然抗氧化剂，是饲料中的重要成分，如脂肪酸和其他高级不饱和脂肪酸、维生素 A、维生素 D_3、胡萝卜素和核黄素等，具有可靠的保护作用，能够预防脑软化症。

[诊断]

1. 临诊症状

脑软化症：由缺乏维生素 E 所致。患病幼禽病初精神委顿，食欲减少，体质下降，消瘦。趾和喙发白，两腿麻痹，软弱无力，行步不稳，不能站立，喜卧。头向后仰或向下弯曲，最后倒卧一侧，抽搐死亡。

渗出性素质：由缺乏维生素 E 和硒所致，患病幼禽胸腹部皮下组织水肿，腹围增大，腹部触摸时有波动感。皮肤可见有大小不一蓝紫斑块。

营养不良（白肌病）：由于缺乏维生素 E 和饲料中含硫氨基酸不足所致。患病禽精神不佳，食欲减少，行走无力。生长发育受阻，羽毛无光泽而松乱，以衰竭而死亡。

种鹅缺乏维生素 E，其产蛋率和孵化率明显下降，出雏率下降，以及胚胎死亡；公鹅配种能力下降。

2. 病理变化

脑软化症：患禽脑膜水肿，有点状出血。大脑组织局部有黄绿色坏死灶。

渗出性素质：患禽腹腔有多量淡黄色清朗的渗出液体，整个肝脏表面覆盖着一层白色或淡黄色膜，与肝组织紧密粘贴，不易分离。病程较长病例，肝组织显肌化肝脏。心包有多量淡黄色清朗液体，心肌特别松软，有些病例有白色条纹状坏死。全身皮下，尤其是胸腹部皮下和颈部皮下有淡黄色胶样渗出液。

营养不良：患禽肌肉，尤其是胸部和腿部肌肉色泽苍白，鱼肉样或蜡样变性。有些病例有出血斑，或黄白色条纹状坏死。

[防制策略]

1. 预防措施　有本病历的禽群，首先查找饲料及原料的来源，在土壤缺硒地区的饲草，或饲喂缺硒饲料时，应加入含硒的微量元素添加剂。加强饲料的保管，不要受热，防止酸败。饲料应存放于干燥、阴凉、通风的地方，不宜过久存放，均可减少对维生素 E 的破坏。必要时在饲料中添加抗氧化剂，如乙氧喹等。根据情况在饲料中加入含硒和含硫氨基酸的添加剂。每千克饲料中应含有维生素 E 20～25 毫克和硒 0.14～0.15 毫克，可防止此病的发生。

2. 治疗方法

由于缺硒所致的病例，每只禽可立即用 0.005％亚硒酸钠液皮下或肌肉注射 1 毫升，注射数小时后可见症状减轻。在饲料中按每千克饲料添加亚硒酸钠 0.5 毫克，连喂 3 天可达康复。

由于缺维生素 E 所致的病例，每只禽口服 300 国际单位维生素 E，连喂 3 天可达康复。并在饲料中按每千克饲料添加 50～100 毫克维生素 E，连喂 10

余天，有良好的治疗效果。

由于缺乏维生素 E 和硒所致的病例，可应用亚硒酸钠维生素 E 注射液。饲料中加入 0.2%～0.3%蛋氨酸。

三、痛　风

痛风是由于体内蛋白质代谢发生障碍所引起的疾病，可引起高尿酸血症。本病在雏鹅，特别是用肉鸡料和肉鸭料含动物蛋白质很高的饲料喂雏鹅或仔鹅时常有发生。为了促进鹅快速生长，大量饲喂高蛋白的饲料，而忽略鹅是以草料为主的草食动物，与肉鸡、肉鸭饲料要求有较大的不同。青年鹅和成年鹅都能发生。它的特征是在内脏，尤其肾、心、肝、输卵管、关节腔内蓄积着尿酸或尿酸盐，主要是尿酸钠沉淀。这种尿酸盐是由核蛋白产生的，可来自食物中的蛋白质，或是由身体组织本身产生的。

［病因及发生情况概述］

本病的发生原因还未完全清楚，比较复杂，不仅与饲料有关，而且与肾脏机能障碍有关。饲料中的蛋白质（特别是核蛋白）含量过高；饲料中缺乏充足的维生素 A 和维生素 D；饲料中矿物质含量配合不适当；肾脏的机能障碍，如由于饲喂磺胺类药物过多；身体组织大量发生破坏等，都能引起痛风。此外，禽舍过分拥挤，禽群缺乏适当的运动和日光照射，禽舍潮湿阴冷，以及很多疾病都是促进痛风发生的因素。

［诊断］

1. 临诊症状　本病多呈慢性过程。由于尿酸盐在体内沉积的部位不同，可以分为两种病型，即内脏型痛风和关节型痛风，有时可以同时发生。禽群中常见的是内脏型痛风。

内脏型痛风：成年鹅发生痛风后，表现全身性营养障碍。病鹅食欲不振，逐渐消瘦和衰弱，羽毛松乱，精神委顿，贫血，母鹅产蛋减少以至完全停产。有时可见腹泻，排出白色、半液状稀粪，其中含有多量尿酸盐。肛门松弛，收缩无力。病死率高。患病的雏鹅和仔鹅生长不良，仅健康鹅 1/2～1/3 体重。羽毛粗乱无光泽，行动迟缓，不愿走动和下水。肛门周围羽毛有灰白色粪便沾污，排白色半液状稀粪，食料大减。病死率高。

关节型痛风：患病鹅关节尤其腿部各关节由于尿酸盐在关节腔内有不同程度沉积，使关节有不同程度肿胀。患鹅行走跛行，严重者关节变形，无法行走。食料大减，消瘦，尤其患病雏鹅和仔鹅生长缓慢，仅健康鹅 1/3 体重。有些病鹅翅膀下垂。

2. 病理变化

内脏型痛风：病鹅肾脏肿大，色泽变淡，表面有尿酸盐沉着所形成的白色斑点。输尿管扩张变粗，管腔中充满石灰样沉淀物。严重的病鹅，在其他内脏器官，如肝、心、脾、肠系膜及腹膜等表面常有这种石灰样的尿酸盐沉淀物覆盖，多的时候可以形成一层白色薄膜。把这种沉淀物刮下来放在显微镜下观察，可以看到许多针状的尿酸钠结晶。

关节型痛风：关节腔表面和周围组织中有白色尿酸盐沉着。有些关节面和周围组织坏死，关节腔表面发生溃疡或糜烂。

[防制策略]

1. 预防措施 本病的发生与肾脏机能障碍有密切关系。因为肾脏机能障碍时能引起尿酸在血液中的蓄积，并与钠离子形成多量的尿酸钠。所以平时要注意防止影响肾脏机能的各种因素，例如磺胺类和碳酸氢钠等药物在使用时要防止过量。应根据鹅群不同生长阶段的不同营养要求配合日粮，不能饲喂过度的动物性蛋白饲料，不能过多饲喂肉鸡和肉鸭饲料。添加一定量多种维生素、微量元素，供足青绿饲料和水。避免过大的饲养密度。

2. 治疗方法 对已患病鹅群，尚无特效的治疗方法。患病鹅群如由高蛋白饲料所致，应立即减少或停用蛋白质含量高的（特别是动物性蛋白质）饲料，如肉鸡料和肉鸭料。由饲养管理不当，室内氨气重，应开窗减少氨气；由饲养密度高引起，应减密度。此外，患病鹅群如使用磺胺类药物，应停止或减少，可减小对肾脏损伤。供给充足的新鲜青绿饲料和饮水，饲料中补充丰富的多种维生素（特别是维生素 A），应使鹅群充分运动。

四、水禽脂肪肝出血综合征

水禽脂肪肝出血综合征又称脂肪肝综合征，是由于长期饲喂高能量营养饲料，使营养物质过剩的一种营养代谢病。多发生于高产蛋的禽群，或产蛋高峰期。患病禽群产蛋下降，体况良好。突然死亡禽，皮肤和蹼苍白，肝脏肿大，脂肪变性，表面有出血点，或肝破裂，周围有血凝块。

[病因及发生情况概述]

长期饲喂或采食量过大的高热能低蛋白的饲料，未能充分消耗过剩热能致使脂肪量增加而不断地在肝脏沉积，导致脂肪肝的发生。当饲料中蛋白质不足，影响脱脂肪蛋白的合成。当饲料中缺乏合成脂蛋白的维生素 B 族和维生素 E、胆碱、生物素、蛋氨酸等亲脂因子，大量脂肪会在肝内沉积。饲料、垫料和饮水中霉菌毒素以及长期饲喂抗生素等药物而造成肝脏的损伤而成脂肪肝。禽舍潮湿、气温过高、饮水不足以及其他应激因素均可能促进脂肪肝的形成。

[诊断方法]

1. 临诊症状 发生初期无特征性症状，而病禽突然死亡。患病禽精神欠佳，食欲减少，不愿下水，行走迟缓，或卧地。腹围大而软、下垂。蹼和喙苍白。严重病禽嗜睡、瘫痪。多数死亡水禽较肥胖。产蛋禽群在发病后，产蛋量下降。

2. 病理变化 死亡水禽尸体肥胖，皮肤色白，皮下脂肪较多，胸腔和腹腔中的心脏、肾脏、肌胃和肠系膜等组织周围均有大量的脂肪沉积。肝脏肿大，呈黄色，油脂状，触摸柔软，易碎。肝脏有数量不等出血点。有的病例肝脏出血，周围有血凝块，也有的病例凝血块覆盖于整个肝脏表面。

[防制策略]

1. 预防措施 引起水禽脂肪肝出血综合征的原因比较多。当出现本病时，应立即检查是否有不当的饲料配制。应参照不同品种水禽的要求重新用科学配方配制饲料；如饲料有霉变，应立即停止饲喂，更换新鲜饲料。根据饲料配方及水禽群情况，及时适量添加胆碱、多维素、矿物质以及蛋氨酸，能有效地控制本病的发生。按饲养标准的要求，控制采食量，防止体重超标。改善饲养环境，在高温季节加强通风，饲料注意保管防霉变。

2. 治疗方法 一旦发现本病，对病禽可以说没有任何治疗价值和必要，应及时淘汰。应紧急预防和减轻本病发生时所造成的损失，在饲料中添加能代谢脂肪的物质，如氯化胆碱、维生素 E、维生素 B。在饲料中降低能量水平，增加 1%～2%蛋白质。采取上述措施后可较大降低发病率。

五、呋喃类药物中毒

呋喃类药物包括呋喃西林、呋喃咀啶、呋喃唑酮（痢特灵）。它对多种革兰氏阴性菌和阳性菌以及球虫有作用。每毫升含有 5～10 微克低浓度的药物，对细菌有抑制作用；每毫升含有 20～50 微克高浓度的药物有杀灭作用。但也存在一定毒性，尤其家禽最敏感，易导致中毒。

[病因及发生情况概述]

呋喃类药物中以呋喃西林的毒性最强，呋喃唑酮的毒性较弱，仅为1/10左右呋喃西林的毒性。雏鸡比雏水禽更敏感，每次雏鸡1.25毫克，雏鸭17毫克，雏鹅25毫克呋喃西林，连续服用5天，均易引起中毒。呋喃类药物能破坏机体某些酶系统，阻止血液中的丙酮酸的氧化过程，以及抑制骨髓的造血功能，破坏肾脏排泄功能等。中毒常见于饲料药物拌料不均匀，或在饮水中没有全部溶解，容易引起中毒，或剂量偏大而长期服用也易引起中毒死亡。

[诊断方法]

1. 临诊症状 雏禽急性中毒，常在服药后数小时至数天内出现症状。最初患禽未出现症状即死亡。患病雏禽呈突然发生神经症状，兴奋，鸣叫，头颈反转，转圈运动与精神沉郁，呆立、缩颈、闭眼等在群内同时存在。有的患禽运动失调，两腿做游泳动作，或痉挛抽搐死亡。青年禽和成年禽中毒后食欲减少，饮水量增加，呆立，行走摇晃。有头颈伸直，不断点头，或颤动，转圈运动，鸣叫，痉挛，抽搐，角弓反张等神经症状。

2. 病理变化 病死患禽，口腔有多量淡黄色黏液，嗉囊扩张，肌胃角质层易脱落。病程稍长的死禽消化道内有少量黄色和混有药物的分泌物，黏膜有不同程度出血。肝脏肿大，胆囊肿大充满胆汁。心肌失去弹性。

[防制策略]

1. 预防措施 呋喃西林我国已停止生产禁止使用。应用其他呋喃类药物时要准确计算用量。用于饲料喂给，必须搅拌混合均匀；用于饮水，药物必须磨细溶解。用药添加使用时间一般最长14天。

2. 治疗方法 呋喃类药物中毒无特殊非常有效方法将体内药物迅速排出体外，当发现中毒时，应立即停药。在饮水中添加葡萄糖、维生素C、维生素B、电解质等作为辅助治疗，可缓和病情，降低病死率。

六、磺胺类药物中毒

磺胺类药物是一类人工化学合成的抗菌药物，具有较广谱的抗菌作用，但其副作用比抗生素大，应用不当或剂量过大，可引起禽类急性和慢性中毒。不同磺胺药物对禽体的毒性强弱不同、药物吸收量和作用时间长短不同，其表现有差异。由于肾、肝、脾受损，影响其功能。中毒严重禽群可能造成大批死亡。

[病因及发生情况概述]

磺胺类药物有二类，一类在肠道内容易吸收，比较容易引起急性中毒，另一类在肠道内不易吸收。有些磺胺类药物其治疗剂量与中毒剂量又很接近，通常称为安全系数小的药物。这类药物如用药量大，或持续大量用药，或在饲料中添加不均匀等因素均可引起中毒。禽类对磺胺类药物的吸收率比哺乳动物高，从肠道吸收进入血液，对肾、肝、脾等器官损伤，使其功能丧失，以及引起白细胞减少、溶血性贫血等血液病变和过敏反应。

[诊断方法]

1. 临诊症状　中毒雏禽精神委顿、无神、厌食，羽毛松乱无光。生长受阻，增重缓慢。粪便呈酱油色或灰白色稀粪。凝血时间延长。有些急性病例有流泪，痉挛，麻痹，共济失调等症状。

2. 病理变化　中毒禽皮肤出血，皮下有大小不一出血斑，大腿内侧肌肉和胸部肌肉有弥漫性出血，或刷状出血，或斑状出血。肌胃角质层下，腺胃和肠道黏膜出血。肾肿大，呈土黄色，表面有紫红色出血斑，输尿管增宽，充满尿酸盐。肝肿大，呈黄褐色或紫红色，有出血点或出血斑。胆囊肿大，充满胆汁。脾肿大，有出血性硬死。心包积液，心肌呈刷状出血。血液稀薄。内脏器官除出血外，多数患禽有灰白色坏死灶。

[防制策略]

1. 预防措施　使用磺胺类药物预防细菌性疾病和球虫病时，要选用用毒性小的药物，剂量要准确。饲喂时拌料要均匀，饮水时要全部溶解。一般连用控制在5天内。用药期间应供应足够饮水量。用药期间在饲料中适量补充多维素。雏水禽和水禽产蛋期间一般不使用此类药物，除了毒性外，对产蛋量有较大的影响。

2. 治疗方法　发生中毒禽群立即停止使用药物。用1%～5%碳酸氢钠水加多维素充足给饮，可缓解病情和减少病死率。

七、水禽喹乙醇中毒

多年来由于喹乙醇的广泛使用，水禽过量食入而发生药物中毒的报道很多，成为水禽的一种常见中毒症，常造成较大损失。

[病因及发生情况概述]

喹乙醇又名快育诺，是喹恶啉类的合成抗菌药和促生长剂。此药物不易产生耐药，对革兰氏阴性菌的巴氏杆菌、沙门氏菌、大肠杆菌、副嗜血杆菌等都有抑制和治疗作用；同时又具有促进蛋白质同化作用，提高饲料利用率，促使畜禽发育和增重加快。所以被作为一种饲料添加剂而广泛应用。但是由于禽对喹乙醇较敏感，如果使用不当，如每千克体重1次服用100毫克以上或每日服用50毫克，连用5～6天，或添加剂量过大，或拌料不均匀，均很容易引起家禽中毒。

[诊断方法]

1. 临诊症状　中毒发病的快慢取决于饲喂喹乙醇剂量的多少。

急性中毒：病禽有时在喂药后数小时即发病死亡，一般是在7～10天后开始发病，发病后4天左右为死亡高峰期，病死率可高达60%左右。病禽显现精神沉郁，呆立或蹲伏不动，有的倒卧地上，怕冷，有时堆挤在一起，有的呈昏睡状态。食欲减少或完全不吃，腹泻，口流黏液，嗉囊扩张，充满液体。产蛋禽群产蛋明显下降，受精率和孵化率也下降。

慢性中毒：病禽生长受阻，瘦弱，步行缓慢。易出现光过敏，即上喙有水泡，畸形，扭曲或变短，或出现龟裂。

2. 病理变化　死后血液不凝固，呈暗红色。肝淤血肿大，呈暗红色，质地脆弱易碎。多数病禽腺胃和肌胃浆膜出血斑，乳头出血，黏膜表层和整个消化道均有出血，小肠前段常见大面积出血，盲肠扁桃体肿大、出血。胆囊扩张，胆汁浓稠。脾充血、出血。肾肿胀出血。肺淤血水肿。心脏扩张，心包液增多，心肌出血。肌肉出血。卵泡出血，呈紫葡萄状。

[防制策略]

1. 预防措施　饲料中添加喹乙醇必须严格按照规定的剂量，不能任意增加，每千克饲料添加剂量为0.025～0.035克，充分混合均匀。有利于预防禽群某些细菌病的发生和促生长作用。

常发生沙门氏菌病、大肠杆菌病等细菌病的禽群，每千克饲料中添加剂量为0.07克左右，连用5～7天，停用3～5天。

育雏禽群，在用药期间，应供足够的饮水量。

2. 治疗方法　禽群一旦发生喹乙醇中毒，应立即停喂，更换饲料，并喂葡萄糖液及多种维生素作为辅助治疗。

饮水中可加入 0.1% 的碳酸氢钠，连用 3~5 天；3%~5% 葡萄糖；0.1% 维生素 C 粉；以及适量加入广谱抗生素，预防因抵抗力下降而引发的细菌性并发症，减少死亡。

八、食盐中毒症

食盐中毒是由于饲料中加入含盐物料，或加盐过多，或加入正常量但由于没能拌匀，以及饮水量不足而引起的中毒症。患禽以脑水肿、变性为神经系统和消化系统紊乱为特征。

[病因及发生情况概述]

食盐是禽类日粮中不可缺少的物质。如饲料中食盐含量过高或添加过多咸鱼粉等含盐加工副产品，或拌料不匀，会引起中毒死亡。禽群中毒的程度与食盐量、日龄、个体、饮水量、食饲料量等有密切的关系。幼年禽比青年禽、成年禽易感，发生率高，在群中健壮、食量大的禽易发生。正常禽约需要食盐占粉料 0.25%~0.5%，每只禽每天约需食盐 0.25~0.5 克。当饲料中达 3%，或每千克体重达 3.5 克~4.5 克时，可立即发生中毒，导致死亡。饮水中含 0.9%~1.0% 食盐，易引起雏禽中毒。饮水量不足，或缺水将加快食盐中毒的发生。水禽对食盐中毒比鸡敏感。

[诊断方法]

1. 临诊症状 患禽精神沉郁，食欲大减或废绝，饮水大增，鼻腔流液，腹泻。两脚无力，末梢麻痹，行走困难，或完全麻痹瘫痪。呼吸困难，嘴不停地张合，有的肌肉抽搐，头颈旋转，腹部朝上，两脚做划船摆动，最后衰竭死亡。

2. 病理变化 患禽全身水肿，皮下水肿，结缔组织和脂肪呈胶样浸润。食管膨大部充满黏液，黏膜脱落，腺胃黏膜充血，呈淡红色，并有假膜形成。肌胃充血、出血，小肠黏膜水肿、充血、出血。心腔液增加，心脏扩大，心肌出血。肺水肿，腹腔有多量淡黄色液体，脑膜充血。

[防制策略]

1. 预防措施 配制饲料时，应严格按饲料配方添加食盐，并一定要混匀，总盐量控制在 0.3%~0.5%。平时供充足饮水。

2. 防治方法 一旦发现禽群中毒，立即检查饲料，并停止喂给。在饮水中可加入 5‰葡萄糖。

九、一氧化碳中毒症

水禽一氧化碳中毒症多发生于寒冷冬春季育雏舍，是因通风不良，雏禽吸入多量一氧化碳，导致机体组织缺氧而窒息死亡为主要特征的中毒症。

[病因及发生情况概述]

一氧化碳是无色、无味、无刺激性的气体。当燃料燃烧时由于氧气供应不足时而产生。本病多发生于冬季和早春禽舍和育雏舍烧燃料供暖保温时，通风不良等原因导致一氧化碳不能及时排出。空气中如含有 0.1‰～0.2‰一氧化碳，有可能引起中毒，如含量达 3‰以上时，可导致急性中毒窒息死亡。如长期饲养在一定浓度一氧化碳的禽舍，易引起慢性中毒，生长发育不良。

[诊断方法]

1. 临诊症状

水禽轻度中毒：病禽精神欠佳，羽毛松乱，食欲减退。呼吸困难，咳嗽，呕吐，流泪。此时如能充入新鲜空气，即可康复。如空气未能改善，患禽可转为亚急性或慢性中毒，病禽精神委顿，羽毛松乱无光泽，生长发育不良，易并发呼吸道疾病。

重度中毒：病禽烦躁不安，全身无力，很快出现昏迷或呆立，瘫痪，呼吸困难，头向后伸，角弓反张，抽搐，震颤。最后由于呼吸和心脏麻痹死亡。

2. 病理变化 急性死亡病禽可视黏膜血管和各脏器内的血液呈鲜红色或樱桃红色，尤其肺脏更明显。脏器表面有散在性出血点。亚急性和慢性病禽心、肝、脾、肾等器官肿大。脑血管扩张，渗出液增加。严重病禽脑组织变性、软化或坏死。

[防制策略]

禽一氧化碳中毒多发生于寒冷冬春季禽舍，如是使用燃料加热保温的禽舍，要防止管道阻塞等因素而倒烟，尤其是夜间休息时易发生。一旦发生中毒，立即开门开窗转换新鲜空气，或转至通风良好的禽舍。有条件使用电热保温，或地下管道保温，可达到防止中毒的目的。

十、应　　激

5日龄以内的雏鸭和雏鹅，常因长途运输、育雏室内温度变化过大，或常因突然温度过低，或育雏室空气太差，或粗暴操作，大声喧哗引起惊群等原因，而引起雏禽应激，导致大批雏禽死亡，死亡率可达10％以上。应激死亡的雏禽脑壳出血，脑膜和脑组织充血，大脑与丘脑之间间隙有大的凝血块。肝脏有出血斑。肾脏充血和出血。喙呈紫蓝色，蹼苍白。

十一、光过敏症

光过敏症是由于水禽采食了含有光过敏性的物质如大软骨草草籽，或加入喹乙醇等药物的饲料，经太阳光照射而发生的一种过敏症。除了黑嘴、黑腿水禽不发生外，其他水禽均可发生。患禽在无毛部的喙、蹼出现水泡为特征。

［病因及发生情况概述］

我国学者李建时和郭玉璞先后报道此病。水禽过敏症的发生要具有三个因素，黄色或白色嘴和腿的水禽易发生，而黑嘴和黑腿水禽不发生；采食了含有光过敏物质的大软骨草草籽、喹乙醇；每天太阳光照射5小时以上，不晒太阳即不发生。发病率的高低与采食光过敏物质的量和阳光照射时间长短有关。一般发病率20％～60％不等。死亡率虽然不高，但饲料报酬低和较大影响商品率。

［诊断方法］

1. 临诊症状　患病禽面向太阳照射的上喙背侧和蹼背侧发生水泡、溃疡以及变形为本病特征性症状。上喙和蹼失去原有的黄色或淡黄色，局部发红或红斑。1～2天内形成大小不一的水泡，有的水泡成片状。水泡液为淡黄透明液，并有纤维素性分泌物。水泡破溃后呈棕黄色的结痂。经数天结痂脱落，呈暗红色或棕黄红色。嘴变形，远端向上扭转，缩短，舌尖部外露，有的坏死。患禽精神欠佳，食欲减少，生长发育不良。眼有分泌物，眼睛四周绒毛湿润、脱落，有的眼睑粘连。

2. 病理变化　患病禽上喙和蹼的病变是弥漫性炎症、水泡以及水泡破溃后形成的结痂，变色和变形。皮下血管断端血液凝固不良，呈紫红色。膝关节部肌膜有紫红色条纹状出血斑以及胶样浸润。舌尖部坏死，十二指肠黏膜卡他性炎症。

［防制策略］

预防本病的发生，应禁止在饲料中混入或添加光过敏物质。目前无特效药物进行治疗。一旦发生，立即检查和停喂可疑饲料，禽群尽可能不晒或缩短晒太阳时间。对病禽可用对症疗法，适当应用抗生素，防止并发病的发生。

第十五章

鹅 的 肿 瘤

近年来随着养禽业的迅速发展，禽病的防制也日益受到重视。对于禽病防制，人们一般比较注重传染病以及某些中毒病的防制，因为这些疾病分布广泛，如不及时采取防制措施，会造成严重的经济损失。但近几年的大量调查研究表明，肿瘤病也是家禽的常见病，对养禽业的发展也是一个严重的威胁，忽视对家禽肿瘤病的防制，同样也会使养禽业蒙受巨大的经济损失。

家禽的肿瘤病是鸡和鸭的一种常见病，鹅的肿瘤病不是很多，主要是肝癌、淋巴肉瘤等。

一、原发性肝癌

我国一些地区，曾发生鹅原发性肝癌，本病是恶性肿瘤病，一般都发生于2岁龄以上的老鹅，而且随着年龄的增长，发生率也相应增高。

本病发生的原因主要是由于长期采食了含有黄曲霉毒素的发霉饲料所致，若鹅同时感染乙型肝炎病毒，更容易引起发病。研究调查发现，在我国鹅对乙型肝炎病毒表面抗原 HBsAg 的携带率平均为 14.5%。

患鹅腹部膨大，腹部拖地，常伏地而息，摄食减少，瘦弱，毛色无光泽。剖检可见大量腹水，肝脏有肿瘤，外观多呈结节型，肝脏从表面向实质分布大小不等的灰白色肿瘤结节，直径 0.2～2 厘米，数量多少不一。巨块型的肝癌结节直径可达 10 厘米以上。鹅的肝癌一般不发生转移，个别情况会转移到肺。其他无异常表现。

根据显微病变的不同，鹅的原发性肝癌分为 3 种类型：肝细胞型、胆管型和混合型，其中肝细胞型最多见，其次为胆管型。肝细胞型肝癌结节由排列成索状的癌细胞构成，肝小叶的正常结构消失，癌结节周围的正常肝细胞索受压迫而发生萎缩。胆管细胞型肝癌的癌结节为大量增生的胆管组织所组成。

到目前为止，本病无特效解毒剂，患病鹅只能淘汰。并应注意饲料的防霉处理、储存等。

二、淋巴肉瘤

淋巴肉瘤是鸭、鹅中较少见的肿瘤病，鸡白血病多发该肿瘤。大多数情况是在死亡剖检时发现。最初是在胸腺，或脾脏、黏膜等的淋巴组织的基础上发生，以后逐渐增生肿大，并向周围组织侵入，或转移的一种恶性淋巴组织肿瘤。发生在淋巴结，则淋巴结肿大，发生在肝脏、脾脏、肾脏等内脏者，常呈多发性结节病灶。少数病例在整个肠道见有多发生结节病灶，切开似鱼肉样。

家禽恶性肿瘤的致病因素，有化学物质、放射性物质、机械性刺激、病毒和致癌饲料。其中黄曲霉毒素的致癌作用最引人注意，其致癌强度比二甲醛偶氮苯大 900 倍以上。因此在家禽恶性肿瘤的防制上，应以预防黄曲霉素中毒为主，其主要措施是将霉变饲料进行去毒；另一方面，在繁多的致癌因素中"癌从口入"的因素占有重要位置，控制致癌作用的饲料、应用对癌症有预防作用的饲料，对家禽癌症的防制也将起到重要作用。此外，严格饲料添加剂的使用，严格动物性饲料来源的检验。

发现肿瘤要严格处理。凡检出或疑似为淋巴肉瘤等恶性肿瘤时，不论局部或全身都要销毁。

第十六章
鹅主要疫病诊断要点

一、鹅主要疫病分类

　　近几年来鹅的疫病不断增多，原有几种老的传染病不但没有消灭，新的传染病不断出现，均具有发病率和病死率高的特点，常造成巨大经济损失，严重影响养鹅业的健康发展。要有效地预防疫病的发生和控制疫病的流行，必须充分了解每种疫病的流行特点和规律，以及正确地诊断。充分认识到人类与病原微生物的斗争是长久的、永恒的、不停止的。新病增多，一种为进口货，另一种为国产货。在这些疫病中，从年龄，可分为雏鹅病、雏—仔鹅病、种鹅病；从微生物，可分为病毒病、细菌病、霉菌病和霉菌毒素中毒、寄生虫病。

（一）年龄分类

　　1. 各种日龄鹅病　有鹅禽流感、鹅副黏病毒病、鹅鸭瘟病毒感染症、鹅痘、水禽网状内皮组织增生病、鹅巴氏杆菌病、鹅葡萄球菌病、水禽支原体感染症、鹅变形杆菌病、鹅链球菌病、鹅坏死性肠炎、水禽衣原体病、水禽曲霉菌病、黄曲霉毒素中毒、鹅次睾吸虫病、鹅眼睛吸虫病、鹅消化道线虫病、鹅住白细胞虫感染症、水禽虱病等。

　　2. 雏鹅病　有小鹅瘟、雏鹅绿脓杆菌病。

　　3. 雏—仔鹅病　有雏鹅出血性坏死性肝炎、鹅鸡法氏囊病毒感染症、鹅圆环病毒病、鹅出血性肾炎肠炎、雏鹅大肠杆菌性败血病、鹅沙门氏杆菌病、鹅鸭疫里默杆菌病、鹅溶血性曼氏杆菌病、鹅霉菌性脑炎、鹅口疮、水禽剑带绦虫病、鹅球虫病、水禽隐孢子虫病。

　　4. 种鹅病　有鹅蛋子瘟（鹅大肠杆菌性生殖器官病）、鹅生殖器官吸虫病。

（二）病原分类

　　1. 病毒病　有小鹅瘟、鹅副黏病毒病、鹅禽流感、鹅鸭瘟病毒感染症、鹅痘、鹅鸡法氏囊病毒感染症、雏鹅出血性坏死性肝炎、水禽网状内皮组织增生病、鹅圆环病毒病、鹅出血性肾炎肠炎。

2. 细菌病 有鹅鸭疫里默氏杆菌病、鹅巴氏杆菌病、雏鹅大肠杆菌性败血病、鹅大肠杆菌性生殖器官病、鹅沙门氏杆菌病、鹅葡萄球菌病、水禽支原体感染症、雏鹅绿脓杆菌病、鹅溶血性曼氏杆菌病、鹅变形杆菌病、鹅链球菌病、水禽衣原体、鹅坏死性肠炎。

3. 霉菌病 有水禽曲霉菌病、鹅霉菌性脑炎、鹅口疮、黄曲霉毒素中毒。

4. 寄生虫病 有水禽剑带绦虫病、鹅生殖器官吸虫病、鹅眼睛吸虫病、鹅次睾吸虫病、鹅消化道线虫病、鹅球虫病、鹅住白细胞虫感染症、水禽隐孢子虫病、水禽虱病等。

二、鹅主要疫病的病原、发病日龄及特征性病变

疫病名称	病原	发病日龄	特征性病变
小鹅瘟	细小病毒科，细小病毒属，小鹅瘟病毒（又称鹅细小病毒）	4～20 日龄雏鹅和雏番鸭，30 日龄以上发病少	以渗出性肠炎，肠黏膜坏死脱落，形成假膜状栓子状物堵塞于肠腔为特征
鹅副黏病毒病	副黏病毒科，腮腺病毒属，禽副黏病毒Ⅰ型，F 基因Ⅶ型，鹅副黏病毒	各日龄鹅，其中 2 周龄内雏鹅发病率和病死率可高达近 98%	以肠道黏膜出血、坏死、溃疡病灶和纤维素性结痂以及脾脏肿大、坏死病灶为特征
鹅禽流感	正黏病毒科，A 型流感病毒，禽流感病毒，H5N1 亚型病毒	各日龄鹅，其中雏鹅发病率可高达 100%，病死率可达 95%，其他日龄鹅病死率为 60%～80%	以皮肤、毛孔充血、出血，皮下、脂肪、内脏器官严重出血为特征
鹅鸭瘟病毒感染症	疱疹病毒科，疱疹病毒属，鸭疱疹病毒Ⅰ型，鸭瘟病毒	各日龄鹅，青年鹅发病率高于雏、仔鹅	以口腔、食道和泄殖腔黏膜和眼睛黏膜出血、坏死、溃疡，及肝脏出血和坏死为特征
鹅痘	痘病毒料，禽痘病毒属，鹅痘病毒	多发生于青年鹅和成年鹅	以喙、脚、皮肤出现一种灰白色的结节、结痂为特征
鹅鸡法氏囊病毒感染症	双股 RNA 病毒科，禽双股 RNA 病毒属，鸡法氏囊病毒	多发生于 3～6 周龄雏鹅和仔鹅	以法氏囊肿大、出血，呈葡萄状，黏膜坏死，大腿及胸部肌肉出血为特征
雏鹅出血性坏死性肝炎	呼肠孤病毒科，正呼肠孤病毒属，禽呼肠孤病毒群，鹅呼肠孤病毒	多发生于 1～10 周龄鹅，其中 4 周龄以内雏鹅发病率可高达 70% 以上，病死率达 60% 左右	以肝脏出血和坏死灶，脾脏、肾脏等器官坏死为特征

（续）

疫病名称	病原	发病日龄	特征性病变
鹅圆环病毒病	圆环病毒科，圆环病毒属，鹅圆环病毒	多发生于仔鹅，常因免疫抑制易与其他细菌性疾病并发	以羽毛生长障碍及免疫抑制，生长迟缓，法氏囊萎缩，坏死为特征
水禽网状内皮组织增生病	反转录病毒科，网状内皮组织增生病毒群	多发生于青年鹅，发病率和病死率不高	肝、脾肿大、坏死和肿瘤病灶为特征
鹅出血性肾炎肠炎	多瘤病毒科，多瘤病毒属，鹅出血性肾炎肠炎病毒	多发生于雏鹅、仔鹅，发病率和病死率为10%～80%不等	以皮下水肿、腹水、肾炎为特征，偶见肠炎
鹅鸭疫里默氏杆菌病	鸭疫里默氏杆菌	多发生于2～7周龄雏鹅，病死率为1%～80%不等	以浆膜发生广泛性的多少不等的纤维素性渗出，其中心包膜、肝包膜、气囊、脑膜发炎为特征
鹅巴氏杆菌病	巴氏杆菌属，禽多杀性巴氏杆菌	多发生于青年鹅和成年鹅	以皮下、腹膜、脂肪、肠道黏膜出血，肝脏针头大坏死点为特征
雏鹅大肠杆菌性败血病	埃希氏大肠杆菌 O_1、O_2、O_6 等血清型	多发生于10～45日龄雏鹅和仔鹅，1周龄以内病死率高	以卵黄囊吸收不良，肝出血，心包炎，肝周炎等为特征
鹅大肠杆菌性生殖器官病	埃希氏大肠杆菌 O_2、O_{141}、O_7、O_{39} 等血清型	发生于产蛋期的母鹅、公鹅	以母鹅输卵管蛋白分泌部有凝固蛋白块滞留，腹腔有凝固蛋黄块及卵黄水，卵泡变形、液化；公鹅阴茎有大小不一脓性肿块或干酪样结节为特征
鹅沙门氏菌病	鸭沙门氏菌等	发生于雏鹅、仔鹅	以古铜色或红色肝脏，并有灰白色的小坏死点为特征
鹅葡萄球菌病	金黄色葡萄球菌	急性败血型多发生于雏鹅；慢性型多发生于青年鹅、成年鹅	脐带坏死，卵黄吸收不良，皮下出血性胶样为败血型特征；关节肿胀，关节囊内有干酪样物为慢性型特征
水禽支原体感染症	支原体科，支原体属，水禽支原体	各日龄禽均可发生，多发生于2～3周龄以内雏禽	以眶下窦肿胀，充满浆液性或黏液性分泌物，或干酪样物为特征
雏鹅绿脓杆菌病	假单孢菌属，绿脓杆菌	多发生于雏鹅	以皮下组织有黄绿色、淡绿色胶样浸润，肌肉和内脏器官有不同程度出血为特征

（续）

疫病名称	病原	发病日龄	特征性病变
鹅溶血性曼氏杆菌病	巴氏杆菌科，曼氏杆菌属，溶血性曼氏杆菌	多发生于仔鹅	以心包和腹腔有淡黄色纤维素性渗出物为特征
鹅变形杆菌病	肠杆菌科，变形杆菌属，奇异变形杆菌和普通变形杆菌	多发生于1月龄以内雏鹅，尤其是1～2周龄有较高发病率和病死率	以心包炎、肝周炎、腹膜炎、气囊炎、肺水肿、出血等为特征
鹅链球菌病	D血清群中的粪链球菌和C血清群中的兽疫链球菌	雏鹅呈急性败血症；青年鹅、成年鹅为慢性型。急性型发病率和死亡率较高	以皮下、浆膜水肿、出血，实质器官肿大，并有点状坏死为特征
鹅坏死性肠炎	A型和C型魏氏梭菌	各日龄鹅，呈急性型	以小肠黏膜坏死为特征
水禽衣原体病	衣原体科，衣原体属，鹦鹉衣原体	多发生于雏禽	以浆液性或浆液纤维素性心包炎，肝周炎，肝、脾肿大为特征
水禽曲霉菌病	曲霉菌属，烟曲霉菌等	多发生于雏鹅和仔鹅	以肺部和气囊坏死肉芽肿结节为特征
雏鹅霉菌性脑炎	曲霉菌属，黄曲霉菌、烟曲霉菌等	多发生于仔鹅	以脑组织有淡黄色或淡红棕色的坏死灶为特征
鹅口疮	白色念珠菌	多发生于仔鹅	以上消化道——口、咽、食道和嗉囊黏膜生成白色的假膜和溃疡为特征
黄曲霉毒素中毒	黄曲霉菌产生的毒素	雏鹅多呈急性中毒；青年鹅、成年鹅多呈亚急性和慢性中毒	肝脏肿大，呈苍白或淡黄色为急性型特征；肝脏肿大，质地坚硬，呈黄色或淡黄色为亚急性型和慢性型特征
水禽剑带绦虫病	矛形剑带绦虫	多发生于仔鹅、青年鹅	以肠道腔内有绦虫为特征
鹅生殖器官吸虫病	多种前殖吸虫	各日龄鹅，多发生于产蛋鹅	以输卵管黏膜充血，卵泡变形，严重引起腹膜炎为特征
鹅次睾吸虫病	后睾科，东方次睾吸虫等	多发生于青年鹅、成年鹅	以肝脏、胆囊、胆管肿大，内有虫体为特征
鹅眼睛吸虫病	嗜眼科，多种嗜眼吸虫	多发生于青年鹅、成年鹅	以眼内有虫体，眼睑水肿等为特征
鹅消化道线虫病	多种线虫	多发生于成年鹅	以消化道黏膜充血、出血、坏死并有线虫集聚为特征
鹅球虫病	鹅艾美耳球虫等	多发生于雏鹅和仔鹅	以出血性肠炎为特征

（续）

疫病名称	病原	发病日龄	特征性病变
水禽住白细胞虫感染症	住白细胞原虫	仔鹅多呈急性，青年鹅、成年鹅多呈慢性	以肌肉苍白、出血，肝肿大、色淡、出血，内脏器官有坏死小结为特征
水禽隐孢子虫病	多种隐孢子虫	各日龄水禽，多发生于1月龄以内	以喉头、气管黏膜水肿，内有渗出物，法氏囊和泄殖腔黏膜水肿为特征
水禽虱病	鹅鸭4种虱	多发生于青年鹅、成年鹅	以皮肤奇痒，羽毛脱落和折断，肉眼见虱为特征

三、鹅主要疫病病料的采集及病原分离方法

疾病名称	生前	死后	病原分离方法
小鹅瘟	患病雏鹅的肝、胰、脾、肾、脑等作病料	死亡雏鹅的肝、胰、脾、肾、脑、肠管等作病料	易感鹅胚，绒尿腔
鹅副黏病毒病	患病鹅的肝、脑、脾等作病料	死亡鹅的脑、肝、脾等作病料	易感鸡胚，绒尿腔
鹅禽流感	患病鹅的脑、肝、脾等作病料	死亡鹅的脑、肝、脾等作病料	易感鸡胚，绒尿腔
鹅鸭瘟病毒感染症	患病鹅的肝、脾、肾等作病料	死亡鹅的肝、脾、肾等作病料	易感雏鸭、鸭胚，绒尿腔
鹅痘	患病鹅新形成的痘疹作病料		鸡胚，绒尿膜
鹅鸡法氏囊病毒感染症	患病鹅有病变法氏囊作病料	死亡鹅的病变法氏囊作病料	易感鸡胚、鹅胚、绒尿腔
雏鹅出血性坏死性肝炎	患病鹅的肝、脾作病料	死亡鹅的肝、脾作病料	雏鹅、鸡胚、鸭胚、鹅胚，绒尿膜
鹅圆环病毒病	患病鹅的肝、脾、胸腺和法氏囊作病料	死亡鹅的肝、脾、胸腺和法氏囊作病料	1日龄雏鹅、鹅胚及鹅胚细胞
水禽网状内皮组织增生病	患病水禽病变组织、肿瘤及血浆作病料	死亡水禽病变组织、肿瘤及血浆作病料	鸭胚肾上皮细胞或成纤维细胞培养
鹅出血性肾炎肠炎	患病鹅的肾脏作病料	死亡鹅的肾脏作病料	1日龄雏鹅原代肾上皮细胞

（续）

疾病名称	生前	死后	病原分离方法
鹅鸭疫里默氏杆菌病	患病鹅的脑、肝、脾、心包液等作病料	死亡鹅的脑、肝、脾、心包液等作病料	绵羊鲜血琼脂培养基；触片、涂片染色镜检，CO_2培养箱培养
鹅巴氏杆菌病	患病鹅的心血、肝、脾、肾等作病料	死亡鹅的心血、肝、脾、肾等作病料	绵羊鲜血琼脂培养基；触片染色镜检
雏鹅大肠杆菌性败血病	患病鹅的肝、脾、心包液等作病料	死亡鹅的肝、脾、心包液等作病料	麦康凯培养基和鲜血培养基；触片、涂片染色镜检
鹅大肠杆菌性生殖器官病	患病母鹅病变的卵泡液、腹腔渗出物；公鹅病变的阴茎上的结节作病料	死亡母鹅病变的卵泡、腹腔渗出物、输卵管黏膜等；公鹅病变的阴茎上的结节作病料	麦康凯培养基和鲜血培养基；触片、涂片染色镜检
鹅沙门氏菌病	患病雏鹅的肝、心血、心包液和肠道内容物等作病料	死亡雏鹅的肝、心包液、胆汁等作病料	麦康凯培养基或S-S培养基；触片染色镜检
鹅葡萄球菌病	患病雏鹅腹腔中的卵黄液、脐带坏死物、皮下胶液、关节囊内渗出物、变色肥鹅肝和脓灶中的脓液等作病料	死亡鹅的皮下出血性胶样液，卵黄液和脓液作病料	普通营养培养基，或鲜血培养基；涂片染色镜检
水禽支原体感染症	患病禽眶下窦分泌物和气囊等作病料	死亡禽眶下窦分泌物和气囊等作病料	禽支原体培养基；涂片染色镜检
雏鹅绿脓杆菌病	患病鹅肝、胰、血液、气囊等作病料	死亡鹅骨髓作病料	普通琼脂培养基；涂片染色镜检
鹅溶血性曼氏杆菌病	患病鹅的肝脏、腹腔渗出物等作病料	死亡鹅的肝脏、腹腔渗出物等作病料	鲜血琼脂培养基；触片染色镜检
鹅变形杆菌病	患病鹅的肝、脾、心包液、腹膜渗出物、脑等作病料	死亡鹅的肝、脾、心包液、腹膜渗出物、脑等作病料	普通琼脂培养基；触片、涂片染色镜检
鹅链球菌病	患病鹅的肝、脾、血液、心包液、腹水等作病料	死亡鹅的肝、脾、血液、心包液、腹水等作病料	鲜血琼脂培养基；触片、涂片染色镜检
鹅坏死性肠炎	患鹅的空肠和回肠内渗出物	死亡鹅的空肠和回肠内渗出物	鲜血琼脂培养基，厌氧培养；涂片染色镜检
水禽衣原体病	患病水禽的心包液、肝、脾等作病料	死亡水禽的心包液、肝、脾等作病料	6～8日龄鸡胚，卵黄囊；15克左右小白鼠，腹腔；触片、涂片染色镜检

（续）

疾病名称	生前	死后	病原分离方法
水禽曲霉菌病	患病水禽的肺或气囊上的结节病灶作病料	死亡水禽的肺或气囊上的结节病灶作病料	察氏等培养基；涂片染色镜检
雏鹅霉菌性脑炎		死亡鹅脑作病料	察氏等培养基；涂片染色镜检
鹅口疮	患病鹅上消化道黏膜作病料	死亡鹅上消化道黏膜作病料	沙堡弱氏等培养基；涂片染色镜检
黄曲霉毒素中毒		玉米等霉饲料	可疑饲料喂1日龄雏鸭
水禽剑带绦虫病		死鹅肠道	绦虫检查
鹅生殖器官吸虫病		死鹅输卵管黏膜	虫体检查
鹅次睾吸虫病		死鹅胆囊、胆管	虫体检查
鹅眼睛吸虫病	患病鹅眼睛		虫体检查
鹅消化道线虫病		死鹅病变肠道黏膜	虫体检查
鹅球虫病		死鹅肠道黏液	虫卵检查
水禽住白细胞虫感染症		死鹅血液、肝、脾、脑等作病料	涂片、触片染色镜检，检查虫体、裂殖体
水禽隐孢子虫病	患病鹅喉头、气管、法氏囊或泄殖腔黏膜等作病料	死鹅喉头、气管、法氏囊、泄殖腔黏液等作病料	白糖饱和液漂浮法收集卵囊、或黏液涂片染色镜检卵囊
水禽虱病	皮肤羽毛		虫体检查

第十七章

鹅疫病防制手段及免疫程序

一、兽用生物制剂

疫病防制的重点就是要预防和控制危害生产的群发性疫病，特别是传染病。预防和控制传染病的发生，必须采取综合性措施，应用生物制剂是我国鹅业生产中防制传染病不可缺少的综合性措施之一。了解和正确使用生物制剂是防制传染病的重要手段。

兽用生物制剂种类按其性质，可分为疫苗、类毒素、诊断液和抗血清等四大类；按制法和物理性状，可分为普通制品、精制品、液状制品、干燥制品和佐剂制品等五大类；疫苗可分为活苗和灭活苗二大类。

（一）疫苗

1. 活疫苗　有的是从自然界分离筛选的弱毒株；有的是从自然界分离的强毒株，通过物理的，或化学的，或生物的方法，使其对原宿主动物无致病力，但保持其良好的免疫原性。用这些毒株（菌株）制备生产疫苗，动物免疫后可以预防相应疫病的流行发生。

（1）活疫苗种类　有单苗、多价苗、多联苗三种。

单苗：应用同一种微生物的毒（菌）株或同一血清型的弱毒（菌）株制备的疫苗。

多价活苗：应用同一种微生物中不同血清型的弱毒（菌）株分别增殖的培养物制备的疫苗。

多联活苗：应用不同微生物的毒（菌）株分别增殖的培养物，按免疫学原理和方法组合而成，以达到一针防多种疫病的目的。

（2）疫苗株来源　可分为同源疫苗和异源疫苗。

同源疫苗：用同一种动物、同型或同源微生物株制备的疫苗，用于同种动物免疫预防的疫苗。

异源疫苗：用不同种动物，或不同种微生物的毒（菌）株制备的疫苗，动物免疫后能使其获得免疫力。

（3）疫苗毒力　疫苗可分为强毒力、中等毒力和低毒力三种。但必须注意到，一种疫苗对不同年龄同一种动物有不同毒力。

（4）疫苗级别　有 SPF 级、非 SPF 级和异型三种。

SPF 级：用 SPF 级禽胚生产的活苗，它不带本种动物的病原体。

非 SPF 级：用非 SPF 级禽胚生产的活苗，它可能带一种或数种以上本种动物的病原体。

异型：用不同禽胚或不同动物生产的活苗，它基本达到不带或少带本种动物病原体的要求。

（5）使用方法　活苗使用方法必须根据不同种类疫苗的要求方法进行，才能达到预防的效果。有肌肉和皮下注射、滴鼻、点眼、饮水、喷雾、划痕等。

2. 灭活苗　以含有病原微生物（细菌及代产物、病毒）的培养物或材料经物理的（热、射线）方法处理，或化学的（甲醛、乙醇、烷化剂等）方法处理，使其丧失感染性或毒性而仍然保持其免疫原性，接种动物后能产生免疫力，而达到预防疾病的发生。

（1）灭活苗类别　有组织灭活苗和培养物灭活苗。

组织灭活苗：将含有高量病原微生物动物的组织器官经化学或物理的方法进行灭活。

培养物灭活苗：将细菌培养物，或禽胚绒尿液及胚胎，或细胞培养物等含有高量病原微生物，经化学或物理的方法进行灭活。

除了上述二种外，还有亚单位疫苗和基因工程苗。

亚单位疫苗：病原微生物经物理或化学的方法除去其无效的毒性物质，提取其有效抗原部分制备的疫苗。

基因工程苗：应用基因技术制备的疫苗。

（2）灭活苗种类　有单苗、多价苗、多联苗三种。

（3）灭活苗剂型　有组织灭活菌、氢氧化铝灭活苗、蜂胶灭活苗、油乳剂灭活苗。按其免疫期长短，油乳灭活苗最长，其次为蜂胶灭活苗，其三为氢氧化铝灭活苗和组织灭活苗。按吸收时间，油乳剂苗最长，要 1 个月左右时间才能吸收完毕，蜂胶苗 3 周左右，氢氧化铝苗大约 2 周左右，组织苗 1～2 周。

3. 活疫苗与灭活苗优缺点比较

（1）活疫苗优点：使用剂量小，免疫产生快，免疫途径多样，产量高，生产成本低等。

活疫苗缺点：毒力可能会增强，疫苗中的残毒在自然界动物群体中持续传递后毒力有增强返强危险，扩散的危险；疫苗中存在的污染毒可能扩散的危险；干扰现象，易受到不同疫苗株的干扰而影响免疫效果；母源抗体的影响，有较多种类的活疫苗易受到母源抗体的影响而降低免疫效果；运输、保存条件高，活疫苗的运输、保存必须在低温条件下进行。

（2）灭活苗优点：比较安全、不发生全身性副作用，无返强、散毒和潜在危险；有利于制备多价、多联苗；基本上无干扰现象，母源抗体影响较小，疫苗稳定；在不适于应用活疫苗的场合使用，特别在有并发感染情况下，可结合抗生素使用控制并发病；有较高的保护抗体和免疫期较长；受外界影响较小，运输方便等。

灭活苗缺点：使用剂量大，免疫途径单一，为皮下或肌肉注射，需要高浓度抗原制备，生产成本高，劳动强度大。

（二）抗体

1. 抗血清种类 有同源抗血清和异源抗血清。

同源抗血清：用动物制备的抗血清用于本种动物，被动免疫较长，具有预防、紧急预防和治疗用途。但易带本种动物某些病原微生物。

异源抗血清：用动物制备的抗血清用于非本种动物，被动免疫期较短，仅作紧急预防和治疗用。但不易带本种动物的某些病原微生物。

2. 精制卵黄抗体 有同源抗体，具有预防、紧急预防和治疗用途。也有异源抗体，仅作紧急预防和治疗用。精制卵黄抗体其效价比抗血清低，一般要加倍剂量使用。

二、鹅常用的疫苗

疫（菌）苗名称	预防的疾病	接种对象和方法
小鹅瘟弱毒株 SYG26-35（种鹅）活疫苗	小鹅瘟	按瓶签说明使用。种鹅产蛋前 15 天首次免疫，首免 3～4 个月后进行二免
小鹅瘟弱毒株 SYG41-50（雏鹅）活疫苗	小鹅瘟	按瓶签说明使用。雏鹅出壳 48 小时内进行免疫
小鹅瘟油乳剂灭活苗	小鹅瘟	种鹅产蛋前 15 天左右进行免疫
鹅副黏病毒病油乳剂灭活苗	鹅副黏病毒病	雏鹅首免在 5～7 天或 10～15 天进行；二免在首免 2 个月内。种鹅产蛋前 10 天左右免疫，免疫后 2～3 个月再次免疫

（续）

疫（菌）苗名称	预防的疾病	接种对象和方法
小鹅瘟、鹅副黏病毒病二联油乳剂灭活苗	小鹅瘟、鹅副黏病毒病	种鹅产蛋前 15 天左右进行免疫，免疫后 2～3 个月用鹅副黏病毒病油乳剂灭活苗免疫
禽流感油乳剂灭活苗	禽流感	按瓶签说明使用
鸭瘟鸡胚化细胞弱毒苗	鹅鸭瘟病毒感染症	按瓶签说明使用。雏鹅、仔鹅、青年鹅、成年鹅、种鹅均可应用
雏鹅出血性坏死性肝炎灭活苗	雏鹅出血性坏死性肝炎	雏鹅 2～5 日龄进行免疫
鹅副黏病毒病、出血性坏死性肝炎二联灭活苗	鹅副黏病毒病，雏鹅出血性坏死性肝炎	雏鹅 2～7 日龄进行免疫
鹅鸭疫里默氏杆菌病灭活苗	鹅鸭疫里默氏杆菌病	种鹅产蛋前 15 天左右进行免疫，雏鹅 7 日龄左右免疫
禽霍乱油乳剂灭活苗	鹅巴氏杆菌病	按瓶签说明使用。青年鹅、成年鹅、种鹅均可应用
禽霍乱组织灭活苗	鹅巴氏杆菌病	按瓶签说明使用。青年鹅、成年鹅、种鹅均可应用
禽霍乱蜂胶灭活苗	鹅巴氏杆菌病	按瓶签说明使用。青年鹅、成年鹅、种鹅均可应用
鹅蛋子瘟灭活苗	鹅大肠杆菌性生殖器官病	种鹅产蛋前 15 天左右进行免疫
鹅大肠杆菌病灭活苗	雏鹅大肠杆菌性败血病	雏鹅 10 日龄左右进行免疫
鹅蛋子瘟、禽霍乱二联灭活苗	鹅蛋子瘟、鹅巴氏杆菌病	种鹅产蛋前 10～15 天进行免疫
鸭疫里默氏杆菌病、大肠杆菌病二联灭活苗	鹅鸭疫里默氏杆菌病、大肠杆菌病	雏鹅 2～5 日龄进行免疫
鹅副黏病毒病灭活苗	鹅副黏病毒病	紧急防疫使用

三、鹅常用的抗体

抗体名称	种类	预防的疾病	使用对象和方法
抗小鹅瘟高免血清	鹅制	小鹅瘟	预防雏鹅 2～7 日龄；紧急预防、治疗
抗小鹅瘟高免血清	番鸭制	小鹅瘟	预防雏鹅 2～7 日龄；紧急预防、治疗
抗小鹅瘟高免血清	羊制	小鹅瘟	仅用于紧急预防和治疗，剂量需加倍
小鹅瘟精制卵黄抗体	鸡制	小鹅瘟	预防：在首免后 7～10 天，再免疫 1 次。剂量需加倍使用

（续）

抗体名称	种类	预防的疾病	使用对象和方法
小鹅瘟精制卵黄抗体	鹅或鸭制	小鹅瘟	预防2～7日龄；紧急预防和治疗，剂量需加大。在首免后10天左右再免疫1次
抗鹅副黏病毒病抗体	鹅制	鹅副黏病毒病	紧急预防、治疗
鹅副黏病毒精制卵黄抗体	鸡制	鹅副黏病毒病	紧急预防、治疗
抗雏鹅出血性坏死性肝炎高免血清	鹅制	雏鹅出血性坏死性肝炎	预防、紧急预防、治疗
雏鹅出血性坏死性肝炎精制卵黄抗体	鸡制	雏鹅出血性坏死性肝炎	紧急预防、治疗
抗鸭瘟病毒高免血清	鸭制	鹅鸭瘟病毒感染症	紧急预防、治疗
法氏囊精制卵黄抗体	鸡制	鹅鸡法氏囊病毒感染症	按瓶签说明使用。紧急预防、治疗

四、鹅主要疫病免疫程序

近几年来养鹅业发展迅速，但疫病也不断增加，原来仅有小鹅瘟、鹅蛋子瘟等几种传染病。自1996年之后增加鹅禽流感、鹅黏病毒病、雏鹅出血性坏死性肝炎（鹅呼肠孤病毒感染）、鹅浆膜炎等烈性传染病。在多种鹅传染病中，新出现的4种病和小鹅瘟、鹅蛋子瘟均具有较高发病率和病死率，常造成巨大经济损失，严重影响养鹅业的健康发展。

要制订比较正确的防制措施，必须充分了解每种疫病的流行特点及规律。如小鹅瘟，自1956年发生已有50余年历史。本病发生于3周龄以内雏鹅，5～15日龄雏鹅死率最高，而仔鹅发病率和病死率很低，青年鹅和成年鹅感染后不发病。小鹅瘟病毒除对雏鹅和雏番鸭致病外，对其他禽类和哺乳动物无致病性。防治此病，仅免疫种鹅，使雏鹅有母源抗体而获得保护，或用雏鹅疫苗，或用抗体使雏鹅获得保护。禽流感，自1878年发生已有130年历史，鹅禽流感（H5N1亚型）于1996年发生，也有10余年历史。此病各种日龄鹅均可感染致死，尤其是7～15日龄雏鹅发病率和病死率均可高达近100%，其他日龄鹅也有很高的发病率和病死率。H5N1亚型禽流感病毒对各种禽类均具有很高致病性，病毒易发生变异。防治此病，仅能用灭活苗免疫种鹅和各种日龄鹅，由于疫苗免疫期相对比较短，商品鹅应2次免疫，种鹅应3～4次免疫，才能有效地预防此病的发生。鹅副黏病毒病，于 1997 年发生，有 10 余年历史，此病各种日龄鹅均可感染致死，尤其是 15 日龄以内雏鹅的发病率和病死率均可高达近100％，此病除各品种鹅发生外还可感染鸡鸭致死。防治此病，仅能应用灭活苗免疫种鹅和各种日龄鹅，而不能用鸡新城疫Ⅰ系活疫苗，它对各日龄鹅均具有致死性，引起大批发病和死亡。由于疫苗免疫期较短，商品鹅应 2 次免疫，种鹅应 3～4 次免疫，才能有效地预防此病的发生。雏鹅出血性坏死性肝炎，是于 2001 年发现的鹅病毒性传染病，此病主要侵害 1～10 周龄雏鹅和仔鹅，尤其是 2～4 周龄雏鹅有较高发病率和病死率。除了引起死亡外，生产性能下降，饲料报酬低，大大降低经济价值。防治此病可应用灭活苗免疫种鹅和雏鹅，用抗体紧急预防。鹅鸭瘟病毒感染症，在自然情况下，鹅在同患鸭瘟病鸭密切接触，或鸭鹅混养，或到发生鸭瘟地放牧，可以感染此病，多数发生于青年鹅和成年鹅，雏鹅和仔鹅发生少。防治此病，严禁与鸭混养，或不到有鸭瘟流行的区域放牧。有鸭瘟流行的区域，青年鹅或种鹅可用鸭瘟疫苗进行预防注射。鹅浆膜炎，是近几年来发病率比较高的细菌性传染病，多发生于 2～7 周龄雏鹅和仔鹅，除病死率较高外，生长迟缓、增重减慢、饲料报酬显著下降，而且难以扑灭，造成较大经济损失。防治此病，减少各种应激因素，严禁与鸭混养。可应用灭活苗预防，或用抗菌素、化学药剂防治。鹅巴氏杆菌病，多发生于青年鹅和种鹅，雏鹅和仔鹅发生少。防治此病，减少应激因素，加强卫生，自繁自养，应用疫苗进行预防，或用药紧急预防。种鹅蛋子瘟，自1964 年发生已有 37 年历史。此病是由多种血清型大肠杆菌所引起母鹅产蛋期间发生的一种生殖器官疾病。防治此病，可应用疫苗，或抗菌素、化学药物进行防治。

（一）健康鹅群疫病免疫程序

1. 种鹅群

（1）雏鹅群

小鹅瘟雏鹅活苗免疫：未经小鹅瘟活苗免疫种鹅后代的雏鹅，或经小鹅瘟活苗免疫 100 天之后种鹅后代的雏鹅，在出壳后 1～2 天内应用小鹅瘟雏鹅活苗皮下注射免疫。免疫 7 天内需隔离饲养，防止在未产生免疫力之前因野外强毒感染而引起发病。7 天后免疫的雏鹅已产生免疫力，基本上可抵抗强毒的感染而不发病。

免疫种鹅在有效期内其后代的雏鹅有母源抗体，不要用活苗免疫，因母源抗体能中和活苗中的病毒，使活苗不能产生足够免疫力而免疫失败。

小鹅瘟抗血清免疫：在无小鹅瘟流行的区域，易感雏鹅可在 1～7 日龄时用同源（鹅制）抗血清，琼扩效价在 1∶16 以上，每雏鹅皮下注射 0.5 毫升。在有小鹅瘟流行的区域，易感雏鹅应在 1～3 日龄时用上述血清，每雏皮下注射 0.5～0.8 毫升。异源抗体（其他动物制备）一般不能作为预防用，因注射后有效期仅为 5 天，5 天后抗体很快消失。如用异源抗体作预防，须在第一次注射后 7 天左右再注射 1 次，并适当增加剂量。

上述方法均能有效地防制小鹅瘟的流行发生。

鹅副黏病毒病灭活苗、鹅禽流感灭活苗免疫：种鹅未经免疫后代的雏鹅或免疫 3 个月以上种鹅后代的雏鹅。如当地无此病的疫情，可在 10～15 日龄时用油乳剂灭活苗免疫，每只皮下注射 0.5 毫升；如当地有此病的疫情，应在 5～7 日龄时用灭活苗免疫，每只皮下注射 0.5 毫升。

雏鹅出血性坏死性肝炎灭活苗、鹅浆膜炎灭活苗、大肠杆菌灭活苗免疫：2～5 日龄雏鹅用灭活苗免疫，每只皮下注射 0.5 毫升。

（2）仔鹅群　鹅副黏病毒病灭活苗、鹅禽流感灭活苗免疫：鹅副黏病毒病灭活苗在第一次免疫后 2 个月内，鹅禽流感灭活苗在第一次免疫后 1 个月左右须进行第二次免疫，适当加大剂量，每鹅肌肉注射 1.0 毫升。

后备种鹅 3 月龄左右用小鹅瘟种鹅活苗免疫 1 次，作为基础免疫，按常规量注射。

（3）成年鹅群

①产蛋前免疫。

种鹅蛋子瘟灭活苗或种鹅蛋子瘟、鹅巴氏杆菌二联灭活苗免疫：鹅群在产蛋前 15 天左右肌肉注射单苗或二联灭活苗免疫。

鹅副黏病毒病灭活苗、鹅禽流感灭活苗免疫：鹅群在产蛋前 10 天左右，肌肉注射油乳剂灭活苗免疫，每鹅肌肉注射 1.0 毫升。

小鹅瘟种鹅免疫：在产蛋前 5～15 天左右，如仔鹅群已免疫过，可用常规 5 倍羽份剂量小鹅瘟活苗进行第二次免疫，免疫期可达 5 个月之久。如仔鹅群没免疫过，按常规量免疫，免疫期仅为 100 天。种鹅群在产蛋前用种鹅用活疫苗 1 羽份皮下或肌肉注射，另一侧肌肉注射小鹅瘟油乳剂灭活苗 1 羽份，免疫后 15 天至 5 个月内出炕的雏鹅均具有较高的保护率。

雏鹅出血性坏死性肝炎灭活苗免疫：种鹅产蛋前 15～20 天免疫，每鹅肌肉注射 1.0 毫升。

②产蛋中期免疫。

鹅副黏病毒病灭活苗、鹅禽流感灭活苗免疫：在免疫后 3 个月左右再进行一次油乳剂灭活苗免疫，每只肌肉注射 1.0 毫升。

小鹅瘟免疫：鹅群仅在产蛋前用小鹅瘟种鹅活苗免疫 1 次，在第一次免疫

100天后用2～5羽份剂量免疫，使雏鹅群有较高的保护率，可再延长3个月之久。

2. 商品鹅群 小鹅瘟疫苗免疫、雏鹅出血性坏死性肝炎灭活苗和鹅浆膜炎灭活苗免疫按雏鹅群的疫病免疫程序进行。鹅副黏病毒病灭活苗、鹅禽流感灭活苗免疫按雏鹅群和仔鹅群的疫病免疫程序进行。

（二）健康鹅群疫病紧急预防

1. 种鹅群和其他鹅群 鹅副黏病毒病、鹅禽流感紧急预防：当周围鹅群发生鹅副黏病毒病或鹅禽流感疫病时，健康鹅群除采取消毒、隔离、封锁等措施外，对鹅群应立即注射相应疫病的灭活苗，而不用油乳剂灭活苗。因油乳剂灭活苗免疫后15天左右才能产生较坚强免疫力，而灭活苗免疫后5～7天即可产生较坚强免疫力，有利于提早防止鹅群被感染。每鹅皮下或肌肉注射1.0毫升。在用灭活苗免疫后1个月再用油乳剂灭活苗免疫，每鹅肌肉注射1.0毫升。

2. 雏鹅群

（1）小鹅瘟紧急预防 每雏皮下注射高效价0.5～0.8毫升抗血清，在血清中可适当加入广谱抗生素。或用小鹅瘟精制卵黄抗体皮下注射，剂量为抗血清1倍。

（2）鹅副黏病毒病、鹅禽流感紧急预防 方法同种鹅群和其他鹅群的疫病紧急预防，用灭活苗皮下或肌肉注射0.5毫升。

（3）雏鹅出血性坏死性肝炎紧急预防 每雏皮下注射高免抗体1.0毫升，或注射小鹅瘟、出血性坏死性肝炎二联抗体，每只皮下注射1.0毫升。

（4）鹅浆膜炎、大肠杆菌病紧急预防 用抗菌素或化学药物紧急预防。

（三）病鹅群疫病紧急防制

1. 小鹅瘟紧急防制 雏鹅群一旦发生小鹅瘟时，立即将未出现症状的雏鹅隔离出饲养场地，放在清洁无污染场地饲养，并每雏鹅皮下注射高效价0.5～0.8毫升抗血清，或1.0～1.6毫升精制卵黄抗体，在血清或精制抗体中可适当加入广谱抗生素。每只病雏鹅皮下注射高效价1.0毫升抗血清或2.0毫升精制抗体。患病仔鹅每500克体重注射1.0毫升抗血清或2.0毫升精制抗体。

2. 鹅副黏病毒病紧急防制 鹅群一旦发生鹅副黏病毒病时，首先应确诊。在确诊后，立即将未出现症状的鹅隔离出饲养场地，放在清洁无污染场地饲养。除了淘汰、无害处理病死鹅，彻底消毒饲养场地及用具外，还要采取以下措施：仔鹅、青年鹅、成年鹅，每鹅肌肉或皮下注射灭活苗1.0毫升，通常在注射疫苗后5～7天左右可控制发病和死亡。在注射疫苗时应勤换针头，防止针头交叉感染而引起发病，在注射灭活苗后1个月再用油乳剂灭活苗免疫。鹅群可应用抗血清或精制卵黄抗体做紧急注射，有一定效果。也可两侧同时注射抗体和油乳剂灭活苗。鹅群应在注射抗血清或精制卵黄抗体6～7天后注射油乳剂灭活苗。在应用疫苗或抗体免疫时可适量用广谱抗生素和抗病毒药物。

3. 鹅禽流感紧急防制 鹅群一旦发病时，首先确诊及上报，并立即封锁，将病死鹅群扑杀做无害处理，彻底消毒场地及用具。除了雏鹅外，尤其已经免疫过的鹅群，每鹅肌肉注射灭活苗或油乳剂灭活苗1.0毫升，前者一般在5～7天内可控制发病和死亡。在注射灭活苗时，应勤换针头，防止因针头污染而引起发病。在注射灭活苗后1个月应再用油乳剂灭活苗免疫。鹅群也可应用抗体做紧急注射有一定效果，但6～7天后应注射油乳剂灭活苗。在用灭活苗或抗体免疫时可适量用广谱抗生素和抗病毒药物。患病的雏鹅应用灭活苗或抗体均难达到预防效果。

4. 雏鹅出血性坏死性肝炎紧急防制 雏鹅群一旦发生本病时，立即将未出现症状的雏鹅隔离，放在清洁无污染场地饲养，并每只皮下注射高效价1.0～1.5毫升抗体，可适当加入广谱抗生素。

5. 鹅鸭瘟病毒感染症紧急防制 鹅群一旦感染发生鸭瘟时，剔除病鹅，场地和用具进行消毒，对未出现临诊症状鹅，每只注射2～5羽份鸭瘟弱毒疫苗，一般7天后能产生免疫力。

6. 鹅蛋子瘟紧急防制 鹅群一旦发生蛋子瘟时，首先逐只检查公鹅，剔除阴茎有病变的病鹅，有病的母鹅隔离用抗生素治疗。未出现症状的其他鹅可用蛋子瘟灭活苗免疫，或用抗生素混合在饲料中喂服，连用3～4天，也有一定疗效。而不用油乳剂灭活苗，因易发生内毒素反应而导致死亡和鹅群减蛋。

7. 鹅巴氏杆菌病紧急防制 鹅群一旦发生巴氏杆菌病时，剔除病鹅，隔离用抗生素治疗，场地和用具进行消毒。未出现症状的其他鹅可用疫苗进行免疫，如用灭活苗，可同时用抗生素混合在饲料喂服，连用3～4天，也有一定疗效。

8. 鹅浆膜炎、大肠杆菌病紧急防制 鹅群一旦发生疫病时，剔除淘汰病鹅（因无治疗价值），场地和用具进行消毒。未出现症状的其他鹅，用抗生素混合于饲料中喂服，连用5～7天，也有一定疗效，但此菌易产生抗药性，而影响药效。

第十八章

鹅常用的药物

常用药物包括抗生素、化学合成抗菌素类、驱虫药、杀虫药、抗球虫药和消毒药等。由于禽类许多疫病均属于群性发生，因此预防措施显得特别重要。在使用药物作为预防和紧急预防时，应对药物有所了解。各种药物对病原体的作用各不相同；不同药物对机体毒性（反应）不同，对不同年龄段机体的反应也有所不同；有的药物治疗量与中毒量很相近；有的药物禁止在商品禽，或产蛋禽和种禽使用等。目前许多药物有不同商品名，在使用时应注意其所含药的名称、含量和作用。根据其用法详细计算用量，避免因用量过大而引起不良反应，或因用量过小，不能达到有效的预防和治疗效果，并易发生抗药性，使后来使用的效果大大降低。

一、鹅常用抗生素类药物

药物名称	用途	剂量及用法
青霉素钾（钠）	主要用于革兰氏阳性菌感染	肌注：每千克体重3万～5万单位 内服：2 000单位/只（雏禽）
氨苄青霉素	为广谱半合成青霉素，用于对青霉素敏感的革兰氏阳性菌和阴性菌感染	肌注：每千克体重5～20毫克 内服：0.005%～0.05%混于饮水、饲料
阿莫西林	为广谱半合成青霉素，用于对青霉素敏感的革兰氏阳性菌和阴性菌感染。抗菌作用快而强	肌注：每千克体重15～20毫克 内服：0.02%～0.05%混于饮水、饲料
盐酸大观霉素、盐酸林可霉素	用于革兰氏阳性菌、阴性菌及支原体感染	内服：0.05%～0.08%混于饮水；用于5～7日龄雏鹅
盐酸林可霉素	用于革兰氏阳性菌及支原体感染	内服：0.02%～0.05%混于饮水，每千克体重15～20毫克 肌注：每千克体重20～50毫克

（续）

药物名称	用途	剂量及用法
盐酸大观霉素	用于革兰氏阳性菌、阴性菌及支原体感染等	内服：0.1%～0.2%混于饮水，蛋鹅严禁使用
盐酸四环素	用于革兰氏阳性菌、阴性菌和支原体感染等	内服：每千克体重25～50毫克
盐酸金霉素	用于革兰氏阳性菌、阴性菌和支原体感染等	内服：0.05%～0.1%混于饲料 肌注：每千克体重0.04克
盐酸土霉素	用于革兰氏阳性菌、阴性菌和支原体感染等	内服：每千克体重25～50毫克
强力霉素	用于革兰氏阳性菌、阴性菌和支原体感染等	内服：0.005%～0.02%混于饲料，每千克体重10～15毫克
硫酸卡那霉素	用于革兰氏阴性菌感染	内服：每升水30～120毫克饮用；每千克饲料60～250毫克 肌注：每千克体重5～10毫克
硫酸庆大霉素	用于革兰氏阳性菌、阴性菌和支原体感染	肌注：每千克体重0.3万～0.5万单位 内服：每升饮水2万～4万单位；每千克饲料50～100毫克
硫酸链霉素	用于革兰氏阴性菌感染	肌注：每千克体重40～50毫克 内服：每升饮水50～150毫克
硫酸新霉素	用于革兰氏阴性菌感染	内服：每升饮水50～75毫克；0.02%～0.03%混于饲料
恩诺沙星	用于革兰氏阳性菌、阴性菌及支原体感染	肌注：每千克体重5～10毫克 内服：每升饮水50～75毫克；每千克饲料100毫克，原粉，0.005%～0.01%混于饮水；0.015%～0.02%混于饲料
环丙沙星	用于革兰氏阳性菌、阴性菌感染	内服：0.01%～0.02%混于饮水；0.02%～0.04%混于饲料 肌注：每千克体重5～10毫克
盐酸二氟沙星	用于革兰氏阴性菌感染	内服：0.005%～0.01%混于饮水；0.015%～0.02%混于饲料 肌注：每千克体重5～10毫克
盐酸沙拉沙星	用于革兰氏阳性菌、阴性菌及支原体感染	内服：0.001%～0.002%混于饮水；0.005%～0.01%混于饲料 肌注：每千克体重5～10毫克
硫氰酸红霉素	用于革兰氏阳性菌和支原体感染	内服：0.25%混于饮水

（续）

药物名称	用途	剂量及用法
吉他霉素	用于革兰氏阳性菌及支原体感染	内服：每千克体重 20～50 毫升；0.02%～0.05%混于饮水；0.05%～0.1%混于饲料 肌注：每千克体重 20～50 毫克
泰乐菌素	用于革兰氏阳性菌及支原体感染	内服：0.005%～0.01%混于饮水；0.01%～0.02%混于饲料 肌注：每千克体重 30 毫克
头孢三嗪	用于革兰氏阴性菌感染	肌注：每千克体重 30～50 毫克
克林霉素	用于革兰氏阳性菌及厌氧菌感染	肌注：每千克体重 10～25 毫克
氟苯尼考（氟甲砜霉素）	用于革兰氏阴性菌感染	内服：0.05%混于饲料 肌注：每千克体重 20～30 毫克
制霉菌素	用于霉菌性感染	内服：每千克饲料 50～100 万单位
克霉唑	用于霉菌性感染	内服：每千克体重 50～100 毫克；每 100 只雏鹅 1 克混于饲料
两性霉素 B	用于霉菌性感染	内服：雏鹅 0.12 毫克/只混于饮水
氟康唑	用于霉菌性感染	内服：每千克饲料 20 毫克
伊曲康唑	用于霉菌性感染	内服：每千克饲料 20～40 毫克；每千克体重 5～10 毫克

二、鹅常用化学合成抗菌药物

药物名称	用途	剂量及用法
磺胺嘧啶（SD)	用于革兰氏阳性菌、阴性菌感染	内服：0.5%混于饲料
磺胺甲基嘧啶（SM1)	用于革兰氏阳性菌、阴性菌感染	0.5%混于饲料；0.1%～0.2%混于饮水
磺胺二甲嘧啶（SM2)	用于革兰氏阳性菌、阴性菌感染及球虫病	内服：0.5%混于饲料；0.1%～0.2%混于饮水
磺胺二甲氧嘧啶（SDM)	用于革兰氏阳性菌、阴性菌感染	0.25%～0.5%混于饲料；0.05%混于饮水
磺胺喹啉（SQ)	用于球虫病	0.05%～0.1%混于饲料；0.025%～0.04%混于饮水
磺胺甲基异唑（新诺明、SMZ)	用于革兰氏阳性菌、阴性菌感染	0.05%～0.1%混于饲料

药物名称	用途	剂量及用法
磺胺-5-甲氧嘧啶（SMD、磺胺对甲氧嘧啶）	用于革兰氏阳性菌、阴性菌感染及球虫病	0.05%～0.1%混于饲料
磺胺-6-甲氧嘧啶	用于革兰氏阳性菌、阴性菌感染及球虫病	0.05%～0.1%混于饲料；0.1%～0.2%混于饮水
三甲氧苄氨嘧啶（TMP）	用于革兰氏阳性菌、阴性菌感染及球虫病	不宜单独应用，能增效磺胺类药物和抗生素作用
二甲氧苄氨嘧啶（DVD）	用于革兰氏阳性菌、阴性菌感染及球虫病	不宜单独应用，能增效磺胺类药物和抗生素作用
氟哌酸（诺氟沙星）	用于革兰阴性菌感染	每日每千克体重20～30毫克混于饲料或饮水

三、鹅常用驱虫药物及杀虫药物

药物名称	剂量及用法
丙硫苯咪唑	内服：每千克体重25～50毫克
左咪唑（左旋咪唑）	每千克体重20～40毫克，混于饲料
枸橼酸哌嗪（驱蛔灵）	每千克水0.1～0.3克饮用
吡喹酮	每千克体重10～15毫克
硫双二氯酚（别丁）	每千克体重30～50毫克
氯硝柳胺（灭绦灵，驱绦灵）	每千克体重50～60毫克
马拉硫磷	外用：0.5%水溶液喷洒
敌百虫	外用：0.1%～0.5%水溶液喷洒
氯氰菊酯（百可杀）	每升水60毫克喷洒
氯菊酯（除虫精）	0.05%喷洒
伊维菌素（强力灭虫灵）	0.01%混于饲料

四、鹅常用抗球虫药物

药物名称	剂量及用法
氯吡醇（克球粉及可爱丹，为含量25%的散剂）	预防：125毫克/千克，混于饲料 治疗：125毫克/千克，混于饲料，连用5～7天 克球粉及可爱丹的剂量应为上述剂量的4倍

（续）

药物名称	剂量及用法
盐霉素钠（优素精，为含量 10% 的散剂）	50～70 毫克/千克，混于饲料；优素精 500～700 毫克/千克
莫能菌素	125 毫克/千克，混于饲料
氯丙啉	预防：125 毫克/千克，混于饲料 治疗：250 毫克/千克，连用 2 周
球痢灵	预防：125 毫克/千克，混于饲料，连用 10 天 治疗：250 毫克/千克，混于饲料，连用 3～5 天
氯苯胍	30～60 毫克/千克，混于饲料；可长用
尼卡巴嗪	预防：125 毫克/千克，混于饲料 治疗：200 毫克/千克，连用 3～5 天

五、鹅常用消毒药物、防腐药物

药物名称	剂量及用法
来苏儿（煤酚皂溶液）	3%～5% 溶液喷洒，1%～3% 溶液消毒皮肤
臭药水（煤焦油皂溶液、克疗林）	3%～5% 喷洒
福尔马林（甲醛溶液）	4% 甲醛溶液喷洒，熏蒸消毒
生石灰（氧化钙）	10%～20% 石灰乳喷洒
苛性钠（氢氧化钠）	2%～3% 热水溶液喷洒
漂白粉（含氯石灰）	5%～10% 悬液喷洒
新洁尔灭（溴化苄烷胺）	0.1% 水溶液浸泡、洗涤
过氧乙酸	0.2%～0.5% 浸泡、洗涤、喷洒
高锰酸钾	0.1%～0.5% 浸泡、洗涤
乙醇（酒精）	外用
碘酊	外用
碘甘油	外用
紫药水	外用
松馏油软膏	外用

第十九章

鹅产品加工

一、南京盐水鹅

南京盐水鹅是江苏省南京市的特产之一。该产品色泽淡白，鲜嫩爽口，肥而不腻，味道清香，风味独特。

加工方法

（1）选料屠宰　选用 60～90 日龄的健康肥鹅，经宰杀，放血，浸烫，去毛干净后，切去翅尖、脚爪。在右翅下开膛，取出全部内脏，用清水把鹅体内残留的内脏和血污等冲洗干净，再在冷水中浸泡 1 小时左右，在鹅的下颚处开一小口，用钩子钩起晾挂 1～2 小时，沥干水分。

（2）腌制　用占白条鹅重量 6％～7％ 的盐（每 1 千克盐加入八角粉 30 克的配比放入铁锅中，炒干），涂抹于鹅体腔（约占 3/4）和体表，再把鹅叠入缸中腌 2～4 小时（冬天 4 小时左右，夏天 2 小时左右）。干腌过程中，鹅肉中的水分、血液被盐溶液渗透替换出来而留在体腔中，这时可提起鹅翅，用手指撑开肛门放出盐水，即为抠卤，再叠入缸中腌 3～4 小时，取出进行第二次抠卤。抠卤后，把鹅体浸入卤汤中浸腌 4～5 小时，此为复卤。卤汤可以是新卤，也可以是老卤，以老卤为佳。新卤是用饱和盐水加姜、葱和八角熬煮而成；老卤是新卤经多次腌制并烧煮过的卤。

（3）烫皮　鹅体经复卤出缸整理后，用钩子钩住鹅颈部，用开水浇烫，使肌肉和表皮绷紧，外形饱满，挂在通风处沥干水分。

（4）烘干　用 8～10 厘米长的芦苇管或小竹管插入鹅肛门，从开口处向体内放入少许生姜、葱和八角，然后把鹅放入烤炉内。一般以芦柴、松枝、豆荚等为燃料，烧燃后，将火拨成两行，分布炉膛两边，使热量均匀，经 20～30分钟的烘烤，鹅周身起干壳即可。

（5）煮制　水中加生姜、葱、八角、黄酒和味精等，水煮沸后停止烧火，把鹅放入，开水很快从翅下开口和肛门管子口进入体腔，水温下降。这时要提起鹅腿，倒出体腔内的汤水，再放入锅中，并在锅中加总水量 1/6 的冷水，使鹅体内外的水温一致。盖上比锅略小的盖子，压住鹅，使其浸在液面下，焖煮 20～30 分钟，烧火加热至锅中出现连珠水泡时停火，此时锅中水温约 85℃，这段操作称抽丝。第一次抽丝后，将鹅提起倒出体腔内汤水，放入锅中，焖煮 20～30 分钟，再烧火加热，进行第二次抽丝，再将鹅提起倒出体腔内的汤水，再入锅，焖煮 5～10 分钟，即可起锅。

二、酱　　鹅

酱鹅有熟制与生制两种。熟制的酱鹅是鹅经盐腌后再用卤汤烧煮而成的熟制品，一年四季均可生产。而生制酱鹅是用盐、酱油等腌制，再晒干而成的腌腊制品，主要在冬季生产，该产品肉色红亮油润，酱香浓郁，鲜咸酱甜，回味悠长。以下介绍生制酱鹅的加工方法。

1. 配方

白条鹅 100 千克，盐 4～5 千克，酱油 22 千克，酱色 132 克，黄酒 1.5 千克，白糖 1.5 千克。

2. 加工方法

（1）选料屠宰　选择健康肥嫩的鹅，在颈部用刀宰杀放血，烫毛、去毛，去内脏，斩去脚爪，挂于通风处晾干体表。

（2）盐腌　以每 50 千克白条鹅用盐 1.5～2 千克的比例将盐涂抹在白条鹅体腔、体表和口腔内，并把头向胸前扭转，夹入右翅下，使鹅体呈嘴衔翅状，然后平整地放入腌缸内，用竹架压住，用石块压紧，气温在 0℃ 左右时，通常腌制 3 天。其间翻缸 1～2 次。起缸后，挂于通风处晾干水分。

（3）酱腌　将盐腌并晾干的鹅体叠入另一缸内，加入酱油、黄酒和白糖等混合料，盖以竹架，用石块压住，气温在 0℃ 左右时，腌制 4 天，其间翻缸 1 次。

（4）整形　酱腌出缸后，用 0.4～0.5 厘米厚、20～25 厘米长的竹片弯成弓形，从腹下切口处塞入腹腔，弓背朝上，顶住鹅背，使鹅腔向两侧伸展开，显得鹅体饱满。

（5）着色　以 0.6% 的比例将酱色加入腌过的酱油中，充分搅拌，煮沸，撇去浮沫。然后，用此酱油浇淋鹅体约 30 秒钟，使鹅体乌红发亮，沥干酱汁。

（6）晒干　把沥干酱汁的鹅体在日光下晒 2～3 天即为成品。置阴凉干燥处保存。

三、风　　鹅

风鹅即鹅经屠宰后取出内脏，但不去毛，经腌制风干，而制成的一种特殊腌制鹅制品。风鹅羽毛丰满艳丽，造型独特，鹅形完整，肉质鲜嫩，腊香浓郁。

1. 配方

去内脏鹅（带有羽毛）100千克，盐5～6千克，白糖1～1.5千克，花椒100～200克，五香粉100克，硝酸钠50克。

2. 加工方法

（1）选料屠宰　选取羽毛绚丽、雄壮健美的健康鹅为材料，采用口腔刺杀法，尽量放尽血液。

（2）去内脏　在颈基部、嗉囊正中轻轻划开皮肤，取出嗉囊、气管和食管。在肛门处旋割开口，剥离直肠，取出包括肺的全部内脏。注意不要把羽毛弄脏弄湿。再用手轻轻将皮、肉分开，以暴露出胸脯肉、腿肉和翅膀肉，而颈端、尾端和腿端的皮肉应相连，不能把皮撕脱。

（3）抹料腌制　把粉碎混匀的辅料涂抹在鹅体腔、口腔、创口和暴露的肌肉表面。然后平放在案板上或倒挂腌制3～4天，不宜堆叠，以便保护羽毛。

（4）风干　用麻绳穿鼻，挂于阴凉干燥处，风干约半个月左右即为成品。

四、腊　　鹅

腊鹅以固始五香腊鹅最为有名，是河南省固始县在民间腌鹅工艺基础上改进后的产品，多在冬季生产。该产品香腊味浓，油香四溢，咸中带辣，色泽浅黄。

1. 配方

（1）干腌配方　白条鹅100千克，食盐6～7千克，八角50克。

（2）湿腌配方　水100千克，食盐50～75千克，花椒200克，八角300克，桂皮400克，小茴香200克，辣椒100克，生姜500克。

2. 加工方法

（1）选料屠宰　选用健康符合标准的鹅为原料，宰杀放血，浸烫去毛，右翅下开口去内脏，斩去翅尖和脚爪。在冷水中浸泡4～5小时。洗净残血及残余内脏，沥干水分，压扁鹅体。

（2）干腌　按干腌配方，将辅料炒至无水气，均匀涂擦在鹅体内外。叠入缸内，腌 12 小时后取出倒掉体腔内的盐水，再入缸腌 8 小时。

（3）湿腌　按湿腌配方，把盐加入水中煮沸，使其成为饱和溶液，再加入其他辅料煎熬即成卤液。把干腌后的鹅放入，上面用竹盖子压住，使鹅体全部浸没在卤水中，腌制 24～36 小时。卤液可重复使用，但每次使用后应过滤煮沸，并补足食盐。

（4）晾挂　腌制结束后，鹅出缸，沥尽卤液，挂于通风处风干，或在烘房内烘干，至色泽变黄，风干失重以 30％为宜。

（5）食法　先在清水中浸泡 3～4 小时，至鹅体柔软，洗净灰尘杂污，减少肉中盐分。再用长 8～12 厘米的芦苇管或小竹管插入鹅肛门，一半在体腔外，一半在体腔内，同时，在鹅体内放适量八角、生姜和葱。锅内放水烧开，停火，将插管的鹅放入，待鹅体腔内充满水后，提起鹅腿，倒出体腔内汤水，再放入锅中焖煮 30 分钟，烧火至锅边出现连珠水泡，再提鹅倒汤，入锅，焖煮 10 分钟左右即可出锅。煮制过程中，水温维持在 85～90℃，可最大程度地保持肉质鲜嫩和风味。煮熟起锅冷却后即可切块食用。

五、糟　　鹅

糟鹅以苏州糟鹅最为著名。是以鹅为原料，用酒糟糟制而成的熟制品，是夏季的美味菜肴。该产品皮白肉嫩，酒香诱人，味美爽口。

1. 配方

白条鹅 100 千克，陈年香糟 2.5 千克，大曲酒 250 克，黄酒 3 千克，酱油 750 克，食盐 1.5 千克，生姜 200 克，葱 1.5 千克，花椒 25 克。

2. 加工方法

（1）选料屠宰　选取 2～2.5 千克健康的太湖鹅肉用仔鹅为原料，宰杀，放血，烫毛，去毛，去内脏，加工成白条鹅。

（2）煮制　锅内盛清水，放入鹅胴体，旺火煮沸，撇去浮沫，加入葱 500 克，生姜 50 克，黄酒 500 克，用中火煮 40～50 分钟后起锅。

（3）撒盐　煮制的鹅出锅后，在鹅体上撒少许食盐，并从正中将鹅胴体剖成两半，将头、翅膀和脚爪斩开和鹅一起放入经消毒过的容器中，冷却约 1 小时。

（4）糟汤配制　将煮鹅的原汤浮油除尽，趁热加入盐 1.5 千克、酱油 750 克、葱花 1 千克、姜米 1.50 克、花椒 25 克，冷却，放入另一消毒容器内。加入香糟和 2.5 千克黄油搅拌均匀，制成带汁香糟。

（5）糟制　先把斩好的鹅块分层放入糟缸内，每放两层洒一些大曲酒，注意鹅块放完，大曲酒正好洒完。然后在缸口放一只盛有带汁香糟的双层布袋，袋口比缸口略大，以便将布袋捆在缸口，以使袋内香糟汁滤入缸内，慢慢浸润鹅体。待汤汁滤完后，立即把糟缸盖紧闷4～5小时，即为成品。

六、烟熏板鹅

烟熏板鹅形似团扇，皮色金黄，熏香甘美，肉质细嫩。

1. 配方　白条鹅100千克，盐5.5千克，白糖1千克，八角、桂皮各10克，山奈、甘松各5克，小茴香、丁香各3克，白酒1千克，硝酸钠50克。

2. 加工方法

（1）选料屠宰　选用健康符合标准的鹅进行宰杀，放血，浸烫，去毛，去内脏，斩去翅尖和脚爪，浸泡清洗干净，挂起晾干体表。

（2）腌制　先在体表抹白酒，再把其他粉碎的辅料均匀涂擦在鹅体内外，然后放入缸内腌制2～3天（冬天时间长些，夏天短些），中间翻缸1～2次。

（3）整形　腌制结束，鹅出缸后，用清水洗净体表辅料，在案板上将鹅体压平，用两块竹片交叉将鹅体绷直。

（4）晾挂或烘干　把整形后的鹅悬挂于通风处，风干体表。晾挂6～10小时。有条件的最好在烘房内烘干，采用60℃左右的温度烘4～5小时。

（5）熏烤　用锯末或谷壳作燃料，将表皮干燥的鹅不断翻动，熏1小时左右，至鹅腹腔干燥、表面呈金黄色或棕黄色。

（6）刷油　熏烤的板鹅冷却后，在体表和体腔内刷一层菜油即为成品。

七、南京烤鹅

南京烤鹅色泽枣红，外脆内嫩，肉质鲜美。

加工方法

（1）选料屠宰　选经肥育2月龄活重2.5千克以上健康的肉鹅宰杀、放血、浸烫、去毛，右翅下开口取出全部内脏，切去翅尖和脚爪，清水浸泡洗净，沥干水分。

（2）烫皮挂色　钩住鹅体，用100℃的沸水浇淋，使皮肤和肌肉绷紧。以1份麦芽糖或饴糖加6份水的比例，在锅内烧煮成棕红色。用此糖色浇淋鹅体全身，使烤鹅呈枣红色。挂糖色后，将鹅挂于阴凉通风处，蒸发皮层和肌肉中的水分，使鹅干燥。

（3）填料灌汤　在腹腔内放入适量八角、生姜和葱，并灌入100℃的汤水

70～100 毫升，使鹅进炉后遇到高温，汤水急剧汽化，外烤里蒸，达到烤鹅外脆内嫩。

（4）烤制　鹅挂入炉内，炉温保持在 230～250℃之间，先把刀口侧向火，以利高温使体腔内汤水汽化，当呈黄色时，再把另一侧转向火，烤至鹅体全身呈枣红色，即可出炉，一般失重 1/3 左右。通常活重 2.5 千克的鹅胴体需烤 1 小时左右，体腔内的汤水清亮透明，呈白色，并出现有黑色凝血块，说明已熟透。

八、广东烤鹅

广东烤鹅是广东省著名的烤制品。该产品色泽鲜红，皮脆肉香，脂肥肉满，味美适口。

1. 配方

（1）五香料配方　白条鹅 100 千克，食盐 4 千克，五香粉 400 克。

（2）酱料配方　白条鹅 100 千克，豉酱 1.5 千克，碎蒜头 200 克，麻油 200 克，芝麻酱 200 克，碎葱白 100 克，生姜 400 克，白糖 400 克，白酒（50°）100 克，盐适量。

2. 加工方法

（1）选料屠宰　选经过肥育的健康肉鹅（通常为活重 2.5 千克左右乌鬃鹅为宜）为原料，宰杀，放血，去毛，肛门处开口除去所有内脏，斩去翅尖，浸泡洗净，沥干水分。

（2）填料　按配方向鹅体腔内放进五香粉料或酱料，使其在体腔内分布均匀，并用竹针缝合切口。

（3）烫皮挂色　用 70℃左右的热水烫洗鹅体表。取 100 克麦芽糖加 0.5 千克凉开水，制成麦芽糖溶液，用此糖液涂抹鹅体表，挂起晾干。

（4）烤制　将晾干表皮的鹅体送进烤炉，先用微火烤 20 分钟，待鹅体烤干后，将炉温升至 200℃，不断转动鹅体烤制，最后将胸部转向火口，烤 20～30 分钟，至鹅体表呈鲜红色，即可出炉。

（5）刷油　烤出的鹅体表刷一层花生油，即为成品。

九、扒　　鹅

扒鹅色泽黄亮，皮酥肉红，香味浓郁，肉烂滑酥。

1. 配方　白条鹅 100 千克，食盐 4 千克，姜 200 克，八角 100 克，桂皮

150克，山奈100克，小茴香80克，草果80克，丁香50克，砂仁40克，花椒100克，酱油4千克。

2. 加工方法

（1）选料屠宰　选取肥瘦适中的健康仔鹅为原料，宰杀，放血、烫毛、去毛，去内脏，加工成白条鹅。

（2）整形　把白条鹅蹼从腹部开口处交叉放入腹腔内，鹅头放在翅下，其中一只翅尖穿透嘴下颌起固定作用，形成椭圆形。

（3）挂糖色　把白糖熬制成的糖色均匀刷到鹅体表面，晾干。

（4）过油　把挂了糖色的鹅体放入烧开的油锅中炸至深黄色，捞出沥去油分。

（5）煮卤　老卤中补加辅料，或按配方加水熬卤，放入过油的鹅体，用竹篦压住，盖上锅盖，旺火烧开煮1小时左右，停火焖煮6～8小时至肉熟透骨酥。捞出沥干，刷上香油，即为成品。

十、鹅火腿

鹅火腿是用鹅的大腿作原料制作的腌腊制品，宜在冬季制作加工。该产品皮白肉红，肉质紧密，腊香浓郁。

1. 配方

（1）干腌配方　鹅腿10千克，食盐6千克，八角5千克，硝酸钠30克。

（2）湿腌配方　清水100千克，食盐50千克，八角60克，生姜200克，葱200克，硝酸钠30克。

2. 加工方法

（1）选料取腿整形与修整　选用饲养期较长，大腿肉发达的鹅宰杀，放血，浸烫，去毛，分割切取两侧鹅腿，从股骨以下去掉胫骨、腓骨和趾蹼，初步整形成柳叶状，并修割整齐。

（2）干腌　按干腌配方取食盐，加入粉碎的八角，在锅内炒至无水气，与硝酸钠混匀，均匀涂抹鹅腿，入缸腌10小时左右。

（3）湿腌　按湿腌配方，先把盐加入水中煮沸使盐溶解，再加入其他辅料，熬出香味，冷却。实际使用时以老卤最佳。把干腌后的鹅腿放入，压上竹盖，腌8～10小时。

（4）晾干　腌制后的鹅腿用清水洗净，挂在阴凉通风处晾干，风晾3～4天。

（5）整形　在风干过程中整形，每天整形一次，连整二、三次，修齐边皮，并搓揉使腿肉面饱满并呈柳叶状。

（6）发酵 风干整形后，转入发酵室，悬挂在木架上，保持距离，以便通风，经 2～3 周的发酵成熟，即为成品，可下架堆放。

（7）食法 鹅火腿可煮食。先浸泡 2～3 小时，洗净，泡软，降低盐分，然后加入八角、葱和生姜，在水温 85～90℃下，煮 30～40 分钟，即可切片（或块）食用。也可以洗泡后，与八角、姜和葱一同蒸 30 分钟后食用。

十一、烤鹅翅

烤鹅翅，棕黄色，味香可口。

1. 腌制液的配制

磷酸盐 500 克，味精 400 克，食盐 5～7 千克，黄酒 1 千克，糖 2 千克，洋葱、桂皮、香叶适量，加水至 100 千克煮沸后待用。

2. 加工方法

（1）原料处理 拔净鹅翅膀上残毛，洗净。

（2）腌制 取翅膀重量 20％～30％的腌制液，将鹅翅膀放入腌制，在 5℃条件下腌 20～24 小时。

（3）烘烤 把腌制过的翅膀沥干后，放在涂抹过油的盘中，然后放进烤炉，在 170℃下烤 20 分钟，然后涂抹黄油或香油，继续烤 10～20 分钟，中途抹 1～2 次油或糖液。

十二、香酥鹅翅

香酥鹅翅以现炸现吃为宜，也可用无毒塑料袋真空包装，价廉物美。

1. 配料

（1）卤液调制 每 10 个鹅翅膀加入黄酒 10 克，精盐 5 克，白糖 5 克，酱油 100 克，生姜、葱、花椒各少许，再用鹅翅重量 1.5 倍的水配成卤。

（2）涂料调制 每 40 克水中加入油 30 克、面粉 63 克、鸡蛋 65 克、糖 15 克，混合搅匀。

2. 加工方法

（1）选料 选择新鲜肥大的鹅翅，按自然关节用刀分割成 3 节，洗净沥干待用。

（2）卤煮 将鹅翅加入配好的煮卤中烧煮，先大火 20 分钟，再转入文火焖煮 30 分钟后，捞起冷却。

（3）涂料　将煮过的鹅翅分别放入涂料内，使之涂上薄薄一层，再撒上面包屑或馒头屑。

（4）油炸　把植物油在锅中升温至 160～180℃，再放入鹅翅，边炸边翻，直至表面酥脆，呈橘黄色时即可出锅，一般需 4～5 分钟。

十三、多味鹅肫片

1. 配料

（1）腌制　卤液配制采用每 100 千克水，溶盐 21 千克，糖 250 克，冷却到 4～10℃时待用。

（2）煮制卤液配制　煮 50 千克鹅肫加 50 千克清水，另加丁香 30 克、肉蔻 50 克、草果、八角、花椒、陈皮各 40 克，白糖 2.5 千克，酱油 1 千克，酒 250 克，葱、生姜各 150 克。

2. 加工方法

（1）选料和整理　选择新鲜鹅肫，剖开去除内容物及肌膜，割除表面的筋、脂肪及其他结缔组织，洗净沥干待用。

（2）卤腌　将洗净的鹅肫放入卤液中，加盖把肫压入液面以下，腌 8～12小时。

（3）卤煮　在清水中加入腌制好的鹅肫，将香辛料用纱布包扎好，一同煮沸 15 分钟后再焖煮 15 分钟出锅，放入盘中冷却。

（4）切片　用切片机或手工刀切，将肫切成 0.3 毫米的薄片。

（5）浸卤　用卤煮的原汁 5 千克，加酱油 500 克，糖 250 克，生姜粉 15克，味精 30 克，鲜辣粉 30 克，辣油 50 克，混匀煮沸，将肫片快速浸烫 10～15 秒钟，立即捞起冷却，塑料袋真空包装或盒装。

十四、鹅 肉 肠

鹅肉肠是以鹅肉为主，配以一定量的猪肉和猪脂肪，按一定工艺加工制成的灌肠制品。

1. 配方　鹅肉 50 千克，猪瘦肉 20 千克，猪脂肪 30 千克，淀粉 7 千克，白糖 1.5 千克，食盐 3 千克，磷酸盐 200 克，硝酸钠 50 克，胡椒粉 100 克，玉果粉 150 克，味精 150 克。

2. 加工方法

（1）屠宰初加工及原料整理　选用健康鹅宰杀，放血，烫毛，去毛，去内脏得到白条鹅。然后去皮，剔骨，去皮下脂肪，分割鹅肉，切成50～100克的小肉块。去结缔组织的精瘦猪肉也切成50～100克的小块。猪脂肪选用猪背部硬肥膘，用切膘机或手工切成0.8厘米大小的膘丁。

（2）腌制　按配方，在鹅肉、猪瘦肉和肥膘中加入食盐、硝酸盐和磷酸盐，在0～4℃的冷库中腌2～3天。肥膘与瘦肉分开腌制。

（3）绞肉　把腌制后的肉投入斩拌机中斩拌，并按照顺序依次加入香料、白糖、味精和淀粉。辅料要用水溶解后加入。一边斩拌，一边加入冰水，使肉馅温度保持在10℃以下，加冰水量约占肉量的30％，斩拌的后期加入脂肪丁。斩拌至肉馅成有黏性的糊状为止。

（4）灌馅　将肉馅灌入所需规格的猪肠衣或人造肠衣中，并按规格打节，刺孔放气。

（5）烘烤　在60～70℃的烘房内，烘30～40分钟，至肠表面干燥光滑、肉馅色泽红润。

（6）熏制　在50℃左右的熏房内，以含树脂少的硬杂木为熏材，熏制1～2小时。

（7）煮制　冷却保持水温80℃左右，煮至肠中心温度达75℃即可。煮好后，采用冷水喷淋的方式，迅速降温冷却，即得成品。

十五、鹅肉脯

鹅肉脯是鹅净肉经拌料烘烤制成的干薄片，可以用成块的精肉作原料，也可利用碎肉作原料；可以根据口味需要制成广味、五香、果汁和麻辣等各种味道。该产品干爽薄脆，红润透明，入口化渣，瘦不塞牙，醇正甘美，回味悠长。

1. 配方

（1）精鹅肉100千克，酱油8千克，白糖13千克，胡椒面100克，鲜鸡蛋2千克，味精200克，白酒1千克。

（2）净鹅肉100千克，盐2.5千克，白糖2千克，胡椒100克，花椒200克，辣椒500克，白酒500克，硝酸钠50克。

（3）净鹅肉100千克，盐2千克，白糖1千克，味精100克，五香粉200克，硝酸钠50克。

2. 加工方法

（1）选料屠宰　选取健康鹅宰杀，去毛，去内脏，然后将白条鹅去皮及脂肪，剔骨，分割整块胸脯肉及腿肉，片切成0.2厘米厚的薄片。

（2）腌制　按比例加入配料，拌匀，腌制 0.5～1 小时。也可将净肉包括碎肉或整块肉拌入辅料，并加适量水，放入斩拌机中斩拌成肉泥，或用刀剁细，腌制 0.5 小时。

（3）烘干　把肉片或肉泥摊放在铁筛筐或竹筛网或瓷盘内，肉泥摊盘厚度不超过 0.2 厘米，然后将筛盘放入 65～70℃ 的烘房中烘 5 小时左右，将肉片烘干，取出，自然冷却。

（4）烘烤　将半成品放入高温炉中，以 200～250℃ 的温度烘烤 1 分钟左右，使肉片预热、收缩、出油、颜色呈棕黄色或棕红色，再用压平机压平，切成需要的规格即为成品。

（5）包装　用塑料袋真空包装，外加硬纸盒，再用木箱或纸箱盛装。

十六、鹅肉松

鹅肉松是以鹅肌肉为原料，经高温煮透，并干燥脱水而制成的絮状干制品，产品丝长色黄，松软如绒，入口绵软，香味浓郁。鹅肉松加工在国内有太仓式和福建式两种，这里介绍的是太仓式加工方法。

1. 配方

（1）鹅肉 100 千克，盐 1 千克，白糖 4 千克，白酒 500 克，生姜 500 克，酱油 6 千克，胡椒 50 克，葱 1 千克。

（2）净鹅肉 100 千克，盐 2.5 千克，白糖 3 千克，八角 100 千克，桂皮 100 克，生姜 300 克，白酒 1 千克。

2. 加工方法

（1）选料屠宰　选用健康符合标准的鹅，宰杀后剔去骨头、皮肤及皮下脂肪、结缔组织等，然后顺着肌纤维切成 4～5 厘米的短条肉块，洗去淤血和污物。

（2）煮制　把肉块放在锅内，加入等量的水，同时加入生姜、葱和八角、桂皮等香辛料（用纱布包好），一起用大火煮。原料肉下锅后要全面翻动，使每块肉均匀收缩，把锅盖盖好。煮沸后，用勺子撇去浮在上面的气泡、油污、杂质，加入适量的白酒，煮沸后 20 分钟，火力要逐步减小，约半小时后将火焖上，用文火烧煮，大约焖 2 小时，肉块肌肉发酥即可。

（3）撇油收膏　将肉块捞出置于瓷盘上，拣去筋膜、碎骨、结缔组织和姜葱香辛料等物。把煮好的肉块放入锅中，加入适量的清水和原汁汤，加大火力煮沸后，减小火力，当油浮上汤面，油水分离时把油撇出，当大部分油被撇出后，加入酱油、盐、白酒，继续煮沸撇油，待油基本撇净时，最后加入白糖、味精进行收膏。在收膏时，火力不宜过大，要勤翻，防止结锅巴，直到汤全部吸入肉内为止。

（4）烘炒、擦松　人工炒松应用小火，边翻边压，勤翻快炒，严禁黑焦、黄斑等。机械炒松根据各类炒松机的特点，灵活掌握火力，有部分厂家分两次炒松。炒松后，肉松中水分不超过 20%。烘炒后的肉松，应立即用擦松机擦松，直到肉松纤维疏松呈金黄色絮状为宜。

（5）拣松、包装　肉松应在无菌间内冷却，凉透后采样测定，符合要求者进行包装。拣松是在消毒杀菌后的不锈钢板桌面上进行，拣出肉松中的残留筋膜、碎骨、焦巴等，最后用筛子筛出碎松。及时进行严密的包装，一般用无毒塑料袋或铁皮罐包装，封口要严密，能真空充氮更好。

第二十章 养鹅场的经营管理

一、经营管理的概念

经营与管理是两个既有区别又有联系的概念。经营是指企业从事商品生产与交换的全部经济活动，是以市场为出发点和归宿，进行市场调查和预测，选定产品发展方向，制定长期发展规划，进行产品开发，组织安排生产，开展销售与技术服务，达到预定的经营目标的一个循环过程。它注重经济效益，重点解决企业生产方向和企业目标等根本性问题。管理是用科学的方法去研究和解决日常的、具体的战术性和执行性的问题。它讲求效率，其任务是正确处理好企业内外之间、人与人、人与物、物与物之间的关系，保证企业目标的实现。两者统一于企业的整个生产经营活动。只有搞好经营管理，才能以最少的资源取得最大的经济效益，从而提高企业的生存和竞争能力。

二、管理体系

管理体系是在企业的经营决策确定后建立起来的，负责落实经营方针，生产计划，从而确保生产正常进行的一个体系。管理体系中应包括下列管理部门。

1. **生产部**　负责全场的一切生产工作。
2. **技术部**　负责全场的技术管理和对外技术服务。
3. **销售部**　负责推销企业产品，并开展售后服务。
4. **后勤部**　负责基建维修，车辆运输管理，物资采购等。
5. **行政部**　负责接待与行政管理，包括党政、办公、保卫等。
6. **财务部**　负责财务管理与核算。

要搞好养鹅场的经营管理，首先须加强对企业管理部门和管理人员的管理，实行满负荷工作量。

三、劳动管理

劳动管理的目的是提高劳动效率。养鹅场的劳动管理主要包括以下三方面内容。

1. 劳动组织 劳动组织与生产规模有密切关系，规模愈大，分组管理愈显得重要，因而多数养鹅场都成立作业组，如育雏组、育成组、蛋鹅饲养组、种鹅饲养组、孵化组等。各组都有固定的技术人员、管理人员和工人。

2. 劳动力的合理使用 为充分调动饲养人员、技术人员和管理人员的积极性和创造性，必须根据各场生产情况及有关人员特点，合理安排和使用劳动力。

3. 劳动定额 劳动定额通常指一个青年劳动力在正常生产条件下，一个工作日所能完成的工作量。养鹅场应测定饲养员每天各项工作的操作时间，合理制定劳动定额。

影响劳动定额的因素有以下几个方面。

（1）集约化程度 集约化程度影响劳动效率。

（2）机械化程度 机械化减轻了饲养员的劳动强度，因此可以提高劳动定额。

（3）管理因素 管理严格效率高。

（4）所有制因素 私有制、三资企业注重劳动效率。

（5）地区因素 发达地区效率高。

四、成本管理

1. 商品生产必须重视成本 生产成本是衡量生产活动最重要的经济尺度。它反映了生产设备的利用程度、劳动组织的合理性、饲养管理技术的好坏、鹅种生产性能潜力的发挥程度，说明了养鹅场的经营管理水平。商品生产就要千方百计降低生产成本，以低廉的价格参与市场竞争。

2. 生产成本的分类

（1）固定成本 养鹅场必须有固定资产，如鹅舍、饲养设备、运输工具及生活设施等。固定资产的特点是：使用年限长，以完整的实物形态参加多次生产过程，并可以保持其固有的物质形态，只是随着它们本身的损耗，其价值逐渐转移到鹅产品中，以折旧费方式支付，这部分费用和土地租金、基建贷款的利息、管理费用等，组成固定成本。

（2）可变成本　也称为流动资金，是指生产单位在生产和流通过程中使用的资金，其特性是参加一次生产过程就被消耗掉，例如，饲料、兽药、燃料、垫料、雏鹅等成本。之所以叫可变成本就是因为它随生产规模、产品的产量而变化。

（3）常见的成本项目

①工资。指直接从事养鹅生产人员的工资、奖金及福利等费用。

②饲料费。指饲养过程中耗用的饲料费用，运杂费也列入饲料费中。

③医药费。用于鹅病防治的疫苗、药品及化验等费用。

④燃料及动力费。用于养鹅生产的燃料费、动力费，水电费和水资源费也包括其中。

⑤折旧费。指鹅舍等固定资产基本折旧费。建筑物使用年限较长，15～20年折清；专用机械设备使用年限较短，7～10年折清。

⑥雏鹅购买费或种鹅摊销费。雏鹅购买费很好理解，而种鹅摊销费指生产每千克蛋或每千克活重需摊销的种鹅费用，其计算公式为：

$$种鹅摊销费（元/千克蛋）=\frac{种鹅原值-残值}{每只鹅产蛋重量}$$

$$或\quad 种鹅摊销费（元/千克体重）=\frac{种鹅原值-残值}{每只种鹅后代总出售量}$$

⑦低值易耗品费。指价值低的工具、器材、劳保用品、垫料等易耗品的费用。

⑧共同生产费。也称其他直接费，指除上述七项以外而能直接判明成本对象的各项费用，如固定资产维修费、土地租金等。

⑨企业管理费。企业管理费指场一级所消耗的一切间接生产费，销售部属场部机构，所以也把销售费用列入企业管理费。

⑩利息。指以贷款建场每年应交纳的利息。

五、利　　润

任何一个企业，只有获得利润才能生存和发展，利润是反映鹅场生产经营好坏的一个重要指标。利润考核指标如下：

1. 产值利润及产值利润率

$$产值利润=产品产值-可变成本-固定成本$$

$$产值利润率=\frac{利润总额}{产品产值}\times100\%$$

2. 销售利润及销售利润率

$$销售利润＝销售收入－生产成本－销售费用－税金$$

$$销售利润率＝\frac{产品销售利润}{产品销售收入}×100\%$$

3. 营业利润及营业利润率

$$营业利润＝销售利润－推销费用－推销管理费$$

营业利润反映了生产与流通合计所得的利润。

推销费用包括接待费、推销人员工资、差旅费和广告宣传费等。

$$营业利润率＝\frac{营业利润}{产品销售收入}×100\%$$

4. 经常利润及经常利润率

$$经常利润＝营业利润±营业外损益$$

营业外损益指与企业的生产活动没有直接关系的各种收入或支出，例如，罚金、由于汇率变化影响到的收入或支出、企业内事故损失、积压物资削价损失、呆账损失等。

$$经常利润率＝\frac{经常利润}{产品销售收入}×100\%$$

5. 衡量一个企业的盈利标准，只根据上述四个指标是不够的，因为利润中没有反映投资状况。养鹅生产是以流动资金购入饲料、雏鹅、医药、燃料等，在人的劳动作用下转化成鹅及鹅蛋产品，通过销售又回收了资金，这个过程叫资金周转一次。利润就是资金周转一次的结果。既然资金在周转中获得利润，周转越快、次数越多，企业获利就越多。资金周转的衡量指标是一定时期内流动资金周转率。

$$资金周转率（年）＝\frac{年销售总额}{年流动资金总额}×100\%$$

企业盈利的最终指标应以资金利润率作为主要指标。

$$资金利润率＝资金周转率×销售利润率＝\frac{总利润额}{占用资金总额}×100\%$$

六、生产计划

1. 鹅群周转计划　是各项计划的基础，是根据鹅场生产方向、鹅群的构成和生产任务编制的。只有制订出该计划，才能据此制订出引种、孵化、产品销售、饲料需要、财务收支等一系列计划。

鹅群周转环节可分为：孵化、雏鹅、中雏鹅（肉用仔鹅）、青年鹅、种鹅（种鹅、蛋用种鹅、肉用种鹅）、成鹅淘汰等。

2. 产品生产计划　种鹅可根据月平均饲养产蛋母鹅数和历年生产水平，按月制订产蛋率和产蛋数。肉用仔鹅则根据肉用仔鹅的只数和平均活重编制，应注意将副产品，如淘汰鹅也纳入计划范围。

3. 饲料需要计划　根据鹅群周转计划，算出各月各组别鹅的饲料需要量。编制该计划的目的是合理安排资金及采购计划。

4. 雏鹅孵化（或引种）计划　雏鹅孵化（或引种）计划是根据补充后备公、母鹅、肥育鹅和出售雏鹅的需要编制的。

5. 成本计划　目的是控制费用支出，节约各种成本。

6. 其他计划　包括财务收支计划，设备维修（保养）计划等。

7. 养鹅场生产计划编制实例

现拟建立一个自繁自养，年生产 10 万只肉鹅的综合性养鹅场，生产计划编制如下。

（1）计算种鹅数

已知：一只入舍母鹅年产蛋 80 枚，种蛋受精率 85%，受精蛋出雏率 85%；雏鹅成活率 93%，生长鹅成活率 96%，育肥肉鹅成活率 96%。公母鹅配种比例为 1∶4。

①全年需饲养种母鹅数。

鹅苗至出售时成活率为：

$$93\% \times 96\% \times 96\% \approx 86\%$$

年出售 10 万只肉鹅需鹅苗：

$$100\ 000\ 只/年 \div 86\% \approx 116\ 279\ 只/年$$

种蛋出雏率为：

$$85\% \times 85\% = 72.25\%$$

每只种母鹅全年产鹅苗：

$$80 \times 72.25\% \approx 58\ （只/年·只）$$

该鹅场全年需饲养种母鹅：

$$116\ 279\ 只/年 \div 58\ 只/年·只 \approx 2\ 005\ 只$$

②全年需要配套种公鹅数。

$$2\ 005\ 只 \div 4 \approx 501\ 只$$

该鹅场全年需配套饲养种公鹅 501 只。

（2）孵化计划

$$365\ 天/年 \div 10\ 天/批 = 36.5\ 批/年$$

$$80\ 枚/年·只 \times 2\ 005\ 只 = 160\ 400\ 枚/年$$

$$160\ 400\ 枚/年 \div 36.5\ 批/年 \approx 4\ 395\ 枚/批$$

即每 10 天孵一批，每批孵 4 395 枚，孵化器设计容量不能少于 5 000 枚。

$$365 \text{ 天/年} \div 31 \text{ 天/批} \approx 11.8 \text{ 批/年}$$

$$36.5 \text{ 批/年} \div 11.8 \text{ 批/年} \cdot \text{台} \approx 3.1 \text{ 台}$$

即该鹅场需要 4 台孵化器和 1 台出雏器。

（3）鹅舍周转

①种鹅舍。

采用一条龙生产，种鹅饲养密度为 3 只/米²，则种鹅舍面积为 880 米²（含 45 米² 操作间）。

$$(2\ 005 + 501) \text{ 只} \div 3 \text{ 只/米}^2 \approx 835 \text{ 米}^2$$

$$835 \text{ 米}^2 + 45 \text{ 米}^2 = 880 \text{ 米}^2$$

②肉鹅舍。

肉鹅全进全出，一条龙生产，80 天出售，10 天清洗消毒，饲养密度为 6 只/米²。

$$100\ 000 \text{ 只/年} \div 36.5 \text{ 批/年} \approx 2\ 740 \text{ 只/批}$$

$$2\ 740 \text{ 只/批} \div 6 \text{ 只/米}^2 \approx 457 \text{ 米}^2/\text{批}$$

$$365 \text{ 天/年} \div (80 + 10) \text{ 天/批} \approx 4 \text{ 批/年}$$

$$36.5 \text{ 批/年} \div 4 \text{ 批/年} \cdot \text{幢} \approx 9.1 \text{ 幢}$$

即需面积为 500 米²（含 43 米² 操作间）的肉鹅舍 10 幢。

（4）饲料计划

①种鹅耗料

每只鹅从育雏育成到产蛋需消耗饲料 30 千克左右，则育成期耗料约为 9 万千克。

$$2\ 506 \text{ 只} \div 0.85 \times 30 \text{ 千克/只} \approx 90\ 000 \text{ 千克（85\% 留种率）}$$

产蛋种鹅除喂青饲料外每只每天补饲 250 克左右，则全年耗料约为 23 万千克。

$$2\ 506 \text{ 只} \times 0.25 \text{ 千克/天} \cdot \text{只} \times 365 \text{ 天/年} \approx 230\ 000 \text{ 千克/年}$$

②肉鹅耗料。

a. 舍饲。每只肉鹅 80 日龄出售，体重为 5.59 千克，料肉比为 3.96∶1，累计耗料 22.136 千克，全年 100 000 只肉鹅耗料约为 221 万千克，基本为均衡需要。

b. 放养加补饲。80 日龄出售，每只鹅体重为 4.5 千克，补饲饲料累计为 15.5 千克，消耗青饲料 30 千克，则 100 000 只肉鹅需精饲料 155 万千克，青饲料 300 万千克。按每亩地全年套种鹅菜等牧草可产青饲料 10 000 千克计算，饲养 100 000 只肉鹅除需 155 万千克精饲料外，至少还需种植 300 亩牧草。

七、其他经营管理措施

1. 实行经济责任制，提高职工收益　养鹅生产是风险产业，养鹅工作需要很强的责任心，工作环境艰苦。搞好一个养鹅场必须有一支强有力的队伍，包括精干的领导和优秀的饲养人员。精心培养并稳定饲养人员等的精干队伍，就要求管理者实行经济责任制，提高职工收益。

2. 实行一体化经营　现代化养鹅生产分为如下几个环节：种鹅和孵化，饲料生产，肉鹅，屠宰加工和深加工，产品销售。大而全是现代化养鹅生产一体化经营发展的必然趋势。

3. 树立企业形象，促进销售工作　销售是养鹅场的主要工作。种鹅场的盈亏主要取决于种蛋（雏）销售率；商品鹅场主要取决于销售价格。市场经济是买方市场，企业形象非常重要。企业形象的基础是产品质量，其次是宣传广告，必须下大力气提高质量，培育市场，树立良好的企业形象。

4. 提高生产水平　我国集约化养鹅起步晚，发展速度较快，总产量增长迅速。由于技术水平和健康等综合因素，每只鹅单产、饲料消耗、死淘率等主要生产指标与国际水平差距较大，因而提高潜力很大。

5. 贯彻预防为主的方针　我国养禽业每年因疾病造成的损失是巨大的，养鹅场往往重视突发性传染病，而对慢性传染病重视不够。预防鹅病仅靠兽医人员的工作是远远不够的，从建场开始，就必须贯彻预防为主的方针。

6. 节约饲料成本　养鹅生产中，饲料费占总成本的 $60\%\sim70\%$，因此节约饲料成本，可显著提高经济效益。在生产中应把好饲料原料质量关，加强饲料保管，优化饲料配方，提高饲料经济效益；严格控制饲料加工过程，加强饲养管理，减少饲料浪费，改变饲养形态，提高饲料消化率。

附表 1　华氏（℉）与摄氏（℃）换算表

℉	℃	℉	℃	℉	℃	℉	℃	℉	℃
32	0	50	10.0	68	20.0	86	30.0	104	40.0
33	0.6	51	10.6	69	20.6	87	30.6	105	40.6
34	1.1	52	11.1	70	21.1	88	31.1	106	41.1
35	1.7	53	11.7	71	21.7	89	31.7	107	41.7
36	2.2	54	12.2	72	22.2	90	32.2	108	42.2
37	2.8	55	12.8	73	22.8	91	32.8	109	42.8
38	3.3	56	13.3	74	23.3	92	33.3	110	43.3
39	3.9	57	13.9	75	23.9	93	33.9	111	43.9
40	4.4	58	14.4	76	24.4	94	34.4	112	44.4
41	5.0	59	15.0	77	25.0	95	35.0	113	45.0
42	5.6	60	15.6	78	25.6	96	35.6	114	45.6
43	6.1	61	16.1	79	26.1	97	36.1	115	46.1
44	6.7	62	16.7	80	26.7	98	36.7	116	46.7
45	7.2	63	17.2	81	27.2	99	37.2	117	47.2
46	7.8	64	17.8	82	27.8	100	37.8	118	47.8
47	8.3	65	18.3	83	28.3	101	38.3	119	48.3
48	8.9	66	18.9	84	28.9	102	38.9	120	48.9
49	9.4	67	19.4	85	29.4	103	39.4	121	49.4

附表 2　干湿表（℃）相对湿度查对表（％）

湿球温度（℃）	干球与湿球的温差（℃）									
	1	2	3	4	5	6	7	8	9	10
35	93	87	80	74	68	63	58	53	47	41
36	94	87	80	75	69	63	58	54	48	41
37	94	87	81	75	69	64	59	54	49	42
38	94	88	81	75	70	65	60	55	49	42
39	93	88	81	76	70	65	60	55	50	43
40	94	88	82	76	71	66	61	56	51	43
41	94	88	82	76	71	66	61	56	51	44
42	94	88	82	76	71	66	61	56	52	45
43	93	88	82	76	71	67	62	57	53	45
44	94	88	82	76	72	67	62	58	53	47
45	94	88	82	76	72	67	62	59	54	48

附表3 干湿表（℉）相对湿度查对表（％）

湿球温度（℉）	干球与湿球的温差（℉）														
	1	2	3	4	5	6	7	8	9	10	11	12	13	14	15
100	96	91	88	83	79	78	74	69	66	64	61	59	56	53	51
99	96	91	88	83	79	77	74	69	66	64	61	59	56	53	51
98	95	91	87	83	79	76	74	69	66	64	61	58	56	53	51
97	95	91	87	83	79	76	74	69	66	64	60	58	56	53	51
96	95	91	87	83	79	76	73	69	66	63	60	57	55	53	51
95	95	91	87	83	79	76	72	69	66	63	60	57	55	52	50
94	95	91	87	83	79	75	72	69	65	62	59	57	55	52	50
93	95	91	86	83	79	75	72	69	65	62	59	56	54	52	50
92	95	91	86	83	78	75	72	68	65	62	59	56	54	52	49
91	95	91	86	83	78	75	71	68	65	62	59	56	54	51	49
90	95	91	86	82	78	75	71	68	65	61	59	56	54	51	49
89	95	91	86	82	78	75	71	68	64	61	58	55	53	51	48
88	95	91	86	82	78	74	71	68	64	61	58	55	53	50	48
87	95	90	86	82	78	74	70	67	64	61	58	55	53	50	48
86	95	90	86	82	78	74	70	67	64	60	58	55	52	50	48
85	95	90	85	82	77	74	70	67	63	60	57	55	52	49	47
84	95	90	85	81	77	74	70	67	63	60	57	54	52	49	47
83	94	90	85	81	77	73	69	66	63	59	57	54	52	49	47
82	94	90	85	81	77	73	69	66	63	59	57	54	51	49	47
81	94	90	85	81	77	73	69	66	62	59	56	53	51	48	46
80	94	90	85	81	76	73	69	66	62	58	56	53	51	48	46
79	94	90	85	80	76	73	68	66	62	58	56	53	50	48	45
78	94	90	84	80	76	72	68	65	61	58	55	52	50	47	45
77	94	90	84	80	76	72	68	65	61	58	55	52	49	47	45
76	91	89	84	80	75	72	68	64	61	57	55	51	49	46	44
75	94	89	84	80	75	72	67	64	60	57	54	51	49	46	44
74	94	89	84	80	75	71	67	64	60	57	54	51	48	46	44
73	94	89	84	79	75	71	67	63	60	56	53	50	48	45	43

（续）

湿球温度（℉）	干 球 与 湿 球 的 温 差（℉）														
	1	2	3	4	5	6	7	8	9	10	11	12	13	14	15
72	94	89	83	79	74	71	66	63	59	56	53	50	47	45	43
71	94	89	83	79	74	70	66	63	59	55	53	50	47	44	42
70	94	89	83	79	74	70	66	62	58	55	52	49	47	44	42
69	94	89	83	78	74	70	65	62	58	55	52	49	46	43	41
68	94	89	83	78	73	69	65	62	58	54	51	48	46	43	41
67	94	88	83	78	73	69	65	61	57	54	51	48	45	43	40
66	93	88	82	78	73	69	64	60	57	53	50	47	45	42	40
65	93	88	82	78	72	68	64	60	56	53	50	47	44	42	39
64	93	88	82	77	72	68	64	60	55	52	49	46	44	41	39
63	93	88	82	77	72	68	63	59	55	52	49	46	43	40	38
62	93	88	81	77	71	67	63	59	54	51	48	45	43	40	38
61	93	87	81	76	71	67	62	58	54	51	48	44	42	39	37
60	93	87	81	76	70	66	62	58	53	50	47	44	41	39	36
59	93	87	81	76	70	66	61	57	53	49	46	43	41	38	36
58	93	87	80	75	70	65	61	57	52	49	46	43	40	37	35
57	92	87	80	75	69	65	60	56	51	48	45	42	39	37	34
56	92	86	80	74	69	64	60	56	51	48	45	42	39	36	34
55	92	86	80	74	69	64	59	55	50	47	44	41	38	35	33
54	92	86	79	74	68	63	58	54	50	46	43	40	37	34	32
53	92	86	79	73	68	63	58	54	49	46	42	39	36	34	31
52	92	85	78	73	67	62	57	53	49	45	42	38	36	33	30
51	92	85	78	73	66	62	57	52	48	44	41	37	35	32	30
50	92	85	78	72	66	61	56	52	47	43	40	37	34	31	29
49	92	85	77	71	66	61	55	51	46	42	39	36	33	30	28
48	91	85	77	71	65	60	54	50	46	42	38	35	32	29	27
47	91	84	76	70	64	59	54	49	45	41	37	34	31	28	26
46	91	84	76	70	64	59	53	49	44	40	37	33	30	27	25
45	91	84	75	69	63	58	52	48	43	39	35	32	29	26	24
44	91	83	75	69	62	57	51	47	42	38	34	31	28	25	23
43	90	83	75	68	61	56	50	46	41	37	33	30	27	24	22

（续）

湿球温度（℉）	干　球　与　湿　球　的　温　差（℉）														
	1	2	3	4	5	6	7	8	9	10	11	12	13	14	15
42	90	83	74	68	61	55	50	45	40	36	32	29	26	23	21
41	90	82	74	67	60	55	49	44	39	35	31	27	25	22	19
40	90	82	73	66	60	54	48	43	38	33	30	26	23	20	18
39	89	82	73	66	59	53	47	42	37	32	29	25	22	19	17
38	89	81	72	65	58	52	45	41	36	31	27	24	21	18	16
37	89	81	72	65	57	51	45	40	35	29	26	23	20	17	15

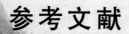

参考文献

B. W. 卡尔尼克 . 1999. 禽病学（第十版）[M] . 北京：中国农业出版社 .

白景煌主编 . 1999. 畜禽普通病学 [M] . 吉林：吉林科学技术出版社 .

蔡宝祥主编 . 2000. 家畜传染病学（第三版）[M] . 北京：中国农业出版社 .

曹霄，掌子凯，何正东编著 . 1995. 肉用仔鹅高产饲养新技术[M] . 上海：上海科学技术出版社 .

陈国宏 . 王克华 . 王金玉 . 丁铲 . 杨宁主编 . 2004. 中国禽类遗传资源 [M] . 上海：上海科学技术出版社 .

陈国宏主编 . 2000. 鸭鹅饲养技术手册 [M] . 北京：中国农业出版社 .

陈建红，甄辑铭主编 . 2000. 水禽常见病诊断 [M] . 北京：中国农业出版社 .

陈育新主编 . 1997. 中国水禽 [M] . 北京：中国农业出版社 .

董漓波编著 . 1993. 家禽常用药物手册（第二版）[M] . 北京：金盾出版社 .

龚道清主编 . 2005. 工厂化养鹅新技术 [M] . 北京：中国农业出版社 .

呙于明主编 . 1997. 家禽营养与饲料 [M] . 北京：中国农业大学出版社 .

郭玉璞主编 . 1994. 家禽传染病诊断与防治 [M] . 北京：北京农业大学出版社 .

韩友文主编 . 1997. 饲料与饲养学 [M] . 北京：中国农业出版社 .

何大乾 . 卢永红主编 . 2005. 鹅高效生产技术手册 [M] . 上海：上海科学技术出版社 .

孔繁瑶主编 . 1997. 家畜寄生虫学（第二版）[M] . 北京：中国农业大学出版社 .

季昂编著 . 2003. 实用养鹅大全 [M] . 北京：中国农业出版社 .

李筱倩主编 . 1999. 动物营养与饲料 [M] . 南京：南京大学出版社 .

唐南杏编著 . 1989. 禽蛋孵化新技术 [M] . 上海：上海科学技术出版社 .

王春林编著 . 2000. 中国实用养禽手册 [M] . 上海：上海科学技术文献出版社 .

王宗元主编 . 1997. 动物营养代谢病和中毒病学 [M] . 北京：中国农业出版社 .

徐银学，谢庄等编著 . 1997. 肉用鹅饲养法 . 北京：中国农业出版社 .

阎继业主编 . 1997. 畜禽药物手册（第二版）[M] . 北京：金盾出版社 .

杨凤主编 . 1993. 动物营养学 [M] . 北京：中国农业出版社 .

杨山等 . 1995. 家禽生产学 [M] . 北京：中国农业出版社 .

岳荣等主编 . 1992. 实用养禽产品加工技术 [M] . 北京：中国农业科技出版社 .

曾凡同，王继文，张子元等编 . 1998. 养鹅全书 [M] . 成都：四川科学技术出版社 .

张宏福，张子仪编著 . 1998. 动物营养参数与饲养标准 [M] . 北京：中国农业出版社 .

张维珍、高淑华编著 . 1999. 鸭鹅饲养新技术 ［M］. 长春：延边人民出版社 .

赵昌延编著 . 1996. 实用畜禽饲料配方手册 ［M］. 北京：中国农业大学出版社 .

朱坤熹，李俊宝，王永坤编著 . 1996. 禽病防治（第三版）［M］. 上海：上海科学技术出版社 .

朱模忠主编 . 1994. 兽药手册（第二版）［M］. 北京：中国农业出版社 .

图书在版编目（CIP）数据

科学养鹅与疾病防治/陈国宏，王永坤主编．—2
版．—北京：中国农业出版社，2011.8
ISBN 978-7-109-15701-9

Ⅰ．①科…　Ⅱ．①陈…②王…　Ⅲ．①鹅—饲养管理
②鹅病—防治　Ⅳ．①S835②S858.33

中国版本图书馆 CIP 数据核字（2011）第 098440 号

中国农业出版社出版
（北京市朝阳区农展馆北路 2 号）
（邮政编码 100125）
责任编辑　何致莹　黄向阳

北京中科印刷有限公司印刷　新华书店北京发行所发行
2011 年 10 月第 2 版　2011 年 10 月北京第 1 次印刷

开本：720mm×960mm　1/16　印张：20.25　插页：26
字数：356 千字　印数：1~8 000 册
定价：70.00 元
（凡本版图书出现印刷、装订错误，请向出版社发行部调换）